2nd Edition

반려동물 매개심리상담사

반려동물매개심리상담사

김복택 · 박영선 · 진미령 · 김경원

동물체험학습지도사
(Animal-Experience Education Instructor)

민간자격등록 제2017-001389호

1. 동물체험학습지도사의 직무내용

① 한국반려동물매개치료협회의 자격인 '**동물체험학습지도사**'의 직무는 다음 각 호와 같다.

1. 동물을 활용한 체험을 통해 감각의 발달과 인지, 정서, 행동, 사회적 관계 등의 성장에 도움이 되는 학습프로그램을 운영한다.
2. 구조화된 교육을 통해 생물복지 및 자연환경에 대한 인식을 향상시키고 생명존중과 정서지능의 발달을 도모한다.
3. 동물의 생태적 특성에 대한 이해를 통해 환경문제에 대한 인식을 발전시킨다.

2. 자격등급과 검정기준

자격종목	등급	검정기준
동물체험학습 지도사 자격증	1급	전문가로서 동물체험학습에 대한 전반적인 지식과 동물체험학습에 관한 이론을 기반으로 한 실무적 지식을 갖추고 동물체험학습프로그램을 운영할 수 있는 책임자로서의 상급 수준의 능력을 평가함.
	2급	동물체험학습에 대한 전반적인 지식과 동물체험학습지도에 관한 이론적 기반으로 동물체험학습프로그램의 실무자로, 프로그램에 대한 이해와 적용능력을 갖춘 수준

3. 응시자격

① **동물체험학습지도사 2급**의 응시자격은 다음 각 호에 해당하는 자로 한다.

1. 본 협회에서 인정하는 연수교육 50시간 이상 수료자
2. 본 협회와 상호협력을 협약한 기관(연수교육 40시간 이상)
3. 성과 관련된 모든 범죄 경력이 없으며 성범죄경력조회에 동의하는 자

② **동물체험학습지도사 1급**의 응시자격은 한국반려동물매개치료협회의 정회원 이상으로 관련 학과 전문

대학졸업자(졸업예정자 포함) 이상인 자 또는 3년 이상 동물체험 프로그램을 관리하거나 동물체험 프로그램 업무를 한 경력이 있는 자로써 다음 각 호에 모두 해당하는 자로 한다.

1. 2급 자격을 취득하고 6개월 이상이 경과한 자
2. 본 협회에서 인정하는 교육과정 100시간 이상 이수자(누적)
3. 본 협회에서 인정하는 동물체험학습지도 100시간 이상 경력자
4. 성과 관련된 모든 범죄 경력이 없으며 성범죄경력조회에 동의하는 자

4. 등급별 시험과목

시험과목 (2급)	시험형태 및 문항 수			시험시간
	필기시험 객관식 (4지선다형)	실기시험 (작업형)	합계	
동물학개론	25문항	0문항	25문항	
교육학개론	25문항	0문항	25문항	10:30~12:30 (120분)
체험프로그램개발 방법론	25문항	0문항	25문항	
동물복지와 법규	25문항	0문항	25문항	

시험과목 (1급)	시험형태 및 문항 수			시험시간
	필기시험 객관식 (4지선다형)	실기시험 주관식 (작업형)	합계	
교육심리학	25문항	0문항	25문항	
발달심리학	25문항	0문항	25문항	10:30~12:30 (120분)
체험프로그램개발과 평가	25문항	0문항	25문항	
동물관리법	25문항	0문항	25문항	
동물체험학습지도 임상실무	0문항	10문항	10문항	14:00~15:30 (90분)

동물매개교육지도사

(Animal-Assisted Educator)

민간자격등록 제2016-004933호

1. 동물매개교육지도사의 직무내용

① 한국반려동물매개치료협회의 자격인 **'동물매개교육지도사'**의 직무는 다음 각 호와 같다.

　1. 학령기 아동과 청소년을 대상으로 동물을 활용한 프로그램을 통해 생명존중과 정서지능의 발달을 도모한다.
　2. 구조화된 교육을 통해 생물복지 및 자연환경에 대한 인식향상 등에 기여한다.
　3. 동물의 생태적 특성에 대한 이해를 통해 환경문제에 대한 인식을 발전시킨다.

2. 자격등급과 검정기준

자격종목	등급	검정기준
동물매개 교육지도사 자격증	슈퍼바이저	최고의 전문가로서 동물매개교육에 대한 전반적인 지식과 동물매개교육지도에 관한 실무를 기반으로 한 경험적 지식을 갖추고 동물매개교육프로그램 운영의 총괄적인 책임자로서의 능력을 갖춘 최상급 수준
	전문가	전문가 수준의 동물매개교육에 대한 전반적인 지식과 동물매개교육지도에 관한 실무를 기반으로 한 경험적 지식을 갖추고 동물매개교육프로그램의 운영자로서, 프로그램에 대한 개발과 교육과정의 설계 능력을 갖춘 고급 수준
	1급	준전문가 수준의 동물매개교육에 대한 지식과 동물매개교육지도에 관한 실무를 기반으로 한 경험적 지식을 갖추고 동물매개교육프로그램의 실무자로서, 프로그램에 대한 이해와 적용능력을 갖춘 상급 수준
	2급	일반인으로서 동물매개교육에 대한 개론적인 지식과 동물을 매개로 한 교육지도에 관한 기초적인 지식을 갖추고 한정된 범위 내에서 동물매개교육프로그램의 보조자로서, 프로그램에 대한 이해와 적용능력을 갖춘 중급 수준

3. 응시자격

① **동물매개교육지도사 2급**의 응시자격은 다음 각 호에 해당하는 자로 한다.

    1. 본 협회에서 인정하는 연수교육 50시간 이상 수료자

    2. 본 협회와 상호협력을 협약한 기관(연수교육 40시간 이상)

    3. 본 협회의 검정기준에 따른 반려동물매개심리상담사 2급을 취득한 자(동급중복과목 시험면제)

② **동물매개교육지도사 1급**의 응시자격은 한국반려동물매개치료협의의 정회원 이상으로 관련 학과 전문대학졸업자(졸업예정자 포함) 이상인 자로써 다음 각 호에 모두 해당하는 자로 한다.

    1. 2급 자격을 취득하고 6개월 이상이 경과한 자

    2. 본 협회에서 인정하는 교육과정 300시간 이상 이수자

    3. 본 협회에서 인정하는 임상활동 200시간 이상 이수자

    4. 본 협회의 검정기준에 따른 반려동물매개심리상담사 1급을 취득한 자(동급중복과목 시험면제)

③ **동물매개교육지도사 전문가**의 응시자격은 한국반려동물매개치료협회의 정회원 이상으로 관련학과대학졸업자(졸업예정자 포함) 이상인 자로써 다음 각 호에 모두 해당하는 자로 한다. 단, 반려동물매개심리상담사 전문가 자격이 있는 경우 중복이 되어도 모두 인정한다.

    1. 1급 자격을 취득하고 1년 이상이 경과한 자

    2. 본 협회에서 인정하는 임상지도 및 교육경력 100시간 이상 이수자

    3. 본 협회에서 인정하는 임상활동 500시간 이상 이수자(제9조 ③항의 2호를 포함함)

    4. 본 협회에서 인정하는 학술발표 1회 이상인 자

④ **동물매개교육지도사 슈퍼바이저**의 응시자격은 한국반려동물매개치료협회의 정회원 이상으로 관련학과 석사 이상인 자로써 다음 각 호에 모두 해당하는 자로 한다. 단, 반려동물매개심리상담사 슈퍼바이저 자격이 있는 경우 중복이 되어도 모두 인정한다.

    1. 전문가 자격을 취득하고 1년 이상이 경과한 자

    2. 본 협회에서 인정하는 관련분야 강의경력 1,000시간 이상인 자

    3. 본 협회에서 인정하는 임상지도 매년 50시간 이상 경력자(연속 3년 이상)

    4. 본 협회에서 인정하는 학술지에 논문 3회 이상 게재한 자

    5. 본 협회에서 인정하는 학술발표 5회 이상인 자

    6. 본 협회의 검정기준에 따른 반려동물매개심리상담사 슈퍼바이저 자격을 취득한 자

4. 등급별 시험과목

시험과목 (2급)	시험형태 및 문항 수			시험시간
	필기시험 객관식 (4지선다형)	실기시험 (작업형)	합계	
동물매개교육	25문항	0문항	25문항	
동물행동의 이해	25문항	0문항	25문항	10:30~12:30 (120분)
도우미동물관리	25문항	0문항	25문항	
교육심리학	25문항	0문항	25문항	

시험과목 (1급)	시험형태 및 문항 수			시험시간
	필기시험 객관식 (4지선다형)	실기시험 (작업형)	합계	
교육심리학	25문항	0문항	25문항	
발달심리학	25문항	0문항	25문항	
프로그램개발과 평가	25문항	0문항	25문항	10:30~13:00 (150분)
도우미동물관리	25문항	0문항	25문항	
동물보호법	25문항	0문항	25문항	
동물매개교육지도 임상실무	0문항	10문항	10문항	14:00~15:30 (90분)

시험과목 (전문가)	시험형태 및 문항 수			시험시간
	필기시험 객관식 (4지선다형)	실기시험 (작업형)	합계	
동물매개교육지도 임상실무	0문항	5문항	5문항	10:30~13:00 (150분)
동물매개교육지도 프로그램개발과 평가	0문항	5문항	5문항	

시험과목 (슈퍼바이저)	시험형태 및 문항 수			시험시간
	필기시험 객관식 (4지선다형)	실기시험 (작업형)	합계	
동물매개교육지도의 슈퍼비전	0문항	10문항	10문항	14:00~17:00 (180분)

반려동물매개심리상담사

(Companion Animal Assisted Psychology Counselor)

민간자격등록 제2016-000183호

1. 반려동물매개심리상담사의 직무내용

① 한국반려동물매개치료협회의 자격인 '**반려동물매개심리상담사**'의 직무는 다음 각 호와 같다.

    1. 저소득층이나 취약계층을 대상으로 반려동물을 활용한 프로그램을 통해 정서적 안정과 신체적 발달에 기여한다.

    2. 사회복지기관을 대상으로 반려동물과의 상호작용을 통하여 동기를 유발하여 신체적 활동의 증가와 사회성 향상 등에 기여한다.

    3. 학령기 아동을 대상으로 생명존중과 정서발달 등을 교육한다.

2. 자격등급과 검정기준

자격종목	등급	검정기준
반려동물 매개심리 상담사 자격증	슈퍼바이저	최고의 전문가로서 동물매개치료에 대한 전반적인 지식과 반려동물과 심리상담에 관한 실무를 기반으로 한 경험적 지식을 갖추고 반려동물매개심리상담 과정의 총괄적인 책임자로서의 능력을 갖춘 최상급 수준
	전문가	전문가 수준의 동물매개심리상담에 대한 지식과 반려동물과 심리상담에 관한 지식을 갖추고 반려동물매개심리상담의 운영자로서, 프로그램에 대한 개발과 상담과정의 설계 능력을 갖춘 고급 수준
	1급	준전문가 수준의 동물매개심리상담에 대한 지식과 반려동물과 심리상담에 관한 지식을 갖추고 반려동물매개심리상담의 책임자로서, 프로그램에 대한 이해와 적용능력을 갖춘 고급 수준
	2급	일반인으로서 동물매개심리상담에 대한 개론적인 지식과 반려동물과 심리상담에 관한 기초적인 지식을 갖추고 한정된 범위 내에서 반려동물매개심리상담의 보조자로서, 프로그램에 대한 이해와 적용능력을 갖춘 상급 수준

3. 응시자격

① **반려동물매개심리상담사 2급**의 응시자격은 다음 각 호에 해당하는 자로 한다.

    1. 본 협회에서 인정하는 연수교육 50시간 이상 수료자

    2. 본 협회와 상호협력을 협약한 기관(연수교육 40시간 이상)

    3. 본 협회의 검정기준에 따른 동물매개교육지도사 2급을 취득한 자(동급중복과목 시험면제)

② **반려동물매개심리상담사 1급**의 응시자격은 한국반려동물매개치료협회의 정회원 이상으로 관련학과 전문대학졸업자(졸업예정자 포함) 이상인 자로써 다음 각 호에 모두 해당하는 자로 한다.

    1. 2급 자격을 취득하고 6개월 이상이 경과한 자

    2. 본 협회에서 인정하는 교육과정 300시간 이상 이수자

    3. 본 협회에서 인정하는 임상활동 100시간 이상 이수자

③ **반려동물매개심리상담사 전문가**의 응시자격은 한국반려동물매개치료협회의 정회원 이상으로 관련학과대학졸업자(졸업예정자 포함) 이상인 자로써 다음 각 호에 모두 해당하는 자로 한다.

    1. 1급 자격을 취득하고 1년 이상이 경과한 자

    2. 본 협회에서 인정하는 임상지도 및 교육경력 200시간 이상 이수자

    3. 본 협회에서 인정하는 임상활동 1,000시간 이상 이수자

    4. 본 협회에서 인정하는 학술지에 논문 1회 이상 게재한 자

    5. 본 협회에서 인정하는 학술발표 3회 이상인 자

④ **반려동물매개심리상담사 슈퍼바이저**의 응시자격은 한국반려동물매개치료협회의 정회원 이상으로 관련학과 석사 이상인 자로써 다음 각 호에 모두 해당하는 자로 한다.

    1. 전문가 자격을 취득하고 1년 이상이 경과한 자

    2. 본 협회에서 인정하는 관련분야 강의경력 1,000시간 이상인 자

    3. 본 협회에서 인정하는 임상지도 매년 50시간 이상 경력자(연속 3년 이상)

    4. 본 협회에서 인정하는 학술지에 논문 3회 이상 게재한 자

    5. 본 협회에서 인정하는 학술발표 5회 이상인 자

4. 등급별 시험과목

시험과목 (2급)	시험형태 및 문항 수			시험시간
	필기시험 객관식 (4지선다형)	실기시험 (작업형)	합계	
동물매개치료개론	25문항	0문항	25문항	10:30~12:30 (120분)
반려동물행동의 이해	25문항	0문항	25문항	
도우미동물관리	25문항	0문항	25문항	
심리상담과 이해	25문항	0문항	25문항	

시험과목 (1급)	시험형태 및 문항 수			시험시간
	필기시험 객관식 (4지선다형)	실기시험 (작업형)	합계	
동물매개치료개론	25문항	0문항	25문항	10:30~13:00 (150분)
반려동물행동의 이해	25문항	0문항	25문항	
도우미동물관리	25문항	0문항	25문항	
심리상담과 이해	25문항	0문항	25문항	
동물보호법	25문항	0문항	25문항	
동물매개심리상담 임상실무	0문항	10문항	10문항	14:00~15:30 (90분)

시험과목 (전문가)	시험형태 및 문항 수			시험시간
	필기시험 객관식 (4지선다형)	실기시험 (작업형)	합계	
동물매개심리상담 임상실무	0문항	5문항	5문항	10:30~13:00 (150분)
동물매개심리상담 프로그램 개발과 평가	0문항	5문항	5문항	

시험과목 (슈퍼바이저)	시험형태 및 문항 수			시험시간
	필기시험 객관식 (4지선다형)	실기시험 (작업형)	합계	
동물매개심리상담의 슈퍼비전	0문항	10문항	10문항	14:00~17:00 (180분)

반려동물관리사
(Companion Animal Manager)

민간자격등록 제2016-001343호

1. 반려동물관리사의 직무내용

① 한국반려동물매개치료협회의 자격인 '**반려동물관리사**'의 직무는 다음 각 호와 같다.

　1. 반려동물에 관한 전문적인 지식을 습득하여 반려동물산업전반에 걸쳐 활동하는 전문가

　2. 동물을 애호하는 자를 대상으로 반려동물과의 상호작용과 동물의 사회성 향상 등에 기여한다.

　3. 생명존중사상을 바탕으로 반려동물 문화의 증진을 위해 노력하고 동물복지와 동물학대 등의 예방을 홍보하고 교육한다.

② 세부 직무내용

　1. 반려동물의 복지에 관한 업무

　2. 반려동물의 학대방지 및 사후관리

　3. 반려동물의 사육 및 번식

　4. 반려동물 분양상담

　5. 반려동물 사육과 사육환경에 대한 자문

　6. 반려동물 문화 증진을 위한 사회사업과 봉사

　7. 그 밖의 반려동물산업과 관련된 교육과 홍보

2. 자격등급과 검정기준

자격종목	등급	검정기준
반려동물관리사 자격증	1급	반려동물의 행동을 이해하고 반려동물사육관리 분야에 올바른 복지관과 전문가 수준의 지식, 반려동물과 함께 하는 문화에 대한 설계와 운영, 교육에 관한 능력이 있으며 해당 산업에서 전문가로 활동할 수 있는 능력을 갖춘 수준
	2급	반려동물의 행동을 이해하고 반려동물사육관리 분야에 올바른 복지관과 기초적인 수준의 지식, 반려동물과 함께 하는 문화에 대한 이해와 적용, 홍보에 관한 능력이 있으며 해당 산업에서 보조자로 활동할 수 있는 능력을 갖춘 수준

3. 응시자격

① **반려동물관리사 2급**의 응시자격은 다음 각 호에 해당하는 자로 한다.

    1. 한국반려동물매개치료협회의 정회원 이상으로 협회에서 인정하는 연수교육 20시간 이상 수료한 자로 한다.

② **반려동물관리사 1급**의 응시자격은 다음 각 호 중 어느 하나에 해당하는 자로 한다.

    1. 한국반려동물매개치료협회의 정회원 이상으로 관련학과(애완동물, 반려동물) 전문대학 재학(2학기 이상 이수) 이상이거나 이와 같은 수준 이상의 과정에 있다고 인정되는 자로 한다.

    2. 한국반려동물매개치료협회의 정회원 이상으로 학점은행제 교육기관의 생명산업전문학사 학위과정에 있는 자로 한다.

    3. 한국반려동물매개치료협회의 정회원 이상으로 협회에서 인정하는 반려동물관련분야의 사업경력이 5년 이상인 자로 한다.

4. 등급별 시험과목

시험과목 (2급)	시험형태 및 문항 수			시험시간
	필기시험 객관식 (4지선다형)	필기시험 주관식	합계	
반려동물학개론	25문항	0문항	25문항	10:30~11:30 (60분)
동물보호법	25문항	0문항	25문항	

시험과목 (1급)	시험형태 및 문항 수			시험시간
	필기시험 객관식 (4지선다형)	필기시험 주관식	합계	
반려동물학	25문항	0문항	25문항	10:30~12:30 (120분)
반려동물간호학	25문항	0문항	25문항	
반려동물행동학	25문항	0문항	25문항	
동물복지 및 법규	25문항	0문항	25문항	

반려동물보육사
(Professional Pet Sitter)

민간자격등록 제2018-002980호

1. 반려동물보육사의 직무내용

① 한국반려동물매개치료협회의 자격인 **'반려동물보육사'**의 직무는 다음 각 호와 같다.

1. 반려동물을 돌봐주는 전문펫시터로 반려동물의 생애주기를 이해하고 반려동물 정서, 행동, 감각, 사회성의 성장에 도움이 되는 보육 프로그램의 개발과 운영
2. 구조화된 반려동물 돌봄 서비스시설 운영관리
3. 반려동물의 양육에 대한 포괄적인 상담
4. 반려동물의 학대 및 유기예방 활동 등 동물의 생명보호 및 복지증진 활동
5. 그 밖의 사람과 반려동물의 조화로운 공존을 위한 사회사업과 봉사

2. 자격등급과 검정기준

자격종목	등급	검정기준
반려동물보육사	1급	전문가로서 반려동물에 대한 전반적인 지식과 반려동물관리에 관한 이론을 기반으로 한 실무적 지식을 갖추고 반려동물보육관리프로그램을 운영할 수 있는 책임자로서의 상급 수준의 능력을 평가함.
	2급	반려동물에 대한 전반적인 지식과 반려동물보육에 관한 이론을 기반으로 한 반려동물보육프로그램의 실무자로, 프로그램에 대한 이해와 적용능력을 갖춘 수준

3. 응시자격

① **반려동물보육사 1급**의 응시자격은 한국반려동물매개치료협회의 정회원 이상으로 관련학과 전문대학졸업자(졸업예정자 포함) 이상인 자 또는 고등학교 졸업 이상의 학력으로 3년 이상 반려동물보육 프로그램을 관리하거나 반려동물보육 업무를 한 경력이 있는 자로써 다음 각 호에 모두 해당하는 자로 한다.

1. 2급 자격을 취득하고 6개월 이상이 경과한 자
2. 본 협회에서 인정하는 교육과정 100시간 이상 이수자

3. 본 협회에서 인정하는 반려동물보육 100시간 이상 경력자

4. 성과 관련된 모든 범죄 경력이 없으며 성범죄경력조회에 동의하는 자

5. 「동물보호법」, 「가축전염병예방법」, 「축산물위생관리법」, 또는 「마약류관리에 관한 법률」을 위반하여 금고 이상의 범죄 경력이 없는 자

② **반려동물보육사 2급**의 응시자격은 한국반려동물매개치료협회의 정회원 이상으로 다음 각 호에 모두 해당하는 자로 한다.

1. 본 협회에서 인정하는 연수교육 50시간 이상 수료자
   - 본 협회와 상호협력을 협약한 기관(연수교육 40시간 이상)

2. 성과 관련된 모든 범죄 경력이 없으며 성범죄경력조회에 동의하는 자

4. 등급별 시험과목

시험과목 (2급)	시험형태 및 문항 수			시험시간
	필기시험 객관식 (4지선다형)	실기시험 (작업형)	합계	
반려동물학개론	25문항	0문항	25문항	10:30~12:30 (120분)
반려동물행동	25문항	0문항	25문항	
반려동물보육관리	25문항	0문항	25문항	
반려동물관계법	25문항	0문항	25문항	

시험과목 (1급)	시험형태 및 문항 수			시험시간
	필기시험 객관식 (4지선다형)	실기시험 주관식 (작업형)	합계	
반려동물간호학	25문항	0문항	25문항	10:30~12:30 (120분)
반려동물행동학	25문항	0문항	25문항	
반려동물 보육관리	25문항	0문항	25문항	
동물복지 및 관계법규	25문항	0문항	25문항	
반려동물보육관리 실무	0문항	10문항	10문항	14:00~15:30 (90분)

반려동물행동상담사
(Companion Animal Behavior Counselor)

민간자격등록 제2019-003756호

1. 반려동물행동상담사의 직무내용

① 한국반려동물매개치료협회의 자격인 '**반려동물행동상담사**'의 직무는 다음 각 호와 같다.
1. 반려동물의 생애주기를 이해하고 반려동물 정서, 행동, 감각, 사회성의 성장에 도움이 되는 전문적인 이론과 실무를 바탕으로 반려동물의 성장에 도움이 되는 프로그램의 개발과 운영
2. 구조화된 반려동물행동상담 서비스시설 운영관리
3. 반려동물의 양육에 대한 포괄적인 상담
4. 그 밖의 사람과 반려동물의 조화로운 공존을 위한 사회사업과 봉사

2. 자격등급과 검정기준

자격종목	등급	검정기준
반려동물 행동상담사	1급	전문가로서 반려동물에 대한 전반적인 지식과 반려동물관리에 관한 이론을 기반으로 한 실무적 지식을 갖추고 반려동물행동상담 프로그램을 운영할 수 있는 책임자로서의 상급 수준
	2급	반려동물에 대한 전반적인 지식과 반려동물행동에 관한 이론을 기반으로 한 반려동물행동상담프로그램의 실무자로, 프로그램에 대한 이해와 적용능력을 갖춘 수준

3. 응시자격

① **반려동물행동상담사 1급**의 응시자격은 한국반려동물매개치료협회의 정회원 이상으로 관련 학과 전문대학졸업자(졸업예정자 포함) 이상인 자 또는 고등학교 졸업 이상의 학력으로 3년 이 상 반려동물행동상담 프로그램을 관리하거나 반려동물행동상담 업무를 한 경력이 있는 자로써 다음 각 호에 모두 해당하는 자로 한다.
1. 2급 자격을 취득하고 6개월 이상이 경과한 자
2. 본 협회에서 인정하는 교육과정 100시간 이상 이수자
   - 본 협회와 상호협력을 협약한 기관(연수교육 80시간 이상)
3. 본 협회에서 인정하는 반려동물행동상담 실무 100시간 이상 경력자

4. 성과 관련된 모든 범죄 경력이 없으며 성범죄경력조회에 동의하는 자

5. 「동물보호법」, 「가축전염병예방법」, 「축산물위생관리법」, 또는 「마약류관리에 관한 법률」을 위반하여 금고 이상의 범죄 경력이 없는 자

② **반려동물행동상담사 2급**의 응시자격은 한국반려동물매개치료협회의 정회원 이상으로 다음 각 호에 모두 해당하는 자로 한다.

1. 본 협회에서 인정하는 연수교육 50시간 이상 수료자
   - 본 협회와 상호협력을 협약한 기관(연수교육 40시간 이상)

2. 성과 관련된 모든 범죄 경력이 없으며 성범죄경력조회에 동의하는 자

4. 등급별 시험과목

시험과목 (2급)	시험형태 및 문항 수			시험시간
	필기시험 객관식 (4지선다형)	실기시험 (작업형)	합계	
반려동물학개론	25문항	0문항	25문항	10:30~12:30 (120분)
반려동물행동학	25문항	0문항	25문항	
반려동물상담학	25문항	0문항	25문항	
반려동물관계법	25문항	0문항	25문항	

시험과목 (1급)	시험형태 및 문항 수			시험시간
	필기시험 객관식 (4지선다형)	실기시험 주관식 (작업형)	합계	
반려동물간호학	25문항	0문항	25문항	10:30~12:30 (120분)
반려동물행동심리학	25문항	0문항	25문항	
반려동물훈련학	25문항	0문항	25문항	
동물복지 및 관계법규	25문항	0문항	25문항	
반려동물행동상담 실무	0문항	10문항	10문항	14:00~15:30 (90분)

제2판 머리말 Preface

　코로나19 유행 이후 비대면이라는 새로운 문화는 나의 주변과 벗을 살피는 여유조차 사라지게 하였고 타인의 감정을 이해해야 하는 의사소통도 비대면 방식으로 이루어지는 것이 모두에게 익숙해져 가고 있다. 이러한 현상은 정서적, 심리적, 사회적 문제를 발생시키고 있으며, 아동과 청소년의 정서적 발달과 공감 능력 성장에 지장을 초래하고 있다. 코로나19는 생명에 대한 재인식, 인간성에 대한 본질, 사회적 관계 회복 등의 숙제를 남겼으며 사회적 관계의 중요성을 부각시키는 계기가 되었다.

　우리 사회는 코로나19의 후유증을 해결하기 위해 여러 방법을 찾고 있으며, 생명의 근본과 사회적 관계의 회복에 대한 고민의 답으로 동물을 이용한 매개치료, 즉 동물매개치료를 통하여 이러한 문제들을 해결하고 있다. 그러나 동물매개치료는 타인의 정서와 인지 등에 대한 치유를 다루고 있기에 비전문가들이 운영하기에는 많은 어려움이 있다. 본서에서는 동물매개치료에 뜻이 있는 이들을 위해 본 협회의 자격관리 규정에 따라 기본적인 이론과 실무를 다루고자 한다.

　국내에는 여러 동물매개치료 관련 단체들이 있으나 임상경험이 많지 않고, 외국의 사례를 이식하는 수준에 머무르고 있다. 이러한 미숙함이 아동의 동물공포증의 원인이 되기도 하며, 때로는 동물에 대한 의존도가 지나치게 높은 프로그램을 운영하여 동물이 받는 스트레스로 사고를 발생시키기도 한다. 따라서 동물매개치료 프로그램을 진행하는 사람은 반드시 동물에 대한 이해와 전문적 기술의 개발을 위해 노력해야 하며 충분히 검증된 프로그램을 운영해야 할 것이다.

한국반려동물매개치료협회는 수년간 한국적 동물매개치료의 성장을 위해 노력해 왔으며, '반려동물과의 교감을 통한 정서적 회복'을 위해 새롭고 발전된 개념을 개발하며 동물매개치료의 보급에 헌신하고 있다. 본 협회는 연간 500회기 이상의 임상 경험을 통해 지나치게 동물에게 의존적이거나 가학적인 프로그램에서 벗어난 다양한 프로그램 개발과 이용자, 도우미 동물 모두 행복할 수 있는 프로그램의 운영을 위한 특별한 전문가 양성프로그램도 운영하고 있다.

본서는 한국반려동물매개치료협회의 자격 규정과 동물매개치료의 개념에 따라 동물매개치료 전문가로 성장하기 위해 갖추어야 할 상담학, 심리학, 동물행동학, 동물 관리학뿐만 아니라 동물복지 관련 법령 등의 이론과 실무의 내용을 담고 있다. 또한 본서는 궁극적으로 인간에 대한 이해를 바탕으로 건전한 사회적 관계의 회복을 목표로 하는 반려동물매개치료 실무에 관한 내용을 대상자별 프로그램 진행 흐름에 따라 체계적으로 정리하였다.

동물과 함께 있을 때 생명에 대한 본연의 모습을 학습하고 함께 하는 행복한 시간이 늘어나게 되면 동물과 인간의 공존에 대해 이해하게 되고 더 나아가 생명 존중에 대한 공감을 하게 만든다. 이러한 프로그램으로 만들어진 올바른 생명가치관의 형성은 타인을 돌아보게 하고 감정에 공감하게 하며 열린 마음으로 대화하려는 자세를 만들어 준다.

본서는 1판에 없던 새로운 개념을 추가한 2판으로 독자는 동물매개치료 이론의 진화를 살펴볼 수 있을 것이다. 저자는 향후 개정판이 나올 때마다 발전적 개념을 추가하여 개정할 예정이다. 본 협회는 공존의 아름다움을 실천하는 시작이고 전문적이며 대중적인 동물매개치료와 생명 존중 교육을 통해 반려동물 문화의 발전에 이바지할 것이며, 최선을 다할 것이다.

한국반려동물매개치료협회 협회장 김 복 택

차례 Contents

반려동물매개치료개론

Companion Animal
Assisted Psychology Counselor

CHAPTER 01

인간과 동물

1. 인간과 동물의 시작

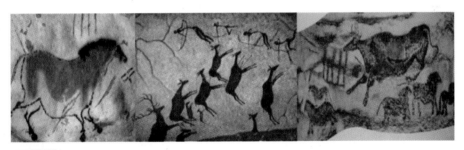

그림 1-1 프라스 라스코 벽화

　　고고학적 발견에 따르면 인류의 주거지역이나 혹은 인류의 흔적이 발견된 곳에서 선발적 육종에 의한 야생 선조의 유적의 최초 증거는 1만년 이상이 되었을 것이라 사료되며, 이는 서남아시아를 중심으로 발견된 양과 염소의 뼈로 알 수 있다. 또한 소와 같은 대형 가축의 발견은 약 8000년 전부터 터키에서 사육된 것으로 추정되어지며, 이후 오늘날까지 많은 수의 야생동물이 가축화가 된 것으로 볼 수 있다.

B.C 4000~ B.C 3000년경 큰 강 유역을 중심으로 발달한 세계 4대문명인 나일 강의 이집트 문명, 유프라테스 강 유역의 메소포타미아 문명, 인도의 인더스 강 유역의 인더스 문명 그리고 중국 황허 유역의 황허 문명에서는 이러한 선발적 육종으로 인한 동물의 분류와 이용방법에 따른 분류가 명확하게 자리 잡고 있다. 이렇듯 동물과 인간의 공존은 오랜 시간에 걸쳐 진화되어 왔으며 인간의 진화에 있어 가장 중요한 것은 동물과의 공존에 있다.

인간과 동물 간의 공존은 인간이 부족사회를 이루는 가장 시초의 씨족 사회에서부터 시작된다고 볼 수 있다. 즉, 수렵과 채집생활을 하던 인간에게 야생동물의 존재는 중요 식량 자원으로써의 가치가 상당히 높았다고 볼 수 있다. 그러나 그 가운데 식량으로써의 이용가치가 있는 동물과 그렇지 않은 동물과의 분류방법이 자연스럽게 형성되기 시작했으며, 호랑이와 같은 맹수를 숭배하거나 힘의 근원으로 형성시키기 시작하였다. 이는 인간과 동물 간의 긴밀한 관계가 형성된다. 즉, 이런 관계는 인간의 정착생활에서 동물과의 종속관계로 발전하게 되었다.

2. 동물의 가축화

일반적으로 동물은 야생동물(wild animal), 가축화된 동물(domestic animal), 애완동물(pet)의 세 가지로 구분된다. 2000년대 현재 지구상의 육상동물 중 인간과 가축, 애완동물이 97%고, 야생동물은 3%만이 존재한다. 그러나 과거 농업혁명이 시작된 신석기시대에는 반대였다. 마지막 빙하기가 끝난 1만 년 전 인류의 인구는 약 1만 명 이하로 추정하고 있다. 이후 인류는 번성하여 현재 77억이라는 인구수와 250억 마리의 가축화된 동물과 애완동물들을 거느리고 살고 있다.

가축화란 야생동물을 가축으로 순화시키는 모든 과정을 일컬으며 여기서 가축이란 인류생활에 유용한 동물을 통틀어 말한다. 인간과 동물은 자연스럽게 물과 먹이가 풍부한 환경을 찾아 모여들게 되고, 여기서부터 인간과 동물의 관계가 시작된다. 지금으로부터 약 13,000년 전, 야생의 늑대가 인간의 집에 들어와 살기 시작한 데에서부터 가축화가 시작되었다. 이후 양, 염소, 소, 말, 낙타 등이 차례로 가축화 되면서 인간과 동물은 완전히 새로운 관계를 맺게 되는데, 이는 인류 역사에서 가장 큰 사건 중 하나다. 일반적으로 가축화는 인구 증가에 따라 식량 공급과 소비 불균형이 초래되어 비상식량을 위한 것으로, 동물을 인간의 생활에 이용하기 위해 인간의 관리하에서 생산을 조절하고 유전적 개량을 하는 것으로 알려져 있다. 그러나 최근 가축화에 대한 연구 결과들은 일반적인 고정관념을 뒤엎고 있다. 야생동물의 가축화는 인간에 의해 일방적으로 이루어진 과정이 아니라 인간과 동물 양쪽이 서로 협력한 결과라는 것이다.

3. 인간과 반려동물

1) 개

인간이 채집생활을 하던 때부터 가축화된 개는 수렵, 전투, 사역 등 다양한 목적으로 사육되어 왔다. 오늘날에는 가족의 일원으로 사회생활 및 외부로부터 오는 스트레스 해소, 생명의 신비와 존엄성, 사랑을 느끼게 해 주는 역할 등 반려동물로서의 역할이 매우 중요시 되고 있다. 반려동물과 함께 살다 이별 또는 갑작스러운 죽음으로 인한 '펫로스 증후군'이라는 정신질환이 생길 정도로 현대사회에서 인간에게 개는 중요한 역할을 맡고 있다. 그 밖에도 수렵, 경비, 추적, 수색, 탐색, 장애인 도우미견, 인명구조, 의학실험 등 매우 다양한 분야에 투입되며 인간에게 이로운 영향들을 끼치고 있다.

2) 고양이

농경사회의 발전에 따라 곡식을 갉아먹는 쥐를 구제하기 위한 목적으로 야생의 고양이를 길들여 가축화가 되기 시작했다. 고대의 귀족이나 왕족의 애완용으로 길러지기 시작해 인간과 함께한 오랜 역사를 가지고 있으며, 아시아 여러 나라에서 불길한 징조를 뜻했던 시대도 있었지만 현재는 전 세계에서 반려동물 및 다양한 분야에서 강아지 못지않게 널리 사랑받고 있다.

3) 페럿

페럿은 족제비과 동물 중 유일하게 가축화된 동물이며 기원전 4세기경부터 가축화가 된 오랜 역사를 가지고 있다. 가축화가 되어 토끼를 사냥하는데 사용이 되었지만 지금은 반려동물로 사람들에게 많은 사랑을 받고 있다. 귀여운 외모와 인간에 낮은 공격성과 동족과의 높은 친근함을 보인다. 행동적 특징으로는 하루에 약 20시간의 잠을 자고 나머지 시간은 많은 활동량으로 생활을 하는 특징을 가지고 있다.

4) 기니피그

설치류로 성격이 매우 온순하고 겁이 많은 동물이다. 아직 한국에서는 생소한 편이지만 귀여운 외모와 온순한 성격 때문에 미국과 유럽에서는 반려동물로 인기가 많은 편이다. 기니피그는 남아메리카가 원산지로 페루에서는 식용으로 사용되기도 한다. 오랜 세월 남아메리카에서 단백질 공급원으로 사용이 되었고 실험용 동물로 자주 기르기도 한다. 마우스, 래트와 더불어 널리 이용되고 있다.

5) 토끼

토끼는 다른 반려동물들에 비해 가축화된 역사가 짧은 편이다. 그렇기 때문에 야생에서의 습성들이 많이 남아있다. 하지만 다른 반려동물과 마찬가지로 친숙한 외모와 높은 대중성을 가지고 있으며 이런 특징은 내담자들의 호감을 사기에 충분하며 특히 아동과 청소년에게 많은 사랑을 받고 있는 반려동물이다. 기본적으로 토끼는 초식동물로 큰 귀를 가지고 있어 소리에 예민하고 스트레스에 취약하여 심한 자극으로 인한 스트레스를 받게 되면 건강에 큰 영향을 받게 된다. 따라서 스트레스 관리가 아주 중요한 동물이다.

6) 햄스터

1930년대 초반에 시리아 사막에서 처음 발견되어 사육하기 시작했고, 오늘날에는 사랑받는 골든 햄스터가 되었다. 그 후 러시안 햄스터, 중국 햄스터, 로브로브스키, 정글리안, 펄 등 다양한 품종이 개량되었다. 작고 귀여운 외모와 비교적 쉬운 사육 관리로 처음 반려동물을 키우려고 하는 사람들이 많이 키운다. 하지만 작고 약한 동물이기 때문에 주의가 필요하며 특히 골절을 주의해야 한다. 반려동물 이외에도 실험동물 목적으로 사육되기도 한다.

CHAPTER 02

동물매개 유형의 이해

1. 동물매개활동(Animal Assisted Activity)

　동물매개활동은 전문적인 치료활동의 의미보다는 동물과 함께 즐거운 시간을 보내는 정도의 간단한 활동으로 오락적, 교육적, 예방적 기능에 중점을 두는 활동이다. 동물과 추억을 쌓을 수 있고 행복한 기억을 만들 수 있는 활동에 초점을 두기 때문에 동물매개활동에 참여하는 참여자의 욕구에 반응하여 즉흥적인 프로그램이 가능하다. 동물매개활동의 상위개념인 동물매개치료의 경우에는 심리치료이기 때문에 치료에 필요한 대상자의 정보, 문제 진단, 목표설정, 프로그램 운영 등과 같은 일련의 과정들이 이루어져야 하지만 동물매개활동은 그런 과정들을 전문가가 유동적으로 진행할 수 있다. 그렇기 때문에 동물매개활동을 운영하는 활동사는 전문적인 교육보다는 준 전문적인 교육을 통해 프로그램 운영에 필요한 지식들을 갖추어야 한다. 동물매개활동은 크게 수동적 동물매개활동, 상호작용적 동물매개활동으로 나뉜다.

1) 수동적 동물매개활동

수동적 동물매개활동이란 단순히 동물이 보이는 여러 가지 행동과 귀여운 모습들을 관찰하는 그 자체로 즐거움과 행복감을 느끼는 활동으로 강아지의 귀여운 외모와 행동, 고양이의 우아한 자태, 물고기가 헤엄치는 모습, 햄스터가 쳇바퀴를 돌리는 모습 또는 TV, 핸드폰, 사진 등과 같은 다양한 매체로 동물들의 귀여운 모습을 감상하는 것 등을 통해 심리적 안정과 정화의 효과를 경험하는 활동이다. 일상생활 속에서도 장소의 제약 없이 반려동물과 함께 있는 동안 수동적 동물매개활동 체험이 가능하다.

2) 능동적 (상호작용적) 동물매개활동

사람들이 직접 동물들과 상호작용을 함으로써 동기를 유발시키고 신체적 활동 증가와 사회생활 기술 향상 등의 효과를 꾀하는 적극적인 동물매개활동으로, 간식 주기, 털 빗어주기, 강아지와 산책을 하며 상호작용과 교감을 경험한다. 하지만 수동적 동물매개활동과 달리 능동적 동물매개활동은 동물과 직접적인 상호작용을 나누기 때문에 사고의 예방이 일차적으로 선행되어야 한다. 동물을 매개로 진행되는 동물매개 프로그램들은 사고의 위험성이 있기 때문에 이러한 요소들을 제거하거나 대처하는 것은 활동사의 몫이다. 능동적 동물매개활동을 운영하는 활동사는 그에 맞는 준전문적인 지식을 갖추어야 하며 사고로부터 내담자와 동물, 그리고 자신을 보호해야 한다.

———— 도우미동물과 교감을 나누고 간식을 주는 아동들

2. 동물매개교육(Animal Assisted Education)

　　동물매개교육은 교육적 색깔을 강하게 띠고 있는 동물매개 유형으로 일반 초등학교나 특수학교 등의 교육기관 또는 사회복지 단체에서 반려동물을 대하는 바람직한 반려동물 문화, 반려동물을 통한 생명교육, 생명의 중요성, 생명의 존엄성에 대한 교육들이 이루어지는 것을 동물매개교육이라고 한다. 반려동물과의 상호교감은 아동의 뇌 발달에 긍정적인 효과를 주고 발달에 중요하다는 연구결과가 있었다. 이러한 연구결과를 바탕으로 동물에 대한 경험과 지식을 갖춘 전문가(동물 전문가, 동물매개치료사)가 아동들이 사회의 한 구성원으로서 자연, 동물과 함께 하는 세상을 통해 이해심, 배려심을 경험함과 동시에 올바른 반려동물 문화를 배워 따뜻한 감수성이 발달되도록 도와준다.

　　아동과 청소년이 생명에 대한 존중, 중요성, 배려심을 배우는 과정에서는 이론을 통한 교육도 중요하지만 직접적으로 경험할 수 있는 동물의 다양한 생리적 반응과 행동들을 통한 교육이 효과적이다. 아동의 경우에는 추상적 사고의 발달이 충분히 이루어지지 않았기 때문에 '생명은 소중하고, 지켜줘야 한다'는 개념은 이해하기 어려울 수 있다. 하지만 직접 보고 느끼고 경험하게 되면 이해의 속도가 빠를 수 있다.

　　또한 아동과 청소년에게 있어 동물과의 교감은 '정서적 발달'에도 영향을 미치는데 정서는 인간의 모든 생애주기에 해당하는 개념으로 인간의 삶의 질과도 직결되어 있다. 아동과 청소년들이 동물과의 상호교감에서 겪게 되는 긍정적(기쁨, 즐거움, 자신감, 흥분 등)과 부정적 정서(슬픔, 분노, 공포, 혐오 등)를 균형 잡히도록 발달시키게 되면 안정된 아동기, 청소년기를 보낼 수 있으며 더 나아가 성인, 노년기에도 안정적인 정서를 유지 하도록 돕는다.

—— 도우미동물의 심장소리 듣기를 통해 생명의 존엄성에 대해 배울 수 있다.

3. 동물매개놀이(Animal Assisted Play)

동물매개놀이란 동물과 함께 참여할 수 있는 다양한 놀이적 요소들을 통하여 내담자, 특히 아동의 사회적 기능, 신체적 기능 및 긍정적 정서 발달을 유도할 수 있는 동물매개 유형으로 볼 수 있다. 비언어적인 상황에서도 아동의 즐거움과 다양한 표현능력을 이끌어낼 수 있는 놀이의 힘은 동물과 교감하기에 더욱 함께 뛰어다니며, 뒹굴며, 여러 활동적 놀이를 통한 신체적 기능 상승과 놀이를 통한 즐거움, 스트레스 해소를 통한 정서적 안정, 반려동물 그리고 친구들과 놀이를 하며 질서를 지키고 재밌는 놀이를 접하며 사회기술을 습득하는 것이 가능하다.

동물매개놀이에 투입될 수 있는 동물들 중에서 개는 가축화가 되어 인간과 가장 오랜 기간 함께 한 역사를 가지고 있으며 가장 오랜 역사를 가지고 있는 만큼 가장 친숙한 동물로 알려져 있는데 이렇게 인간과 오랜 세월 함께 할 수 있었던 이유는 개가 가지고 있는 감정소통 능력과 교감 능력 때문이다. 반려견은 시대가 흘러가며 애완동물에서 함께 간다는 '반려동물', 즉 가족의 일원과 더불어 아동들에게는

'좋은 친구'가 될 수 있다.

4. 동물매개공예치료(Animal Assisted Craft Therapy)

동물매개공예치료는 동물을 소재로 '공예적' 방법을 접목시켜 다양한 조형 활동 프로그램을 통해 내담자의 신체적, 정서적, 행동적 기능을 발달시키기 위한 프로그램이다. 동물매개공예치료 프로그램은 동물의 관여도가 비교적 낮게 운영될 수 있으며 프로그램에 참여하는 동물의 복지도 개선시킬 수 있다. 치료도우미동물의 관여도가 높으면 높을수록 동물의 스트레스는 증가할 수 있다. 사람과 함께 즐거운 시간을 보낸다고 하지만 프로그램 진행 시간 동안 내내 사람에게 노출되어 있으면 스트레스를 받기 마련이다. 그렇기 때문에 프로그램에 투입되는 동물들의 스트레스 관리는 필수적이다.

동물매개공예치료 프로그램에서 활용되는 기법들은 예술적 기법들을 접목시켜 다양한 신체의 기능을 작동하게 하며 구체적인 결과물을 만들어 내기 때문에 내담자의 자기효능감 또는 자아존중감을 높이는 데 충분한 기대효과가 있다. 다양한 재료들을 사용하는 과정과 자신이 만든 만족스러운 결과물을 보며 내담자들은 동물의 개입 없이도 동물매개치료에서 얻을 수 있는 효과들을 획득할 수 있다.

동물과 직접적인 접촉이 없어도 동물이 옆에서 자신이 하고 있는 행동, 모든 진행 과정을 지켜보고만 있어도 내담자는 수용 받는 느낌, 관심을 받게 되면서 누군가에게 사랑받을 자격이 있는 존재로 인식하게 되고 그로 인해 자아존중감의 향상과 자신감 향상 등의 효과로 이어질 수 있다. 또한 치료도우미동물을 위해 내담자 자신이 직접 만든 결과물을 사용해 보는 것으로도 성취감과 만족감을 획득하여 일상생활에서의 스트레스, 우울 등의 부정적 정서를 극복할 수 있다.

5. 반려동물매개치료(Companion Animal Assisted Therapy)

반려동물매개치료는 반려동물을 매개로 하는 치료로 여섯 종류의 반려동물 강아지, 고양이, 토끼, 페럿, 기니피그, 햄스터와 같은 사람들과 가장 친숙한 반려동물들과의 관계형성을 통해 인지적, 정서적, 사회적, 심리적 이유 등으로 어려움과 고통을 겪는 사람에게 목적과 목표에 맞게 문제해결과 기능향상에 도움을 주는 심리치료이다. 그렇기 때문에 다양하고 일상생활에서 접할 수 없는 동물들을 만나며 상호작용을 통해 긍정적 효과를 획득할 수 있지만 안전성에 있어 많은 것들을 고려해야하고 준비하고 예방해야 하는 동물매개치료와 달리 반려동물매개치료는 안전성에 있어 한 단계 높은 수준이라고 볼 수 있다.

전문적인 교육과 지식을 갖춘 반려동물매개심리상담사 또는 치료사가 교육된 치료도우미동물과 의도적이고 계획적이며 체계적인 내담자 맞춤형 프로그램을 통해 내담자의 정서적 안정 도모, 심리적 회복 등을 추구하는 전문적인 분야이고 반려동물이 주는 친숙함과 대중성으로 내담자가 상처 입은 마음, 닫혀 있는 마음을 보다 빠르게 열어 편안하고 자유로운 상황에서 치료를 받을 수 있도록 돕는다. 이것이 동물매개치료와 반려동물매개치료의 차이점이며 내담자가 동물의 다양성을 원한다면 동물매개치료가 적합할 것이며 보다 안전하고 높은 강도의 상호교감과 빠른전개의 치료과정을 원한다면 반려동물매개치료가 적합할 수 있다.

6. 동물매개치료(Animal Assisted Therapy)

동물매개치료는 심리치료의 한 분야로 살아 있고 교감할 수 있는 동물과의 상호작용을 통해 인지적, 정서적, 사회적, 심리적 발달이나 적응력, 삶의 질 등을 향상시킴으로써 인간의 정서적 안정, 심리적 회복, 육체적 재활 등을 추구하는 치료이다. 단순히 치료도우미동물과 함께 놀이 활동을 말하는 것이 아니라 사회적 기술 향상과 인지적 발달 또는 정서적 안정 도모 등을 위해 적절한 치료적 목표를 설정하고 프로그램과 목표에 적합한 도우미동물을 의도적이고 계획적으로 개입시켜 인지적, 정서적, 사회적, 심리적 어려움을 겪고 있는 대상자의 문제해결을 돕는 치료이다. 치료를 담당하는 치료사는 심리치료에 관한 전반적인 지식을 갖추어야 할 뿐만 아니라 투입된 도우미동물의 행동, 특성, 훈련, 병리 등에 관한 지식 또한 갖추어야 한다.

 동물이 주는 효과는 내담자의 변화에 큰 영향을 끼친다고 볼 수 있는데 중요한 것은 동물매개치료도 다른 유형의 매개치료들과 마찬가지로 사람(치료사)이 사람(내담자)을 격려, 지지, 조력을 통해 문제를 해결하고 도움을 주는 치료이기 때문에 '매개체'에 대한 높은 의존도는 치료 프로그램의 질을 낮출 수 있다. 매개체는 매개체일 뿐 내담자의 변화에 일부분 밖에 차지하지 않기 때문에 동물매개치료사의 전문성과 응용기술이 중요하다. 본격적으로 동물매개치료에 대해서 살펴보기 전, 동물매개치료는 동물이라는 생명체를 매개로 개인의 문제해결을 통한 삶의 질 향상시키는 '심리치료'의 한 분야이기 때문에 동물매개치료의 기반이라고 할 수 있는 '심리치료'의 의미와 정의, 그리고 매개체를 활용하는 심리치료인 '매개치료'에 대해 살펴보도록 한다.

1) 심리치료와 매개치료

(1) 심리치료의 의미와 정의

 심리치료는 도움을 필요로 치료사와 내담자 간의 언어적 상호작용을 통해 치료자가 내담자에게 어려움을 극복하도록 도와주는 활동으로 알려져 있으며 어떤 전문가들은 병원 장면에서 정신건강 전문의 중심으로 환자의 증상 감소/제거 및 성격 재건(재구성)을 목적으로 수행하는 치료적 개입이라고도 설명한다. 치료사는 내담자가 가지고 있는 문제를 해결하도록 도우며 보다 높은 삶의 질을 가질 수 있도록 도와야 하는 책임을 가지고 있다. 심리치료가 오랫동안 관심 받던 외국의 경우 심리치료와 상담은 일찍이 자리를 잡아 대중화되었지만 한국의 경우 1990년대 초반 경제적 성장으로 인해 심리치료에 관심을 갖게 되면서 다양한 심리치료들이 한국으로 유입되어 전성시대를 맞이하게 되었다. 하지만 경제위기가 찾아오면서 정신적으로 충격을 받게 된 사람들이 심리치료에 의존을 하게 되며 더욱 다양한 치료들이 생기게 되고 자리를 잡는 듯 했으나 '치료'라는 용어는 사람들이 거리감을 갖게 되며 대중화가 되기에 예상보다 오랜 시간이 걸렸다.

과거 1990년대에는 심리치료와 상담에 대한 관심이 높았던 반면, 시대의 상황이나 실정 때문에 실제 치료나 상담을 받기 주저하는 사람들이 많았다. 그러나 현대 사람들은 새로운 경험, 교육, 정보에 대한 높은 관심으로 심리치료와 상담의 중요성에 대해 인식하며 새로운 영역의 관심을 기울이게 되면서 1990년대 말 한국으로 유입된 심리치료들 중 치료과정에서 식물과 동물이 투입되어 심리치료와 상담에서 더 나아가 아동들과 청소년들을 대상으로 생명에 대한 교육을 진행함과 동시에 심리적, 정서적 안정까지 제공하는 치료들이 활성화되기 시작했다.

심리학자 월버그(Wolberg, 1977)는 '증상을 제거하거나 수정 또는 경감시키고 장애 행동을 조절하며 긍정적 성격을 발달시키기 위해 훈련된 치료사와 전문적인 관계를 형성하여 정신적 문제를 심리학적 방법으로 치료하는 것'이라고 정의가 내려져 있으며 또한 임상 심리학자 가필드(Garfield, 1995)는 '심리 치료는 치료사와 내담자 간의 언어적 상호작용을 통해 치료사가 내담자에게 어려움을 극복하도록 도와주는 것'이라 정의했다. 이러한 정의들을 살펴보면 심리치료는 심리적 고통이나 해결하고 싶은 문제를 가진 사람에게 심리학적 전문 지식을 활용하여 문제를 해결, 또는 삶의 질을 향상시키도록 돕는 전문적 활동으로 요약할 수 있다.

(2) 매개치료의 의미와 정의

상담 기반의 심리치료의 틀에서 벗어나 다양한 영역들을 접목한 심리치료들이 연구와 실습을 통해 효과를 입증해오고 있으며 급격하게 성장하고 있는 현대사회에 맞춰 인간이 겪게 되는 다양한 정신적 질환들에 증상을 완화시키는 데 사용되고 있다. 다양한 영역과 분야들의 장점을 활용한 심리치료들에게서 공통적으로 찾아볼 수 있는 개념은 '매개체'라는 개념이다. 매개의 사전적 의미는 '어떠한 둘 사이에서 양편의 관계를 맺어 줌'이라는 뜻을 갖고 있다. 이러한 매개체를 활용하는 심리치료를 '매개치료'라고 한다. 동물매개치료를 예로 들면 동물매개치료에서 동물은 매개체로써 치료자와 내담자의 관계를 이어주는 중요한 역할을 수행하게 된다.

내담자에게 동물은 친밀감을 형성하고 관계형성을 함으로써 치료 과정에서 생길 수 있는 어색함을 줄이고 생명에 대한 소중함을 알려주며 상호작용을 통해 동물이 주는 무한한 사랑을 경험하게 되면서 내담자는 심리적, 정서적 안정을 얻게 되고 삶의 질을 향상시켜준다. 치료사에게 동물은 조력자가 되어 내담자와의 거리를 좁히고 생명에 대한 교육과 동물이라는 다리를 통해 내담자의 아픔, 어려움, 슬픔 등의 다양한 감정을 관찰할 수 있으며 내담자의 마음을 열 수 있게 도와주는 역할을 한다.

심리치료는 치료사와 내담자 간의 전문적 관계 속에서 일어나는 상호작용을 통해 문제해결에 도움을 줄 수 있기 때문에 신뢰와 믿음을 바탕으로 하는 전문적 관계를 형성하기 위해서는 그들을 연결해주는 매개체가 필요하다. 모든 매개치료에는 매개체가 존재한다. 웃음치료, 연극치료, 음악치료, 무용치료, 놀이치료, 모래놀이치료, 미술치료, 공예치료, 원예치료, 동물매개치료 등이 있으며 이런 심리치료들의 이름에는 '매개'라는 말이 빠져있을 뿐 결국 음악매개치료, 미술매개치료, 무용매개치료, 놀이매개치료의 뜻을 내포하고 있음을 알 수 있다. 따라서 매개치료는 심리치료와 같이 상담 이론을 기반으로 이루어지지만 더 나아가 치료과정에서 어떠한 매개체가 치료사와 내담자의 관계형성을 하는데 다리 역할을 하고 내담자의 내면을 관찰하거나 마음의 문을 여는 열쇠가 되어 치료가 원활하게 진행될 수 있도록 하는 치료라고 볼 수 있다.

위에서도 언급했듯이 현재는 다양한 매개치료들이 존재하고 있으며 치료와 교육, 치유 등의 개념을 접목한 'Multi−Therapy'들이 새롭게 생기고 있지만 이런 치료들이 모든 사람들에게 적합하다고는 말할 수 없다. 내담자 각각의 취향, 특성, 성격, 환경 등 많은 점들을 고려하여 내담자에게 가장 적합한 치료를 진행하면 큰 도움이 될 수 있다. 어떤 치료가 가장 효과가 뛰어나고 가장 연구가 잘 이루어졌는지, 가장 이상적인지는 결국 내담자에 따라 달라질 수밖에 없다.

2) 동물매개치료의 특징

(1) 종합적이고 전문적인 분야

투입되는 도우미동물의 생리와 행동, 관리, 훈련 등 전문적인 지식과 응용기술을 익혀야 하며 내담자 또는 대상자가 해결해야 할 문제나 심리적 어려움을 직면하여 스스로 해결하고 극복할 수 있도록 도와주기 위해 심리학, 상담학, 재활의학, 사회복지학 등과 같은 심리상담에 관한 지식을 전반적으로 갖추어야 하는 종합적이고 전문적인 분야이다.

(2) 살아 있는 생명체를 매개로 한다.

동물매개치료는 음악치료, 미술치료, 모래치료 같은 치료들과는 달리 살아있고 상호작용을 할 수 있는 동물을 매개로 한 심리치료 분야이다. 내담자와 도우미동물의 친밀감은 치료를 성공적으로 진행하는 데 있어 필수적이며 내담자와 상담사의 관계형성에도 중요한 다리 역할을 한다. 살아있는 동물과의 상호작용을 통해 사회성과 책임감, 정서적 안정, 남을 배려하는 배려심과 이타심을 배워 생명을 존중하는 방법을 배울 수 있다.

(3) 상호역동적인 작용을 한다.

동물매개치료는 살아있고 상호교류가 가능한 동물을 매개로 하기 때문에 내담자와 친구 또는 동반자처럼 지낼 수 있다. 내담자가 도우미동물과 관계를 형성하면서 동물에 대한 감정과 태도가 자연스럽게 사람에게로 전이될 수 있고 동물과 직접적인 만남과 접촉, 보살핌을 통해 생명존중 의식과 공동체 생활을 인식할 수 있어 타인에 대한 배려와 이해, 사회화를 촉진시킨다.

(4) 동물은 차별하지 않는다.

인간은 상대방을 자신과 비교하거나 다른 사람과 비교하며 무시, 멸시, 비판하고 비난하지만 동물은 결코 그렇지 않다. 동물은 사람들의 국적, 외모, 성별, 교육 수준, 장애 유무 등과 전혀 상관없이 무조건적으로 수용하기 때문에 사람들은 동물과 함께 있을 때 마음이 편해지고 상실되어가는 인간의 본연의 모습을 되찾을 수 있다. 또한 동물은 자신을 사랑하고 정성껏 보살피는 모두에게 공평하게 있는 그대로 대해주어서 사회부적응이나 정서적 문제가 있는 사람 특히 소외계층의 사람, 장애인의 정서적, 인지적, 심리적 극복과 회복에 적합하고 효과적이다.

(5) 제한적 요소가 있다

동물과의 직접적인 접촉과 상호작용 과정을 통한 치료적 효과가 일어나기 때문에 어떻게 보면 동물매개치료에서 동물과의 접촉은 필수적일 수밖에 없다. 하지만 동물과의 접촉을 통해 내담자의 건강에 이상이 생긴다면 말이 달라진다. 동물 털 알레르기와 같은 질환을 가진 환자는 동물의 털에 의한 알레르기 반응을 주체하지 못하며 바로 반응이 나타나기 때문에 동물매개치료가 제한적이다. 동물매개치료는 직접 동물과 접촉하며 상호 역동적인 활동으로 이루어지므로 통신매체, 즉 이메일, 전화, 우편 등의 방법으로는 동물매개치료가 불가능하다. 하지만 동물과의 직접적인 접촉 없이도 정서적 안정과 즐거움을 유발할 수 있는 수동적 동물매개활동과 동물매개공예치료와 같은 프로그램은 비(非) 접촉, 비(非) 대면 치료적 개입을 통해 치료적 효과를 획득할 수 있다.

3) 동물매개치료의 효과

치료과정에서 반려동물과 함께 함으로써 얻을 수 있는 효과들은 다양하다. 치료과정뿐만 아니라 반려동물은 우리의 삶 속에서 적지 않게 도움을 주기도 한다. 1인 가족의 증가로 인한 사회적 고립감과 외로움, 소외감을 반려동물이 달래주고 해소시켜주며 반려동물 중 개의 경우 사회적 상호작용의 촉매 역할을 하기도 한다. 개는 키우는 사람이 자신의 개와 함께 공원을 걸어갈 때 공원에 산책을 나온 사람들과 대화를 나누며 낯선 사람과의 어색함을 누그러뜨리는 역할을 하기도 하며 사회적 접촉을 촉진시켜주기도 한다(Messent, 1983). 따라서 동물들과 동물의 정보를 습득하는 과정에서 학습의 흥미를 유발하며 인지적 효과를 기대할 수 있으며 도우미동물과 치료사 그리고 함께 참여하는 내담자들과의 관계형성을 통한 사회적 효과를 얻을 수 있다. 동물과의 상호작용에서 겪게 되는 다양한 정서적 효과와 동물과의 동적 프로그램을 통한 신체적 효과 또한 기대할 수 있다. 급격한 현대사회의 발전과 그로 인한 물질만능주의가 생명의 존엄성 무시, 생명 경시 현상으로 이어지기도 한다. 또한 이러한 발전은 인간의 심리, 정서적 어려움과 장애를 초래하기도 한다. 다양한 정신적 질환, 정신장애에도 효과적이며 아동, 청소년의 정서지원 프로그램으로 운영된다. 이러한 반려동물이 주는 효과들을 동물매개치료에 적용할 수 있다.

표 1-1 **동물매개치료의 효과**

인지적 효과	정서적 효과
• 지식습득의 흥미 유발 • 언어능력의 향상 • 학습욕구 증대 • 집중력 및 기억력 향상 • 생명존중 의식 함양	• 심리적, 정서적 안정 • 정서지능의 향상 • 자아존중감 향상 • 스트레스 해소 • 성취감 및 만족감 획득
사회적 효과	신체적 효과
• 대인관계능력 향상 • 공감능력 향상 • 사회기술 향상 • 배려심 및 적응력 향상 • 긴장완화 및 사회적 접촉의 확대	• 소근육 및 대근육 발달 • 근육계 및 평행 감각 재활 • 심장 및 혈관질환 강화에 효과적 • 규칙적 운동습관 형성

4) 동물매개치료의 역사

우리나라에 동물매개치료가 전파된 것은 30여 년 밖에 되지 않으며 아직도 많은 발전이 필요하다. 하지만 외국의 경우 160~170년 전부터 동물이 사람의 삶의 질을 높이기 위해 활용되었다는 자료를 쉽게 찾을 수 있다. 1859년 나이팅게일은 환자들이 동물들을 돌보는 것을 통해 신체적, 정신적 회복에 도움을 받을 수 있다고 생각하여 동물을 돌보도록 권장하였다. 이를 시작으로 동물매개치료의 연구가 본격화되었고 1901년 영구의 헌트와 선즈가 재활승마라는 개념을 도입하여 영국의 옥스 퍼드 대학병원에서 처음으로 재활승마치료를 실시하게 되었고 그로부터 50여 년 뒤 1952년 헬싱키 올림픽에서 소아마비 장애를 극복하고 올림픽에서 은메달을 따게 된 승마선수 리즈 하텔을 통해 재활승마의 효과가 입증되기도 했다.

1942년에는 2차 세계대전으로 인해 정신적 충격과 정신병을 앓고 있던 군인들 을 대상으로 파울링 공군병원에서 농장동물과 함께하는 프로그램을 적용시켜 군 인들의 회복을 도왔다. 1962년에는 미국의 소아정신과 전문의 Boris Levinson이 부 수적 치료로 동물매개치료를 적극적으로 활용할 것을 제안하였는데 이것은 자신의 경험에 의해 시작되었다. 소아정신과 대기실에서 진료를 기다리는 아동들이 무료해 보여 자신의 반려견을 대기실에 풀어주니 기다리는 동안 아동들이 그 순간만큼은 행복과 즐거움을 느끼는 놀라운 경험을 하게 되어 그 후부터 동물매개치료의 연구 와 효과를 입증하는 데 많은 기여를 하였다.

5) 동물매개치료의 구성요소

동물매개치료의 구성은 세 가지로 이루어진다. 첫 번째로 대상자는 어린이부터 노인까지 신체적, 정신적, 정서적, 사회적, 심리적으로 어려움을 겪고 있는 모든 사 람들을 말하며 동물매개치료로 인해 어려움을 극복하는 사람들을 말한다. 두 번째 도우미동물은 대상자와 치료사 간에 관계를 이어주는 다리역할을 하며 대상자와의 상호작용 및 교감을 통해 삶의 질을 높여주는 역할을 한다. 마지막으로 동물매개치 료사는 대상자의 어려움과 문제를 도와줄 수 있는 목표와 계획을 수립하여 도우미동물과 팀을 이루어 목표 달성을 위해 대상자를 돕는 역할을 한다. 동물매개치료의 구성요소는 대상자, 도우미동물, 동물매개치료사 세 가지로 이루어지며 이들은 같은 목표를 향해 나아가는 동반자이다.

(1) 도우미동물

모든 동물들이 동물매개치료에 투입되어 인간과의 상호작용을 나눌 수 있는 것은 아니다. 각 대상자에게 맞는 치료 목표를 설정한 후 그 목표에 맞는 도우미동물을 선택하여야 한다. 이때 도우미동물 선정은 대상자가 아닌 동물매개치료사가 선정해야 하며 그 이유는 대상자와 동물 간의 관계형성에 있다. 대상자가 자신이 원하는 도우미동물을 선정하였다 하더라도 도우미동물을 좋아하지 않을 수도 있다. 첫 만남에 사고가 일어날 수도 있고 막상 만나보니 자신이 원하던 동물이 아니라고 생각할 수도 있다. 동물매개치료의 성공적인 첫 걸음은 대상자와 도우미동물 간에 상호작용을 통해 친밀감을 쌓고 관계형성을 하는 것이 중요하다. 그렇기 때문에 동물매개치료사가 대상자와의 상담을 통해 치료 목표와 계획을 수립한 후 대상자의 치료적 목표에 가장 적합하고 대상자의 어려움을 해결하는 데 도움을 줄 수 있는 동물을 선정해야 하는 것이다.

① 도우미동물 종(種) 선정 기준

한국반려동물매개치료협회(2015)에 따르면 도우미동물 선정을 위해 4가지 기준을 정하고 이러한 기준을 WACE라 하였다. WACE는 동물복지(welfare) 적합도, 활동

(activity) 적합도, 건강(condition) 적합도, 환경(environment) 적합도를 뜻하며 이런 기준들을 바탕으로 치료에 가장 효과적이며 적합한 동물을 선정하게 된다.

첫째, 동물복지(Welfare) 적합도는 도우미동물을 선정하는 데 있어 윤리적인 부분을 고려한 기준으로 동물매개치료는 인간과 동물이 생명공동체로서 맺는 유대적 관계를 통해 올바른 공존의 가치를 담고 있다. 도우미동물을 심리치료, 즉 동물과 인간 상호간의 교감이 목적이 아닌 치료의 사역만을 목적으로 동물을 이용하는 것은 동물매개치료가 가진 순기능이 훼손될 수 있다. 따라서 동물보호법에 의거, 사육시설의 운영효율성과 복지실천의 경제성을 살펴 생명존중의 가치를 실현할 수 있는 도우미동물을 선정해야 한다.

둘째, 활동(Activity) 적합도는 도우미동물로써 치료적 활동이 가능한 동물인지 확인하는 것으로 도우미동물은 심리치료라는 특수한 현장에 치료사에 의해 의도적이고 계획적으로 투입되기 때문에 가장 기본적으로 동물에게 요구되는 능력 또는 도우미동물로써의 자질 중에서 낮은 공격성과 안정성으로 볼 수 있다. 동물들 중에는 기질적으로 인간에 대한 낮은 공격성을 보이는 동물들이 있다. 그와 반대로 야생성이 강하게 남아있는 야생동물들은 통제가 어렵고 길들이기가 힘들어 인간에게 신체적, 정서적 상해를 입힐 수 있다. 그렇기 때문에 야생동물의 경우에는 도우미동물로서 선정하는 데 있어 심사숙고해야 하며 상당한 주의가 필요하다. 동물로 인한 상해는 동물매개치료의 성장에 방해가 되는 요소이기 때문에 대상자가 도우미동물로 인해 상해를 입는 일은 없어야 하며 대상자에 의해 동물이 상해를 입는 일 또한 없어야 한다.

셋째, 건강(Condition) 적합도는 도우미동물의 건강상태를 의미하는 것으로 신체적, 정서적 건강을 모두 포함하고 있다. 도우미동물의 건강관리는 동물을 위한 생명윤리 실천을 위해서도 필요하지만 대상자의 건강을 위해서도 필수적으로 이루어져야 하는 사항이다. 도우미동물들에게 필요한 필수 예방접종과 함께 적절한 위생관리를 통해 질병의 예방과 질병에서 회복할 수 있는 능력을 갖추고 있는지 점검해야 한다. 특히 고려해야 할 것은 인수공통전염병/감염병으로 동물과 사람 모두에게 전파되는 병원체에 의해 발생되는 감염병 여부는 도우미동물 선정에 있어 중요한 기준이 된다. 공격성과 더불어 동물매개치료의 방해요인 중 하나가 위생이기 때문에 선정할 때 신중히 고려해야 한다. 또한 동물들 중에서는 스트레스에 취약한 동물들도 있기 때문에 스트레스를 관리할 수 있는 방안도 살펴봐야 한다.

넷째, 환경(Environment) 적합도는 기상학적 환경, 사회적 환경, 공간적 환경과 치유 프로그램 환경에 도우미동물의 활동이 적합한지 검토하는 것이다. 동물들은 종별로 타고난 습성이 다르며 동물들 중 환경 변화에 예민한 고양이, 햄스터와 같은 영역동물은 다양한 자극에 공격적으로 반응할 수 있다. 더불어 햄스터는 야행성 동물이라 낮에 자고 밤에 활동하는 습성을 가지고 있다. 파충류는 온열동물로 온도와 습도 유지가 중요하며, 초식동물과 같이 겁이 많고 약한 동물은 인간과의 접촉 시간이 길고 생활하는 공간이 아닌 외부공간에 노출이 오래 지속되면 스트레스를 받게 된다. 따라서 다양한 환경적 고려가 필요하며 동물들의 습성을 잘 파악하여 적용시키는 것이 중요하다.

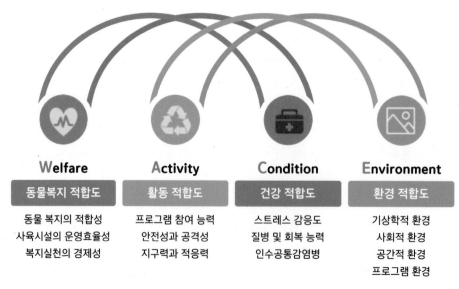

Welfare	Activity	Condition	Environment
동물복지 적합도	활동 적합도	건강 적합도	환경 적합도
동물 복지의 적합성 사육시설의 운영효율성 복지실천의 경제성	프로그램 참여 능력 안전성과 공격성 지구력과 적응력	스트레스 감응도 질병 및 회복 능력 인수공통감염병	기상학적 환경 사회적 환경 공간적 환경 프로그램 환경

그림 1-2 **도우미동물 종(種) 선정기준(WACE)**

② 도우미동물 개체 선정기준

도우미동물의 종 선정이 완료된 후에는 대상자의 특성과 치료 목표에 맞게 개체 선정이 이루어진다. 개체에 따라 가지고 있는 기질과 훈련 습득 속도 및 이해력, 사회화 정도가 다르기 때문에 매뉴얼에 따른 효과적인 개체 선정이 실시되어야 한다.

개체 선정의 기준은 첫째, 사육관리의 효율성과 이동의 제약조건을 확인해야 하는 것이다. 도우미동물은 스트레스에 둔감하고 동물 본연의 습성을 유지하며 잘 관리가 된 개체여야 하며 개인 차량이나 대중교통을 이용할 시 그에 준하는 훈련이 되어 있어야 한다. 개인 자가용과 다르게 대중교통을 이용하면 동물들에게는 다양한 자극과 소리에 노출되기 때문에 이를 견딜 수 있는 능력과 훈련이 이루어져야 한다. 또한 멀미나 구토의 유무 등 이동수단에 대한 개체의 반응을 확인해야 한다.

둘째, 접촉에 대한 안정성을 갖추어야 한다. 동물매개치료는 대상자와 도우미동물과의 역동적인 상호교감과 접촉이 발생하는 심리치료이다. 그렇기 때문에 직접적으로 동물을 만지고 간식을 제공하는 과정에서 생길 수 있는 위생관리에 신중해야 한다. 도우미동물은 수의학적으로 필요한 예방접종과 구충 관리가 완료되어야 하며 이를 증명할 수 있는 증명서가 구비되어야 한다. 또한 대상자의 스킨십에 민감하게 반응하지 않아야 하는데 특정 부위에 예민하게 반응하는 개체는 자신을 방어하기 위해 공격행동을 보일 수 있어 사전에 접촉에 대한 거부감 정도를 필히 확인해야 한다.

하지만 여기서 접촉의 거부감이 있다고 해서 동물이 부적합하다고 볼 수 없다. 동물매개치료는 공존의 개념을 담고 있기 때문에 대상자가 도우미동물의 감정을 수용하고 자신보다 약한 존재에 대한 배려를 실천하여 올바른 교감이 이루어지도록 해야 한다. 무엇보다 인간과 동물의 안전을 최우선으로 생각해야 하며 어떠한 경우에도 상호간에 생명에 대한 위협이 있으면 안 된다.

셋째, 인간에 대한 친밀감과 교감능력을 갖춰야 한다. 동물매개치료는 대상자와 도우미동물의 관계를 치료과정에 활용한다. 도우미동물의 사랑스러운 행동과 익살스러운 재롱은 역동적인 상호작용을 가능케 한다. 동물의 크기에 따라 다르겠지만 갑자기 돌진하거나 안아달라는 행동의 애정표현은 사고의 위험이 될 수 있으며 동물에 익숙하지 않은 대상자에게는 공포감을 조성할 수 있다. 따라서 적당한 정도의 친밀감을 표현할 수 있어야 하며 이를 위해서는 치료사와 도우미동물 사이의 신뢰를 바탕으로 사회화 훈련이 선행되어야 한다.

넷째, 사회적 능력을 갖춰야 한다. 동물매개치료에 투입되는 도우미동물은 사람을 대상으로 사회화되어야 하지만 다른 종의 동물과의 사회화도 필요하다. 치료 과정에서 다른 동물에 대한 지나친 관심과 탐색, 프로그램을 방해하는 행동은 다른 동물의 집중력 또한 낮추기 때문에 대상자와의 교감의 질이 떨어지며 프로그램의 만족도 또한 떨어질 수 있다. 동시에 다른 동물의 거부 의사에도 불구하고 지속적으로 관심을 표현하고 심기를 건드리면 동물 간의 싸움으로 번져 대상자가 겁을 먹거나 프로그램 참여에 소극적으로 변할 수 있다. 때문에 집단 동물매개치료의 경우 여러 마리의 동물이 함께 하다 보니 사회화 훈련은 필수적이다. 또한 다양한 사회적 환경에 적응할 수 있는 안정감을 보여야 하며 휠체어나 대상자의 걸음걸이, 장애인이나 아동, 청소년의 과잉행동, 소음 등에 지나치게 민감하게 반응하지 않도록 해야 한다.

다섯째, 교류적 역동성을 지녀야 한다. 체력이 약한 동물이나 노쇠한 동물은 대상자에 대한 관심이 떨어지고 집중력도 낮아 애착관계를 형성하기 어렵다. 치료사 뿐 아니라 도우미동물 또한 치료 과정에서 집중력을 발휘해야 하며 대상자에게 집중할 수 있는 지구력이 요구된다.

동물매개치료에 투입되는 동물들은 각각의 선발기준과 동물매개치료에 선발되는 조건들을 갖추어야 훈련을 통해 동물매개치료 실전에 투입이 될 수 있다. 모든 동물이 동물매개치료에 투입되지 않으며 사람에게 안전하고, 사람과의 감정소통, 상호작용이 원만하게 일어나는 동물들이 동물매개치료에 적합하다. 각각의 도우미동물들이 거쳐야 할 선발기준과 장점 및 단점을 알아보도록 한다.

③ 치료도우미견

동물매개치료에 투입되는 동물은 고양이, 새, 토끼, 기니피그, 햄스터, 말, 파충류, 돌고래 등 여러 동물들이 있지만 가장 많이 적합하다고 평가되는 동물은 강아지이다. 동물매개치료는 상호작용, 즉 둘 이상의 대상이 서로 영향을 주고받는 행동을 통해 다양한 효과들을 얻을 수 있다. 강아지의 경우 인간과의 상호작용이 활발하게 일어나며 감정소통, 상호접촉성이 가장 뛰어나 동물매개치료 활용도가 가장 높다.

치료도우미견 선발기준

- 사람을 좋아하는 개(사람을 싫어한다면 사고의 가능성이 높다)
- 다른 동물에 대해 지나친 관심을 갖지 않는 개(대상자에 대한 집중력을 키운다)
- 아프거나 병이 없는 건강한 개(도우미견이 아플 때는 그에 맞는 조치를 취해야 한다)
- 주인과 함께 활동할 수 있는 개(주인과의 호흡이 잘 맞아야 대상자와 동물 간에 라포형성을 이끌어 낼 수 있다)

치료도우미견의 첫 번째 선발기준은 사람과의 친화력이 높은 개이며, 대상자와의 상호작용 및 감정소통을 나누며 치료효과가 나타나는데 사람을 무서워하거나 사람에 대한 불안감 및 두려움을 가지고 있는 친화력이 낮은 개는 사람을 물거나 다치게 할 수 있으며 동물매개치료에서 중요한 라포형성을 하는데 사람에 대한 두려움이 방해요소로 작용이 될 수 있기 때문에 사람을 좋아하는 개가 동물매개치료 도우미견으로서 적합하다.

두 번째는 다른 동물에 대한 지나친 관심을 갖지 않는 개다. 다른 동물에게 지나친 관심을 보이는 개의 경우 대상자와의 라포형성 및 동물매개치료 프로그램에 있어 낮은 집중력을 보이며 다른 동물에게 지나치게 관심을 보이는 탓에 싸움이 일어날 수 있어 주의가 필요하다.

세 번째는 아프거나 병이 없는 건강한 개가 동물매개치료에 적합하다. 질병이 있거나, 병에 노출되어 있는 환경에 놓여있거나, 예방접종이 제대로 되어 있지 않은 도우미견의 경우 그에 맞는 조치가 취해질 때까지 동물매개치료에는 투입이 되어서는 안 된다. 사람의 삶의 질과 정신적, 신체적, 정서적, 심리적 회복과 대상자의 문제해결에 도움을 주는 도우미동물이 질병과 위험에 노출되어 있는 상태에서 사람의 욕심으로 인해 대상자의 문제해결만 주장한다면 동물과 더불어 살아가는 세상이 아닌 동물을 이용하는 또는 학대하는 것과 다름이 없기 때문에 동물매개치료에 투입이 될 동물이라면 건강한 것이 우선시되어야 한다.

마지막 선발기준은 주인과 함께 활동할 수 있는 개로 동물매개치료사는 대상자와 동물 간에 라포형성을 유도하여 동물이 주는 무조건적 사랑과 애정을 통해 삶의 질을 향상하는 데 도움을 줘야 할 책임감이 있다. 그러기 위해서는 동물과의 호흡이 중요한데 자신이 키우는 반려견과 가장 호흡이 잘 맞을 것이라 생각된다. 동물매개치료에서 일어날 수 있는 사고(물림, 할큄 등)를 예방하고 안전하게 대상자가 도우미견과 교감을 나누려면 기본 훈련부터 도우미견의 행동, 질병, 심리에 대해서 동물매개치료사가 가장 잘 파악을 하고 있어야 하기 때문에 주인과 함께 활동할 수 있는 도우미견이 동물매개치료에 가장 적합하다.

④ 치료도우미 고양이

치료도우미 고양이 선발기준
• 침착해야 하며 얌전한 고양이 • 사람과의 접촉에 덜 예민하고 스트레스에 대한 인내심이 높은 고양이 • 낯선 사람을 대면할 때 침착한 고양이 • 사람과 친숙하고 사람에 대한 두려움이 없는 고양이

치료도우미 고양이의 장점 및 단점

장점	단점
• 특별한 복종훈련이 필요 없다. • 체형이 작아 위협적이지 않다. • 얌전해 쉽게 다가갈 수 있다.	• 털 빠짐이 심해 알레르기를 유발한다. • 장기가 없다. • 야행성으로 예민한 고양이는 사고로 이어질 수 있다.

치료도우미 고양이는 고양이 특성상 환경변화에 극도로 예민하기 때문에 침착하고 얌전한 고양이가 적합하다. 고양이는 자신이 낯선 상황에 놓여있거나 겪어보지 못한 상황에 크게 당황하기 때문에 돌발행동을 할 수 있다. 사람을 할퀴거나 무는 경우에 상처를 입을 수 있어 비교적 환경변화에 적응이 빠르고 침착하게 대응하는 고양이가 좋다. 또한 사람과의 상호접촉과 감정소통으로 치료효과가 나타나는 동물매개치료는 직접 동물을 만져야 하는데 사람과의 접촉에 스트레스를 받고 예민하게 반응하는 고양이의 경우는 역시 사람을 다치게 할 수 있어 사람이 만져주는 것을 좋아하고 사람에게 호의적인 고양이가 동물매개치료에 적합하다.

치료도우미 고양이가 동물매개치료 도우미동물로서 가지고 있는 장점으로는 특별한 복종훈련이 필요 없기 때문에 사람에게 호의적이고 사람과의 접촉에 스트레스를 받지 않는 고양이라면 바로 동물매개치료 프로그램에 투입되도 무방하다는 점이다. 하지만 그에 반해 단점으로는 복종훈련이 되어 있지 않기 때문에 도우미견들이 보여줄 수 있는 훈련들인 '앉아, 엎드려, 기다려'와 같은 장기는 하지 못한다. 물론 고양이들도 훈련이 가능한 동물이다. 그렇지만 개에 비해 훈련 습득 속도가 느리고 많은 노력이 필요하기 때문에 굳이 필요하지 않다는 의미다. 다른 장점으로는 동물에 대한 공포심이 있는 대상자의 경우 치료도우미견이 크다고 느껴질 수 있고 무서워 다가가지 못하지만 개에 비해 고양이는 체격이 작기 때문에 비교적 쉽게 다가와 교감을 나눌 수 있다.

⑤ 치료도우미 토끼

치료도우미 토끼의 장점 및 단점

장점	단점
• 귀엽고 온순한 성격과 친근한 이미지 때문에 다가가기 쉽고 공격성이 낮아 안전하다. • 푹신푹신한 털의 촉감을 가지고 있어 아동의 상호접촉성이 뛰어나다.	• 스트레스에 약한 동물이라 주의가 필요하다.

　　토끼는 온순한 성격과 귀엽고 친근한 외모 때문에 대상자들이 부담 없이 다가갈 수 있는 동물로 공격성 또한 낮아 상호작용을 하는 데 큰 어려움이 없다. 그리고 푹신푹신하고 부드러운 털의 느낌이 감각적으로 발달이 필요한 아동들의 촉감을 발달시키는 데 좋은 영향을 준다. 또한 상호접촉성도 뛰어나 털을 만지면 다양한 느낌들을 느낄 수 있다.

　　하지만 주의해야 할 점은 토끼는 스트레스에 굉장히 취약한 동물이라 여러 상황에서 스트레스를 받을 수 있다. 다른 동물들과의 접촉으로도 스트레스를 받을 수 있으며 예민한 청각을 가지고 있어 시끄러운 소리, 자극적인 소리에도 스트레스를 받을 수 있고 대상자의 부주의 때문에 스트레스를 받을 수 있어 동물매개치료사의 주의가 필요하다. 스트레스를 심하게 받은 경우는 돌연사 할 가능성도 있어 토끼가 자극을 받지 않도록 주의해야 한다.

⑥ 치료도우미 페럿

치료도우미 페럿의 장점 및 단점

장점	단점
• 특이한 생김새와 행동으로 대상자의 흥미를 유발할 수 있다. • 귀엽고 순한 성격으로 쉽게 다가갈 수 있고 공격성이 낮아 안전하다. • 소리를 내지 않아 조용하다.	• 몸의 기름샘이 있어 특유의 냄새가 난다. • 다른 도우미동물에 비해 지능이 낮아 훈련이 어렵다.

　　치료도우미 페럿은 널리 사랑받고 있는 반려동물이지만 특수동물 특성상 아직까지 동물에 대한 관심이 없는 사람들에게는 생소할 수 있는 동물이다. 동물매개치

료에서 대상자들이 페럿을 만나게 되면 많이 접해보지 못했기 때문에 신기한 눈으로 바라보며 대상자들의 흥미와 호기심을 유발하게 된다. 페럿은 귀여운 외모와 순한 성격 덕분에 대상자들이 쉽게 다가갈 수 있고 사람에 대한 공격성이 낮아 안전하게 교감을 나눌 수 있다.

반면 페럿의 단점으로는 몸에 있는 기름샘에서 나는 특유의 냄새가 있어 냄새에 예민한 대상자의 경우 불쾌감을 느낄 수 있고 라포형성을 하는데 방해 요소로 작용할 수 있다. 페럿 전용 샴푸로 목욕을 시켜주면 어느 정도 냄새를 억제할 수 있지만 자주 목욕할 경우 피부에 문제가 생길 수 있어 목욕이 제한적이다. 또한 페럿은 다른 도우미동물에 비해 지능이 낮아 훈련이 어려워 개와 같은 장기를 보기가 힘들다. 하지만 페럿의 귀여움과 행동적 특징들을 통해 대상자들과의 상호작용이 일어날 수 있다.

⑦ 치료도우미 기니피그

치료도우미 기니피그의 장점 및 단점

장점	단점
• 기니피그가 내는 다양한 소리를 대상자들이 재미있게 접할 수 있다. • 귀엽고 순한 성격과 외모 때문에 쉽게 다가갈 수 있다.	• 털 알레르기 유발 • 겁이 많아 돌발행동을 할 수 있다. • 짧은 시간 대상자와의 만남으로 스트레스를 받을 수 있다.

치료도우미 기니피그의 귀엽고 순한 외모는 동물매개치료 대상자를 충분히 행복하고 즐겁게 만들 수 있으며 상호접촉 또한 훌륭하기 때문에 도우미동물로 활용가치가 높다. 기니피그가 내는 다양한 소리(휘슬, 갸르릉 소리 등)는 대상자들이 재미있게 접할 수 있으며 특히 아동 대상자들의 흥미와 호기심을 자극해 프로그램 참여도를 높이기도 한다. 작고 약한 동물이며 초식동물로 사람의 작은 움직임, 또는 부주의로 인해 상처를 입거나 더 나아가 죽을 수도 있는 동물이다. 그렇기 때문에 이런 약한 동물을 동물매개치료에 투입을 시키려면 동물매개치료사의 각별한 주의가 필요하다.

⑧ 치료도우미 햄스터

치료도우미 햄스터의 장점 및 단점

장점	단점
• 작고 귀여워 대상자들에게 인기가 많고 햄스터의 행동이 호기심을 불러일으킨다. • 귀엽고 순한 성격과 외모 때문에 쉽게 다가갈 수 있다.	• 작고 약한 동물이기 때문에 주의가 필요하다. • 짧은 시간 대상자와의 만남으로 스트레스를 받을 수 있다. • 야행성 동물이라 낮에는 잠을 잔다.

치료도우미 햄스터는 대상자 유형 중 아동에게 큰 사랑을 받는 도우미동물인데 기니피그와 마찬가지로 사람의 작은 움직임과 부주의로 인해 심한 상처와 목숨의 위험 또한 생길 수 있어 각별한 주의가 필요하다. 햄스터는 작고 귀여워 대상자들에게 인기가 많으며 햄스터가 보여주는 다양한 행동들이 대상자의 호기심을 불러일으키며 아동들의 경우 관찰력과 탐구심을 키우는 데 좋은 효과를 줄 수 있다. 또한 강아지와 고양이와 비교해 작은 크기이기 때문에 동물을 무서워하는 대상자에게 친근한 이미지를 줄 수 있다.

단점으로는 위에 언급했듯이 작고 약한 동물이기 때문에 주의가 필요하다. 아동들의 경우 햄스터가 자는 모습, 먹는 모습, 움직이는 모습에 큰 관심을 기울이기 때문에 햄스터를 만져보고 싶어 혼자 햄스터를 만지다가 떨어트리거나 약한 힘에도 햄스터의 뼈 골절을 일으킬 수 있다. 그렇기 때문에 햄스터를 볼 때는 항상 동물매개치료사에게 물어보고 동물매개치료사의 지도하에 햄스터와 만나게 해야 하고 사람과 동물이 함께 행복한 시간을 나누기 위해서는 만남이 안전하게 이루어져야 한다. 다른 단점으로는 약한 동물이기 때문에 짧은 시간 대상자와의 만남으로도 스트레스를 받을 수 있어 동물매개치료 프로그램 시간 내내 노출이 되면 안 되고 15~20분 정도의 만남이 가장 안정적이다. 햄스터는 야행성 동물이기 때문에 낮에는 잠을 자고 밤에 움직이는 동물이다. 낮에 동물매개치료를 나가기 때문에 잠을 잘 시간에 대상자들에 의해 잠을 못자거나 스트레스를 받게 되면 물리는 사고가 일어날 수 있어 동물매개치료사의 주의가 필요하다.

(2) 대상자

동물매개치료의 일차적인 대상은 어린이부터 노인까지 신체적, 정신적, 정서적, 사회적, 심리적으로 어려움을 겪고 있는 모든 사람들이며 누구나 동물들과의 상호작용을 통해 긍정적인 효과를 얻을 수 있다. 동물매개치료는 동물이 주는 사랑과 무조건적인 수용을 통해 자신의 어려움을 스스로 해결하지 못하는 대상자들에게 많은 도움을 줄 수 있다. 대상자의 유형은 다양하며 장애인(지적장애, 발달장애, 정신장애, ADHD), 비장애인, 아동, 청소년, 성인, 노인과 같은 발달단계별 유형부터 가족유형 대상자(한부모 가정, 다문화 가정, 맞벌이 가정 등)에 이르기까지 넓은 범주를 가지고 있으며 대상자가 가진 어려움에 초점을 맞춰 계획적으로 개입해 문제해결을 돕고 도우미동물과의 교감과 동물매개치료사의 전문적 지식을 바탕으로 모든 유형의 대상자의 문제를 수용할 수 있다.

① 발달단계별 동물매개치료의 적용

가. 아동

가) 정서적 발달

아동은 또래관계 속에서 감정을 절제하는 방법을 배우고 다양한 감정을 경험하게 된다. 즐거움, 행복감, 희열, 성취감 등과 같은 긍정적인 감정뿐 아니라 분노, 공포, 질투, 걱정 등의 부정적 감정 또한 경험하게 된다. 만약 부정적 감정이 적절하게 해결되지 못하면 미해결 감정으로 남아 아동에게 정서장애와 트라우마로 남을 수 있어 성인이 된 후에 사고와 감정, 행동에 영향을 미치게 된다. 도우미동물과의 교감, 상호작용을 통해 정서적 발달의 어려움을 겪는 아동들에게 도움을 줄 수 있다. 도우미동물과 말은 통하지 않지만 눈빛, 몸짓, 행동 등을 관찰하며 요구사항을 파악하고 돌봐줌으로써 감정에 대해 공감하고 돌봄의 주체가 되는 경험을 할 수 있다. 또한 위축되어 있고 자기표현이 적은 아동들에게는 동물의 무조건적인 수용을 통해 어떠한 감정표현도 받아주며 공감을 느껴 아동이 거부 받을 두려움 없이 자신의 정서를 표현할 수 있도록 도움을 준다.

나) 사회적 발달

아동은 학교생활을 통해 규칙, 규범 및 또래와의 상호작용을 통해 사회성이 발달하게 되는데 이 과정에서 실패를 경험하고 따돌림을 당하게 되면 낮은 자아존중감과 좌절감, 실망감 그리고 관계형성에 대한 두려움을 경험하게 된다. 이러한 아동들에게는 도우미동물의 사회적 접촉을 통해 타인과의 교류를 촉진시키고 정기적인 접촉을 제공함으로써 소외감을 감소시킬 수 있으며 동물과의 상호작용으로 동물의 감정과 행동을 이해하는 것을 배워 다른 아동들과의 관계에 있어 공감을 느끼고 친밀감을 형성할 수 있도록 도와준다.

다) 생명존중의식 함양

동물매개치료의 큰 장점은 살아있는 동물과의 만남을 통해 상호 교환적 교감을 나누는 것인데 아동은 살아있는 동물의 생명 현상을 느끼며 동물을 보살피고 이로 인해 책임감과 사랑을 베푸는 방법을 배우게 된다. 아동은 동물과의 유대감이 형성됨에 따라 동물의 행동 및 감정을 이해하고 자기 이외에 감정을 가진 생명체를 돌보고 배려해줌으로써 생명에 대한 소중함, 존엄성을 배울 수 있게 된다.

나. 청소년

가) 정서적 발달

청소년기에는 심리적·신체적 변화가 가장 크게 일어나는 시기이다. 성호르몬 분비의 증가로 성적으로 성숙하게 되며 1·2차 성징이 뚜렷하게 나타난다. 급격하게 발달하는 신체성장과 성적 성숙은 타인과 자신이 자기에 대한 인식을 하는데 영향을 미치고 이에 따라 심리적 갈등과 혼란이 따라온다. 또한 또래와의 관계를 중요시 하다가 점차 이성과의 관계로 이동하게 된다. 이 시기에는 나는 어떤 사람인가? 나는 무엇을 할 수 있는가? 나는 미래에 어떤 사람이 될 것인가? 등 자신에 대한 물음을 함으로써 자신의 정체성을 확립하는 과정을 겪는다. 청소년기에는 아동기에서 성인기로 옮겨가는 과도기 속에서 급격한 신체변화와 더불어 사회적 역할의 변화에 따라 진학·이성문제·또래 관계 문제 등 다양한 선택과 결정을 해야 한다. 청소년기에는 또래 집단에 소속되어 이 안에서 정체성을 찾으려 한다. 부모와의 관계보다는 또래와의 관계에 집중하면서 그 안에서 자신의 위치와 역할을 찾게 된다.

자신의 정체성과 가치관을 확립해나가는 과정에서 자신과 다른 가치관을 만나게 되면 서로 대립하게 되면서 자연스럽게 갈등이 생겨난다. 부모와의 관계에서는 부모의 입장에서 자녀가 독립하길 바라는 마음과 의존하기를 바라는 양가적인 기대에서, 또래 관계에서는 같은 성향을 지닌 또래와 집단을 형성하기에 그 이외의 집단과 갈등을 겪게 된다. 하지만 반려동물과의 관계에서 반려동물은 사람에 대한 차별이 없고 변함없는 애정과 관심을 눈으로 볼 수 있게 행동으로 보여주기에 강한 정서적·사회적 지지를 제공한다. 이는 정체성 혼란에서 오는 불안감을 감소시켜 주고 인간관계에서의 상실감을 채워주는 역할을 한다. 결과적으로 반려동물과의 상호교감은 청소년이 자아정체감을 확립하는 데 도움을 줄 수 있다.

나) 사회적 발달

청소년기에는 친밀감의 욕구가 가장 크게 나타난다고 한다. 부모에게 의존하던 아동기에서 벗어나 스스로 의사를 결정하고 독립하고 싶은 욕구를 느끼게 되는 동시에 또래집단에 큰 애착을 가지게 되고 강한 심리적 영향을 받음으로써 크게 사회적 발달이 이루어지게 된다. 신체적·정신적·사회적으로 발달하며 다양한 타인과 관계를 맺게 되고 타인과의 관계 속에서 자신에 대해 고민하게 된다. 이 시기에는 또래에 의한 대인관계가 확대되면서 부모의 테두리에서 벗어나 독립적으로 행동하고 싶어 하는데 이 과정에서 부모와의 갈등을 겪게 되고 불안, 스트레스, 혼란 등을 경험하게 된다. 부모의 가치에 대립하여 반항적인 행동을 하게 되는데 자신과 유사한 갈등을 겪고 있는 또래와의 관계에서 공감을 얻고 스트레스를 해소하고 안정감을 얻으며 자신의 가치에 대해 확인한다. 집단 반려동물매개치료의 경우 집단 활동으로 프로그램이 진행되기에 타인과의 접촉이 늘어난다. 반려동물이 매개체가 되어 대화의 장을 열어줌으로써 타인과의 상호작용을 촉진시키며 이러한 과정에서 대인관계에서의 바람직한 사회적 기술들을 습득하고 발달시킨다.

다) 생명존중의식 함양

아동기의 생명존중교육이 중요시되었던 것만큼 청소년기의 생명존중교육 또한 필수적이다. 청소년기는 아동기 때보다 인지적 능력이 발달하면서 추상적인 사고가 가능하게 된다. 경험해본 적 없는 사실에 대해 가설을 세우고 원인과 결과에 대해 생각할 수 있게 된다. 반려동물과의 정서적인 유대감을 경험한 사람은 이러한 문제들에 민감하게 반응하게 되며 생명에 대한 민감성을 키우고 더 나아가 자기의 사고와 행동을 도덕적으로 구성할 수 있다. 그렇기에 반려동물매개치료는 청소년들에게 생명에 대한 민감성을 키우는 데 도움을 주고 좀 더 마음으로 깨닫는 생명존중교육을 가능케 한다.

다. 성인

성인기는 대체로 18~60세까지로 확장되나 성인 전기(18~40세), 성인 중기(40~60세), 성인 후기 또는 노년기로(60세~사망) 구분한다. 인간의 발육의 최종기인 청년기에 이어서 심신의 발육을 마치고 어른이 된 시기로 자신의 기분과 충동을 조절할 수 있기에 정서적으로 안정되어 사회적으로 성숙하고 책임감 있고 합리적인 행동을 할 수 있으며 성인이란 성장 발달을 완수하고 다른 사람들과 같이 사회에서의 그의 위치와 책임을 수행하는 시기이다. 성인기는 부모로부터 완전히 독립하여 개인적으로 자신의 삶을 개척해나가는 시기이다. 성인초기에서 말하는 친근감은 청소년기의 또래관계에서 나아가 이성에 대한 친근감을 의미하는데 단순한 성적 호기심에서 벗어나 이성과의 진지한 관계를 추구하게 된다. 대부분의 성인은 이성과의 친밀감을 형성하여 자신의 가정을 꾸리고자 한다. 성인중기에는 어느 정도 사회적 위치가 확립되면서 다음 세대를 이끌어 갈 수 있는 부모의 역할 수행과 직업적인 성취 등 생산적 활동에 몰두하는 시기이다.

가) 스트레스 및 우울감

성인기에는 갱년기를 지나게 되는데, 갱년기란 노년기로 넘어가는 과정으로서 노화로 인해 전에 없던 신체적·심리적 장애를 경험하는 것을 말한다. 여성의 경우 폐경을 겪게 되고 이로 인한 불안감이나 우울감, 자신감 저하, 상실감과 같은 정서적 문제를 안게 되고, 남성의 경우 성욕 감퇴 등으로 인해 자신의 남성다움을 상실할까봐 두려워하며 불안해하기도 한다. 또한 성인중기가 되면 자녀들이 모두 집을 떠나고 부부만 남게 되며 역할에 대한 상실감과 슬픔을 의미하는 '빈 둥지 증후군'을 겪기도 한다. 특히 자녀 양육의 중심에 있던 경우에는 자녀들이 독립하게 되면서 어머니나 아버지로서의 역할이 감소하게 되며 심각한 정체감의 위기를 겪는다. 자녀가 독립하게 되면서 가족 구조가 재조직화되고 자녀양육에 집중되어 있던 부모의 삶이 재조정되는 큰 변화가 생기기 때문에 상실감, 허무함, 허탈감, 실망감과 같은 감정을 느끼게 한다. 자녀를 양육하며 느꼈던 기분들을 반려동물을 돌보는 과정에서 다시 느끼며 반려동물과 강한 정서적 유대감을 형성하고, 돌봄의 주체가 되어 생명을 돌봄으로써 양육욕구를 충족시킬 수 있다. 나 이외의 생명체의 존재만으로도 외로움에 위로를 받을 수 있고 반려동물의 친근하고 우호적인 행동들은 편안함을 주어 정서적으로 안정되게 해준다.

라. 노인

국제적으로 공용되는 노년기는 65세 이상이며 체력과 건강에 적응하고 알맞은 운동과 섭생, 지병이나 쇠약함에 대해 바르게 대처해야 할 인생의 최종단계를 말한다. 노년기는 사람에 따라 대단히 생산적이고 정렬적으로 남은 인생을 마무리 지을 수 있는 시기인가 하면 신체적 쇠퇴, 지적 능력의 상실 및 질병에 기인된 어둡고 고립된 기간일 수도 있다. 적극적인 생활태도와 취미, 여가를 즐기고 퇴직과 수입 감소에 따른 변화에 적응하며 소외감이나 인생의 허무감을 극복하여 인생의 의미를 찾고 배우자의 사망에 대한 마음의 준비가 필요하다. 또한 나이가 들어감에 따라 그에 따른 변화가 함께 찾아오게 된다.

가) 신체적 변화

노화가 진행되어 기능이 퇴화되고 외형적으로 키가 줄고 머리가 희게 변하며 피부의 탄력도 떨어지게 된다. 또한 감각기능의 변화로 시각, 청각의 감퇴 및 뇌, 신경계, 호흡기, 순환기 등의 기능이 쇠퇴하게 된다. 반려동물과 함께 있으면 돌봄이 필수적이게 되므로 몸을 움직이게 된다. 특히 도우미견의 경우 함께 산책하는 활동으로 자연스럽게 신체활동을 하도록 동기를 부여한다. 반려동물과 함께하는 생활은 규칙적인 생활을 하도록 하여 노인들의 건강관리에 도움을 줄 수 있다.

나) 정서적 변화

주변 사람들의 죽음으로 인한 두려움, 사랑하는 사람들의 부재로 인한 슬픔, 우울, 좌절 및 무기력, 자책감 등의 애도 감정을 느끼게 되며 이러한 우울감과 무기력함으로 인한 외부와의 접촉 및 관계형성에 대한 관심이 줄어들며 사회적 고립감을 느끼게 된다. 반려동물의 존재는 상실감을 겪는 노인에게 위로가 되어 줄 수 있다. 활기찬 행동들은 웃음을 주고 삶에 대한 활력을 불어넣어 노인들에게 활동의 동기가 되어주며 정서적 즐거움을 느끼게 한다. 또한 반려동물들의 사람에 대한 변함없는 애정과 관심은 강한 심리적 지지를 제공하여 스트레스를 효과적으로 대처할 수 있게 하고 우울감을 낮추는 데 효과적이다. 반려동물과 함께 하는 것은 타인과의 관계를 촉진시켜 사회성을 강화시키고 고립에서 오는 우울감을 낮추는데, 이는 뒤에서 더 자세히 다루기로 한다.

다) 사회적 변화

사회적 지위의 하락과 심리적 위축, 경제력 및 건강의 약화 등으로 사회에 잘 참여하지 않으려 하며 이로 인한 열등감, 고독감, 소외감에 시달리는데 이럴수록 자신에게 활력을 불어넣어 줄 수 있는 관심거리를 찾아 타인과의 접촉을 통해 사회적 고립에서 벗어나야 한다. 반려동물과 함께 있는 것은 개인의 사회적 접촉을 확대시켜줌으로써 고립감과 소외감을 해소시켜준다. 반려동물매개치료는 반려동물이라는 공통의 관심사를 통해 서로 대화하고 상호작용하며 타인과 접촉할 수 있는 기회를 제공하여 노인들의 사회적 고립감을 해소시킨다. 과거에 키웠었던 반려동물에 대해 대화를 나눌 수 있고, 현재 만나는 반려동물들에 대한 느낌이나 애정을 공유할 수 있어 타인의 감정에 공감하고, 유대관계를 형성할 수 있게 한다.

② 장애유형 대상자

가. 지적장애

청년기(18세) 이전에 시작되는 발달 장애로 2007년 개정된 장애인복지법시행령에서는 정신지체장애라는 말 대신 지적장애로 바꾸고 지적장애인을 '정신발육이 항구적으로 지체되어 지적 능력의 발달이 불충분하거나 불완전하고 자신의 일을 처리하는 것과 사회생활에 적응하는 것이 상당히 곤란한 사람'이라고 정의하였다(김수정, 2014 재인용). 지능의 발달이 정지된 것이 아닌 늦은 발달속도를 보이며 낮은 언어능력을 동반하여 의사소통에 어려움이 있어 대인관계 형성에 문제를 보인다. 판단능력과 학습능력 또한 떨어지며 학습에 대한 성취감이 낮다.

───── 도우미동물에 대한 정보를 놀이 형식으로 배워본다.

1989년 장애인복지법의 개정으로 장애인등급제가 시행되었다. 장애인등급제란 의학적 상태를 중심으로 장애 정도에 따라 1~6급으로 구분하여 서비스를 제공하는 것이다. 하지만 장애인등급제는 획일화된 서비스 제공으로 장애인 당사자가 필요한 서비스와 불일치하다는 점에 많은 비판이 계속되었고 이에 2019년 7월부터 장애인 등급제가 폐지되었다. 기존의 1~6급으로 나누던 장애 등급을 장애 정도에 따라 '장애 정도가 심한 장애인(1~3급)'과 '장애 정도가 심하지 않은 장애인(4~6급)'과 같이 2단계로 구분하였다.

등급	내용
1급	지능지수(IQ) 34 이하로 일상생활과 사회생활이 매우 곤란한 상태이기 때문에 타인의 완전한 보호와 감독이 필요함.
2급	지능지수(IQ) 34~49 이하로 훈련이 가능한 경우 다른 사람의 도움을 받아 단순한 일상생활이 가능하고 훈련을 받고 다른 사람의 도움을 받으면 단순 노동도 가능함.
3급	지능지수(IQ) 50~70으로 교육 속도는 느리지만 체계적인 교육 계획으로 교육의 효과를 볼 수 있고 교육을 통해 남의 도움을 받지 않아도 사회생활, 직업생활이 가능함.

지적장애는 DSM-Ⅳ에 기준에 따라 1, 2, 3급으로 급수를 나누어 분류한다. 지적장애는 18세 이전에 시작되는 지적 기능과 개념적, 사회적, 실질적 적응기술에 상당히 제한이 나타나는 장애로 일상생활과 사회생활을 하는 데 많은 어려움을 겪는 장애라고 볼 수 있다.

가) 지적장애의 특징

• 인지적 특징

– 지적발달이 느려 성인이 되어도 비장애인의 평균 이하 지능지수가 예상된다.

– 지적발달의 정지가 아닌 지연으로 인해 학습과 인지 발달의 한계가 있어 학습에 대한 성취도가 낮고 잦은 실패로 인해 새로운 시도에 대한 두려움으로 쉽게 포기한다.

– 고착성이 강하고 추상적 사고가 어려워 과제수행이 느리고 논리적으로 말하는 데 어려움이 있다.

• 신체적 특징

– 개인, 장애 등급, 장애 원인에 따라 차이가 있지만 감각, 운동 기능면에서 많이 떨어지며 병에 대한 저항력이 낮고 쉽게 피로해진다.

– 경증은 운동능력과 균형적 발달이 비장애인에 비해 1~4년 정도 느려 눈과 손의 협응같은 여러 감각 간의 협응과 섬세한 운동능력에 있어 지연과 한계를 보인다.

• 정서적 특징

– 지적능력에 결함을 통해 학습으로 얻을 수 있는 성취감과 자신감 등을 감소시켜 동기유발에 부정적 영향을 끼친다.

– 자신의 능력에 대한 부정적 자아개념을 갖게 하고 어떤 과제나 미션이 주어졌을 때 쉽게 좌절 및 불안, 회피로 이어지며 남에 대한 의존도를 상승시킨다.

– 이러한 지적장애 특징들로 인해 또래의 친구를 사귀거나 다른 사람과 어울림에 있어 어려움을 보이는 경우가 많고 생활전반에 관한 반응이 매우 느리다 (이시윤, 2012).

나) 지적장애 대상 동물매개치료 효과

• 인지기능 향상

- 새로운 학습에 대해 자신감이 없거나 성취욕이 낮아 스스로가 지식습득에 대해 미리 포기하는 경우가 많아 이를 동물을 훈련하는 과정을 통해 성취감을 느끼고 동물에 대한 학습 욕구를 증가시키도록 유도할 수 있다(김태희, 2012).

- 동물과의 라포형성을 통해 동물에 대한 학습을 할 수 있게 하며 더 나아가 새로운 지식 습득의 적극성과 자신감을 향상시켜 학습의 성취도를 높일 수 있다.

• 정서적 안정

- 미리 실패를 예상하고 실패의 상황을 피하며 이로 인한 낮은 자존감과 부정적 자아개념이 형성되는데 이를 동물과 함께 할 수 있는 프로그램 및 상호작용을 통해 스트레스 해소, 자존감 향상 그리고 동물과 함께 과제를 수행하여 타인에 대한 의존도를 낮추어 자립심을 키워준다.

- 반려동물과의 상호작용을 통해 긍정적인 자아개념과 정서상태가 안정화될 수 있어 행복감을 느끼고 내면의 심리적 안정감을 갖게 하고 불안한 지적장애인의 심리상태를 전반적으로 안정화시킬 수 있다(김태희, 2012).

• 사회성 향상

- 대부분 사회적 기술 발달이 크게 지체되어 사회적인 상황을 회피하고 대인관계에 있을 실패를 두려워하여 사회적으로 고립된다.

- 다른 사람과의 교류 및 관계형성의 어려움을 동물과의 상호작용을 통해 극복하고 자신보다 약한 존재를 보살피고 배려하며, 교감을 나누는 과정을 통해 책임감을 갖게 할 수 있고 삶의 질을 높이고 여러 감정들을 경험하여 동물과 함께 나눈 긍정적인 감정들을 타인과의 관계까지 이어질 수 있도록 한다.

──── 도우미동물과의 상호작용을 통해 사회성을 키울 수 있다.

나. 자폐성 장애

지적장애와 함께 발달장애 중 하나로 일반적으로 자폐성 장애의 증상이 나타나는 시기는 3세 이전이며 타인과의 접촉을 피하고 정해진 일과에 강한 집착을 보인다. 또래와의 놀이에서도 다른 형태의 놀이를 보이며(김성미, 2008) 사회적 의사소통에 사용되는 언어, 상징, 또는 상상놀이에 있어 명백한 지체 및 증상과 특징들이 다양한 수준의 심각도와 조합을 나타내고 있어 스펙트럼 장애라고 불리기도 한다(조현춘 외, 2004). 자폐성 장애를 가지고 있는 사람은 자기 자신에 대해 의식하지 못하고 있는 것처럼 보이는 경우가 많으며 원인에 대해서는 분명히 밝혀져 있지는 않지만 심리적 원인과 생물학적 원인으로 구분할 때 생물학적 원인일 가능성이 높다. 자폐성 장애는 자기 고립적이고 단조로움을 고집하며 비정상적인 행동을 반복하거나 변화를 거부한다.

그림 1-3 **자폐성 장애**

즉, 자폐성 장애는 사회적 관계의 결핍, 언어적 및 비언어적 의사소통의 질적인 장애, 계속적인 강박행동 등의 증상을 보이는 아동기의 증후군이다(최금란, 2009). 자폐성 장애는 DSM-IV에 기준에 따라 1, 2, 3급으로 급수가 나뉘어 분류된다.

등급	내용
1급	ICD-10의 진단기준에 의한 전반성발달장애(자폐증)로 정상발달의 단계가 나타나지 아니하고 지능지수가 70 이하이며 기능 및 능력장애로 인하여 GAS척도 점수가 20 이하인 사람
2급	ICD-10의 진단기준에 의한 전반성발달장애(자폐증)로 정상발달의 단계가 나타나지 아니하고 지능지수가 70 이하이며 기능 및 능력장애로 인하여 GAS척도 점수가 21~40 이하인 사람
3급	2급과 동일한 특징을 가지고 있으나 지능지수가 71 이상이며 기능 및 능력장애로 인하여 GAS척도 점수가 41~50 이하인 사람

※ ICD-10: 질병 관련 건강 문제의 국제 통계 분류 10차 개정판으로 WHO에서 질병과 증상을 분류해 놓은 것이다.
※ GAS척도: 발달장애척도점수

가) 자폐성 장애의 특징

• **의사소통**

- 언어적 표현이 가능한 자폐성 장애인의 경우 대화유지 능력이 부족하거나 대화를 하더라도 자신의 이익과 관심사에만 한정되도록 대화를 나누고 언어적 표현이 가능한 자폐성 아동들은 같은 말이나 상대방의 말을 반복적으로 따라 말하는 반향어가 자주 관찰된다.

- 기능이 매우 낮은 자폐성 장애인 경우 언어의 발달이 부재하여 의사소통이 불가한 경우도 있다.

- 의사소통이 불가한 경우 소리로 표현을 하지만 타인이 이해하지 못했을 때 좌절을 경험한다.

• **사회적 상호작용**

- 다른 사람과 눈을 마주치지 않고 얼굴 표정이 없으며 생후 2~3개월에 나타

나는 사회적 미소도 없다.

– 몸자세나 몸짓으로 비언어적 행동을 나타내지 못하고(김은정, 2000) 환경적 변화를 싫어하여 사회적 환경에 대해 무감각하고 반응이 없다.

– 사회적 상호작용의 기초인 모방능력이 결여되어 있다.

• **행동적 특징**

– 타인과의 상호작용이나 교제가 부재하고 자신의 요구를 표현하는 데 어려움이 있다.

– 새로운 변화에 적응을 거부하며 기존의 것을 추구하고 새로운 변화가 다가오면 극도로 예민해지는 성향을 보인다.

– 손을 눈앞에 대고 흔들며 자기 자신을 자극한다든가 귀를 막거나 손을 흔든다거나 몸을 흔드는 사회적으로 적절한 기준을 벗어난 부적응 행동(김미희, 2012), 즉 상동행동을 반복한다.

– 아동 소아정신과 교수였던 Leo Kanner(1943)은 유아자폐증을 가진 아동이 아래와 같은 열 가지 특징을 보인다고 말했다.

1. 대인관계형성을 하지 못한다.	6. 틀에 박힌 놀이를 반복한다,
2. 언어습득이 지연된다.	7. 동일성 유지에 대한 강박적 요구를 가진다.
3. 언어발달상 대화가 불가한 언어를 사용한다.	8. 상상력이 결여되었다.
4. 반향어를 사용한다.	9. 기계적 암기력이 좋다.
5. 대명사를 바꿔 사용한다.	10. 외형상 정상적인 신체발달이 있다.

즉, 자폐성 장애는 사회적 관계의 결핍, 언어적 및 비언어적 의사소통의 질적인 장애, 계속적인 강박행동, 변화에 대한 저항으로 특정 지어지는 아동기의 증후군이다(최금란, 2009).

━━━━ 도우미동물을 만지며 그들의 체온을 느껴보는 대상자

나) 자폐성 장애 대상 동물매개치료 효과

• 사회적 행동 변화

타인과의 의사소통과 관계형성에 관심이 없는 자폐성 장애인들이 동물과의 상호작용(스킨십, 훈련, 간식주기) 등의 프로그램으로 동물과의 관계형성을 경험하고 나아가 사람과의 관계형성으로 이어질 수 있다.

동물과의 상호작용을 통해 타인에 대한 인식 증가, 사회적 규칙 습득 그리고 자립심을 키워 줄 수 있다.

• 언어적 발달

언어적 표현이 가능한 자폐성 장애인의 경우 동물들과 많은 교감과 상호작용을 할 수 있는 훈련 프로그램, 간식 주기, 눈 마주침 등으로 언어적 및 비언어적 의사소통을 유도할 수 있다.

언어적 표현이 불가한 자폐성 장애인의 경우는 자신의 욕구 및 자기표현을 행동이나 제스처로 할 수 있도록 프로그램 시간에 치료사의 유도로 교육할 수 있어 자신이 원하는 의사소통의 벽을 허물도록 할 수 있다.

• 사회성 향상

대부분 사회적 기술 발달이 크게 지체되어 사회적인 상황을 회피하고 대인관계에 있을 두려움으로 사회적으로 고립되어 있어 다른 사람과의 교류 및 관계형성의 어려움을 먼저 동물과 상호작용을 통해 극복하여 배려, 교감, 책임감 등을 경험하고 이것을 타인과의 관계까지 이어질 수 있도록 한다.

다. ADHD(주의력 결핍 과잉행동 장애)

학령 전기 아동들이 한 자리에 가만히 앉아있지 못하고 주위를 산만하게 돌아다니거나, 한 가지 과제를 끈기 있게 하지 못하는 등의 행동은 발달 측면에서 볼 때 자연스러운 행동이라고 볼 수 있으나 또래 아이들에 비해 과하게 나타나는 아동들 중 몇몇은 ADHD를 나타낸다. ADHD는 인지, 정서, 행동 면에서 결함을 동반하는 아동기 발달장애 중 하나로(Barkely, 1990) 적절한 시기에 제대로 치료되지 않으면 학령기에 접어들면서 학습 부진, 또래 관계 문제, 낮은 자존감, 우울감, 불안감, 위축감을 갖게 되며 청소년기와 성인기까지 지속되며 인지적, 사회적, 정서적인 문제가 나타나게 된다.

가) ADHD의 주요 증상

• **주의력 결핍**

부주의와 같은 의미로 적절한 환경 자극에 주의를 기울이고 부적절한 자극을 무시할 수 있는 능력인 '선택적 주의'와 오랜 시간에 걸쳐 어떤 과제에 주의를 기울이는 '지속적 주의'에서 문제를 보이며(정명숙 외, 2001) 지시를 따르지 않고 맡은 일을 끝내지 못하며 필요한 물건들을 자주 잊어버린다.

• **과잉행동**

앉아있어도 손이나 발, 몸을 움직이며 안절부절못하고 가만히 앉아 있어야 하는 상황에서 자리를 이탈하며 지나치게 수다스럽다. 또한 또래에 비해 부산스럽고, 많이 뛰어다니며 낮은 자기통제력을 보여 학교생활에서 또래들과의 원만한 관계를 맺는데 방해요소가 된다.

• **충동성**

ADHD 아동들은 자신의 감정을 조절하지 못하고 특정 상황에서의 반응을 제제할 수 없다. 차례를 기다리지 못하고 타인을 방해하거나 간섭하며 질문이 끝나기 전에 대답을 한다. 과잉행동과 항상 연계되어 나타나기 때문에 DSM−Ⅳ에서도 행동 억제불능을 의미하는 하나의 행동특성으로 서술되어 있다(이효신, 2000).

나) ADHD 대상 동물매개치료 효과

• **사회기술 향상**

낮은 자기 통제력으로 타인과의 관계에 있어 충동적이고 공격적인 행동을 보이며 쉽게 짜증을 내고 규칙을 지키기 어려워한다. 이러한 증상들로 또래와의 원만한 관계를 유지하지 못하고 시끄럽고 제멋대로라는 평가를 들으며 따돌림 당하는 경우가 많다.

동물과의 지속적인 만남을 통해 예측할 수 없는 동물 행동을 이해하고 받아들이며 타인과의 관계에서 이해할 수 없는 행동들을 수용할 줄 아는 마음을 배워서 배려심을 키움으로써 대인관계 능력이 향상될 수 있다.

• **자기통제력**

자기통제력이 부족한 아동은 분위기에 맞지 않는 소리를 내거나, 타인을 방해, 자기의 기분대로 행동하며 쉽게 화를 내는 경우가 많다. 동물 또한 예측 불가능한 행동들을 많이 하는데 이런 동물들의 예측 불가능한 행동을 통해 ADHD 아동의 자기 통제력을 키울 수 있다.

예측하기 어려운 동물들의 행동은 ADHD 아동에게 있어 새로운 자극제인 동시에 지속적인 주의를 요구하는 사항이기에 동물에게 관심을 가지게 하고 아동의 충동성이나 민감성을 감소시켜 증상을 연장시키는 효과가 있다(Katcher & Wilkinson, 2000 재인용).

• 긍정적 자아개념 형성

ADHD 아동은 행동적 특성으로 인해 또래로부터의 고립, 낮은 학업성취도, 주위의 부정적 피드백, 반복되는 실패 등으로 불안감과 낮은 자존감을 형성하여 좌절감 및 우울감을 경험한다. 이로 인해 자신의 존재 가치를 낮게 평가하여 부정적 자아개념을 형성하게 된다.

동물은 차별하지 않고 비판 없는 무조건적인 수용을 해주며 동물과 함께 있으면 ADHD 아동은 자신의 모든 감정과 문제들이 수용되는 경험을 하게 되고 부정적 피드백이 아닌 자신이 받아들여지는 감정을 느끼게 된다. 이를 통해 자신의 존재 가치를 깨닫게 되고 긍정적 자아개념을 형성하는 데 도움을 준다.

라. 정신장애

급변하는 현대사회에 인간은 환경의 변화에 적응하는 데 어려움을 겪고 사회에서 소속감이나 공동체 의식을 느끼기보다는 소외감과 단절감을 느끼면서 정신적인 스트레스가 많아짐에 따라 인간의 정신 병리적 현상이 증가하게 되었다. 이에 따라 정신질환은 점점 더 증가하고 있으며 증상 또한 다양화되고 있다. 정신질환은 의학적으로 광범위해서 생물학적, 심리적 이유로 지능, 인지와 지각, 생각, 기억, 의식, 감정, 성격 등에서 병적 현상이 나타나는 모든 질환을 포괄하고 있으며 정신질환이 만성화되어 고착 현상을 보이면 정신장애로 판정 받게 된다(이준우 외, 2007). 정신장애는 감정조절, 행동, 사고 기능 및 능력의 장애로 인하여 일상생활이나 사회생활에 상당한 제약을 받으며 이전의 기능 수준으로는 완전히 돌아갈 수 없는 상태를 의미한다.

가) 정신장애의 종류

• 조현병(정신분열병)

조현병의 조현은 '현악기의 줄을 고르다'라는 뜻으로 현악기가 조율이 되지 않아 혼란스러운 상태처럼 사람의 정신이 혼란스럽다는 의미로 조현병이라고 불리고 있다. 정신과적 질환 중 90%를 차지하고 있는 질병으로 만성 조현병 환자들의 경우 증상이 시작되는 초기에 적절하고 집중적인 치료를 받지 못하여 만성화가 되며 완전한 회복이 어려워 오랜 기간 병원 입원과 퇴원을 반복하며 약물치료와 치료들을 병행하며 장기적 치료를 받는다. 조현병은 흔히 10대 후반에서 30대 중반에 발병하며 청소년기 이전에 발병하는 경우는 드물며 남성이 여성보다 빨리 발병하는 경향이 있는 것으로 조사되었다. 정확한 원인은 알려지지 않았지만 생물학적인 요인, 심리적 요인과 사회적 요인으로 알려져 있으며 그중 생물학적 요인을 가장 큰 원인으로 들고 있다. 정신분열병의 주요 증상은 양성증상과 음성증상으로 나뉘며 양성증상은 모든 기능이 비정상적으로 확대되는 증상을 말하며 환각증상(환청, 환미, 환촉, 환시, 환후)과 망상(피해망상, 과대망상, 관계망상, 부정망상)이 있다. 음성증상은 모든 기능이 축소된 것으로 의욕결핍, 무감동, 무기력, 무표정, 무의욕을 보이며 이로 인한 자기관리 실패, 정서적 위축, 느리거나 공허한 언어를 특징으로 보인다.

양성증상	
환각증상	망상
환청: 아무것도 없음에도 들려오는 소리 (목소리, 싸우는 소리, 웃는 소리, 울음 소리)	피해망상: 타인에게 피해를 받고 있다는 망상(누군가 자신을 지켜보고 미행을 한다는 생각)
환미: 맛이 느껴지지 않는데 맛이 난다고 호소(이상한 맛이 난다, 불쾌한 맛 호소, 독약)	과대망상: 자신의 능력을 과장하고 사실로 믿는 증상(초능력을 가진 인간, 신 등)
환촉: 실제로 느껴지지 않는데 느껴지는 촉각(벌레가 기어 다니는 느낌, 누군가의 접촉)	애정망상: 배우자의 불륜 또는 배신을 의심(의처증, 의부증)
환시: 존재하지 않지만 물체가 보이는 것 (사람, 동물, 사물, 풍경 등)	관계망상: 모든 것들의 관계가 자신과 관련이 있다는 망상

환후: 실제로 나지 않는 냄새를 맡는 환각증상(타는 냄새, 불쾌한 냄새 등)	우울망상: 우울한 생각으로 사로잡히는 망상

환각, 망상 이외에도 혼란스러운 언어는 비논리적이고 지리멸렬한 와해된 언어를 뜻하며 정신분열병의 전형적 증상 중 하나이다. 정신분열증 환자들은 말을 할 때 목표나 논리적 연결 없이 횡설수설하거나 목표를 자주 빗나가 무슨 이야기를 하고자 하는지 상대방이 이해하기 어려울 때가 많다. 이러한 혼란스러운 언어는 사고장애로 인하여 말하고자 하는 목표를 향해 사고를 논리정연하게 정리하지 못하도록 다른 생각들이 침투하여 엉뚱한 방향으로 흘러가기 때문이다.

음성증상

- 감소된 정서표현: 외부 자극에 대한 정서적 반응이 둔화된 상태로 얼굴, 눈맞춤, 말의 억양, 손이나 머리의 움직임을 통한 정서적 표현이 감소된다.
- 무의욕증: 마치 아무런 의욕이 없는 듯 목표를 위해 나아가는 행동도 하지 않고 사회적 활동에도 무관심한 채로 오랜 시간을 보낸다.
- 무언어증: 말이 없어지거나 짧고 간단하며 공허한 말을 하게 된다.
- 무쾌락증: 긍정적인 자극으로부터 쾌락을 경험하는 능력이 감소하는 증상이다.
- 비사회성: 타인과의 사회적 접촉 및 상호작용에 대한 관심이 없다.

음성증상은 양성증상과 반대로 모든 것에 의욕이 없고 의미 없는 삶을 사는 것처럼 보이며 이로 인한 자기관리 실패와 운동량 부족으로 인해 살이 찌거나 꾸준히 복용해야 하는 약을 복용하지 않는 등의 다양한 증상을 보인다.

• 정동장애

기분장애라고도 부르며 말 그대로 기분과 관련된 장애이며 극단적인 우울 상태와 고양된 상태의 조증 상태가 지속되어 일상생활을 하는데 심각한 어려움을 겪는 장애이다. 그중 반복성 우울장애는 기분이 지나치게 저조하여 극단적으로 우울한 상태가 지속되어 장기화된 장애를 말하며 무기력, 상실감, 심한 경우 자살기도나 피해망상 등 다양한 양상을 보인다. 양극성 정동장애는 고조된 감정의 조증상태와 슬픈 감정의 우울상태가 교대로 나타나거나 간헐기를 두고 나타나는 장애로 조울증이

라고도 불린다. 분혈형 정동장애는 정신분열병과 정동장애가 함께 나타나는 장애로
정신장애 중 가장 치료 기간이 긴 장애로 알려져 있다.

마. 불안장애

불안장애는 불안을 느끼게 하는 요인이 사라졌음에도 불구하고 불안이 과도하
게 지속되거나 대부분의 사람이 위험을 느끼지 못하는 상황에서 자주 불안과 스트
레스, 걱정, 위협 등을 받아들이는 반응이 매우 심각하거나 오랫동안 지속되는 병적
인 불안을 말한다. 이러한 병적 불안은 과도한 심리적 고통을 느끼거나 현실적인 적
응에 어려움을 유발하고 이런 불안상태가 6개월~1년 가량 지속될 경우 불안장애에
해당한다. 불안장애에는 범불안장애, 공포증, 공황장애, 광장공포증 등이 있으며 개
인의 감정, 사고, 행동에 영향을 미치므로 가정이나 직장, 학교에서의 일상생활이나
사회생활에 어려움을 줄 수 있다.

가) 불안장애의 종류

• 범불안장애

범불안장애는 다양한 상황에서 만성적 불안과 과도한 걱정을 나타내는 불안장
애로 일상 속에서 겪게 되는 여러 가지 사건이나 활동에 대해서 지나치게 걱정함으
로써 지속적인 불안과 긴장을 경험한다. 범불안장애를 가지고 있는 사람들은 늘 불
안하고 초조해하며 사소한 일에도 잘 놀라고 긴장하며 항상 예민한 상태에 있고 짜
증과 화를 많이 내며 쉽게 피로감을 느낀다. 지속적인 긴장으로 인한 근육통, 만성
적 피로감, 두통, 수면장애, 소화불량, 과민성 대장 증후군 등의 증상이 함께 나타나
기도 하며 이러한 불필요한 걱정과 불안 등으로 인해 현실적인 업무의 처리가 지연
이 되는 경우가 많아 사회생활에 문제가 생기기도 한다.

• 공포증

공포증은 어떤 특정한 상황이나 사물, 동물 등 특정 주제에 대해 자신이 위협을
받는다고 받아들임으로써 야기되는 불쾌한 감정적인 반응으로 어떤 대상이나 상황
에 대한 강렬한 공포와 회피행동을 뜻하며 공포증은 범불안장애보다 더 심한 강도

의 불안과 두려움을 경험할 뿐만 아니라 다양한 상황에서 만성적인 불안을 느끼는 범불안장애와 달리 특정한 대상이나 상황에 한정된 공포와 회피행동을 나타낸다. 특정 공포증을 가진 사람들은 두려움의 대상이나 상황에 즉각적인 공포를 경험하며 일상생활이나 사회생활에 명백한 지장을 받으며 심한 경우 공황발작을 일으키기도 한다.

공포증은 크게 동물형, 자연 환경형, 혈액-주사 손상형, 상황형 등 네 가지 유형으로 나뉜다. 동물형은 개, 비둘기, 쥐, 거미, 벌레 등에 대한 공포를 가지는 것이고, 자연 환경형은 강이나 산과 같은 자연환경을 두려워하며 고소공포증, 물 공포증을 예로 들 수 있다. 혈액-주사 손상형은 피나 주사에 공포감을 가지는 것을 말하며 상황형은 교통수단, 터널, 다리 또는 폐쇄된 공간에 대한 공포로 폐쇄공포증을 예로 들 수 있다.

• 공황장애

공황장애는 갑자기 엄습하는 불안, 즉 공황발작을 반복적으로 경험하는 장애이며 공황발작은 예상치 못한 상황에서 갑작스럽게 오는 극심한 공포, 곧 죽지는 않을까 하는 극도의 불안을 경험한다. 대부분의 경우 공황발작은 갑자기 예기치 못하게 찾아오며 공황발작을 경험하게 되면 죽을 것 같은 공포로 인해 응급실을 찾기도 하며 매우 당황해 아무것도 못하는 상황이 된다. 공황장애는 공황발작과 더불어 그에 대한 예기불안을 주된 특징으로 하며 공황장애를 경험하는 사람들은 공황발작이 일어나지 않을 때도 또 다시 공황발작이 생기지 않을까 하는 예기불안을 가진다.

공황장애 증상

심장 박동 빨라짐, 땀이 많이 남, 몸과 손발이 떨림, 숨이 가쁘거나 막힘, 질식감, 가슴 통증, 메슥거림 및 복부통증, 어지러움 및 실신감, 비현실감, 이인증, 자기 컨트롤 상실감, 죽음에 대한 공포

공황장애의 치료방법으로는 약물치료와 심리치료가 적용이 된다. 항불안제와 세로토닌을 억제하는 항우울제를 주로 처방하여 심리적 불안감과 두려움을 줄여주

며 인지행동치료를 통해 불안을 조절하는 훈련과 호흡법, 긴장이완훈련을 통해 증상을 줄일 수 있다.

바. 강박장애

반복적이고 원하지 않는 강박적 사고와 강박적 행동을 특징으로 하는 정신질환으로 잦은 손 씻기, 숫자 세기, 확인하기, 청소하기 등과 같은 행동을 반복적으로 한다. 개인의 의지와 상관없이 어떤 생각이나 충동이 자꾸 의식에 떠올라 집착하며 그와 관련된 행동을 반복하게 되는 문제가 생기는데 집착과 반복적 행동이 주된 특징으로 나타난다. 강박장애의 주요 증상은 강박사고와 강박행동으로, 강박사고는 반복적으로 의식에 침투하는 고통스러운 생각, 충동 또는 걱정을 말한다. 이러한 강박사고는 대개는 위험한 일이 생길 것 같은 느낌을 주며 경우에 따라서는 불쾌하고 무섭고 심지어는 비위가 상하는 내용일 수도 있다. 강박사고의 예는 다음과 같다.

예 • 사랑하는 가족을 해칠 것 같은 반복적 충동
 • 더러워지거나 오염, 병균이 옮겨 감염되는 것에 대한 지나친 걱정
 • 일이 제대로 진행되었다는 것을 알지만 계속적으로 의심하는 생각
 • 물건들이 제자리에 정돈되어 있는지 또는 순서대로 나열되어 있는지에 대한 걱정
 • 몸의 신체기능에 대한 지나친 걱정

실생활에서 어느 정도의 걱정과 불안을 느끼지만 강박사고는 걱정하는 양과 심각도에서 차이를 보인다. 강박사고를 경험할 때는 불안감과 불쾌감, 스트레스가 동반되므로 이러한 고통을 줄이기 위해서 생각을 억누르거나 무시하는 등 부정적인 감정들이 떠오르지 못하도록 하려는 노력을 하게 된다.

강박행동은 불편할 때나 이를 통제하고자 하는 강한 욕구를 느껴 하게 되는 반복적 행동이다. 보통 강박사고가 사람을 불편하게 하면 그 상황에서 벗어나고자 강박행동을 하게 되는데 이런 행동을 통해 강박적 사고를 막거나 그 생각을 머리에서 지우려고 하는 경우가 많지만 일시적 편안함을 제공할 뿐 결과적으로 불안을 증가시키기도 한다. 강박사고에서 벗어나기 위한 강박행동의 예는 다음과 같다.

예 • 더러운 것을 만져 오염이 되었다는 생각을 제거하기 위해 지나치게 손을 자주 씻거나 오래 샤워를 하거나 집 청소를 반복적으로 하는 행동
• 문이 제대로 잠겼는지 또는 가스레인지의 불이 켜지지는 않았는지를 반복적으로 확인하는 행동
• 어지럽혀져 있거나 자신의 생각대로 정리가 되어있지 않으면 순서대로 제자리에 맞춰 놓으려고 하며 어떻게든 대칭을 만들려고 하는 행동

강박장애는 쉽게 말해 '의심하고 확인하는 병'이라고 생각을 하면 된다. 어떤 것이 제대로 되어 있는지, 제대로 되어 있지 않으면 어떡하지에 대한 의심이 환자들을 극도로 예민하고 불안한 상태로 만들어 그것을 해소하기 위해 강박행동을 반복적으로 하게 되는 것이다. 강박장애의 주된 치료법은 약물치료와 인지행동치료이며 약물치료는 뇌의 전달물질에 변화를 일으켜 강박사고를 완화시키며 인지행동치료는 환자의 증상에 맞추어 강박사고와 강박행동을 줄일 수 있는 방법을 습득하도록 도와서 불편감을 가라앉히는 치료법이다.

사. 외상 후 스트레스(Post Traumatic Stress Disorder)

자연재해, 전쟁, 살인, 교통사고, 폭행 등의 심각한 사건을 경험한 후 그 사건에 공감을 느껴 사건 후에도 계속적인 재경험을 통해 고통을 느끼며 벗어나기 위해 에너지를 소비하는 질환으로 개인의 경험 뿐 아니라 타인에게 일어난 사건을 간접적으로 경험하여 생길 수도 있다. 외상 후 스트레스 장애는 아동기를 포함한 어느 연령대에서도 발생 가능한 장애로 증상은 대부분 사건 발생 후 3개월 이내에 일어나며 증상이 지속되는 기간은 몇 개월에서 몇 년까지 지속될 수 있다. 치료법은 약물치료(항불안제 1년 이상 복용) 또는 인지 행동 치료를 통해 환자의 환경, 부정적 생각을 긍정적 생각으로 바꿀 수 있도록 도와주고 당시의 상황 또는 트라우마를 조금조금씩 재경험하도록 하여 사건에 대한 불안이 무뎌질 수 있도록 오랜 기간 동안 치료가 필요하다.

③ 정신장애 대상 동물매개치료 효과

• 스트레스 및 우울감 해소

작은 사건에도 민감하고 과민반응을 보여 이로 인한 스트레스가 심각하고 스트

레스를 느끼는 사건의 수보다 스트레스를 받는 사건에 대한 영향을 비장애인에 비해 크게 받는다. 또한 자신이 현재 겪고 있는 증상들과 그로 인해 벌어지는 상황들로 인한 우울감이 삶의 질을 떨어뜨린다. 그렇기 때문에 정신장애들의 스트레스 관리 및 우울감 해소는 필수적이다. 스트레스 관리를 하지 못하면 장애의 증상이 심화되며 그로 인한 삶의 질이 떨어지며 자신을 파괴할 수 있는 위험성도 높아진다. 반려동물과의 상호작용을 나누는 과정에서 동물의 체온을 느끼며 심리적 이완이 일어나고 동물과의 정서적 교류 및 교감을 통해 긴장 완화와 정서적 평안을 유도하여 불안의 감소 효과를 이끌어 낸다.

• **대인관계 능력 향상**

입원, 퇴원, 재입원의 악순환으로 인한 대인관계 형성의 기회 부족 및 증상으로 인한 일상생활과 사회생활이 어려우며 그로 인해 사람과의 의사소통에 어려움이 있다.

타인과의 관계 형성을 위해서는 타인이 보이는 행동과 타인이 느끼는 정서에 관심을 기울여 그에 맞는 대처를 해야 하는데 타인의 행동, 태도 등에 관심을 가질 수 있도록 동물로 유도를 하고 동물과의 감정 소통을 통해 사람과의 감정 소통으로 이어지도록 할 수 있다.

• **자기표현 기술의 확대**

자신이 현재 어떠한 느낌을 받고 있고 자신의 정서를 인식하고 표현하는데 어려움이 있다. 이런 어려움들을 동물과의 관계형성 및 상담사와의 관계 형성을 통한 상호교감을 통해 극복하도록 도울 수 있다. 동물매개치료 과정에서 자신이 느끼는 솔직한 감정, 생각들을 표현하도록 유도할 수 있으며 동물은 어떠한 표현도 무조건적으로 수용해 주는 존재이기 때문에 칭찬, 스킨십, 긍정적 감정, 섭섭함 등으로 표현할 수 있다.

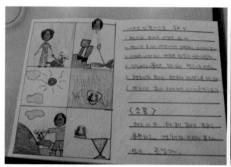

―――― 도우미동물과의 하루일과를 그림으로 그려보며 자기표현 기술을 익힌다.

④ 비장애 및 가족 유형 대상자

가. 가족유형 대상자

가) 한 부모 가정

부모 중 어느 한쪽이 사망, 이혼, 유기, 장애, 별거 등의 이유로 인해 한쪽 부모로만 구성된 가정을 말한다(김영아, 2006). 한 부모 가족은 배우자들과 사별 혹은 이별 직후 직면하는 여러 가지 문제를 극복하는 과정에서 자녀들은 양부모 가족의 자녀보다 정서적으로 불안정하고 성취도가 낮으며 성역할 동일시에서 혼란스러움을 겪으며 비행을 저지르는 경우가 많다. 편모 가정인 경우 모의 역할가중, 정서적 결핍, 자녀양육의 어려움 등을 겪게 되지만 그 중 경제적 자립이 큰 문제로 다가온다. 부의 부재로 인해 가족원들이 감당해야 할 문제들이 편모 가정에게는 굉장한 부담이 될 수 있다. 이로 인해 가족생활의 문제 특히 자녀에게 사회심리적으로 부정적인 영향을 끼칠 수 있다.

• 자존감 향상

다른 가족과의 다름의 상처를 입고 경제적인 문제로 인한 열등감, 사회적 위축으로 인해 정서적 불안을 경험하면서 자존감이 낮아진다. 반려동물의 무조건적인 수용, 차별 없는 사랑을 경험하고 반려동물에게 훈련을 시키며 자신이 누군가에게 존중받고, 반려동물을 보살핌으로써 누군가에게 필요한 존재임을 재확인하면서 긍정적자아개념과 자존감 향상을 도울 수 있다.

- **사회성 향상**

한부모 가족의 경우 일반적인 가정에 비해 가정에 대해 평안한 마음을 누리지 못하고 원만한 가정생활을 누리지 못하므로 가정에 대한 불만족, 불화, 갈등, 적대감이 크고 또한 성격적 자아도 부정적으로 나타나고 사회적 자아도 상대적으로 덜 성숙되는데(이광희, 1998) 이것은 후에 대인관계에도 영향을 줄 수 있다. 반려동물매개치료는 사회·정서적 관계에서 차별하지도 평가하지도 않으며, 조건 없이 수용하는 반려동물과의 상호작용을 통해 자기개방과 감정이입을 쉽게 이룰 수 있게(최완오, 2007) 반려동물매개 상담사가 도움을 줄 수 있으며, 반려동물이 좋아하는 행동과 싫어하는 행동에 대해 이해하고 배려하는 마음을 기르며 더 나아가 타인과의 관계에서도 타인을 수용하고 이해할 수 있도록 도와 원만한 대인 관계를 갖는 데 도움을 줄 수 있다.

나) 다문화 가정

국적과 문화가 다른 남녀의 결혼으로 이루어진 가정을 의미하며 다른 인종과 국적, 문화로 인해 언어에서부터 식생활 등에 여러 가지 문화의 차이를 겪고 대부분의 다문화 가정은 빈곤한 한국 남성이 국제결혼을 하는데 이에 따른 경제적 문제, 자신의 생각을 정확하게 표현하지 못하는 의사소통의 장벽, 양육방식의 차이의 갈등을 경험한다. 이로 인해 자녀들은 부모 각각의 다른 가치관과 문화적 차이로 인해 큰 혼란을 겪게 되고 낮은 자존감과 대인관계 형성의 문제가 생길 수 있다. 또한 언어 습득, 언어 소통 등 언어 환경에 따른 문제로 언어습득과 발달에 필요한 자극을 제대로 받지 못해 그에 따른 언어적 문제가 발생할 수 있다. 이는 다른 문제들을 일으킬 수 있는 것으로 언어 발달이 제대로 일어나지 않아 사람들과의 의사소통이 원활하지 않고 대인관계 형성과정에서 문제가 생길 수 있으며 청소년기에는 자아정체성 형성에도 큰 문제가 생길 수 있다.

- **언어적 발달**

다문화 가족의 자녀들은 다른 국적을 가진 가족의 문제 특성상 언어습득과 언어소통을 위해 언어적 발달에 필요한 자극을 충분히 받지 못하는 경우가 많다. 반려동물은 불분명한 소리를 내더라도 수용해주며, 반려동물과의 상호과정 속에서 칭찬, 명령, 격려, 그리고 벌을 주는 형식으로 자연스럽게 대화를 할 수 있게 되어 언어 습득 및 언어 능력을 증진시킬 수 있다고 한다(Condoret, 1983). 따라서 반려동물이 줄 수 있는 긍정적인 효과를 간식주기, 칭찬해주기, 훈련프로그램 등을 통해 반려동물매개 상담사가 내담자와 반려동물을 상호작용할 수 있게 도움을 주어 이러한 언어적 자극을 이끌어내어 보다 쉽게 언어적인 발달을 기대할 수 있다.

• 가족의 응집성

다문화 가정은 서로 다른 문화의 두 사람이 만나 가정을 이루었기 때문에 가족구성원 사이에 결합이 필요하다. 이러한 결합은 가족구성원 간의 친밀감, 또는 거리감, 정서적 지지와 같이 가족구성원들이 서로에 대해 갖는 정서적 유대와 한 개인이 가족체계 내에서 경험하는 개인적인 자율성의 정도를 말하는 가족 응집성과 가족구성원들에게 부여된 개인의 자율성과 가족이 함께하는 정도, 가족의 변화를 허용하는 정도와 균형을 유지하려는 정도를 의미하는 가족 적응성으로 나눌 수 있다(안경숙, 2006). 반려동물은 가족구성원 간에 의사소통을 촉진하는 역할을 함으로써 가족구성원 간의 대화를 할 수 있는 주제가 생기고, 가족이 함께하는 시간도 증가하게 되어 가족 응집성과 적응성에 도움이 될 수 있다고 한다.

다) 맞벌이 가정

맞벌이 가정은 부와 모가 모두 취업을 하고 있어 일상적인 출퇴근을 하는 상황에서 자녀의 가정생활이나 학습을 돌보아 주는 시간이 퇴근 후에만 가능한 가정을 의미한다(김희수, 2003). 자녀의 경우 혼자 남는 시간이 많아지며 부모는 자녀에 대해 잘 알지 못하여 자녀와의 의사소통에 극심한 스트레스를 받을 수 있다. 또한 자녀는 부모에 대한 애정과 사랑이 부족해 정서장애와 다양한 발달이상이 나타날 수도 있다.

• 자녀의 우울개선

다양한 가정의 자녀들의 경우 우울증에 걸릴 수 있는데, 유년 시절 원만하지 못한 가족생활이 자녀에게는 큰 상처를 줄 수 있다. 부모의 따뜻한 사랑과 보호를 받기 원하며 누군가에게 의존하고 싶지만 그렇지 못한다. 반려동물이 주는 무한한 애정을 받으며 반려동물에게 의지하면서 누군가에게 의존하는 방법을 배우고 사랑을 주고받는 법을 자연스레 배우게 되고 이를 통해 부모에게서 받지 못한 사랑을 충족시킬 수 있는 기회를 얻을 수 있다.

• 부모의 양육스트레스 최소화

자녀와 함께 있지 못하는 부모의 경우 자녀에게 미안하고 죄책감을 느껴 스트레스를 받기도 하고 자신이 감당해야 할 업무나 여러 상황들이 넘칠 때 스트레스를 받기도 한다. 이런 경우 반려동물과 친밀감을 나누고 감정교류를 하면서 누군가에게 기대지 못하고 혼자 끙끙 앓던 것들을 동물에게 의지하여 우울이나 외로움의 증상을 최소화시킬 수 있도록 도와줄 수 있다.

나. 비장애 유형 대상자

가) 비행 청소년

청소년기에는 부모의 보호로부터 벗어나 독립적으로 행동하기를 원한다. 이러한 사춘기적 특성을 부모나 가족들이 잘 이해하고 격려해 준다면 큰 갈등 없이 청소년기를 보낼 수 있지만 부모로부터 독립하고자 하면서 실제적으로는 여전히 부모에게 의존하게 되는 자녀와 독립에 대해 지지하면서도 계속 보호하고 싶은 부모는 서로 간에 긴장과 갈등을 초래하기 쉽다. 이로 인해 부모에게 강한 반항적 행동을 보이고 자신의 의지대로 행동하려 떼를 쓰고 고집을 부리게 된다.

청소년들은 이러한 부모와의 갈등에서 벗어나기 위해 또래 집단에 소속되기를 원하며 이를 통해 자신의 정체성을 찾으려 하게 되고 가족보다 친구들과 보내는 시간이 많아진다. 이 과정에서 또래집단의 특성이 개인의 행동과 가치관 형성에 크게 영향을 미치게 되며 비행청소년 대부분은 집단으로 몰려다니면서 비행을 저지르고 모범생들은 같은 성향을 가진 또래집단과 어울리게 된다. 비행청소년이 되는 이유는 다양하다. 비행을 저지르는 친구를 만나게 돼서 비행청소년이 되는 경우도 있고 부모와의 갈등이 사회적 반항심으로 나타나 비행을 저지르는 청소년이 있으며 다른 가족들과 다른 가족배경에 불만과 열등감으로 인해 낮은 자아존중감이 형성된 청소년이 또래 비행청소년 집단과 어울리게 되면서 비행을 저지르고 이를 통해 친구들에게 인정을 받아 계속해서 비행을 저지르게 되는 경우도 있다.

자아존중감과 자아정체감 형성이라는 중요한 발달과업을 성취해야 하는 시기인 청소년기에 다양한 문제로 인해 비행청소년이 되는 청소년들에게는 어른의 따뜻한 배려와 이해심을 통해 힘든 시간을 극복하도록 도와줘야 한다.

⑤ 동물매개치료사

동물매개치료는 동물이 매개로 대상자와 동물 간에 상호작용으로 인지적, 정서적, 신체적 재활을 추구하는 치료이다. 도우미동물과 대상자의 라포형성이 동물매개치료를 성공적으로 끝낼 수 있는 중요한 요소이지만 동물매개치료는 상담을 기반으로 한다. 상담은 치료사의 몫이며 동물이 매개체가 되어 대상자와 교감을 나누지만 어려움을 해결해주지는 못한다. 동물매개치료사는 사람에 대한 지식과 동물에 대한 지식을 응용할 수 있는 기술이 있어야 하며 개인적인 자질은 물론 치료사로서의 윤리적, 전문가적 책임을 가져야 한다. 동물매개치료사는 문제해결을 필요로 하는 대상자를 존경하고 신뢰해야 하며 대상자에게 신뢰감을 줄 수 있도록 계속적인 자기개발을 통해 자신의 역량을 키워야 하며 책임감을 가지고 대상자의 변화를 이끌어 내야 할 의무가 있다.

인간에 대한 지식	동물에 대한 지식
• 상담심리학 • 재활의학 • 정신병리 • 사회복지학 • 인간행동과 사회 환경 • 장애인복지론	• 동물의 생리와 심리 • 동물의 위생관리 • 동물행동학 • 동물훈련학 • 동물질병학

가. 동물매개치료사의 자질

가) 문제해결을 위한 책임감

동물매개치료사는 치료사로서 어려움이 있는 사람들에게 동물을 매개체로 도움을 주고 삶의 질을 향상시키는 데 최선을 다해야 하는 책임감이 필요하다. 단순하게 동물매개치료를 자신의 일이라 생각하면 대상자를 대할 때나 동물을 대할 때 나태함이 묻어나올 수 있고 대상자에게 낮은 신뢰도를 줄 수밖에 없다. 그렇기 때문에 동물매개치료사는 대상자의 문제해결 및 삶의 질 향상을 위해 최선의 노력을 다해야 한다.

나) 전문성

앞서 언급된 내용처럼 동물매개치료는 인간에 대한 지식과 동물에 대한 지식을 갖춰야 하며 이를 응용하여 대상자에게 개입해 인지적, 정서적, 신체적 재활을 추구하는 치료이다. 이런 전문적인 지식들을 갖춘 동물매개치료사들은 대상자들에게 신뢰감을 형성시켜주고 자신의 문제해결에 대한 강한 믿음을 갖게 된다. 하지만 잘 못된 판단과 어리숙한 개입은 대상자에게 동물매개치료사에 대한 신뢰감을 떨어뜨리며 자신의 문제해결에 대한 의구심을 품게 되어 실망감과 상실감을 갖게 될 수 있다. 그렇기 때문에 동물매개치료사는 다양한 전문적 지식을 바탕으로 응용기술을 통해 대상자에게 전문성을 보여줘야 한다.

다) 동물에 대한 사랑과 복지

동물매개치료는 동물이라는 매개체가 치료사와 대상자의 관계를 이어주는 다리 역할을 하게 되어 라포형성과 상호작용을 바탕으로 치료효과를 얻게 되는 심리치료 이다. 동물이 주는 긍정적 효과들로 인해 인지적, 정서적, 사회적, 심리적 발달이나 적응력을 키우게 되는데 그만큼 동물은 동물매개치료에서 중요한 역할을 하게 된다. 반려동물 산업의 발전과 반려동물인 인구 1000만 시대에 이르러 현대 사회에서 동물이 맡게 된 역할들의 다양성이 늘어나고 있다. 반려동물 1000만 시대의 이면에 는 유기견과 유기동물이 넘쳐나고 있으면 1년에 수만 마리의 동물들이 안락사를 당하게 되며 사람의 욕심으로 인해 이용을 당하는 동물들도 많다. 반려동물 산업에 종사하는 수의사, 애견훈련사, 사육사, 동물간호복지사 등 동물과 관련된 일을 하는 사람들에게서 보이는 공통점은 동물에 대한 사랑이다. 동물매개치료사도 마찬가지 로 동물에 대한 사랑과 동물에 대한 복지를 염려해 자신이 맡은 바에 충실해야 한다. 동물매개치료사가 동물에 대한 사랑을 먼저 보여주지 못하면 대상자 또한 동물 에 대한 애정을 드러내지 못하고 치료사가 하는 모습 그대로 따라하게 될 것이고, 더 나아가 동물에게 상해를 입히는 상황이 올 수 있다. 대상자의 문제해결, 도움, 삶의 질 향상이 동물매개치료사의 중요한 목표이지만 동물의 복지, 건강, 행복 또한 매우 중요한 문제이다.

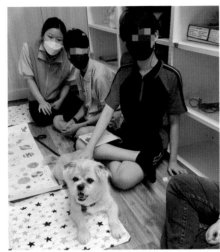

───── 반려동물매개심리상담사와 대상자가 즐거운 시간을 보내고 있다.

나. 동물매개치료 현장

동물매개치료 현장		
장애인	비장애인	기타
장애인종합복지관	청소년상담복지센터	낮병원
장애인주거시설	청소년지원센터	요양병원
장애인주간보호시설	청소년수련관	중독증상
장애인재활시설	청소년쉼터	특수학급(초 · 중 · 고)
종합사회복지관	정보문화센터	개인치료
국공립 병원시설	지역아동센터	학대피해아동센터
장애인 어머니회	학교(초 · 중 · 고)	치매안심센터
특수학교	유치원 · 어린이집	
정신병원	보육원	

제1부 기출문제

01 동물의 가축화에 대한 설명으로 틀린 것은?

① 가축화는 야생동물을 가축으로 순화시키는 모든 과정을 말한다.

② 가축은 인류생활에 유용한 동물을 통틀어 말한다.

③ 약 13000년 전 야생의 개가 인간의 집에 들어오면서부터 시작되었다.

④ 일반적으로 동물은 야생동물, 가축화 된 동물, 애완동물로 구분된다.

02 가족의 일원으로 반려견의 역할이 아닌 것은?

① 스트레스 완화   ② 생명에 대한 이해

③ 질병의 완치   ④ 애정 충족

03 반려동물의 이별 또는 갑작스러운 죽음으로 인해 생기는 정신질환은?

① 펫 로스트 증후군   ② 펫 라스트 증후군

③ 펫 로스 증후군   ④ 펫 로스

04 반려동물의 필요성에 대한 설명으로 옳지 않은 것은?

① 인간의 정서가 메말라 가는 현대사회에서 가족의 역할

② 사회 은퇴자 등 낙오된 소외계층의 정서적 안정 역할

③ 인터넷 게임 등에 빠져 있는 어린이, 청소년들의 장난감 역할

④ 소외감과 고독을 느끼는 어르신들의 친구 역할

05 전문적인 치료활동의 의미보다는 반려동물과 함께 간단하게 즐거운 시간을 보내는 정도의 동물매개유형은 무엇인가?

① 동물매개활동   ② 동물매개치료

③ 동물매개교육   ④ 동물매개공예치료

06 동물매개활동의 효과 세 가지에 해당하지 않는 것은 무엇인가?

① 오락적 효과   ② 예방적 효과

③ 경제적 효과   ④ 교육적 효과

07 단순히 동물의 아름다운 자태나 익살스러운 행동 및 묘기를 감상하거나 관람하는 자체로 심리적 안정 및 정화의 효과를 경험하는 동물매개활동은?

① 수동적 매개활동   ② 신체적 매개활동

③ 능동적 매개활동   ④ 놀이적 매개활동

08 다음 보기 중 수동적 동물매개활동의 예가 아닌 것은?

① 고양이의 우아한 자태를 관찰하며 심리적 안정감 획득

② 햄스터가 쳇바퀴를 돌리는 모습 감상을 통한 정서적 즐거움

③ 강아지의 귀여운 행동을 감상하면서 스트레스 해소

④ 강아지에게 직접 간식을 주고 쓰다듬어주면서 정서적 안정감 획득

09 동물매개활동 중 능동적 매개활동을 통해 획득할 수 있는 효과가 아닌 것은?

① 신체적 활동 증가   ② 사회생활 기술 향상

③ 심리적 불안의 완화   ④ 장애의 완치

10 다음 중 '동물매개활동'을 뜻하는 것은?

① Animal Assisted Therapy

② Animal Assisted Activity

③ Animal Assisted Intervention

④ Animal Assisted Education

11 동물매개교육에 대한 설명 중 옳은 것은?

① 아동과 청소년이 생명에 대한 존중, 중요성, 배려심을 배우는 과정에서 이론적 교육은 동물과의 직접적인 교감보다 효과적이다.

② 아동과 청소년에게 있어 동물과의 교감은 정서적 발달에 큰 도움이 된다.

③ '정서'는 모든 생애주기에 해당하는 개념이지만 성인기, 노년기의 정서적 발달이 가장 중요하다.

④ 동물매개교육은 교육적 개념이지만 치료적 색깔을 강하게 띠고 있다.

12 보기에 해당하는 동물매개 유형은?

반려동물을 대하는 바람직한 반려동물 문화, 반려동물을 통한 생명교육, 생명의 중요성, 생명의 존엄성에 대한 교육들이 이루어지며 동물에 대한 경험과 지식을 갖춘 전문가가 동물과 함께하는 세상을 통해 이해심, 배려심을 경험함과 동시에 따뜻한 감수성을 발달시킨다.

① 반려동물매개치료

② 동물매개교육

③ 동물매개치료

④ 동물매개활동

13 동물을 매개로 인간의 인지적, 정서적, 사회적, 교육적, 신체적 발달과 적응력의 향상을 목표로 의도적이고 계획적으로 행해지는 전문적인 치료는?

① 동물매개중재

② 동물매개교육

③ 동물매개치료

④ 동물매개활동

14 동물매개치료에 대한 설명으로 옳은 것은?

① 동물매개치료는 대상자에게 적절한 치료적 목표를 세우고 도우미동물을 의도적이고 계획적으로 개입시켜 문제해결을 돕는다.

② 동물매개치료는 사람을 치료하는 심리치료로서 오직 사람에 대한 공부만 하면 된다.

③ 동물매개치료는 치료를 필요로 하는 대상자들의 연령에 제한이 있다.

④ 동물매개치료는 장애인에게만 치료효과를 보인다.

15 동물매개치료의 특징에 해당하지 않는 것은?

① 제한적 요소   ② 비전문적 분야

③ 상호역동적 작용   ④ 생명체를 매개로 한다.

16 동물매개치료를 성공적으로 진행하는데 필수적인 요인으로 도우미동물, 대상자, 치료사 간에 관계형성, 친밀감 형성 및 신뢰관계 형성을 뜻하는 것은?

① 라포형성   ② 다리역할

③ 페르소나   ④ 사회적 촉매

17 심리치료와 매개치료의 대한 설명으로 옳지 않는 것은?

① 심리치료는 상담자와 내담자의 언어적 상호작용을 통해 내담자의 어려움을 극복하도록 도와주는 것이다.

② 심리치료는 병원 장면에서 정신건강 전문의 중심으로 환자의 증상 감소/제거를 목적으로 수행하는 치료적 개입이다.

③ 매개치료는 다양한 매개체를 활용하여 치료적 효과를 제공하는 심리치료의 유형을 말한다.

④ 매개치료에서 매개체는 치료사와 대상자의 관계를 이어주며 치료의 주도적으로 이끌어나가는 역할을 수행한다.

18 매개치료의 의미와 정의에 대한 내용으로 옳은 것은?

① 매개치료의 목표는 내담자의 긍정적 변화이기 때문에 치료사는 오직 내담자에 대한 지식만 갖추면 되며 매개체에 대한 전문성을 갖출 필요는 없다.

② 매개치료에 참여하는 내담자는 무조건적으로 치료적 효과를 얻을 수 있다.

③ 매개치료는 상담과 상담이론을 기반으로 하고 있는 심리치료 유형이다.

④ 내담자의 취향과 특성, 성격, 환경을 고려하여 대상자에게 적합한 치료를 진행해야 한다.

19 다음 중 동물매개치료의 신체적 효과에 해당하는 것은?

① 학습욕구 증대 ② 근육계 및 평행감각의 재활

③ 기억력 향상 ④ 사회적 접촉의 확대

20 다음 중 동물매개치료의 인지적 효과에 해당하는 것은?

① 정서지능의 향상 ② 대인관계능력 향상

③ 사회기술 향상 ④ 규칙적인 운동습관 형성

21 다음 중 동물매개치료의 사회적 효과에 해당하는 것은?

① 자아존중감 향상 ② 언어능력의 향상

③ 공감능력 향상 ④ 대근육 발달

22 다음 중 동물매개치료의 정서적 효과에 해당하는 것은?

① 스트레스 해소 ② 의사소통기술 향상

③ 소근육 발달 ④ 배려심 향상

23 다음 중 동물매개치료의 구성요소로 적합하지 않은 것은?

① 치료대상(대상자) ② 반려동물(도우미동물)

③ 치료사(전문가) ④ 보호자(부모, 보조 선생님)

24 동물매개치료 도우미동물 선발 시 고려사항에 해당하지 않는 것은?

① 사람과의 친화력 ② 동물의 복지

③ 건강한 동물 ④ 훈련 누적 시간

25 다음 중 치료도우미견 선발기준으로 적절하지 않은 것은?

① 사회성이 높은 개 ② 질병이 없는 건강한 개체

③ 강한 자극에도 안정적일 것 ④ 관리자 및 사람에게 친화적일 것

26 본격적인 동물매개치료에 앞서 도우미동물의 선정은 누구에 의해 이루어지는가?

① 대상자(치료대상) ② 동물매개치료(전문가)

③ 보호자 ④ 기관 담당자

27 동물매개치료 도우미동물 중 개가 가장 많이 활용되는 이유로 옳은 것은?

① 개는 모든 동물들 중 가장 똑똑하다.

② 대상자로 인한 스트레스를 참아야 하기 때문에 건강해야 한다.

③ 인간과의 상호작용이 활발하게 일어나며 감정소통 및 상호접촉성이 가장 뛰어나다.

④ 개는 인간과 함께 한 역사가 가장 오래되었기 때문에 인간을 절대 다치게 하지 않는다.

28 다음 치료도우미 동물에 대한 설명으로 잘못된 것은?

① 동물매개치료에서 가장 많이 투입되는 동물은 개다.

② 상호 접촉성이 좋은 동물은 기니피그, 토끼를 들 수 있다.

③ 물고기, 새는 사육관리가 쉽고 사육공간을 적게 차지하는 동물이다.

④ 돌고래는 쉽게 사육할 수 있어 도우미동물로 활용가치가 높다.

29 치료도우미 고양이의 선발기준에 속하지 않는 것은?

① 침착하고 얌전한 고양이가 적합하다.

② 낯선 사람을 대면할 때 침착해야 한다.

③ 치료도우미 고양이도 도우미견과 같은 복종 훈련이 되어 있어야 한다.

④ 사람과 친숙하고 사람에 대한 두려움이 없어야 한다.

30 치료도우미 기니피그의 특징에 해당하지 않는 것은?

① 기니피그가 내는 다양한 소리를 대상자들이 재미있게 접할 수 있다.

② 스트레스에 강한 동물이어서 오랜 시간 대상자들과 즐거운 시간을 보낼 수 있다.

③ 털이 많이 빠지기 때문에 내담자의 털 알레르기를 유발할 수 있다.

④ 귀엽고 순한 성격과 외모로 동물을 무서워하는 대상자들도 쉽게 다가갈 수 있다.

31 발달단계별 동물매개치료의 적용 중 청소년의 사회적 효과에 대한 설명으로 옳은 것은?

① 청소년기에는 아동기보다 친밀감의 욕구가 감소되지만 그래도 또래와의 관계를 중요시한다.

② 또래집단에 대한 애착보다 부모와의 관계를 중요시하며 부모와의 관계로 인해 크게 사회적 발달이 이루어지게 되는 시기이다.

③ 또래에 의한 대인관계가 확대되면서 부모의 테두리에서 벗어나 독립적으로 행동하고 싶어 하며 이로 인해 부모와의 갈등을 겪는다.

④ 이 시기에 부모의 가치에 동화되어 부모와의 갈등으로 유사한 갈등을 겪고 있는 또래에게서 공감을 얻고 자신의 가치를 확인한다.

32 장애인복지법시행령에서 '정신발육이 항구적으로 지체되어 지적 능력의 발달이 불충분하거나 불완전하고 자신의 일을 처리하는 것과 사회생활에 적응하는 것이 상당히 곤란한 사람' 정의를 내린 장애는 무엇인가?

① 자폐성 장애 ② 지적장애
③ 뇌병변 장애 ④ 정신장애

33 아래의 설명에 해당하는 지적장애 등급은 무엇인가?

> 지능지수(IQ) 34~49 이하로 훈련이 가능한 경우 다른 사람의 도움을 받아 단순한 일상생활이 가능하고 훈련을 받고 다른 사람의 도움을 받으면 단순 노동도 가능함.

① 1급 ② 2급
③ 3급 ④ 4급

34 자폐성 장애에 대한 설명 중 옳은 것은?

① 일반적인 자폐성 장애의 증상이 나타나는 시기는 3세 이전이다.

② 자폐성 장애는 개방적이며 단조로움을 고집하고 부적응 행동을 반복한다.

③ 사회적 의상소통에 사용되는 언어, 상징, 또는 상상놀이에 있어 비장애 아동들보다 빠른 발달을 보인다.

④ 원인에 대해서는 분명히 밝혀져 있지는 않지만 심리적 원인과 생물학적 원인으로 구분할 때 유전적 원인일 가능성이 높다.

35 자폐성 장애의 특징에 해당하지 않는 것은?

① 사람과의 관계 형성 문제   ② 언어에 대한 의사소통의 문제

③ 지적 기능의 수준과 발달의 문제   ④ 비장애인보다 높은 과제수행 능력

36 자폐성 장애의 행동적 특징으로 손을 흔든다거나 몸을 흔드는 등 사회적으로 적절한 기준을 벗어난 부적응 행동을 뜻하는 단어는 무엇인가?

① 반향어   ② 사회적 상호작용

③ 상동행동   ④ 모방능력

37 학령전기 아동들에게 인지, 정서, 행동의 결함을 동반하는 아동기 발달장애 중하나로 또래 아이들에 비해 한 자리에 가만히 앉아있지 못하고 과하게 주위를 산만하게 돌아다니거나 과제를 끈기 있게 하지 못하는 특성을 가진 장애는?

① ADHD   ② AHDH

③ AHHD   ④ AHAD

38 주의력결핍 과잉행동 장애의 증상으로 옳은 것은?

① 인내심이 높다   ② 끈기가 있다

③ 충동적이다   ④ 이타적이다

39 정신과적 질환 중 90%를 차지하고 만성의 경우 완전한 회복이 어려워 오랜 기간 병원 입원과 퇴원을 반복하며 약물치료를 병행해야 하는 질환은?

① 정동장애

② 자폐성 장애

③ ADHD

④ 정신분열병/조현병

40 정동장애에 대한 설명으로 옳은 것은?

① 반복성 우울장애는 기분이 지나치게 고조되어 일상생활에 어려움을 준다.

② 양극성 정동장애는 고조된 감정의 조증상태와 슬픈 감정의 우울상태가 계속적으로 이어지는 장애이다.

③ 반복성 우울장애는 우울한 상태가 지속되어 심한 경우 자살기도나 피해망상 등 다양한 양상을 보인다.

④ 분열형 정동장애는 정신분열병과 정동장애가 함께 나타나는 장애로 정신 장애 중 비교적 치료 기간이 짧다.

41 정신장애 대상 동물매개치료의 효과에 대한 내용 중 알맞은 것은?

① 반려동물과의 상호작용으로 인한 긴장 완화와 정서적 평안을 유도하여 불안의 감소효과를 이끌어 낸다.

② 작은 사건에도 민감하고 과민반응을 보이지만 스트레스에 대한 영향을 크게 받지 않는다.

③ 입원, 퇴원과 재입원을 통해 다른 환자들과의 관계 형성이 이루어져 대인관계가 좋다.

④ 자신이 현재 어떠한 느낌을 받고 있는지, 자신의 정서를 정확히 인식하고 표현할 수 있다.

42 부모 중 어느 한쪽이 사망, 이혼, 유기, 장애, 별거로 인해 자녀의 정서적 불안정과 성취도를 낮추고 혼란스러움을 겪게 하는 가정 유형은?

① 다문화 가정   ② 한부모 가정

③ 맞벌이 가정   ④ 조부모 가정

43 다문화 가정의 자녀가 겪을 수 있는 문제가 아닌 것은?

① 소통의 장벽   ② 부모의 양육방식 차이

③ 대인관계 형성   ④ 문화 폐쇄성

44 가족 대상 동물매개치료 효과 내용 중 틀린 것은?

① 반려동물의 무조건적인 수용, 차별 없는 사랑은 대상자 자신이 누군가에게 존중받고, 필요한 존재임을 확인하면서 긍정적 자아개념과 자존감 향상에 도움을 준다.

② 다양한 가정의 자녀들의 경우 부모의 사랑과 보호를 받기 원하지만 그러지 못할 때 동물이 주는 애정을 통해 의존하는 방법을 터득할 수 있다.

③ 자녀와 함께 있지 못하는 부모의 경우 자녀에게 미안하고 죄책감을 느껴 스트레스를 받기도 하는데 동물과 친밀감을 나누고 감정교류를 하면서 누군가에게 기대는 방법을 배워 부담을 줄일 수 있다.

④ 다른 가족과의 다름으로 인한 상처를 입고 경제적인 문제로 인한 열등감과 사회적 위축이 대상자의 자존감을 높일 수 있다.

45 동물매개치료사에 대한 설명으로 빈칸에 들어갈 알맞은 단어는?

> 동물매개치료사는 사람에 대한 지식과 동물에 대한 지식을 응용할 수 있는 기술이 있어야 하며 개인적인 자질은 물론 치료사로서의 _____, _____책임을 가져야 한다.

① 전문가적/사회적   ② 사회적/윤리적

③ 체계적/전문가적   ④ 윤리적/전문가적

46 동물매개치료사가 가져야 할 자질 중 잘못된 것은 무엇인가?

① 대상자를 존경하고 신뢰해야 한다.

② 동물에 대한 지식과 복지에 대한 이해가 있어야 한다.

③ 치료사는 계속적으로 자기개발을 해야 한다.

④ 동물의 사육과 번식, 관리기술은 모두 전문 사육사에게 맡긴다.

47 동물매개치료는 심리치료의 한 분야로 다학제적인 분야인데 동물매개치료와 거리가 먼 분야는 무엇인가?

① 상담심리학   ② 재활치료

③ 동물 훈련 및 관리   ④ 정치적 관계

48 동물매개치료사가 인간에 대해 공부하기 위해 배워야 할 학문 중 아닌 것은?

① 인문학   ② 사회복지학

③ 물리학   ④ 정신병리

49 동물매개치료사가 동물에 대해 공부하기 위해 배워야 할 학문 중 아닌 것은?

① 동물행동학   ② 동물계량학

③ 동물훈련학   ④ 동물심리학

50 동물매개치료에 대한 설명 중 옳은 것은?

① 동물매개치료는 치료도우미동물에 대한 지식만 갖고 있어도 활동이 가능하다.

② 동물매개치료는 반려동물과 함께 즐거운 시간을 보내는 정도의 오락적, 교육적, 예방적 기능에 중점을 두는 활동이다.

③ 동물매개치료는 전문적인 치료활동이다.

④ 동물매개치료를 통한 치료 효과는 의도한 효과가 아닌 부수적인 효과일 뿐이다.

정답

01. ③	02. ③	03. ③	04. ③	05. ①	06. ③	07. ①	08. ④	09. ④	10. ②
11. ②	12. ②	13. ③	14. ①	15. ②	16. ①	17. ④	18. ③	19. ②	20. ①
21. ③	22. ①	23. ④	24. ④	25. ③	26. ②	27. ③	28. ④	29. ③	30. ②
31. ③	32. ②	33. ②	34. ①	35. ④	36. ③	37. ①	38. ③	39. ④	40. ③
41. ①	42. ②	43. ④	44. ④	45. ④	46. ④	47. ④	48. ③	49. ②	50. ③

반려동물의 관리

Companion Animal
Assisted Psychology Counselor

CHAPTER 01

반려동물 생애주기별 관계법령

「동물보호법」은 동물에 대한 학대행위의 방지 등 동물을 적정하게 보호·관리하기 위하여 필요한 사항을 규정함으로써 동물의 생명보호, 안전 보장 및 복지 증진을 꾀하고, 건전하고 책임 있는 사육문화를 조성하여, 동물의 생명 존중 등 국민의 정서를 기르고 사람과 동물의 조화로운 공존에 이바지함을 목적으로 한다. 「동물보호법」에서 이야기하는 '동물'이란 고통을 느낄 수 있는 신경체계가 발달한 동물들을 말한다. 과거에는 '애완동물'이란 용어를 사용하며 가까이에 두고 귀여워하는 정도에서 그쳤다면 현재에는 '반려(伴侶)동물'이란 용어의 사용과 함께, 더불어 살아가며 사랑을 주고받는 가족으로 받아들이고 있다. 농림축산식품부령에서 정한 가정에서 반려의 목적으로 기르는 동물은 개·고양이·토끼·페럿·기니피그·햄스터이다.

모든 생명은 존중받고 사랑받아야 하며, 기본적인 자유와 권리를 누리며 살아간다. 이는 동물 또한 마찬가지이다. 동물과 함께 살아가기로 결정했다면, 동물들이 고통스럽지 않게 자유와 권리를 누리며 행복하게 살아갈 수 있도록 보호할 의무가 있다.

「동물보호법」에서는 동물들의 생명과 안전 보장을 위해 누구든지 동물을 사육·관리할 때 다섯 가지의 기본 원칙을 준수하도록 하고 있다.

① 동물이 본래의 습성과 신체의 원형을 유지하면서 정상적으로 살 수 있도록 할 것
② 동물이 갈증 및 굶주림을 겪거나 영양이 결핍되지 아니하도록 할 것
③ 동물이 정상적인 행동을 표현할 수 있고 불편함을 겪지 아니하도록 할 것
④ 동물이 고통·상해 및 질병으로부터 자유롭도록 할 것
⑤ 동물이 공포와 스트레스를 받지 아니하도록 할 것

위와 같이 다섯 가지의 동물 보호 기본원칙을 기억하며 보호자는 동물의 습성을 이해하고 최대한 동물이 가진 습성에 가깝게 사육·관리하여 동물의 보호와 복지에 책임감을 가져야 한다. 「동물보호법」에서 이야기하는 동물의 적정한 사육·관리 사항은 다음과 같다.

① 동물에게 적합한 사료와 물을 공급하고, 운동·휴식 및 수면이 보장되도록 노력하여야 한다.
② 동물이 질병에 걸리거나 부상당한 경우에는 신속하게 치료하거나 그 밖에 필요한 조치를 하도록 노력하여야 한다.
③ 동물을 관리하거나 다른 장소로 옮긴 경우에는 그 동물이 새로운 환경에 적응하는 데에 필요한 조치를 하도록 노력하여야 한다.
④ 제1항부터 제3항까지에서 규정한 사항 외에 동물의 적절한 사육·관리 방법 등에 관한 사항은 농림축산식품부령으로 정한다.

☑ **동물의 적절한 사육 · 관리 방법**

1. 일반기준

가. 동물의 소유자등은 최대한 동물 본래의 습성에 가깝게 사육·관리하고, 동물의 생명과 그 안전을 보호하며, 복지를 증진하여야 한다.

나. 동물의 소유자등은 동물로 하여금 갈증·배고픔, 영양불량, 불편함, 통증·부상·질병, 두려움과 정상적으로 행동할 수 없는 것으로 인하여 고통을 받지 아니하도록 노력하여야 한다. 또한 동물의 특성을 고려하여 전염병 예방을 위한 예방접종을 정기적으로 실시해야 한다.

다. 동물의 소유자등은 동물의 사육환경을 다음의 기준에 적합하도록 해야 한다.

  1) 동물의 종류, 크기, 특성, 건강상태, 사육목적 등을 고려하여 최대한 적절한 사육환경을 제공해야 한다.

  2) 동물의 사육공간 및 사육시설은 동물이 자연스러운 자세로 일어나거나 눕고 움직이는 등의 일상적인 동작을 하는 데에 지장이 없는 크기여야 한다.

2. 개별기준

가. 동물의 소유자등은 다음 각 호의 동물에 대해서는 동물 본래의 습성을 유지하기 위해 낮 시간 동안 축사 내부의 조명도를 다음의 기준에 맞게 유지해야 한다.

나. 소, 돼지, 산란계 또는 육계를 사육하는 축사 내 암모니아 농도는 25ppm을 넘어서는 안 된다.

다. 깔짚을 이용하여 육계를 사육하는 경우에는 깔짚을 주기적으로 교체하여 건조하게 관리해야 한다.

라. 개는 분기마다 1회 이상 구충을 해야 한다. 구충제의 효능 지속기간이 있는 경우에는 구충제의 효능 지속기간이 끝나기 전에 주기적으로 구충을 해야 한다.

마. 돼지의 송곳니 발치·절치 및 거세는 생후 7일 이내에 수행해야 한다.

반려동물매개상담사는 동물과의 상호교감을 바탕으로 인간의 다양한 영역에서의 재활과 치료를 돕는 자이다. 그렇기 때문에 함께 하는 도우미동물, 즉 반려동물에 대한 이해는 필수적이며 관계법령의 이해는 인간과 동물의 공존을 위한 이해의 첫 걸음이라고 할 수 있다. 본 장에서는 「동물보호법」의 내용 중 반려동물과의 첫 만남에서부터 마지막 이별까지의 과정에서 보호자가 알아야 할 주요 법령들을 정리하였다.

1. 반려동물의 입양

1) 반려동물의 입양방법

(1) 동물판매업소

인터넷 판매업소를 포함하여 동물분양센터, 펫 샵 등은 가장 일반적으로 반려동물을 입양할 수 있는 장소로 현재 많은 사람들이 반려동물 입양을 고려할 때 가장 먼저 찾는 곳이기도 하다. 하지만 동물판매업소에서 동물을 입양하기 전에 고려해야 할 사항들이 몇 가지 있다.

① 동물판매업 등록 여부 및 개체관리카드 확인

반려동물매개심리상담에서 함께하는 도우미동물인 개·고양이·기니피그·햄스터·페럿·토끼의 경우 「동물보호법」 제 32조에 의거하여 동물판매업 등록을 해야만 한다. 또한 제36조에 따라 동물판매 영업등록(허가)증과 요금표를 게시해야 한다. 가게 내부에 등록증 및 요금표가 게시되어 있는지 확인하고, 전자상거래 방식으로만 영업하는 경우에는 해당 영업자의 인터넷 홈페이지를 통해 확인할 수 있다.

또한 동물판매업자는 판매하는 동물에 대해 「동물보호법」에 따른 개체관리카드를 작성하여 우리 또는 개별사육시설에 개체별 정보(품종, 암수, 출생일, 예방접종 및 진료사항 등)를 표시하여야 한다. 다만, 기니피그와 햄스터의 경우 무리별로 개체관리카드를 작성할 수 있다.

이 외에도 동물판매 영업자는 기본적으로 준수해야 할 사항들이 있기 때문에 이 부분들을 확인하고 분양 받는 것이 좋다.

② 계약서 받기

- 동물판매업 등록을 한 곳에서 반려동물을 분양 받을 때에는 계약서가 제공된다. 이 계약서는 후에 문제가 발생하였을 때 보상 여부를 결정하는 중요한 자료가 될 수 있으므로 반드시 받아야 한다.
- 만약 계약서를 제공받지 못했다면 동물 입양 후 7일 이내에 계약서미교부를

이유로 구매계약을 해제할 수 있다.

- 계약서는 반드시 아래의 내용을 포함하여야 한다.
  - 동물판매업 등록번호, 업소명, 주소 및 전화번호
  - 동물의 출생일자 및 판매업자가 입수한 날
  - 동물을 생산(수입)한 동물생산(수입)업자 업소명 및 주소
  - 동물의 축종, 품종, 색상 및 판매 시의 특징
  - 예방접종, 약물투여 등 수의사의 치료기록 등
  - 판매 시의 건강상태와 그 증빙서류
  - 판매일 및 판매금액
  - 판매한 동물에게 질병 또는 사망 등 건강상의 문제가 생긴 경우의 처리방법
  - 등록된 동물인 경우 그 등록내역

2020년 한국소비자원이 계약서 확인이 가능한 60개 동물판매업체의 계약서 내용을 조사한 결과 대다수의 반려동물 판매업체가 「동물보호법」을 준수하지 않은 계약서를 교부하였다고 하였다. 필수 포함 내용임에도 불구하고 '동물을 생산(수입)한 동물생산(수입)업자 업소명 및 주소'를 기재한 업체는 단 2곳에 불과하였다. 동물생산업 정보는 불법 번식장의 여부를 판단하는 중요한 정보가 되기 때문에 반드시 확인해야 한다.

또한 한국소비자원에 따르면 지난 4년간(2016년~2019년) 소비자원에 접수된 반려동물 관련 소비자 피해구제 신청 684건 중 가장 많은 유형을 차지한 것은 '반려동물 건강 이상(55.8%)'이었다. 반려동물을 입양하는 데 있어 건강 정보는 매우 중요한 것임에도 불구하고 '접종 일시 및 내용'을 기재하지 않은 업체가 50개(83.3%), '판매 시 건강상태'를 기재하지 않은 업체가 27개(45.0%)에 달했다. 이처럼 건강한 반려동물을 입양하기 위해서는 소비자가 계약서 관련 내용을 알고 꼼꼼하게 확인해야 한다.

③ 등록대상동물의 등록 신청

동물판매업자는 「동물보호법」에 따라 등록대상동물인 '2개월 이상의 개'를 판

매하는 경우, 등록 방법 중 구매자가 원하는 방법으로 영업자를 제외하고 등록대상
동물의 등록 신청을 한 후 판매하여야 한다.

☑ 동물판매업자가 준수해야 하는 사항

가. 동물을 실물로 보여주지 않고 판매해서는 안 된다.

나. 다음의 월령(月齡) 이상인 동물을 판매, 알선 또는 중개해야 한다.

   1) 개·고양이: 2개월 이상

   2) 그 외의 동물: 이유 후 스스로 사료 등 먹이를 먹을 수 있는 월령

다. 미성년자에게는 동물을 판매, 알선 또는 중개해서는 안 된다.

라. 동물 판매, 알선 또는 중개 시 해당 동물에 관한 다음의 사항을 구입자에게 반드시 알려주어야
한다.

   1) 동물의 습성, 특징 및 사육방법

   2) 등록대상동물을 판매하는 경우 등록방법, 등록기한 등 동물등록제도의 세부내용

마. 「소비자기본법 시행령」 제8조 제3항에 따른 소비자분쟁해결기준에 따라 다음의 내용을 포함
한 계약서와 해당 내용을 증명하는 서류를 판매할 때 제공해야 하며, 계약서를 제공할 의무가
있음을 영업장 내부(전자상거래 방식으로 판매하는 경우에는 인터넷 홈페이지 또는 휴대전화
에서 사용되는 응용프로그램을 포함한다)의 잘 보이는 곳에 게시해야 한다.

바. '라'에 따른 계약서의 예시는 다음과 같고, 동물판매업자는 다음 계약서의 기재사항을 추가하
거나 순서를 변경하는 등 수정해서 사용할 수 있다.

사. 별표 9 제2호나목2)에 따른 기준을 갖추지 못한 곳에서 경매방식을 통한 동물의 거래를 알
선·중개해서는 안 된다.

아. 온라인을 통해 홍보하는 경우에는 등록번호, 업소명, 주소 및 전화번호를 잘 보이는 곳에 표시
해야 한다.

자. 동물판매업자 중 경매방식을 통한 거래를 알선·중개하는 동물판매업자는 다음 사항을 준수해
야 한다.

   1) 경매수수료를 경매참여자에게 미리 알려야 한다.

   2) 경매일정을 시장·군수·구청장에게 경매일 10일 전까지 통보해야 하고, 통보한 일정을 변
경하려는 경우에는 시장·군수·구청장에게 경매일 3일 전까지 통보해야 한다.

   3) 경매되는 동물에 대해 수의사와 운영인력을 통해 검진을 해야 한다.

   4) 준비실에서는 경매되는 동물이 식별이 가능하도록 구분해야 한다.

   5) 경매되는 동물의 출하자로부터 개체관리카드를 제출받아 기재내용을 확인해야 한다.

   6) 경매방식을 통한 거래는 경매일에 경매 현장에서 이루어져야 한다.

   7) 경매에 참여하는 자에게 경매되는 동물의 출하자와 동물의 건강상태에 관한 정보를 제공해
야 한다.

8) 경매 상황을 녹화하여 30일간 보관해야 한다.

차. 별지 제30호서식의 영업자 실적 보고서를 다음 연도 1월 말일까지 시장·군수·구청장에게 제출해야 한다.

(2) 동물생산업자

동물생산업이란 반려동물을 번식시켜서 판매하는 영업을 말한다. 2018년 3월 22일부터 「동물보호법」이 개정되면서 동물생산업이 신고제에서 허가제로 전환되었다. 법이 개정되기 전, 흔히 '가정분양'이라 부르며 금전적 거래를 통해 반려동물을 분양 및 입양하는 행위는 법의 개정과 함께 금지되었다. 따라서 동물생산업을 하려는 자는 「동물보호법」 제32조에 따라 농림축산식품부령으로 정하는 기준에 맞는 시설과 인력을 갖추어야 하고 시장·군수·구청장에게 신고를 하여야 한다. 신고할 때 필요한 서류는 다음과 같으며 기준에 맞는 경우에는 '동물생산업 허가증'이 발급된다.

① 동물생산업 허가신청서(전자문서로 된 신청서 포함)

② 영업장의 시설 내역 및 배치도

③ 인력현황

④ 사업계획서

⑤ 폐업 시 동물의 처리 계획서

⑥ 주민등록표 초본

⑦ 건축물대장 및 토지이용계획정보

동물생산업자도 동물판매업자와 마찬가지로 영업장 내부에 영업등록(허가)증 및 요금표를 게시 또는 부착해야 하며 동물에 대한 개체관리카드를 작성하고 비치해야 한다. 또한 판매한 동물에 대한 거래내역서와 개체관리카드는 2년간 보관해야 한다. 만약 동물생산업자가 동물을 직접 판매하는 경우에는 동물판매업자의 준수사항을 지켜야 한다.

☑ 동물생산업자가 준수해야 하는 사항

가. 사육하는 동물에게 주 1회 이상 정기적으로 운동할 기회를 제공해야 한다.

나. 사육실 내 질병의 발생 및 확산에 주의하여야 하고, 백신 접종 등 질병에 대한 예방적 조치를 취한 후 개체관리카드에 이를 기입하여 관리해야 한다.

다. 사육·관리하는 동물에 대해서 털 관리, 손·발톱 깎기 및 이빨 관리 등을 연 1회 이상 실시하여 동물을 건강하고 위생적으로 관리해야 하며, 그 내역을 기록해야 한다.

라. 월령이 12개월 미만인 개·고양이는 교배 및 출산시킬 수 없고, 출산 후 다음 출산 사이에 8개월 이상의 기간을 두어야 한다.

마. 개체관리카드에 출산 날짜, 출산동물 수, 암수 구분 등 출산에 관한 정보를 포함하여 작성·관리해야 한다.

바. 노화 등으로 번식능력이 없는 동물은 보호하거나 입양되도록 노력해야 하고, 동물을 유기하거나 폐기를 목적으로 거래해서는 안 된다.

사. 질병이 있거나 상해를 입은 동물은 즉시 격리하여 치료받도록 하고, 해당 동물이 회복될 수 없거나 다른 동물에게 질병을 옮기거나 위해를 끼칠 우려가 높다고 수의사가 진단한 경우에는 수의사가 인도적인 방법으로 처리하도록 해야 한다. 이 경우, 안락사 처리내역, 사유 및 수의사의 성명 등을 개체관리카드에 기록해야 한다.

아. 별지 제30호서식의 영업자 실적 보고서를 다음 연도 1월 말일까지 시장·군수·구청장에게 제출하여야 한다.

자. 동물을 직접 판매하는 경우 동물판매업자의 준수사항을 지켜야 한다.

(3) 동물보호센터

① 동물보호센터는 동물의 구조·보호조치를 위하여 각 지방자치단체가 설치·운영하거나 기준에 맞는 기관이나 단체에서 운영하는 시설을 말한다.

② 보호센터에서 분양을 받는 경우, 다른 입양방법들에 비해 비교적 저렴한 비용으로 동물을 분양받을 수 있으나 유기된 기억을 가진 동물들이기에 건강 상태나 불안한 심리상태를 가지고 있을 수 있어 유의해야 한다.

③ 동물보호센터에 공고된 동물들을 바로 분양받을 수 있는 것은 아니고 「동물보호법」 제20조에 따라 동물의 소유권이 지방자치단체로 이전되고 난 후에 분양을 받을 수 있다.

- 「유실물법」 제12조 및 「민법」 제253조에도 불구하고 공고한 날부터 10일이

지나도 동물의 소유자등을 알 수 없는 경우

- 동물 학대행위자가 그 동물의 소유권을 포기한 경우
- 동물 학대행위자가 동물보호에 따른 보호비용의 납부기한이 종료된 날부터 10일이 지나도 납부하지 아니한 경우
- 동물의 소유자를 확인한 날부터 10일이 지나도 정당한 사유 없이 동물의 소유자와 연락이 되지 아니하거나 소유자가 반환받을 의사를 표시하지 아니한 경우

2) 반려동물 입양 후 발생한 피해보상

동물판매업자에게서 분양받은 동물이 구입 후 15일 이내에 죽거나 질병에 걸렸다면 「소비자분쟁해결기준」의 보상기준에 따라 다음과 같이 피해보상을 받을 수 있다.

피해유형	보상기준
구입 후 15일 이내 폐사	• 같은 종류의 동물로 교환 또는 구입 가격 환불 ※ 단, 소비자의 중대한 과실로 인한 피해는 보상 불가
구입 후 15일 이내 질병 발생	• 판매업소가 제반비용을 부담해서 회복시킨 후 소비자에게 인도 ※ 단, 회복기간이 30일을 경과하거나 관리 도중 죽는 경우에는 폐사 시 보상기준과 같음

2. 반려동물의 등록

1) 동물등록의 정의

등록대상동물의 소유자는 동물의 보호와 유실·유기방지, 질병의 관리, 공중위생상의 위해 방지 등을 위하여 「동물보호법」 제12조 제1항에 따라 시장·군수·구청장(자치구의 구청장)·특별자치시장에게 등록대상동물을 등록하여야 한다.

2) 등록동물의 대상

(1) 동물등록 대상

반려동물 중 다음 중 어느 하나라도 해당하는 월령(月齡) 2개월 이상의 '개'는 반드시 동물등록을 해야 한다. 등록하지 않은 자는 1차 위반 시 20만원, 2차 위반 시 40만원, 3차 이상 위반 시 60만원의 과태료를 부과 받는다.

① 「주택법」 제2조 제1호 및 제4호에 따른 주택·준주택에서 기르는 개
② 주택·준주택 외의 장소에서 반려(伴侶) 목적으로 기르는 개

등록대상동물의 소유자는 등록하려는 동물이 2개월 이하인 경우에도 등록이 가능하다.

(2) 동물등록 예외 대상

다음과 같은 지역에서는 맹견이 아닐 경우 시·도의 조례로 동물 등록을 하지 않을 수 있다.

① 도서[도서, 제주특별자치도 본도(本島) 및 방파제 또는 교량 등으로 육지와 연결된 도서는 제외한다.]
② 제10조 제1항에 따라 동물등록 업무를 대행하게 할 수 있는 자가 없는 읍·면

3) 동물등록의 방법

(1) 동물등록 신청과정

① 동물등록 신청

등록대상동물을 등록하려는 자는 해당 동물의 소유권을 취득한 날 또는 소유한 동물이 등록대상동물이 된 날부터 30일 이내에 동물등록신청서를 작성하여 제

출하여야 한다. 동물등록대행업체 목록은 동물보호관리시스템(http://www.animal.go.kr)에서 확인할 수 있다.

① 시·군·구청
② 시장·군수 구청장이 지정한 동물등록 업무를 대행하는 사람
  - 「수의사법」 제17조에 따라 동물병원을 개설한 자
  - 「비영리민간단체 지원법」 제4조에 따라 등록된 비영리민간단체 중 동물보호를 목적으로 하는 단체
  - 「민법」 제32조에 따라 설립된 법인 중 동물보호를 목적으로 하는 법인
  - 「동물보호법」 제33조 제1항에 따라 등록한 동물판매업자
  - 「동물보호법」 제15조에 따른 동물보호센터

(2) 동물등록 방법 및 수수료

① 내장형 무선식별장치의 위치는 양쪽 어깨뼈 사이의 피하에 주입하며, 외장형 무선식별장치 및 등록인식표는 해당동물이 기르던 곳을 벗어나는 경우 반드시 부착하여야 한다.
② 동물등록 신청을 받은 시장·군수·구청장은 동물등록증(전자적 방식을 포함한다)을 발급하고, 동물보호관리시스템으로 등록사항을 기록·유지·관리하여야 한다.

구분	등록방법	수수료
신규	내장형 무선식별장치 삽입	1만원 (소유자가 직접구매 또는 지참)
	외장형 무선식별장치 부착	3천원 (소유자가 직접구매 또는 지참)
	등록인식표 부착	
변경	소유자의 변경	무료
	소유자의 주소·전화번호의 변경	
	등록대상동물을 잃어버리거나 죽은 경우	
	등록대상동물 분실신고 후 다시 찾은 경우	

4) 동물등록증 재발급

① 동물등록증을 잃어버리거나 헐어 못 쓰게 되는 등의 이유로 동물등록증의 재발급을 신청하려는 자는 동물등록증 재발급 신청서를 시장·군수·구청장에게 제출하여야 한다.

② 등록대상동물의 소유자는 아래의 사항이 변경된 경우에 변경 사유 발생일부터 30일 이내에 시장·군수·구청장에게 신고하여야 한다(등록대상동물을 잃어버린 경우에는 10일).

- 소유자의 변경
- 소유자의 성명 변경
- 소유자의 주소의 변경
- 소유자의 전화번호 변경
- 등록대상동물이 죽은 경우
- 등록대상동물 분실 신고 후, 그 동물을 다시 찾은 경우
- 무선식별장치 또는 등록인식표를 잃어버리거나 헐어 못 쓰게 되는 경우

변경 사유	구비서류	신고기관
소유자 변경	• 동물등록변경신고서 • 동물등록증 • 주민등록표 초본	시·군·구청
주소·전화번호 변경	• 동물등록변경신고서 • 동물등록증	시·군·구청
등록동물의 분실	• 동물등록변경신고서 • 동물등록증	시·군·구청
등록동물의 폐사	• 동물등록변경신고서 • 동물등록증 • 등록동물의 폐사 증명 서류	시·군·구청

5) 과태료

위반행위	과태료 금액		
	1차	2차	3차
등록대상동물을 등록하지 않은 경우	20	40	60
소유자가 변경신고를 하지 않은 경우	10	20	40
변경신고를 하지 않고 소유권을 이전받은 경우	10	20	40

6) 등록대상동물의 관리

① 소유자등은 등록대상동물을 기르는 곳에서 벗어나게 하는 경우에는 소유자 등의 연락처 등 농림축산식품부령으로 정하는 사항을 표시한 인식표를 등록 대상동물에게 부착하여야 한다.

- 소유자의 성명
- 소유자의 전화번호
- 동물등록번호(등록한 동물만 해당)

② 안전조치

소유자등은 등록대상동물을 동반하고 외출할 때에는 목줄 또는 가슴줄을 하거나 이동장치를 사용해야 한다. 목줄 또는 가슴줄은 2미터 이내의 길이여야 한다. 공동주택의 건물 내부의 공용공간에서는 등록대상동물을 직접 안거나 목줄의 목덜미 부분 또는 가슴줄의 손잡이 부분을 잡는 등 등록대상동물이 이동할 수 없도록 안전조치를 해야 한다.

다만, 소유자등이 월령 3개월 미만인 등록대상동물을 직접 안아서 외출하는 경우에는 해당 안전조치를 하지 않을 수 있다.

동물의 배설물이 생겼을 때에는 즉시 수거하여야 한다. 소변의 경우에는 공동주택의 엘리베이터·계단 등 건물 내부의 공용 공간 및 평상·의자 등 사람이 눕거나 앉을 수 있는 기구 위의 것으로 한정한다.

③ 벌칙 및 과태료

- 벌칙

위반행위	처벌
안전조치 사항을 위반하여 사람을 사망에 이르게 한 경우	3년 이하의 징역 또는 3천만원 이하의 벌금
안전조치 사항을 위반하여 사람의 신체를 상해에 이르게 한 경우	2년 이하의 징역 또는 2천만원 이하의 벌금

- 과태료

위반행위	과태료 금액		
	1차	2차	3차
인식표를 부착하지 않은 경우	5	10	20
동물의 안전조치를 하지 않은 경우	20	30	50
동물의 배설물을 수거하지 않은 경우	5	7	10

④ 시·도지사는 등록대상동물의 유실·유기 또는 공중위생상의 위해 방지를 위하여 필요할 때에는 소유자등으로 하여금 등록대상동물에 대하여 예방접종을 하게 하거나 특정 지역 또는 장소에서의 사육 또는 출입을 제한하게 하는 등 필요한 조치를 할 수 있다.

3. 반려동물 분실 및 습득

1) 반려동물 분실

(1) 동물분실 신고

동물등록이 된 반려동물을 분실한 경우에는 10일 이내에 필요 서류를 갖춘 뒤 시장·군수·구청장에게 신고하여야 한다.

2) 반려동물 찾기

(1) 주변 탐문

잃어버린 장소를 중심으로 그 주변의 곳과 평소 반려동물과 자주 다녀서 반려동물이 익숙해하는 장소를 위주로 돌아다니며 찾는다. 근처 동물병원이나 애견센터, 반려동물용품가게 등을 확인해보고 발바닥 자국이나 용변 등을 찾아본다. 이 방법은 잃어버린 시간이 비교적 짧은 경우에 유용하다.

전단지를 만들어 지역주민들에게 나눠주고, 게시판 등에 부착하는 등의 활동은 잃어버린 동물의 이동정도를 얻는 데 효과적이다.

(2) 동물보호관리시스템(http://www.animal.go.kr)의 활용

위의 사이트에서는 동물등록번호의 입력과 함께 분실신고를 할 수 있고 전국에서 구조된 동물들의 사진과 위치, 습득 날짜 등을 확인할 수 있다.

(3) 각 시·군·구의 인터넷 홈페이지 공고란 확인

시·도지사와 시장·군수·구청장은 유기동물을 발견하여 보호하고 있는 경우에는 소유자등이 보호조치 사실을 알 수 있도록 대통령령으로 정하는 바에 따라 지체 없이 7일 이상 그 사실을 공고하고 있다.

(4) 동물보호센터

전국의 동물보호센터 목록은 동물보호관리시스템(http://www.animal.go.kr)에서 확인이 가능하다.

3) 유기동물 습득 및 신고

(1) 유기동물의 정의

도로·공원 등의 공공장소에서 소유자등이 없이 배회하거나 내버려진 동물을 말한다.

(2) 유기 및 유실동물의 처리절차

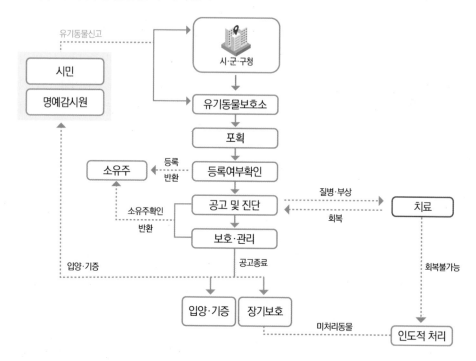

(3) 유기 및 유기동물의 신고

① 「동물보호법」 제16조에 따라 누구든지 유기되거나 유실된 동물을 발견한 때에는 동물보호센터나 지방자치단체의 장에게 신고할 수 있다.

② 다음에 해당하는 사람은 그 직무상 유기 및 유실된 동물을 발견한 때에는 지체 없이 동물보호센터나 지방자치단체의 장에게 신고하여야 한다.

- 등록된 동물보호를 목적으로 하는 민간단체의 임원 및 회원
- 동물보호센터로 지정된 기관이나 단체의 장 및 그 종사자
- 동물실험윤리위원회를 설치한 동물실험시행기관의 장 및 그 종사자
- 동물실험윤리위원회의 위원
- 동물복지축산농장으로 인증을 받은 자
- 동물과 관련된 영업등록을 하거나 영업신고를 한 자 및 그 종사자

- 수의사, 동물병원의 장 및 그 종사자
③ 신고인의 신분은 보장되어야 하며 그 의사에 반하여 신원이 노출되어서는 아니 된다.

(4) 주인 찾아주기

① 유기동물을 발견했다면 일단 주위에 소유자등이 있는지 확인한다.
② 소유자등을 찾지 못했을 때에는 다음과 같이 행동할 수 있다.

- 동물보호관리시스템(http://www.animal.go.kr)이나 각 동물보호센터 사이트에 습득 사실을 알리는 글을 올린다.
- 유기동물을 습득한 시·군·구 동물보호센터에 신고한다.
- 경찰서(지구대·파출소·출장소 포함)나 자치경찰단 사무소(제주도특별자치도의 경우)에 신고한다.
- 유기동물이 '개'와 같이 동물등록을 하는 동물인 경우, 가까운 동물병원 등으로 가서 신체스캔을 통해 내장형 무선식별장치가 있는지 확인한다.

(5) 보호비용의 납부

① 시·도지사와 시장·군수·구청장은 유실·유기동물, 피학대 동물 중 소유자를 알 수 없는 동물의 보호비용을 소유자 또는 분양을 받는 자에게 청구할 수 있다. 비용을 징수하려 할 때에는 해당 동물의 소유자에게 비용징수통지서에 따라 통지하여야 한다.
② 동물의 소유자는 비용징수통지서를 받은 날부터 7일 이내에 보호비용을 납부하여야 한다. 다만, 천재지변이나 그 밖의 부득이한 사유로 보호비용을 낼 수 없을 때에는 그 사유가 없어진 날부터 7일 이내에 내야 한다.
③ 동물의 소유자가 보호비용을 납부기한까지 내지 아니한 경우에는 고지된 비용에 「소송촉진 등에 관한 특례법」에 따라 이자를 가산한다.

4. 동물 학대 금지

1) 동물 학대의 정의

'동물 학대'란 동물을 대상으로 정당한 사유 없이 불필요하거나 피할 수 있는 신체적 고통과 스트레스를 주는 행위 및 굶주림, 질병 등에 대하여 적절한 조치를 게을리하거나 방치하는 행위를 말한다.

(1) 죽음에 이르게 하는 행위

① 목을 매다는 등의 잔인한 방법으로 죽음에 이르게 하는 행위

② 노상 등 공개된 장소에서 죽이거나 같은 종류의 다른 동물이 보는 앞에서 죽음에 이르게 하는 행위

③ 고의로 사료 또는 물을 주지 아니하는 행위로 인하여 동물을 죽음에 이르게 하는 행위

④ 그 밖에 수의학적 처치의 필요, 동물로 인한 사람의 생명·신체·재산의 피해 등 정당한 사유 없이 죽음에 이르게 하는 행위

- 사람의 생명·신체에 대한 직접적 위협이나 재산상의 피해를 방지하기 위하여 다른 방법이 있음에도 불구하고 동물을 죽음에 이르게 하는 행위
- 동물의 습성 및 생태환경 등 부득이한 사유가 없음에도 불구하고 해당 동물을 다른 동물의 먹이로 사용하는 경우

(2) 상해를 입히는 행위

① 도구·약물 등 물리적·화학적 방법을 사용하여 상해를 입히는 행위

② 살아있는 상태에서 동물의 신체를 손상하거나 체액을 채취하거나 체액을 채취하기 위한 장치를 설치하는 행위

- 예외의 경우
  - 병의 예방이나 치료
  - 동물보호법 제23조에 따라 실시하는 동물실험

• 긴급한 사태가 발생한 경우 해당 동물을 보호하기 위하여 하는 행위

③ 도박·광고·오락·유흥 등의 목적으로 동물에게 상해를 입히는 행위

 – 예외의 경우

• 「전통 소싸움 경기에 관한 법률」에 따른 소싸움

④ 반려(伴侶) 목적으로 기르는 개, 고양이 등의 동물에게 사육·관리 의무를 위반하여 상해를 입히거나 질병을 유발시키는 행위

⑤ 그 밖에 수의학적 처치의 필요, 동물로 인한 사람의 생명·신체·재산의 피해 등 정당한 사유 없이 신체적 고통을 주거나 상해를 입히는 행위

• 사람의 생명·신체에 대한 직접적 위협이나 재산상의 피해를 방지하기 위하여 다른 방법이 있음에도 불구하고 동물에게 신체적 고통을 주거나 상해를 입히는 행위

• 동물의 습성 또는 사육환경 등의 부득이한 사유가 없음에도 불구하고 동물을 혹서·혹한 등의 환경에 방치하여 신체적 고통을 주거나 상해를 입히는 행위

• 갈증이나 굶주림의 해소 또는 질병의 예방이나 치료 등의 목적 없이 동물에게 음식이나 물을 강제로 먹여 신체적 고통을 주거나 상해를 입히는 행위

• 동물의 사육·훈련 등을 위하여 필요한 방식이 아님에도 불구하고 다른 동물과 싸우게 하거나 도구를 사용하는 등 잔인한 방식으로 신체적 고통을 주거나 상해를 입히는 행위

(3) 그 밖의 학대행위

유실·유기동물, 피학대 동물 중 소유자를 알 수 없는 동물을 대상으로 한 학대행위가 있다.

① 포획하여 판매하거나 죽이는 행위

② 판매하거나 죽일 목적으로 포획하는 행위

③ 보호조치의 대상이 되는 동물임을 알면서 알선·구매하는 행위

(4) 소유자등은 동물을 유기(遺棄)하여서는 아니 된다.

(5) 누구든지 동물학대행위를 촬영한 영상물을 판매·전시·전달·상영하거나 인터넷에 게재하여서는 아니 된다

- **예외의 경우**
- 동물보호 의식을 고양시키기 위한 목적이 표시된 홍보 활동 등의 경우에는 가능

(6) 도박을 목적으로 동물을 이용하거나 도박·시합·복권·오락·유흥·광고 등의 상이나 경품으로 동물을 제공하는 행위

(7) 영리를 목적으로 동물을 대여하는 행위

- **예외의 경우**
- 「장애인복지법」 제40조에 따른 장애인 보조견을 대여하는 경우
- 촬영, 체험 또는 교육을 위하여 동물을 대여하는 경우(대여기간 동안 적절한 사육관리를 하여야 함)

2) 학대행위자에 대한 처벌

(1) 벌칙

학대 유형	처벌
죽음에 이르게 하는 행위	3년 이하의 징역 또는 3천만 원 이하의 벌금
상해를 입히는 행위	2년 이하의 징역 또는 2천만 원 이하의 벌금
그 밖의 학대행위	

학대 유형	처벌
동물을 유기한 경우	300만 원 이하의 벌금
학대 영상의 판매 및 인터넷 게재	
도박 및 경품으로 동물을 이용	
영리를 목적으로 한 동물의 대여	

3) 보호조치기간

소유자로부터 학대받은 동물을 보호할 때에는 수의사의 진단에 따라 기간을 정하여 보호조치하되 3일 이상 소유자로부터 격리조치하여야 한다.

5. 반려동물의 장례

1) 동물등록 말소신고

동물등록이 되어 있는 반려동물이 죽은 경우에는 서류를 갖추어 반려동물이 죽은 날부터 30일 이내에 동물등록 말소신고를 해야 한다.

	구비서류	신고기관
등록동물의 폐사	• 동물등록변경신고서 • 동물등록증 • 등록동물의 폐사 증명 서류	시·군·구청

2) 사체처리

(1) 동물병원에서 죽은 경우

① 동물의 사체는 의료폐기물로 분류되어 동물병원에서 자체적으로 처리

② 폐기물처리업자 또는 폐기물처리시설 설치·운영자 등에게 위탁해서 처리

③ 「동물보호법」에 따라 동물장묘업의 등록을 한 자가 설치·운영하는 동물장묘 시설에서 화장할 수 있음

(2) 동물병원 외의 장소에서 죽은 경우

① 병원 외의 장소에서 사체는 생활폐기물로 분류되어 해당 지방자치단체의 조 례에서 정하는 바에 따라 생활쓰레기봉투 등에 넣어 배출하면 생활폐기물 처리업자가 처리

② 소유자가 동물장묘업자에게 위탁하여 처리

(3) 장례 및 납골

동물장묘업자에게 위탁할 수 있다.

3) 동물장묘업자

동물장묘업자란 동물전용의 장례식장이나 동물화장(火葬)시설, 동물건조장시설, 동물수분해장, 동물 전용의 봉안시설을 설치·운영하는 사람을 말한다. 「동물보호 법」 제32조에 의거하여 필요한 시설과 인력을 갖추어서 시·군·구에 '동물장묘업' 등 록을 해야 한다. 동물장묘업 등록 여부는 영업장 내에 게시된 동물장묘업 등록증을 통해 확인할 수 있다.

(1) 공설 동물장묘시설

① 지방자치단체의 장은 반려동물을 위한 장묘시설을 설치·운영할 수 있다.

② 국가는 공설 동물장묘시설을 운영하는 지방자치단체에 대해서는 예산의 범 위에서 시설의 설치에 필요한 경비를 지원할 수 있다.

③ 지방자치단체의 장이 공설 동물장묘시설을 사용하는 자에게 부과하는 사용 료 또는 관리비의 금액과 부과방법, 사용료 또는 관리비의 용도, 그 밖에 필

요한 사항은 해당 지방자치단체의 조례로 정한다. 이 경우 사용료 및 관리비의 금액은 토지가격, 시설물 설치·조성비용, 지역주민 복지증진 등을 고려하여 정하여야 한다.

☑ 동물장묘업자가 준수해야 하는 사항

가. 동물의 소유자와 사전에 합의한 방식대로 동물의 사체를 처리해야 한다.

나. 동물의 사체를 화장 또는 건조장의 방법으로 처리한 경우에는 동물의 소유자에게 동물장묘업 등록번호, 업소명, 주소, 동물의 종류 및 무게, 처리일자 및 처리 후 잔재에 대한 적법한 처리방법 등을 기록한 서류를 내주어야 한다.

다. 동물화장시설 또는 동물건조장시설을 운영하는 경우 「대기환경보전법」 등 관련 법령에 따른 기준에 적합하도록 운영해야 한다.

라. 「환경분야 시험·검사 등에 관한 법률」 제16조에 따른 측정대행업자에게 동물화장시설에서 나오는 배기가스 등 오염물질을 6개월마다 1회 이상 측정을 받고, 그 결과를 지체 없이 시장·군수·구청장에게 제출해야 한다.

마. 동물화장시설 또는 동물건조장시설이 별표 9에 따른 기준에 적합하게 유지·관리되고 있는지 여부를 확인하기 위해 농림축산식품부장관이 정하여 고시하는 정기검사를 동물화장시설은 3년마다 1회 이상, 동물건조장시설은 6개월마다 1회 이상 실시하고, 그 결과를 지체 없이 시장·군수·구청장에게 제출해야 한다.

바. 동물의 사체를 처리한 경우에는 등록대상동물의 소유자에게 등록 사항의 변경신고 절차를 알려주어야 한다.

사. 동물장묘업자는 신문, 방송, 인터넷 등을 통해 영업을 홍보하려는 때에는 영업등록증을 함께 게시해야 한다.

아. 별지 제30호서식의 영업자 실적 보고서를 다음 연도 1월 말일까지 시장·군수·구청장에게 제출해야 한다.

6. '맹견'의 관리

1) 맹견의 정의

맹견이란 「동물보호법」 제2조에서 말하는 도사견, 핏불테리어, 로트와일러 등 사람의 생명이나 신체에 위해를 가할 우려가 있는 개를 말한다.

① 도사견과 그 잡종의 개

② 아메리칸 핏불 테리어와 그 잡종의 개

③ 아메리칸 스태퍼트셔 테리어와 그 잡종의 개

④ 스태퍼드셔 불 테리어와 그 잡종의 개

⑤ 로트와일러와 그 잡종의 개

2) 맹견의 관리

맹견을 소유하고 있는 자는 「동물보호법」 제13조의2에 따라 다음의 사항을 준수하여야 한다. 아래의 사항이 위반되는 경우 300만원 이하의 과태료가 부과된다.

(1) 소유자의 준수사항

① 소유자 없이 맹견을 기르는 곳에서 벗어나면 안 된다.

② 3개월 이상의 맹견을 동반하고 외출할 때에는 목줄 및 입마개 등 안전장치를 하거나 맹견의 탈출을 방지할 수 있는 적정한 이동장치를 사용한다.

• 맹견의 경우에는 3개월 미만일 경우에도 목줄을 한다.

• 맹견이 호흡 또는 체온조절을 하거나 물을 마시는 데 지장이 없는 범위에서 사람에 대한 공격을 효과적으로 차단할 수 있는 크기의 입마개를 한다.

• 이동장치에서 맹견이 탈출할 수 없는 잠금장치를 갖추었거나, 이동장치의 입구, 잠금장치 및 외벽은 충격 등에 의해 쉽게 파손되지 않는 견고한 재질일 경우에는 맹견에게 목줄 및 입마개를 하지 않을 수 있다.

③ 그 밖에 맹견이 사람에게 신체적 피해를 주지 아니하도록 한다.

(2) 맹견에 대한 격리조치 등에 관한 기준

시·도지사와 시장·군수·구청장은 맹견이 사람에게 신체적 피해를 주는 경우 소유자등의 동의 없이 맹견에 대하여 격리조치 등 필요한 조치를 취할 수 있다.

① 시·도지사와 시장·군수·구청장은 맹견이 사람에게 신체적 피해를 주는 경우 소유자등의 동의 없이 다음 기준에 따라 생포하여 격리해야 한다.

- 그물 또는 포획틀을 사용하는 등 마취를 하지 않고 격리하는 방법을 우선적으로 사용한다.
- 맹견이 흥분된 상태에서 다른 사람이 상해를 입을 우려가 있을 때에는 수의사가 처방한 약물을 투여한 바람총 등의 장비를 사용하여 생포한다. 장비를 사용할 때는 엉덩이나 허벅지 등 근육이 많은 부위에 마취약을 발사해야 한다.

② 시·도지사와 시장·군수·구청장은 경찰관서의 장, 소방관서의 장, 보건소장 등 관계 공무원, 동물보호센터의 장, 법 제40조 및 제41조에 따른 동물보호감시원 및 동물보호명예감시원에게 가목에 따른 생포 및 격리조치를 요청할 수 있다. 이 경우 해당 기관 및 센터의 장 등은 정당한 사유가 없으면 이에 협조해야 한다.

(3) 맹견 소유자의 교육

맹견의 소유자는 맹견의 안전한 사육 및 관리에 관하여 정기적으로 교육을 받아야 한다.

① 맹견의 소유권을 최초로 취득한 소유자의 신규교육은 소유권을 취득한 날부터 6개월 이내 3시간 내로 실시한다.

② 그 외 맹견 소유자의 정기교육은 매년 3시간 실시한다.

③ 맹견 소유자 신규 및 정기교육 교육기관
- 교육기관은 교육을 실시한 후 그 결과를 30일 이내에 시장·군수·구청장에게 통지하여야 한다.
- 「수의사법」에 따른 대한수의사회
- 「동물보호법」에 따른 동물보호를 목적으로 하는 법인 또는 단체
- 농림축산식품부 소속 교육전문기관
- 「농업·농촌 및 식품산업 기본법」 제11조의2에 따른 농림수산식품교육문화정보원

④ 교육의 내용
- 맹견의 종류별 특성, 사육방법 및 질병예방에 관한 사항
- 맹견의 안전관리에 관한 사항
- 동물의 보호와 복지에 관한 사항
- 이 법 및 동물보호정책에 관한 사항
- 그 밖에 교육기관이 필요하다고 인정하는 사항

(4) 맹견의 소유자는 맹견으로 인한 다른 사람의 생명·신체나 재산상의 피해를 보상하기 위하여 대통령령으로 정하는 바에 따라 보험에 가입하여야 한다.

3) 맹견의 출입금지 장소

① 「영유아보육법」 제2조 제3호에 따른 어린이집
② 「유아교육법」 제2조 제2호에 따른 유치원
③ 「초·중등교육법」 제38조에 따른 초등학교 및 같은 법 제55조에 따른 특수학교
④ 그 밖에 불특정 다수인이 이용하는 장소로서 시·도의 조례로 정하는 장소

4) 벌칙 및 과태료

(1) 벌칙

유형	처벌
맹견을 유기한 경우	2년 이하의 징역 또는 2천만 원 이하의 벌금
소유자 없이 맹견을 기르는 곳에서 벗어나 사람의 신체를 상해에 이르게 한 경우	
맹견과 외출 시 안전장치·이동장치를 하지 않고 사람의 신체를 상해에 이르게 한 경우	

(2) 과태료

위반행위	과태료 금액		
	1차	2차	3차
소유자등 없이 맹견을 기르는 곳에서 벗어나게 한 경우	100	200	300
월령이 3개월 이상인 맹견을 동반하고 외출할 때 안전 장치 및 이동장치를 하지 않은 경우	100	200	300
맹견이 사람에게 신체적 피해를 주지 않도록 관리하지 않은 경우	100	200	300
맹견의 안전한 사육 및 관리에 관한 교육을 받지 않은 경우	100	200	300
맹견의 소유자가 보험에 가입하지 않은 경우	100	200	300
맹견을 출입금지 장소에 출입하게 한 경우	100	200	300

■ 동물보호법 시행규칙 [별지 제1호서식] <개정 2022. 1. 20.>

동물등록 [ ] 신청서 [ ] 변경신고서

※ 아래의 신청서(신고서) 작성 유의사항을 참고하여 작성하시고 바탕색이 어두운 난은 신청인(신고인)이 적지 않으며, [ ]에는 해당되는 곳에
√ 표시를 합니다.
※ 동물등록번호란과 변경사항란은 변경신고 시 해당 사항이 있는 경우에만 적습니다.
(앞쪽)

접수번호	접수일시	처리일	처리기간	10일

신청인 (신고인)	성명(법인명)	주민등록번호 (외국인등록번호, 법인등록번호)		전화번호
	주소(법인인 경우에는 주된 사무소의 소재지) ※ 현재 거주지가 주소와 다를 경우 현재 거주지 주소를 함께 기재합니다.			

동물관리자 (신청인이 법인인 경우)	성명	직위	전화번호	관리장소(주소)

동물	동물등록번호								
	이름	품종	털색깔	성별 암 수	중성화 여 부	출생일	취득일	특이사항

변경사항	구분	변경 전	변경 후
	소유자		
	주소		
	전화번호		
	무선식별장치 및 등록인식표의 분실 또는 훼손으로 인한 동물등록번호		
	기타 [ ] 등록대상동물의 분실 [ ] 등록대상동물의 사망 [ ] 등록대상동물의 분실 후 회수 [ ] 기타		

변경사유 발생일

등록대상동물 분실 또는 사망 장소

등록대상동물 분실 또는 사망 사유

「동물보호법」 제12조제1항·제2항 및 같은 법 시행규칙 제8조제1항 및 제9조제2항에 따라 위와 같이 동물등록(변경)을 신청(신고)합니다.

년   월   일

신청인(신고인)
(서명 또는 인)

(시장·군수·구청장) 귀하

210mm×297mm[백상지(80g/㎡) 또는 중질지(80g/㎡)]

(뒤쪽)

		수수료		
첨부서류	1. 동물등록증(변경신고 시) 2. 등록동물이 죽었을 경우에는 그 사실을 증명할 수 있는 자료 또는 그 경위서	신규, 무선식별장치 및 등록인식표의 분실 또는 훼손		변경
		1. 무선식별장치 체내삽입: 1만원 2. 무선식별장치 체외부착: 3천원 3. 등록인식표의 부착: 3천원		무료
담당공무원 확인사항	1. 개인인 경우: 주민등록표 초본 또는 외국인등록사실증명 2. 법인인 경우: 법인 등기사항증명서			

행정정보 공동이용 동의서

본인은 이 건 업무처리와 관련하여 「전자정부법」 제36조제1항에 따른 행정정보의 공동이용을 통하여 담당공무원이 위 담당공무원 확인사항 중 주민등록표 초본 또는 외국인등록사실증명을 확인하는 것에 동의합니다.

* 동의하지 않는 경우 해당 서류를 제출해야 합니다.

신청인(신고인)

(서명 또는 인)

[동의]

1. 동물등록 업무처리를 목적으로 위 신청인(신고인)의 정보와 신청(신고)내용을 등록 유효기간 동안 수집·이용하는 것에 동의합니다.

신청인(신고인)   (서명 또는 인)

2. 유기·유실동물의 반환 등의 목적으로 등록대상동물의 소유자의 정보와 등록내용을 활용할 수 있도록 해당 지방자치단체 등에 제공함에 동의합니다.

신청인(신고인)   (서명 또는 인)

유의사항

1. 등록대상동물의 소유자는 등록대상동물을 잃어버린 경우에는 잃어버린 날부터 10일 이내에, 다음 각 목의 사항이 변경된 경우에는 변경된 날부터 30일 이내에 변경신고를 하여야 합니다.
   가. 소유자(법인인 경우에는 법인 명칭이 변경된 경우를 포함합니다)
   나. 소유자의 주소 및 전화번호(법인인 경우에는 주된 사무소의 소재지 및 전화번호를 말합니다)
   다. 등록대상동물이 죽은 경우
   라. 등록대상동물 분실 신고 후, 그 동물을 다시 찾은 경우
   마. 무선식별장치 또는 등록인식표를 잃어버리거나 헐어 못 쓰게 되는 경우
2. 잃어버린 동물에 대한 정보는 동물보호관리시스템(www.animal.go.kr)에 공고됩니다.
3. 소유자의 주소가 변경된 경우, 전입신고 시 변경신고가 있는 것으로 봅니다.
4. 소유자의 주소나 전화번호가 변경된 경우, 등록대상동물이 죽은 경우 또는 등록대상동물 분실 신고 후 그 동물을 다시 찾은 경우에는 동물보호관리시스템(www.animal.go.kr)을 통해 변경 신고를 할 수 있습니다.

처리절차

■ 동물보호법 시행규칙 [별지 제3호서식] 〈개정 2017. 7. 3.〉

동물등록증 재발급 신청서

※ 바탕색이 어두운 난은 신청인이 적지 않으며, [ ]에는 해당되는 곳에 √ 표시를 합니다.

접수번호		접수일		처리일		처리기간	3일

소유자	성명		주민등록번호		전화번호	
	주민등록주소			현거주지주소		

동물	동물등록번호								
	이름	품종	털색깔	성별		중성화		생년월(일)	취득일	특이사항
				암	수	여	부			

신청사유	[ ] 동물등록증 분실	신청사유 발생일	
	[ ] 동물등록증 훼손	동물등록증 분실장소	
	[ ] 그 밖의 사유:		

「동물보호법」 제12조제1항·제2항과 같은 법 시행규칙 제8조제3항에 따라 위와 같이 동물등록증의 재발급을 신청합니다.

년   월   일

신청인   (서명 또는 인)

(시장·군수·구청장) 귀하

첨부서류	없음		수수료
담당 공무원 확인사항 (동의하지 않는 경우 해당 제출 서류)	동물 소유자의 주민등록표 초본		무료

행정정보 공동이용 동의서

본인은 이 건 업무처리와 관련하여 「전자정부법」 제36조제1항에 따른 행정정보의 공동이용을 통하여 담당 공무원이 주민등록표 초본을 확인하는 것에 동의합니다.

신청인   (서명 또는 인)

처리절차

신청서 작성	▶	접 수	▶	첨부서류 확인 및 검토	▶	동물등록증 재발급

210mm×297mm[백상지(80g/㎡) 또는 중질지(80g/㎡)]

CHAPTER 02

반려동물의 보호 및 관리

1. 개에 대한 이해

개는 야생동물들 중 가장 먼저 가축화된 동물로 약 400여 품종이 있다. 인간보다 뛰어난 감각으로 예로부터 다양한 목적으로 사육되어 오다가 인간에게 보이는 친근감과 충성심, 사랑스러움 등으로 오늘날에 들어서는 가장 사랑받는 반려동물이 되었다. 품종이 다양한 만큼 각기 지니고 있는 크기, 특성, 성격 등이 달라서 자신의 주거환경이나 경제적·시간적 여유 등을 고려하여 입양하는 것이 중요하다.

함께해온 역사가 길기 때문에 다양한 반려동물들 중 인간과 정서적, 심리적으로 깊은 교감이 가능하여 반려동물매개심리상담에서 가장 중심적으로 활동하고 있는 동물이다.

1) 개의 품종

개는 약 400여 종의 품종이 있는데 품종이 다양한 만큼 각 견종의 크기, 성격,

특성 등이 다르다. 우리가 주위에서 마주치는 개를 보면 비슷한 생김새를 하고 있는 견종들이 있는데 각 견종이 가진 역사에 따라 생김새에 공통점이 있다. 미국애견협회(American Kennel Club)에서는 개의 역할에 따라 6개의 그룹으로 나누었고 각 그룹에 속한 견종들은 성격이나 외모가 비슷한 경향을 보인다.

(1) 조렵견(Sporting group)

조렵견들은 말 그대로 조(鳥)의 사냥을 돕는 역사를 가진 견종들이 모인 그룹이다. 사냥을 하기 위해 항상 움직이다보니 활동적이고 민첩한 성격을 지니고 있으며 입을 사용하고자 하는 욕구가 강한 편이다. 조렵견 안에서도 각 역할에 따라 세 개의 소그룹으로 나누는데 냄새로 사냥감을 찾아다니던 '포인팅 도그', 새를 사냥하기 쉽도록 공중에 날려 보내는 역할을 한 '플러싱 도그', 떨어진 사냥감을 물어오는 '리트리빙'이 있다.

대표적인 견종으로는 잉글리시 스프링거 스파니엘, 골든 리트리버, 고든 세터, 잉글리시 포인터 등이 있다.

(2) 수렵견(Hound group)

수렵견들 또한 사냥을 돕던 견종들이 모여 있는 그룹으로 작은 포유동물들을 사냥하는 역할을 해왔다. 잘 발달된 시각과 후각으로 사냥감을 직접 물어 사냥하던 견종들로 에너지가 넘치고 굉장히 활발한 성격을 지니고 있어 반려견으로 키울 시에는 충분한 운동이 필요하다. 몸에 넘쳐나는 에너지를 충분히 사용하지 못하면 집안의 물건을 물어뜯거나 짖는 등의 문제행동을 많이 보인다.

시각 하운드와 후각 하운드로 나뉘는데, 시각 하운드는 다른 견종에 비해 먼 곳의 사물을 더 정확히 보고 눈이 대부분 머리의 측면에 위치하여 시야의 각도가 넓은 편이다. 시각 하운드의 대표적 견종으로는 휘핏, 아프간하운드, 살루키, 보르조이 등이 있다. 후각 하운드는 귀가 커다랗고 처진 외형을 가지고 있으며 비글, 바셋하운드, 닥스훈트 등이 대표적 견종이다. 커다랗고 처진 귀가 냄새를 쓸어 모아준다는 설이 있다. 수렵견들은 예부터 후각과 시각을 사용해오다보니 후각적, 시각적인 욕구를 채워주어야만 스트레스를 받지 않는다고 한다.

(3) 사역견(Working group)

사역견의 견종들은 개가 가진 뛰어난 감각들을 사용하여 사람이 하지 못하는 일을 대신할 수 있는 견종들이 모여 있다. 집을 지키거나, 사람을 구하거나, 썰매를 끄는 등의 일을 하다 보니 대부분 덩치가 크고 강한 힘과 체력을 가지고 있다. 보통 우리가 흔히 말하는 대형견종들이 많이 속해 있으며 사람과 어울리는 것을 좋아하고 보편적으로 훈련에 잘 적응하는 편이지만 엄청난 운동량과 큰 덩치 때문에 초보자가 키우기에는 적절하지 않을 수 있다. 대표적 견종으로는 샤모예드, 코몬도르, 버니즈마운틴도그, 세인트버나드, 알래스칸맬러뮤트 등이 있다.

(4) 테리어그룹(Terrier group)

땅 속이나 바위굴에 사는 동물(토끼, 쥐, 오소리 등)을 사냥하기 위해 계량된 품종이 모여 있는 그룹으로 라틴어 Terra(땅)로부터 이름이 유래되었다. 땅을 잘 파야 하다 보니 대부분 크기가 작고 땅파기를 좋아하는 편이다. 구석으로 몰린 동물을 사냥하던 역사가 있어 대부분 용감하고 끈질기며 투전적인 기질이 강하고 사냥 본능이 뛰어나다. 움직임이 많고 쉽게 흥분하는 경향이 있으며 고집도 세다 보니 훈련하는 데 어려움을 겪기도 한다. 대표적 견종으로는 슈나우져, 폭스테리어, 불테리어 등이 있다.

(5) 목축견(Herding group)

목축견들은 소나 염소, 양 떼 등을 몰고 보호하던 역할을 하던 그룹으로 재빠르고 영리하며 상당한 운동량을 가지고 있다. 가축을 지키던 일을 하였기 때문에 작은 소리에도 민감하게 반응하며 짖는 소리 또한 큰 편이다. 훈련을 쉽게 배우는 편이고 한 사람과의 유대관계를 맺는 것을 좋아해서 도그 스포츠 등의 활동을 함께하기에 적합하다. 대표적 견종으로는 웰시코기, 보더콜리, 올드잉글리시 쉽독, 콜리,

셔틀랜드 쉽독 등이 있다.

(6) 토이그룹(Toy group)

이름에서 느껴지는 느낌처럼 토이그룹에 속한 견종들은 사람과 함께 살아가기 위해 계량된 견종들로 주로 몸집이 작은 소형견들이 많다. 귀족들에게서 길러진 역사가 있어서 관심 받고 만져주는 것을 좋아하지만 제멋대로인 경향도 있다. 기본적으로 운동량이 많지 않아 실내에서 키우기 적합하고 사람의 보호가 절대적으로 필요하다. 시대가 지나며 토이그룹의 작은 크기에 치중하다 보니 슬개골 탈구와 같은 건강상의 문제들이 많이 발생하고 있다. 대표적 견종으로는 말티즈, 요크셔테리어, 시츄, 제페니즈 친, 치와와, 푸들, 퍼그 등이 있다.

저자가 키우는 반려견들로 같은 견종이지만 크기 차이가 많이 난다. 두 마리 모두 슬개골 탈구를 앓고 있다.

2) 개의 생물학적 특징

(1) 시각

THE HUMAN'S VIEW

400   500   600   700

wavelength (nanometers)

THE DOG'S VIEW

개는 원시이기도 하지만 근시이기도 하여 물체에 정확하게 초점을 맞추지 못한 다고 한다. 통상 사람의 시력의 20~40% 정도여서 사물을 흐리게 보지만 어두운 빛을 감지하는 세포인 간상세포(Rod Cell)의 수가 많아 어두운 곳에서 사람보다 더 잘 볼 수 있다. 통상적으로 개는 색을 볼 수 없다고 하지만 적록 색맹처럼 붉은색과 녹색을 제외한 색들은 구분할 수 있다.

(2) 청각

개의 청각은 사람의 약 4배 정도 되어 소리의 톤, 음색, 음조까지 구별이 가능하다. 목소리의 높낮이를 가지고 상황을 판단하며 가족들의 목소리나 발소리 심지어 자동차 엔진 소리까지도 구별해낼 수 있다. 귀를 소리가 나는 방향으로 세워 소리를 더 잘 모을 수 있다.

(3) 후각

후각은 개가 가진 기관 중 가장 뛰어난 기관이라고 할 수 있을 만큼 인간보다 1만배 뛰어나다고 한다. 인간과 개의 코 구조는 완전히 다르게 생겼는데 개의 코를 자세히 보면 옆 부분에 틈새가 있는 것을 볼 수 있다. 이로 인해 개는 숨을 마실 때뿐 아니라 내쉴 때도 냄새를 맡을 수 있다. 또한 건강한 개는 항상 코가 촉촉한데 이를 통해 냄새 입자를 가두어 냄새를 분석할 수 있다.

개는 후각을 사용함으로써 스트레스를 해소하고 다양한 정보를 얻기 때문에 후각을 충분히 사용할 수 있는 환경을 만들어 주는 것이 중요하다. 야생에 사는 개들은 후각을 사용할 기회가 많지만 가정에서 생활하는 반려견들을 그렇지 않기 때문에 이로 인한 스트레스로 물건을 망가뜨리거나 거친 모습을 보이기도 한다. 자주 산책을 하고, 개가 냄새를 맡으며 주변을 탐색할 때는 충분히 기다려준다. 산책을 하지 못할 때는 장난감이나 여러 놀이 방법으로 후각을 사용할 수 있도록 해주어야 한다.

(4) 미각과 혀

미각은 개의 감각 중 둔한 편으로 사람처럼 기본적인 단맛, 짠맛, 쓴맛, 신맛 등을 느낄 수 있지만 혀에 있는 미뢰(맛을 느끼는 기관)가 인간의 20% 미만이어서 섬세한 맛을 느끼지는 못한다.

개의 혀는 체온조절에 가장 큰 역할을 한다. 개가 더울 때 혀를 길게 빼고 있는 모습을 볼 수 있을 것이다. 이는 개가 올라간 체온을 떨어뜨리기 위해 하는 행동으로 땀샘이 발바닥 패드에만 있는데 털이 자라다 보니 통풍이 잘 되지 않는다. 땀샘이 거의 없다 보니 체온 조절이 어려워 혀가 발달하게 되었고 숨을 헐떡이며 체온을 조절한다.

(5) 촉각

털에는 감각기관이 연결되어 있기 때문에 온 몸이 털로 뒤덮인 동물들은 기본적으로 촉각이 매우 발달되어 있다. 개의 얼굴을 보면 코 주변에 수염이 나 있는 것을 볼 수 있는데 개는 이 수염을 통해 촉감을 느낀다. 따라서 수염은 가까운 것이 잘 안 보이는 개에게 거리감을 느끼게 해주어 사물의 위험 여부를 판단할 수 있게 한다.

나이가 들어 시력이 저하된 노령견들에게는 수염이 방향감과 공간감을 느끼는 데 큰 역할을 하므로 수염이 긴 상태로 두는 것이 좋다.

(6) 항문낭

항문낭은 개가 가지고 있는 특수한 신체기관으로 개의 항문 양 옆에 위치하고 있는 분비샘을 말한다. 개들이 서로 처음 만나면 엉덩이 냄새를 맡으며 도는 것을 볼 수 있는데 항문낭 안의 항문낭액 특유의 냄새를 맡고 서로를 인식하는 것이다.

야생에서는 항문낭을 문질러 영역표시를 하지만 가정에서 키워지는 개들은 그럴 필요가 없으므로 항문낭액을 스스로 배출할 기회가 없다. 개가 엉덩이를 끌고 다니는 모습이 보인다면 기생충염, 또는 항문 근처가 지저분하거나 항문낭이 가득 차서 불편함을 느끼는 것일 수 있다.

3) 개의 기본 위생 관리

(1) 눈 관리

개가 흘리는 눈물을 그냥 방치해두면 눈물 젖은 부분의 털이 변색이 되기도 하고, 짓무르기도 하여 관리가 필요하다. 젖어 있는 부분에 부드러운 휴지를 살짝 가져다 대어 눈물을 흡수시키는 방법으로 관리하고 눈곱이 껴 있는 경우에는 눈곱빗을 사용하여 떼어낸다.

① 눈물자국이 생긴 경우

누선의 선천적인 결함이나 알레르기, 질병, 먼지 등으로 인해 눈물이 많이 나게 되거나 관리시기를 놓치면 털이 변색되는데 이를 '눈물자국'이라 부른다. 눈물자국이 생겼을 때는 변색된 부분의 털을 되도록 짧게 밀고 더 자주 관리해주어야 한다. 심할 경우 강아지 전용 '눈 세정제'의 도움을 받을 수도 있고 질병에 의한 것이라면 수의사의 진료를 받는 것이 좋다.

(2) 귀 관리

건강한 개의 귀는 냄새가 나지 않는다. 사람의 귀는 직선구조로 되어 있어 면봉을 사용하여 귀 청소를 할 수 있지만 개의 경우 귀가 L자 구조를 띄고 있기에 면봉만으로는 관리가 어렵다. 따라서 반드시 강아지 전용 '귀 세정제'를 사용해야 하며 귀 안에 세정제를 약간 넣은 후 귀의 아랫부분을 살살 마사지 한다. 개가 귀를 털고

나면 세정액과 함께
귀의 분비물이 함께
밖으로 나오게 되고
부드러운 탈지면을
사용하여 나온 세정
액을 닦아주면 된다.
서 있는 귀보다 덮여

있는 귀를 가진 개의 경우는 좀 더 자주 귀의 상태를 살피고 관리해주어야 한다.

① 귓속에 털이 나는 경우

귀 안에 털이 나는 개의 경우, 털을 먼저 제거한 뒤 귀 세정제를 사용해야 한다.
털이 난 부근에 이어파우더를 뿌려 문지른 뒤 살살 뽑아주면 개가 아픔을 느끼지
못하고 부드럽게 귓속 털을 제거할 수 있다.

② 귀의 청결상태가 좋지 않은 경우

찐득한 귀지의 경우 강아지가 귀를 터는 것만으로는 제거되지 않을 수 있다. 이
때는 겸자 가위에 탈지면을 말아 귓속을 직접 닦아줄 수 있다. 하지만 위의 방법은
예민한 개의 경우 다칠 위험이 높고 초보자는 귓속에 상처를 낼 수 있으므로 전문
가의 도움을 받는 것이 좋다.

(3) 치아 관리

개는 스스로 치아를 관리할 수 없으므로
치아관리를 하는 것은 오롯이 보호자의 몫
이다. 미국 플로리다의 한 수의사는 반려견의
기대수명을 양치질을 매일 할 경우 15~17년,
그렇지 않을 경우 11~13년이라고 분석했다.
양치질을 제대로 하지 않아 치석이 생기게 되
면 개의 심장·신장·간 등의 장기에 악영향을

미치므로 치석이 생기기 전에 매일 양치질을 해주어 관리해 주어야 한다. 이미 치석이 끼거나 잇몸에 염증이 생겼다면 반드시 치과진료를 받아야 하며, 개의 눈 밑이 부어있을 경우 치석에 의한 '치근농양'일 수 있으므로 수의사의 진료가 필요하다.

① 이갈이

개 또한 사람처럼 유치가 빠지고 영구치가 난다. 생후 4개월부터 이갈이를 시작하는데, 10개월이 되어도 유치가 모두 빠지지 않으면(유치잔존) 동물병원에 가서 뽑아주어야만 치열이 고르게 나고 부정교합을 방지할 수 있다.

이갈이 시기에는 잇몸이 간지러워 여러 물건들을 뜯고 씹기 시작한다. 개 껌이나 장난감 등을 주는 것은 유치가 잘 빠지도록 도와주고 후에 물건을 물어뜯는 버릇을 방지할 수 있다.

② 양치질 하기

개에게 있어 입 안에 무언가 들어오는 것은 매우 당황스러운 일이다. 따라서 어렸을 때부터 양치질을 놀이로 인식하여 습관을 들이는 것이 아주 중요하다. 처음부터 강제적으로 양치질을 하면 거부감이 생기므로 단계적으로 천천히 양치질에 익숙해지도록 해야 한다. 양치질을 할 때는 강아지 전용 칫솔과 치약을 사용한다. 처음에는 치약을 먹여 치약맛에 익숙해지도록 하고, 후에는 치약을 손가락에 묻혀 이빨을 문지르는 것에 익숙하도록 한다. 이것 또한 익숙해지면 칫솔을 사용하여 양치질을 하도록 한다.

③ 스케일링 하기

보호자가 아무리 꼼꼼하게 양치질을 해주어도 치석이 생기는 것을 100% 방지할 수는 없다. 개의 이빨을 자주 살피고 치석이 꼈다면 스케일링을 받아야 하며 후에도 1년에 한 번씩 스케일링을 해야만 치아·치주 질환을 예방할 수 있다. 물론 스케일링 후에도 꼼꼼한 치아관리가 필수이다. 개가 스케일링을 받을 때는 전신마취를 하므로 수의사와의 상담 후 진행한다.

(4) 발톱 관리

개가 실외에서 자라는 경우에는 모래나 돌에 발톱이
자연스럽게 마모되어 손질해줄 필요가 없지만 실내 생활
의 비중이 높은 반려견의 경우 발톱 관리가 필수적이다.
발톱은 계속해서 자라나기 때문에 닳지 않으면 심한 경
우 피부를 파고 들 수도 있다. 반려견의 크기에 맞는 발
톱가위를 선택하여 발톱에 있는 혈관을 자르지 않도록
주의하여 발톱을 자른다.

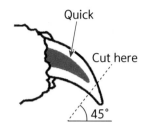

① 며느리 발톱 관리하기

개의 발에는 '며느리발톱'이라고 하는 앞발
안쪽에 퇴화되어 쓰지 않는 발가락이 있다. 잘
보이지도 않을뿐더러 이 발가락은 땅에 전혀 닿
지 않기 때문에 특별히 더 신경 써야 한다. 이 발
톱은 실외 생활의 비율이 높은 반려견 또한 관
리해주어야 한다.

② 혈관을 자른 경우

발톱이 검은색인 반려견의 경우 혈관이 잘 보이지 않아 혈관이 잘려 피가 나는
사고가 자주 발생하는데 지혈제의 사용으로 피를 멎게 할 수 있다.

(5) 항문낭 관리

항문낭을 짜지 않고 그대로 방치하면 반려
견에게서 나는 냄새의 원인이 되기도 한다. 또
한 심할 경우 '항문낭염'이나 '낭종'을 일으키는
원인이 되기 때문에 일주일에 한번 잊지 말고
짜주는 것이 중요하다. 엄지와 검지 손가락으

로 항문 4시와 8시 방향으로 밀어 올리듯 짜주면 검은색이나 노랑색 분비물이 나오는 것을 확인할 수 있다.

(6) 목욕

목욕을 너무 자주하는 것은 오히려 피부를 건조하게 할 수 있으므로 주 1회 시키는 것을 권장하며 목욕 시에는 반려견 전용 샴푸를 사용하도록 한다. 목욕을 하기 전에 먼저 빗질을 하여 엉킨 털을 풀어주어야 하며, 목욕을 할 때는 눈과 귀에 샴푸나 물이 들어가는 것을 조심하고 끝난 후에 속털까지 꼼꼼하게 드라이기와 전용 빗으로 빗으며 말리는 것 또한 중요하다. 이 때 너무 높은 온도의 바람은 반려견의 피부에 화상을 입히거나 털을 상하게 하니 주의한다.

사람이 사용하는 드라이기는 반려견 전용 드라이기보다 온도가 훨씬 높기 때문에 화상의 위험이 있으므로 낮은 온도로 사용하거나 멀리 떨어뜨려서 사용해야 한다.

(7) 미용

관리의 수월함, 미용의 목적 등 다양한 목적을 가지고 반려견을 미용시킬 수 있다. 특히 장모종의 경우 털이 계속 자라기 때문에 주기적으로 빗질을 하고 미용하여야 한다. 단모종 또한 죽은 털을 제거하기 위해 빗질을 해주는 것이 좋다.

모든 견종의 항문과 발바닥 사이의 털, 생식기 주변의 털에는 오물이 묻기 쉬우므로 정기적으로 클리퍼를 사용하여 주변 털을 밀어주어야 한다. 클리퍼 사용이 익숙하지 않은 사람이 클리퍼를 사용하게 되면 피부가 쓸려 상처가 날 수 있으므로 전문가에게 맡기는 것이 좋다

4) 개의 기본 사육용품

반려동물 시장이 빠르게 성장함에 따라 반려동물 용품 또한 다양한 제품들이 출시되며 반려동물을 키우는 사람들의 욕구를 충족시켜주고 있다. 기본적인 사육

용품에서부터 반려견 전용 한복이나, 고글, 코 염색제, 튜브, 패딩까지 특색 있는 제품들이 쏟아져 나오는데, 그 중 개를 키우려고 할 때 갖춰야 하는 기본적인 용품들은 다음과 같다.

(1) 사료

반려견 전용 사료는 개가 살아가며 필요한 영양성분들이 고려되어 만들어졌고 항상 쉽게 구할 수 있기에 보호자들이 선택하는 최고의 개의 주식이다. 사료는 크게 건식사료, 소프트사료, 습식사료(통조림)의 형태로 나뉜다. 개의 연령에 따라 필요한 열량이나 영양성분의 비율이 다르기에 이에 맞춰 배합된 자견용, 성견용, 노견용으로 나뉘어져 있다. 또한, 비만견을 위한 다이어트 사료, 알레르기가 있는 개를 위한 알레르기 프리 사료, 질병 때문에 특정 성분을 먹지 못하거나 더 필요한 개를 위한 처방 사료 등의 다양한 기능성 사료 또한 판매되고 있다.

반려견을 키우는 사람들이 늘어나며 그들의 요구에 맞춘 다양한 맞춤형 사료들이 많이 판매되고 있으니 반려견의 건강상태와 선호도를 고려하여 적절한 사료를 선택하면 된다. 급여량은 대부분의 제품의 뒷면에 자세히 나와 있다.

① 주의사항

- 먹이던 사료를 바꿔 줄 때, 한 번에 바꾸려 하면 개가 먹는 것을 거부할 수 있다. 따라서 처음에는 기존에 먹던 사료와 바꾸려는 사료를 적절히 섞어 주다가 조금씩 기존에 먹던 사료의 비율을 낮추는 형식으로 바꿔주는 것이 좋다.
- 어떤 형태의 사료든 공기와 접촉하면 산화되어 부패할 가능성이 높다. 따라서 밀폐하여 보관해야 한다. 특히 습식사료가 부패하기 가장 쉬우므로 항상 냉장 보관을 하고, 먹일 때 적당한 온도로 만든 후 급여한다.
- 대용량일수록 가격이 저렴해지기는 하지만 사료도 유통기한이 있다. 반려견이 유통기한 내에 사료를 모두 먹을 수 있는지 확인한 후 구매한다.

(2) 생활용품

① 화장실

실내에서 키우는 반려견들은 저마다 화장실을 정해놓고 사용한다. 배변훈련을 통해 자신이 원하는 곳에 반려견이 배변을 보도록 할 수 있다. 원한다면 베란다나 화장실도 가능할 것이고 배변패드 위에서만 배변을 볼 수 있도록 할 수 있다. 배변패드는 소변을 흡수하여서 반려견이 소변을 보더라도 주변 환경을 청결히 유지할 수 있도록 도와주며 다양한 향이 첨가되어 냄새를 방지해 주기도 한다. 배변훈련 초기에 지정된 장소에서 배변을 가릴 수 있도록 도와주는 배변유도제 또한 판매중이다.

② 목줄 및 배변봉투

「동물보호법」 제13조에 의거하여 소유자등은 등록대상동물을 동반하고 외출할 때에는 목줄 등 안전조치를 하여야 하며, 배설물이 생겼을 때에는 즉시 수거하여야 한다. 따라서 반려견을 키우려는 사람은 목줄이 필수적으로 필요하게 되는데 반려견의 목에 리드줄을 거는 목줄 형태, 가슴의 연결고리에 리드줄을 거는 하네스 형태 중 선택할 수 있다. 리드줄은 2m를 넘지 않아야 한다.

목줄이 반려견을 통제하기 좀 더 편하지만 강하게 당길 경우 반려견이 불편할 수 있고, 하네스는 반려견의 행동이 자유롭지만 목줄에 비해 통제가 어렵다는 점이 있다. 어떠한 형태를 사용하건 처음 목줄·하네스를 착용한 반려견은 당황하며 불편해하고 움직이지 않으려 하므로 어렸을 때부터 꾸준한 훈련을 통해 익숙해지도록 하는 것이 중요하다. 배변을 수거하는 것은 정해진 봉투가 있는 것이 아니니 원하는 것을 사용하면 된다.

③ 급식기·급수기

반려견들이 신선한 사료와 물을 먹을 수 있는 급식기와 급수기는 필수이다. 반드시 판매하는 것을 사용할 필요는 없고 집에 사용하지 않는 그릇을 사용하여도 좋다. 어떤 형태의 급식기·급수기이건 간에 자주 세척하여 청결한 상태를 유지하는 것이 중요하다.

개는 물을 먹을 때 혀를 뒤로 말아 숟가락처럼 사용하여 물을 마신다. 따라서 물병 형태의 급수기보다는 그릇을 사용하는 것이 반려견이 좀 더 편히 물을 먹을 수 있다.

④ 장난감

장난감은 반려견의 심심함을 달래주기도 하지만 보호자와 함께 하는 놀이를 통해 친밀감을 높일 수 있다. 삑삑 소리가 나거나 바스락거리는 소리가 나는 형태의 장난감이 선호도가 높으며 봉제인형은 보기에는 귀엽지만 반려견들이 물어뜯으며 놀기에는 금방 망가진다. 반려견마다 선호하는 장난감이 다르니 다양한 형태의 것을 경험해보도록 하는 것이 좋다.

양말이나 수건과 같은 보호자가 사용하는 용품으로도 놀아줄 수 있지만 보호자의 생활용품들을 반려견이 장난감으로 인식하여 문제행동이 발생할 수 있으므로 보호자의 용품들로는 놀이를 하지 않는 것이 좋다.

(3) 이동장

반려견을 데리고 이동할 때는 이동장이 필요하다. 지하철이나 버스 등의 대중교통을 반려견과 이용할 때에도 반려견을 이동장에 넣은 후 모습이 완전히 보이지 않게 한 후 이용해야 한다. 다양한 형태의 이동장이 있으므로 사용하기에 편리한 형태를 골라 사용하면 된다. 가방처럼 들 수 있는 형태나 어깨에 멜 수 있는 슬링백 형태, 끌고 다닐 수 있는 유모차 형태까지 다양하며 승용차에 개를 태우고 다닐 때 개를 안전하게 보호해줄 수 있는 카시트도 있다.

(4) 치아관리용품

반려견들의 청결한 구강관리를 위한 다양한 용품들이 판매되고 있다. 기본적으로 강아지들이 먹어도 되고 헹구지 않아도 되는 치약에서부터 반려견의 크기에 맞게 선택할 수 있는 다양한 칫솔들도 있다. 칫솔은 일반적으로 사람이 쓰는 것과 같은 형태의 칫솔과 양치질에 거부감을 가지거나 적응 중인 반려견들이 주로 사용하는 손가락 칫솔도 있다.

스스로 반려견을 스케일링 해주는 사람들을 위한 스케일러도 판매중이지만 숙련자가 아니면 반려견의 입과 치아에 상처를 낼 수 있으므로 사용하지 말아야 한다.

(5) 미용용품

① 샴푸 및 린스

반려견의 청결관리를 위해 목욕시키기 위해서는 강아지 전용 샴푸와 린스를 사용해야 한다. 사람의 피부는 산성이지만 개의 피부는 알칼리성이어서 사람이 쓰는 샴푸를 사용하게 되면 피부를 보호하는 산성막이 손상되어 피부가 다양한 위험에 노출된다. 피부병을 앓고 있거나 선천적으로 피부가 약한 반려견들을 위한 약용 샴푸도 다양하게 판매중이다.

② 브러쉬

빗질은 반려견의 털 사이의 오염물을 제거하고 청결하게 만들어주며 피모를 자극하여 신진대사를 높여주기 때문에 반려견의 건강관리에 있어 중요한 과정이다. 짧은 털의 단모종과 털이 긴 장모종의 반려견이 사용하는 브러쉬의 형태가 다르고 용도에 따라 다른 모양의 브러쉬를 선택할 수 있다.

대표적으로 가장 많이 사용되는 '슬리커 브러쉬'는 다른 빗에 비해 날카롭고 빗살이 많아 엉킨 털을 푸는데 유용하며, '눈곱 브러쉬'는 빗살이 아주 촘촘하여 반려견의 눈곱을 제거하거나 얼굴 쪽 털을 빗을 때 많이 사용한다. 단모종의 경우 빗질이 필요 없다고 생각할 수 있지만 매일 새로운 털이 자라나므로 빗질을 통해 죽은 털을 제거해야 한다.

③ 이어파우더 및 귀 세정제

반려견의 귀를 청결하게 관리하기 위해서는 이어파우더와 강아지 귀 전용 세정제가 필요하다. 귓속의 털이 통풍을 방해하는 경우도 있기 때문에 필요에 따라 털을 제거할 수 있다. 이어파우더는 귓속의 털을 뽑을 때 피부의 손상과 반려견의 불편함을 덜어준다. 완벽하게 제거하려 하기보다는 적당한 통풍을 유지할 수 있는 정도로만 제거한다. 귀 세정제는 귀지를 녹이는 성분으로 되어 있어 반려견의 귀 안에 직접 손을 대지 않고도 귀지 등을 제거할 수 있게 해준다.

④ 발톱깎이

사람의 손톱이 계속 자라나듯 개의 발톱도 계속해서 자라난다. 실외활동이 적은 반려견의 경우 주기적으로 발톱을 잘라주어야 하는데, 사람의 손톱에 비해 반려견의 발톱은 두껍기 때문에 사람이 사용하는 손톱깎이는 사용할 수 없어 강아지 전용 발톱깎이를 사용하여야 한다. 반려견의 크기에 따라 원하는 것을 선택하여 사용하면 된다.

(6) 간식

간식은 사료에 비해 열량이 높기 때문에 반려견이 잘 먹는다고 해서 자주 급여하면 비만의 원인이 되기도 한다. 반려견들의 장난감이자 간식인 개껌부터 육표형태, 비스킷, 동결건조 간식, 소시지, 음료 등 다양한 형태의 제품들이 판매되고 있다.

자견 때부터 간식을 주식으로 삼게 되면 후에 사료를 잘 먹지 않으려 하고 소화를 잘 시키지 못할 수도 있다. 간식은 반려견을 훈련시킬 때 보상물로 사용하거나 어떠한 목적을 가지고 급여해야 한다. 치석제거를 위한 기능성 껌을 급여하는 것이 그 예이다. 너무 싼 가격의 간식은 영양성분이 좋지 않을 수도 있기에 구매하기 전 어떤 원료가 얼마나 사용되었는지 꼼꼼히 살핀 후 급여하는 것이 좋다.

5) 예방접종

질병이 발생했을 때 치료하는 것도 중요하지만 이전에 건강관리와 접종을 통해 질병을 예방하는 것이 더 중요하다. 다음의 표에 따라 접종은 기간을 지키는 것이 항체 생성에 도움을 준다. 예방접종을 하고 나면 반려견이 힘들어하기 때문에 편안하게 쉬게 해주고 목욕이나 산책 등은 2~3일간 자제하도록 한다. 만일 집으로 귀가하여 반려견이 열이 나거나 구토, 설사, 두드러기 등 알레르기 반응을 보인다면 즉시 접종을 진행한 수의사에게 진료를 받아야 한다.

백신종류 접종시기	종합백신 (DHPPL)	코로나 장염 백신	켄넬코프 백신	광견병 백신	구충제	심장사상충 예방
4주령					투약	
6주령	1차	1차				
8주령	2차	2차				
10주령	3차		1차			
12주령	4차		2차		매달 / 3~6개월 마다 1회	월 1회
15주령	5차			기초		
15주령 이후	매년 1회 추가접종	매년 1회 추가접종	매년 1회 추가접종	6~12개월 마다 추가접종		

(1) 기초접종

① 종합백신(DHPPL)

- 개 홍역(Canine Distemper), 전염성 간염(Infectious Hepatitis), 파보장염(Pavo-virus Enteritis), 기관지염(Parainflluenza), 렙토스피라증(Leptospirosis)을 예방해주는 가장 기초적 접종
- 6~8주부터 2~3주 간격으로 5회 접종

② 코로나 장염 백신

- 6~8주부터 2~3주 간격으로 2회 접종

③ 켄넬코프 백신

- 6~8주부터 2~3주 간격으로 2회 접종

④ 광견병 백신

- 3개월령 이후에 1회 접종
- 광견병 접종 증명서 발급 가능

(2) 추가접종

기초예방접종 백신들을 1년에 1회 추가 접종한다.

(3) 구충제 투약

기생충 감염 기회가 높은 경우는 매달, 그렇지 않은 경우는 3~6개월에 한 번 투약을 권장한다.

(4) 심장사상충 예방약 투약

월 1회 예방약을 투약하며 연중예방을 원칙으로 한다.

(5) 외부 기생충 예방

외출을 자주 하는 개체의 경우 매달 예방약 사용을 권장한다.

6) 개의 질병

① 개 홍역

대표적인 바이러스성 감염증으로 전염성이 매우 강하고 사망률이 높은 질병이다. 1세 미만의 3~6개월령의 어린 개에게서 다발하지만 성견도 걸릴 수 있다. 현재로서는 치료법이 없어 예방접종을 통한 예방이 가장 중요하다.

- **원인체**: Canine distemper virus
- **감염경로**: 콧물, 눈곱, 대변, 소변
- **증상**: 초기에는 발열, 기침, 콧물 등 가벼운 증상을 보여 감기로 착각하여 가볍게 지나칠 수 있다. 면역력이 강한 성견의 경우 자연치유되기도 한다. 제때 치료를 하지 않아 병이 진행되면 점차 설사, 구토, 폐렴 등의 심각한 증상을 보이며 바이러스가 뇌까지 침투하여 같은 곳을 빙글빙글 돌거나, 경련, 마비,

발작 등의 신경증상을 보이기도 한다.

- **예방:** 예방접종(DHPPL)

② 전염성 감염

개과 동물만 감염되는 바이러스성 간염으로 면역력이 약한 자견에게서는 치사율이 높은 질병이지만 성견에서는 증상을 보이지 않기도 한다. 회복기에는 한쪽 또는 양쪽의 눈 각막이 혼탁해지기도 하지만 대게 자연스럽게 없어진다. 질병이 치료되고 나서도 약 6개월 정도 오줌을 통해 바이러스가 배출되므로 대소변 처리에 주의를 기울여야 한다.

- **원인체:** Canine adenovirus 1(Adenoviridae)
- **감염경로:** 콧물, 혈액, 침, 대변, 소변
- **증상:** 돌연성 치사형으로 활발하던 개가 갑자기 24시간 내에 사망하기도 하고 약간의 식욕저하와 발열을 보이는 경증형 등 증상이 일정하지 않다. 간과 관련된 증상인 복부 통증, 황달, 구토 혼수 등의 증상을 보인다.
- **예방:** 예방접종(DHPPL)

③ 파라인플루엔자 감염

개가 걸리는 감기라고 생각하면 이해가 쉽다. 전염성이 강한 호흡기 질환으로 폐렴으로까지 진행될 수 있다. 집단사육을 할 경우 모든 개체들이 질병에 걸릴 수 있으므로 예방에 집중해야 한다.

- **원인체:** Canine parainfluenza virus
- **감염경로:** 눈곱, 콧물
- **증상:** 일반적인 감기증상과 비슷한 기침, 발열, 콧물, 식욕감소, 호흡곤란 등의 증상을 보인다.
- **예방:** 예방접종(DHPPL)

④ 개 파보장염

전염성이 아주 강하고 치료시기를 놓치면 자견의 경우 90%가 사망하고 성견은 25%가 사망하는 치사율이 높은 질병이다. 전염성이 강하기에 파보장염 진단을 받은 개는 격리해 입원치료를 받아야 하며 뚜렷한 치료약이 없어 약해진 몸을 회복할 수 있는 수액 등의 조치를 통해 개가 스스로 이겨낼 수 있기를 바라야 한다. 따라서 예방접종을 통한 질병의 예방이 최선의 치료이다.

- **원인체**: Canine parvovirus 2(Prvoviridae)
- **감염경로**: 대변
- **증상**: 초기에는 미약한 설사나 발열의 증상을 보이지만 곧 심한 구토와 설사를 반복하며 탈수현상을 보이기도 한다. 더 심해지면 혈액에 가까운 형태의 혈변을 보는 것이 특징이다.
- **예방**: 예방접종(DHPPL)

⑤ **렙토스피라 감염증**

인수공통감염병으로 개의 감염이 확인되면 개인위생에도 신경을 써야 한다. 보균동물의 소변을 통해 세균이 배출되어 상처부위를 통해 감염된다. 개들끼리 인사를 할 때 성기를 핥거나 소변의 냄새를 맡는 등의 행동을 통해 감염되는 경우도 있지만, 치사율은 낮은 편이다.

- **원인체**: Leptospira
- **감염경로**: 세균이 포함된 소변, 오염된 물 또는 흙
- **증상**: 갑작스런 발열, 식욕저하, 눈의 충혈과 같은 증상을 보인다. 세균이 간으로 침범하게 되면 배 쪽의 피부가 노랗게 되는 황달 증세를 보인다.
- **예방**: 예방접종(DHPPL)

⑥ **광견병**

광견병은 사람을 포함한 모든 포유류에게 감염되는 사망률이 100%인 아주 무서운 질병이다. 일정 기간의 잠복기 후에는 의식장애나 중추신경계의 흥분과 마비가 특징이다. 치료법이 없고 예방접종을 통해 예방할 수 있으므로 공중위생을 위해 추가적인 접종 또한 잊지 말아야 한다.

- **원인체**: Rabies virus(lyssaviruses)
- **감염경로**: 야생동물에 의한 교상으로 인한 침

- **증상**: 침에 들어있던 바이러스의 양에 따라 잠복기의 기간이 다르게 나타난다. 이 때에는 불안증세, 식욕부지, 거동의 이상 등의 증상을 보인다. 후에는 비정상적으로 흥분하게 되며 닥치는 대로 눈에 보이는 것을 무는 공격행동을 보인다. 계속해서 침을 흘리며 광란상태에 빠지게 된다. 흥분상태가 지나고 나면 마비증상이 찾아오게 되고 호흡근 마비로 사망하게 된다.
- **예방**: 예방접종

⑦ **코로나 장염**

대표적인 바이러스성 장염 중 하나로 전염성이 강하다. 단독 감염되었을 경우에는 가벼운 설사를 보이다가 금세 낫지만 파보바이러스나 코로나바이러스와 혼합 감염되면 매우 위험해진다.

- **원인체**: Corona virus
- **감염경로**: 대변
- **증상**: 성견의 경우 감염되어도 별다른 증상을 보이지 않을 수도 있고 가벼운 설사가 7~10일 정도 지속되기도 한다. 자견은 갑작스러운 식욕저하, 설사 및 구토 등의 증상을 보이고 심하면 탈수상태에 이를 수도 있다.
- **예방**: 예방접종

⑧ **켄넬코프(개 전염성 기관지염)**

원인체 외에도 다양한 세균과 바이러스에 의해 감염되어 나타나 전염성기관지염이라 부른다. 전염성이 강하므로 집단사육을 할 때는 더욱이 신경을 써서 질병을 예방해야 한다.

- **원인체**: Bordetella bronchiseptica
- **감염경로**: 콧물, 눈곱
- **증상**: 기침을 하는데 건강한 개체에서는 치명적이지 않지만 자견이나 노견과 같이 면역력이 약한 개에게서는 기력이 저하될 수 있고 폐렴으로까지 진행될 수 있다.
- **예방**: 예방접종

⑨ 심장사상충증

개의 대표적인 심장질환으로 개사상충이 심장에 기생하면서 생기는 심장질환이다. 모기를 매개로 전염되므로 특히 여름에 주의해야 하는 질병이다. 감염된 개의 혈액을 모기가 자충과 함께 흡혈하고 다시 건강한 개를 물 때 감염된다. 자충은 개의 피하를 이주하며 심장까지 이동한 후 성충이 되고 심장을 이동해 다니며 혈액의 흐름을 방해하여 심부전으로 사망에 이르게 한다.

- **원인체**: Dirofilaria immitis
- **감염경로**: 모기를 매개로 하여 감염
- **증상**: 증상은 4단계로 나뉘어 어떤 단계까지 진행되었는지에 따라 치료방법과 그 예후가 달라진다. 빠르게 발견할수록 치료기간이 짧아지고 예후 또한 좋다. 1단계에서는 외부적인 증상을 잘 보이지 않다가 2단계로 넘어가면서 가벼운 기침을 한다. 3단계가 되면 심한 기침과 함께 복부에 물이 차며 체중감소, 호흡곤란, 운동실조 등의 증상이 나타난다. 4단계에는 갑작스런 발작증세나 졸도, 청색증과 함께 급사하는 경우가 많다.
- **예방**: 심장사상충 예방약 복용

2. 고양이에 대한 이해

고양이는 개를 이어 가장 사랑받는 반려동물 중 하나로 야생고양이가 곡식창고의 쥐를 잡아먹기 위해 마을로 내려왔다가 집 고양이로 진화되었다고 한다. 가까운 나라 일본에서는 반려동물로 개보다는 고양이의 선호도가 더 높은 만큼 고양이는 개와 같이 사람과 함께 지내며 교감하고 유대감을 형성하지만 개와는 다른 매력으로 사랑을 받고 있다.

반려동물매개심리상담에서 고양이는 큰 움직임을 가지고 재롱을 부리지 않아도 가만히 대상자의 무릎 위에 앉아 함께 체온을 나누는 것만으로도 심리적인 안정감을 준다.

1) 고양이의 품종

고양이는 현재 미국의 CFA(Cat fancier's Association)에서 인정받는 고양이가 30종에 이르는데 체형이나 눈 색, 털의 색이나 무늬 등 분류 기준에 따라 다양하게 나눌 수 있다. 체형에 따라 고양이들을 분류하면 다음과 같다.

(1) 코비(Cobby)

코비(Cobby) 체형의 고양이들은 전체적으로 동그랗게 생겼는데 둥근 얼굴에 눌린듯한 납작한 주둥이가 특징이다. 짧은 몸과 넓은 허리폭을 가지고 있고 둥근 형태의 발을 가지고 있다. 대표적으로 페르시안, 엔조틱 숏 헤어, 히말라얀 등이 있다.

(2) 세미코비(Semi-Cobby)

이 체형의 고양이들은 마찬가지로 둥그렇게 생겼지만 코비(Cobby) 체형의 고양이들보다는 조금 덜 한 모습이다. 아메리칸 숏 헤어, 브리티쉬 숏 헤어, 스코티쉬 폴드 등이 대표적이다.

(3) 오리엔탈(oriental)

오리엔탈 체형의 고양이들을 보면 우아하게 생긴 것이 특징이다. V라인의 얼굴에 큰 귀를 가지고 있고 가늘고 긴 몸과 다리, 꼬리를 가지고 있다.

(4) 포린(foreign)

포린(foreign) 체형의 고양이들은 가늘고 긴
다리와 꼬리를 가져 전체적으로 매끈한 체형을
가지고 있다. 아비시니안, 러시안 블루, 네벨룽
(러시안 블루 장모종)이 있다.

(5) 세미포린(semi-foreign)

세미포린 고양이들은 길고 쭉 뻗은 오리엔탈(oriental) 체형과
동그란 코비(Cobby)의 중간 체형을 하고 있다. 대표적으로 스핑
크스 고양이, 아메리칸 컬, 먼치킨 등이 있다.

(6) 롱 앤드 서브스탠셜(long and substantial)

자연적으로 발생한 고양이들로
크기가 큰 대형묘들이 속한다. 성
장속도가 매우 느려서 다 자라는데
4년까지 걸리기도 한다. 노르웨이
숲, 메인쿤과 같은 고양이가 대표적
이다.

2) 고양이의 생물학적 특징

(1) 시각

고양이는 각 품종에 따라 서로 각기 다른 색
의 눈을 지니고 있다. 멜라닌 색소를 얼마나 가지
고 있느냐에 따라 눈 색이 다르게 나타나는데 고

양이가 가질 수 있는 가장 어두운 색의 눈은 짙은 호박색이다. 어린 고양이의 경우 멜라닌 세포가 활성화되지 않은 상태여서 대부분 파란색 또는 녹색을 지니고 있는 데 성장하며 멜라닌 색소의 활성화 정도에 따라 눈 색이 변한다.

고양이가 어두운 곳에서도 잘 움직이는 이유는 사람이 보는 빛의 60%만으로도 볼 수 있어서 야간시력이 뛰어나기 때문이다. 또한 동체시력이 사람의 10배 이상 발달하여 움직이는 것에 예민하게 반응한다. 이 때문에 고양이가 움직이는 물체나 장난감에 많은 관심을 보이는 것이다.

(2) 청각

고양이는 가시거리가 사람의 1/5밖에 되지 않기 때문에 시력이 좋다고는 할 수 없다. 대신 고양이는 개보다도 뛰어난 청각을 지녀 주로 청각에 의지한다. 고양이는 약 10.5옥타브의 넓은 영역까지 소리를 인지할 수 있어 청각이 굉장히 예민하다. 또한 30개의 귀 근육을 사용하여 귀를 180도 회전시킬 수 있다.

이는 소리를 모아들을 수 있고 주변에 민감하게 반응할 수 있게 한다. 유전적으로 파란색 눈을 가진 흰 털 고양이는 선천성 난청을 가지고 태어날 확률이 높다.

(3) 후각

개에 비해 뛰어나지는 않지만 사람보다 후각 수용체가 500만 개가 더 있어 뛰어난 후각을 지니고 있다. 특히 고양이는 입 안의 야콥손기관(Jacobson's organ)을 통해 입으로도 냄새를 맡을 수 있는데 특히 페로몬 냄새를 식별하는 역할을 한다. 고

양이들이 강한 냄새나 처음 맡아보는 냄새를 맡으면 입을 벌리는 행동을 하는 것을

볼 수 있다. 이 행동을 '플레멘 반응(flehman response)'이라 부르는데 야콥손 기관이 맡은 냄새를 기억하기 위해 하는 행동으로 알려져 있다.

(4) 미각과 혀

고양이는 완전육식 동물이다. 따라서 옛날부터 주식으로 육식만 해왔기 때문에 사람처럼 다양한 맛을 느낄 필요가 없어 미각이 많이 퇴화되어 있다.

고양이의 혀에는 작은 돌기들이 300여 개 정도 촘촘하게 나 있다. 고양이가 사람의 피부를 핥으면 따갑게 느껴지는데 이 돌기들 때문이다. 이 혀를 사용하여 고양이는 자신의 몸을 핥아 죽은 털을 제거하고 빗는 그루밍을 할 수 있다.

(5) 촉각

고양이도 개와 마찬가지로 수염을 통해 촉감을 느낀다. 수염의 모낭 주변에는 감각신경세포들이 많이 있어서 고양이는 수염을 통해 거리감을 계산하고 바람의 방향 등을 파악하여 균형을 유지할 수 있게 해준다. 또한 감정을 표현하는 역할을 하기 때문에 함부로 고양이의 수염을 잘라서는 안 된다.

3) 고양이의 기본 위생 관리

(1) 눈 관리

고양이도 개와 마찬가지로 눈물로 젖은 털을 계속 방치하면 피부가 짓무를 수 있기 때문에 관리가 필요하다. 부드러운 휴지로 눈물을 흡수하고 눈곱빗이나 면봉을 사용하여 눈의 이물질을 조심스럽게 제거한다.

(2) 귀 관리

귀에 질병이 없는 고양이의 귀에서는 냄새가 나지 않는다. 고양이는 실외로 산책을 나가는 등의 활동이 없기 때문에 월 1회 정도의 귀 청소를 권장한다. 특별히 더러운 부분이 없다면 전용 귀 세정제를 사용하여 귀 바깥부분만 닦아주거나 귀 청소 패드를 사용하기도 한다. 패드를 접어 귀에 밀어 넣은 후 부드럽게 마사지하여 귀를 청소한다. 개의 경우처럼 귓속 털을 뽑을 필요는 없고, 귀 세정제를 직접 넣는 것은 예민한 동물이기에 추천하지 않는다.

(3) 치아관리

고양이는 6개월 즈음부터 대부분 영구치로 바뀌기 때문에 어렸을 때부터 양치질 습관을 들이는 것이 좋다. 사람이 사용하는 어린이용 칫솔보다는 고양이의 구강구조에 맞게 만들어진 고양이 전용 칫솔을 사용하는 것이 좋으며, 사람이 사용하는 치약은 불소 성분이 있기에 반려묘 전용 치약을 사용하도록 한다.

① 이갈이 시기

고양이는 3개월 즈음부터 이갈이를 시작하는데 유치에서 영구치로 바뀌는 과정에서 입 냄새가 심해지지만 이는 시간이 지나면 자연스럽게 사라진다.

(4) 발톱관리

고양이의 발톱은 강아지보다 휘어져있고 사냥하고 나무 타기에 용이하도록 끝이 날카롭다. 평소에는 발톱을 움츠리고 다녀서 보이지 않지만 필요한 경우에 직접 발톱을 꺼내어 사용한다.

① 스크래쳐 이용

고양이는 소파나 가방, 식탁이나 의자 다리 등을 긁어 스크래치를 내는 스크래칭 행동을 많이 한다. 스크래칭을 통해 의사표현을 하고 기분전환 등의 이유도 있지만 발톱을 관리하기 위해 하기도 한다. 고양이의 발톱은 여러겹으로 이루어져 있어 거친 표면에 대고 긁으면 죽은 발톱을 제거할 수 있게 된다. 가구가 망가지는 것을 방지하기 위해 고양이가 마음 편히 사용할 수 있는 표면이 거친 스크래쳐를 마련해 주는 것이 좋다.

② 발톱깎이의 사용

스크래쳐만으로 발톱관리가 되지 않는다면 추가적으로 발톱깎이를 사용하여 관리해준다. 고양이는 앞발에 각각 5개, 뒷발에 각각 4개 총 18개의 발가락을 가지고 있다. 개와 마찬가지로 혈관을 조심하여 자르고 사람과 발톱이 쪼개어지는 방향이 다르므로 반드시 고양이 전용 발톱깎이를 사용하도록 한다.

(5) 헤어볼 예방

고양이가 털로 만든 공을 뱉어내는 것을 본 적이 있을 것이다. 이 공을 '헤어볼'이라 부른다. 고양이가 혀로 자신의 털을 핥아 그루밍 하는 과정에서 털을 삼키게 되고 털들이 위에서 단단하게 뭉쳐 생겨난 것이다. 고양이는 스스로 헤어볼을 뱉어낼 수 있지만 완전히 배출되지 못한 헤어볼이 계속 위에 남게 되면 구토나 식욕감소 등의 문제를 불러일으킬 수 있다. 이를 방지하기 위해 헤어볼을 예방하는 다양한 방법이 있는데 약을 먹여 헤어볼을 녹일 수 있다. 또는 섬유질이 가득한 사료나 간식을 통해 삼킨 털이 대변으로 빠져나올 수 있게 한다. 자주 빗질을 해주어 털을 미리 관리해주면 고양이가 삼키는 털의 양을 줄일 수 있어 헤어볼을 예방할 수 있다.

(6) 목욕

대부분의 고양이는 물을 좋아하지 않는다. 현재 고양이의 조상으로 알려진 동물은 사막에서 살았기에 몸에 물이 닿을 기회가 적어서 그런 것이라고 추측되고 있다.

고양이는 기본적으로 그루밍 하며 몸을 청결히 유지하기 때문에 목욕을 자주 하지 않아도 된다. 목욕 전 빗질을 통해 엉킨 털을 풀어주고 고양이 전용 샴푸를 사용하여 빠르게 목욕 시킨다. 소리에 예민하므로 드라이기 소리를 작게 하여 말려주는 것이 고양이의 목욕 스트레스를 줄여줄 수 있다.

(7) 미용

고양이는 단모종도 장모종도 털의 빠짐이 심하다. 그루밍을 통해 스스로 죽은 털을 골라내지만 혀가 잘 닿지 않는 부위들은 빗질해 주어야 한다. 빗질을 하며 고양이와 교감할 수도 있지만 죽은 털을 빠르게 골라냄으로서 날리는 털을 줄일 수 있다.

털 날림이 너무 심해서 또는 질병의 이유로 강아지처럼 클리퍼를 사용하여 털을 밀기도 하는데 고양이는 낯선 환경, 사람, 장비들에 많은 스트레스를 받기 때문에 전신 마취를 하고 미용하는 경우가 많다.

4) 고양이의 기본 사육용품

(1) 사료

개와 고양이를 같이 키우는 사람들 중에서 개의 사료를 고양이에게 먹이는 경우가 있는데 고양이는 고양이 전용 사료를 먹어야 한다. 고양이는 개와 달리 '타우린'이라는 성분을 체내에서 합성할 수 없기 때문에 이 성분을 음식으로 섭취해주어야 하고 고양이 전용 사료에는 '타우린' 성분이 들어있기 때문이다. 건식·습식 등의 형태로 나뉘어져 있고 연령에 따라 1살 이하는 키튼(자묘), 성묘, 7세 이상부터 먹는 노령묘 사료로 나뉜다. 다이어트나 치석 예방 및 제거, 알러지 예방을 위한 기능성 사료와 섬유소의 비율을 높여 헤어볼을 대변으로 배출할 수 있도록 돕는 기능성 사료 또한 판매되고 있다. 계량 방법은 사료 크기나 성분에 따라 차이가 날 수 있으니 제품의 패키지를 참고하여 급여하는 것이 좋다.

① 주의사항

- 고양이는 육식동물이고 타우린을 반드시 음식으로 섭취해야 하므로 사료를 선택할 때 육류나 해산물의 비율이 높은 사료를 선택하는 것이 좋다.

- 고양이는 개에 비해 변화를 굉장히 예민하게 받아들여 사료를 바꿀 때 더욱 어려운 경우가 많다. 사료가 갑자기 바뀌면 먹이를 거부하거나 먹더라도 소화 불량이나 설사 등을 유발할 수 있기 때문에 충분한 시간을 들여 바뀐 사료에 고양이가 적응할 수 있도록 해야 한다.

- 너무 한 가지 제품을 고집하는 것보다는 다양한 회사의 제품을 먹이는 것이 균형잡힌 식사를 하는 데 도움을 줄 수 있다.

- 중성화한 수컷 고양이의 경우 비만을 방지하기 위해 수술 전보다 식사량을 줄여야 한다.

(2) 생활용품

① 화장실 모래

고양이는 배변을 한 뒤 모래로 덮는 습성을 가지고 있기 때문에 화장실 모래가 필요하다. 모래는 응고형과 흡수형으로 나뉘는데 원료 또한 나무, 옥수수, 실리카겔, 천 등으로 다양하다.

응고형은 수분이 닿으면 굳어버려서 냄새를 잘 잡아주고 뒤처리가 깔끔하다는 장점이 있지만 모래를 덮는 과정에서 모래가 튀거나 고양이의 발바닥 사이에 낀 모래가 바닥에 튀는 현상이 발생한다(애묘인들은 이를 '사막화 현상'이라 부른다). 응고형은 모래의 형태에 가장 가까운 상태로 만들어진 제품으로 벤토나이트라는 성분이 많이 들어가 있어 벤토나이트라고 불리기도 한다. 흡수형은 말 그대로 수분이 닿으면 흡수하는 형태인데 가격이 저렴하고 먼지 날림이나 튈 걱정이 없어 사막화 현상이 나타나지 않는다. 하지만 흡수형 전용 화장실이 있어야 하고 용변 냄새를 잘 잡아주지 못하며 모래의 형태가 아니어서 잘 사용하지 못하는 고양이들이 많다. 고양이는 청결에 예민하므로 화장실에는 항상 넉넉하고 깨끗한 상태의 모래가 항상 구비되어 있어야 한다.

② 화장실

고양이는 약 4주 이후부터 스스로 화장실을 가릴 수 있다. 청결에 예민한 동물이기 때문에 고양이의 수에 맞춰 화장실을 준비하는 것이 좋다. 화장실 모래를 사용해야 하므로 약간의 깊이가 있는 화장실이 좋고 오픈형과 하우스형(밀폐형)으로 나뉜다. 용변을 볼 때는 무방비 상태이기 때문에 빨리 퇴로를 확보할 수 있는 오픈형을 고양이는 좀 더 선호한다고 한다. 응고형 모래의 사막화 방지를 위한 화장실도 판매중이지만 가격이 비싼 편이다. 추가로 고양이의 분변을 쉽게 치울 수 있는 모래삽도 있는데 이것은 개인의 필요에 따라 구매하면 된다.

③ 급식기·급수기

모든 생명에게 물이 중요하듯 고양이에게도 신선한 물을 마시는 일은 중요하다. 하지만 사막에서 생활하던 영향 때문인지 물을 잘 마시지 않는 고양이들이 많아 비뇨기과 질환이 많이 발생하는 편이다. 따라서 고양이가 선호하는 곳에서 항상 신선한 물을 마실 수 있도록 해야 한다. 흐르는 물에 좀 더 관심을 많이 보인다고 하여 작은 분수 같은 고양이 전용 정수기도 애묘인들 사이에서 인기가 많다.

혀를 숟가락처럼 사용하여 물을 마시는 개와 달리 고양이는 혀로 물을 때린 후 물기둥을 만들어 물이 위로 솟아오르다가 내려오는 순간 공중에 뜬 물을 잡아서 먹는다. 그렇기 때문에 물병 형태보다는 그릇 형태가 고양이가 물을 먹기에 좀 더 편하다.

④ 장난감

고양이는 사냥하던 본능이 남아있어서 움직이는 사물에 흥미를 많이 보인다. 따라서 함께 놀이를 진행할 때 고양이에게 쫓기듯 긴장감 있게 놀아주다가 한 번쯤 잡혀주는 것이 고양이의 자신감을 향상시켜주는 놀이법이다. 와이어 끝에 깃털이나 인형, 솜 등

이 달린 장난감은 사람이 잡고 움직일 수 있어 고양이가 선호하는 장난감 중 하나

이다. 레이저 또한 사람이 불빛을 움직일 수 있기 때문에 고양이들이 흥미 있어 하는데 직접적으로 고양이가 물거나 잡을 수 없어 실망감을 느끼는 고양이도 있다고 한다.

⑤ 스크래쳐

고양이는 자신의 영역이나 스트레스 해소 등의 이유로 거친 표면에 발톱을 긁는 스크래칭 행동을 한다. 가구 등의 손상을 방지하기 위해서는 고양이가 선호하는 위치에 스크래쳐를 두는 것이 좋은데 종이, 로프, 원목 등의 다양한 소재가 있으며 바닥에 놓고 사용하는 것 기둥처럼 세워서 사용하는 것 등 다양한 제품이 있다. 고양이마다 선호하는 형태나 소재가 다르므로 기호에 맞는 것을 사용하면 된다.

(3) 이동장

고양이와 함께 실외를 다닐 때는 이동장이 필요하다. 시중에는 천, 플라스틱, 철 등 다양한 소재와 캐리어, 배낭 형식의 다양한 유형으로 나와 있어 개인의 선호도에 맞는 것을 선택하면 된다. 단, 고양이는 영역 동물이어서 환경의 변화에 예민하기 때문에 이동장에 익숙해지게 하기까지 오랜 훈련이 필요하다.

(4) 치아관리용품

개와 마찬가지로 고양이 또한 치아관리가 중요한데, 고양이 전용 치약들은 기본적으로 고양이가 삼켜도 무해한 성분들로 이루어져 있다. 칫솔을 사용하여 닦아주어도 되고 손가락에 끼워 사용하는 형태도 있다.

(5) 미용용품

① 샴푸 및 린스

고양이는 개에 비해 자주 목욕을 할 필요는 없지만 기본적인 샴푸와 린스는 구비해두어야 한다. 사람의 것은 고양이의 피부에 너무 자극적이므로 순한 성분들로 구성된 전용 샴푸와 린스를 사용해야 한다.

② 브러쉬

빗질은 고양이의 죽은 털과 먼지를 제거하고 주인과의 친밀감을 높일 수 있는 과정이다. 다양한 형태의 빗이 있는데 고양이의 털 길이에 따라 그리고 선호도에 따라 맞는 용도의 빗을 선택하여 사용하면 된다.

③ 귀 세정제

강아지와 달리 고양이는 귀 털을 뽑을 필요가 없어 이어파우더는 사용하지 않는다.

④ 발톱깎이

고양이는 스스로 스크래칭 행동을 통해 발톱을 관리하지만 실내에서만 생활하다보면 스크래칭만으로는 다듬는 데 한계가 있어 가끔씩 전용 발톱깎이를 사용하여 다듬어주어야 한다. 개와 마찬가지로 혈관을 자르지 않도록 조심하여 조금씩 잘라내면 되는데, 고양이의 경우 평소에는 발톱을 숨기고 있어서 발가락을 살짝 눌러 발톱을 밖으로 보이게 한 뒤 깎아준다.

(6) 간식

고양이는 육식을 하는 동물이어서 간식을 줄 때 육류의 함량이 높은 것이 고양이의 선호도가 높다. 육식동물인 고양이가 좋아하는 풀이 있는데 '캣닢'이라 부르는 허브이다. 캣닢에는 네페탈락톤이라는 성분이 있는데 이것이 고양이의 뇌를 자극하여 심신안정과 스트레스 해소에 도움을 준다고 한다. 캣닢가루가  따로 판매되고 있어서 고양이가 좋아하는 장난감에 넣어주어도 좋고 사료나 간식에 뿌려도 좋다. 캣닢을 직접 기를 수 있도록 화분과 씨앗을 함께 파는 캣그라스가 있다. 너무 싼 가격의 간식은 영양성분이 좋지 않을 수도 있기에 구매하기 전 어떤 원료가 얼마나 사용되었는지 꼼꼼히 살핀 후 급여하는 것이 좋다.

(7) 캣타워

고양이를 기르는데 필수품은 아니지만, 많이 사용하는 것 중 하나가 캣타워이다. 고양이는 높은 곳에 올라가거나 상자와 같은 곳에 들어가는 것을 좋아하는 습성이 있는데 이런 고양이의 습성에 맞추어서 만들어진 놀이터라고 생각하면 된다. 2단 이하의 소형부

터 4단 이하의 대형까지 다양하게 있으며 대부분 스크래쳐가 함께 있어, 고양이의 잠자리나 쉼터로 많이 사용하고 있다. 고양이는 높은 곳에서 자신의 영역을 관찰하기 때문에 캣타워와 같은 수직공간은 고양이에게 중요한 환경이다.

5) 예방접종

모든 질병은 예방이 최선의 치료법이라고 말한다. 사망률이 높은 질병도 예방접종을 통해 예방할 수 있으므로 추가접종까지 잊지 말고 관리해야 한다. 고양이 또한 접종 후 발열, 구토, 설사 등의 알레르기 반응이 보이면 즉시 담당 수의사의 진료를

백신종류 접종시기	3종 종합백신 (FVRCP)	백혈병 백신 (FeLV)	전염성 복막염 백신 (FIP)	광견병 백신	구충제	심장사상충 예방
8주령	1차					
11주령	2차		1차			
14주령	3차		2차		투약	
17주령		1차		1차		월 1회
20주령		2차				
20주령 이후	매년 1회 추가접종	매년 1회 추가접종	매년 1회 추가접종	매년 1회 추가접종	매달 / 3~6개월 마다 1회	

받아야 한다.

(1) 기초접종

① 3종 종합백신(FVRCP)

- 고양이 바이러스성 비기관지염(Feline Viralrhino tracheitis), 칼리시 바이러스(Calici Virus), 클라미디아(Chlamydia), 범백혈구감소증(Panleukopenia)을 예방해주는 가장 기초적 접종
- 6~8주부터 3주 간격으로 3회 접종

② 고양이 백혈병 백신(FeLV)

- 3~12주부터 3주 간격으로 2회 접종

③ 전염성 복막염 백신(FIP)

- 15~18주부터 3주 간격으로 2회 접종

④ 광견병 백신

- 3개월령 이후에 1회 접종
- 광견병 접종 증명서 발급 가능

(2) 추가접종

기초예방접종 백신들을 1년에 1회 추가 접종한다.

(3) 구충제 투약

기생충 감염 기회가 높은 경우는 매달, 그렇지 않은 경우는 3~6개월 한 번 투약을 권장한다.

(4) 심장사상충 예방약 투약

월 1회 예방약을 투약하며 연중예방을 원칙으로 한다.

6) 고양이의 질병

① 고양이 바이러스성 비기관염(허피스 바이러스 감염증)

고양이과 동물들에게만 감염되며 모든 연령의 고양이가 감염될 수 있지만 면역력이 약한 어린 개체일수록 감염률이 높고 증상이 심하게 나타난다. 때로는 폐렴으로까지 번져 폐사하는 경우도 있지만 예방접종을 통해 충분히 예방할 수 있다.

- **원인체**: Feline herpesvirus 1(Herpesviridae)
- **감염경로**: 콧물, 눈곱, 침 등의 직접 접촉이 가능한 분비물
- **증상**: 초기에는 기침, 재채기, 콧물 등의 증상이 나타난다. 면역력이 떨어져 있어 병이 진행될 경우 각막이 붉어지며 각막궤양이나 과도하게 눈곱이 껴서 눈을 잘 뜨지 못하는 경우도 있다. 또한 부비동염까지 발생할 수 있다.
- **예방**: 3종 종합백신(FVRCP)

② 칼리시 바이러스 감염증

고양이과 동물들에게만 감염이 일어나며 전염성이 강한 질병이다. 허피스 바이러스 감염증과 증상이 비슷하지만 치사율이 67%로 훨씬 더 위험하다. 허피스 바이러스 감염증이 안구질환을 야기한다면 칼리시 바이러스 감염증은 구강질환을 보이는 것이 특징이다. 면역력이 강한 고양이라면 2주 이내 자연치유가 되기도 하지만 면역력이 약한 어린 개체나 노묘에게는 아주 위험한 질병이다.

- **원인체**: Feline calicivuris(Caliciviridae)
- **감염경로**: 침, 대변, 소변
- **증상**: 개체의 면역력에 따라 가벼운 기침, 재채기, 식욕저하에서부터 구내염(궤양), 관절염, 폐렴까지 증상의 심각도가 매우 다양하게 나타난다.
- **예방**: 3종 종합백신(FVRCP)

③ 고양이 범백혈구 감소증

고양이 홍역 또는 전염성 장염이라 불리기도 하며 전염성과 치사율이 높은 위험한 질병이다. 빠르게 분열하는 세포들(줄기세포, 골수, 혈구 등)을 공격하여 백혈구가 현저하게 떨어져서 범백혈구 감소증이란 이름이 붙었다. 어린 개체의 경우 치사율이 95%

정도가 되는 무서운 질병이기에 예방접종을 통한 예방이 중요하다. 하지만 임신 중인 고양이에게는 소뇌 형성 부전이라는 부작용을 일으킬 수 있어 접종하지 않는다.

- **원인체**: Feline panleukopenia virus(Parvoviridae)
- **감염경로**: 대변, 소변, 침, 감염개체와의 직접 접촉, 벼룩, 진드기
- **증상**: 가장 먼저 발열이 시작되고 위장의 전체적인 부분에 궤양을 형성하여 설사, 식욕저하, 혈변 등을 보게 되고 빈혈 등의 증상을 보이다가 패혈증이 발생하여 사망하는 경우가 많다.
- **예방**: 3종 종합백신(FVRCP)

④ **고양이 백혈병 바이러스**

백혈구에 암이 생겨 발생하는 질병으로 침에 의해 감염되는 경우가 많다. 집단 사육을 할 때 같은 식기를 사용하거나 서로 몸을 핥아주는 경우가 많기에 예방에 더욱 신경써야 한다. 임신이나 수유를 통해서도 감염될 수 있으며 어린 개체의 경우 폐사율이 높은 질병이다. 백신으로도 100% 예방이 되지 않기 때문에 야생개체접촉에 주의해야 한다.

- **원인체**: Feline leukemia virus(Retroviridae)
- **감염경로**: 침, 모유, 감염개체로부터 생긴 교상, 식기와 화장실 공유
- **증상**: 잠복기를 가지고 있으며 개체의 나이, 면역력 등에 의해 증상이 모두 다르게 나타난다. 초기에는 식욕 저하, 기운 없음, 체중 감소 등의 증상으로 잘 눈치채지 못하는 경우가 많다. 바이러스가 골수를 억압하여 잇몸이 창백해지는 빈혈 증상이나 종양이 생기기도 한다.
- **예방**: 예방접종

⑤ **고양이 전염성 복막염**

코로나 바이러스에 감염되었는데 변이가 일어나 악성으로 발전하여 나타나는 질병으로 감염성은 없다. 전염경로나 원인, 치료방법에 대해서도 아직까지 정확하게 밝혀진 것이 없다. 증상에 따라 건식과 습식으로 나뉘는데 두 가지 형태 모두 치명적이나, 습식형이 병의 진행이 빨라 더욱 위험하다. 건식 또한 치료법이 없기에 면역

력 관리를 통해 병의 진행을 늦추는 것이 최선이다. 핵심접종이 아니므로 수의사와의 상담 후 선택적으로 접종할 수 있다.

- 원인체: Feline coronaviru/Feline infectious peritonitis virus(mutated virus)
- 감염경로: 대변 내 코로나 바이러스 흡입 후 변이된 바이러스의 백혈구 침투
- 증상: 증상에 따라 건식과 습식으로 나뉘는데 두 가지 타입 모두 식욕상실, 발열, 황달, 설사, 체중감소 등의 증상을 보인다. 그 중 습식이 더 흔하게 발생되며 병증의 진행이 빠른데 복강이나 흉강에 체액 저류 증상을 보이고 이 때문에 호흡곤란을 유발한다.
- 예방: 집단 사육 자제

⑥ 톡소플라즈마 감염증

원충에 의한 전염병으로 인수공통감염병이다. 임산부의 경우 유산이나 사산 등의 치명적인 결과를 얻을 수 있으므로 톡소플라즈마 구충에 각별한 주의를 기울여야 한다. 하지만 반려묘가 날고기를 섭취하거나 다른 고양이의 분변을 먹는 일은 드물어서 고양이에 의한 감염보다는 사람이 감염된 육(肉)고기를 먹거나 감염된 흙이나 식품을 먹어서 감염되는 경우가 많다.

- 원인체: Toxoplasma gondii
- 감염경로: 감염된 고양이의 분변, 날고기
- 증상: 발열, 설사, 폐렴 황달 등의 증상을 보이고 신경증상을 보이기도 한다.
- 예방: 위생관리, 날고기 급여 자제

3. 페럿에 대한 이해

페럿은 야생의 긴털 족제비를 길들인 것으로 오래 전부터 토끼, 너구리, 쥐 등의 사냥과 모피를 위해 사육되어 왔다. 이후 귀여운 외모와 사람에게 우호적인 성격으로 반려동물로서

길러지게 되었다. 페럿은 항문에 취선이 있어 특유의 냄새가 나는데 영역표시를 하거나 방어행동을 할 때 악취가 더욱이 심해진다. 국내에 수입되는 페럿들은 모두 중성화와 함께 취선제거 수술이 되어 있지만 특유의 냄새가 완벽하게 없어지지는 않는다. 수명은 7~9년 정도이며 국내에서는 반려동물로 함께한 역사가 짧고 기르는 사람의 수도 비교적 적다 보니 관련 용품을 구매하는 것, 병원진료를 받는 것이 상당히 어려워 사전에 충분한 공부와 각오가 필요하다.

페럿이란 이름은 말 그대로 ferret out(찾아내다, 탐색하다)하다 하여 붙여진 이름으로 호기심이 많고 물건을 파내고 꺼내는 행동을 많이 한다. 반려동물매개심리상담에서는 흔치 않은 외형으로 대상자들의 호기심과 흥미를 불러일으키고 익살스럽고 장난스런 행동들로 웃음을 주며 활발히 활동하고 있다.

1) 페럿의 품종

페럿은 실제로는 한 개의 품종만 있으며 미국 페럿 협회(AFA, American Ferret Association)에서는 미국 내에서 볼 수 있는 페럿의 색으로 총 여덟 종류를 인정했다. 그 색으로는 알비노, 블랙, 블랙 세이블, 샴페인, 초콜릿, 시나몬, 다크 아이드 화이트, 세이블이 있다. 또한 아홉 가지의 털의 패턴에 대해서도 얘기하고 있는데 털갈이 시기에는 패턴이 바뀌기도 하여서 정확하게 구분하기는 어렵다. 그 종류로는 블레이즈, 미트, 뮤트, 판다, 포인트, 론, 솔리드, 스탠다드, 줄무늬 패턴이 있다.

출처: American Ferret Association

2) 페럿의 생물학적 특징

(1) 시각

페럿은 시력이 약한 편으로 코앞의 물체만 잘 볼 수 있고 그 이상의 것은 흐리게 보인다. 고양이와 마찬가지로 눈의 구조 중 반사판이 발달되어 있어 밝은 곳보다는 어두운 곳에서 더 잘 볼 수 있으며 사냥에 유리하도록 동체시력이 발달되어 있다.

(2) 청각 및 후각

시각이 약한 만큼 페럿은 잘 발달된 청각을 지니고 있다. 태어난 후 30일 정도까지는 들을 수 없지만 그 후에는 청각이 빠르게 성장하여 6주 정도가 되었을 때는 완전하게 성체와 같은 청각을 지니게 된다. 또한 육식동물인 만큼 예민한 후각을 가지고 있다.

(3) 뼈

페럿은 크기가 작음에도 불구하고 몸에 약 200 개의 뼈를 가지고 있다. 아주 유연한 척추뼈를 가지고 있어 몸을 반으로 접을 수도 있고 머리만 통과한다면 어떤 공간이든 쉽게 빠져나간다.

두개골은 길고 납작한 모양으로 무는 힘을 강하게 만든다. 이는 작은 몸을 지니고 있음에도 자신 체중의 2~3배의 물체를 옮길 수 있게 한다.

(4) 피부

페럿은 이중모를 가지고 있어 털이 두 개의 층으로 구분된다. 속털은 짧고 부드러우며 겉털은 길고 단단한데 이는 페럿의 체온을 유지해주고 외상으로부터 피부를 보호한다. 평상시에도 죽은털이 자연스럽게 빠져 나오며 털이 많이 빠지지만, 환절기가 되면 더 많은 양의 털이 빠진다(털갈이). 기간은 평균적으로 3주에서 한 달 정도이다.

피부에 많은 기름샘을 가지고 있고 이 기름샘에서 분비되는 기름은 페럿의 털과 피부를 코팅하여 보호하며 페럿이 가지는 특유의 냄새의 원인이기도 하다.

3) 페럿의 기본 위생 관리

(1) 목욕 및 털 관리

페럿은 자주 목욕시킬 필요가 없다. 몸에서 나는 냄새는 페럿이 가진 수많은 기름샘에서 나온 기름의 자연스러운 냄새로 이를 없애려고 자주 목욕을 시키면 순간적으로 말라버린 피부를 보호하기 위해 기름샘에서 더 많은 기름을 생성하여 오히려 냄새가 더 많이 날 수 있다. 최소 한 달 정도의 기간을 두고 전용 샴푸를 사용하여 목욕을 시켜야 하며 귀나 코 등에
물이 들어가는 것을 조심하여야 한다. 털이 많이 빠지기 때문에 빗질을 통해 털이 빠지는 것을 줄일 수 있다.

(2) 발톱관리

야생의 페럿은 자연스럽게 발톱이 마모되지만 가정에서 길러지는 페럿은 그렇지 못하므로 발톱은 전용 가위를 사용하여 잘라주어야 한다. 다른 동물들의 발톱을 자를 때와 마찬가지로 혈관을 자르지 않도록 주의하며 만약 피가 날 경우 지혈제를 사용한다.

발톱을 자를 때 페럿의 목 뒷부분을 잡고 올리면 페럿이 하품을 하며 몸을 편안히 늘어뜨리는데 이 때 발톱을 자르면 좀 더 수월하게 발톱을 관리할 수 있다.

(3) 귀 관리

페럿마다 귀지의 양과 색은 조금씩 다르지만 일반적으로는 주황색, 연한 갈색, 검은색 등을 띄고 있다. 귀 관리의 경우 목욕보다는 좀 더 자주 해주어야 한다. 귀 진드기가 발생하기 쉽기 때문에 전용 세정액을 사용하여 관리한다. 기본적으로 페럿의 귀에는 검은귀지가 보인다. 하지만 페럿의 귀에서 냄새가 나고, 검은색의 귀지의 양이 많아지거나 귀를 긁고 머리를 흔드는 행동을 한다면 귀 진드기를 의심해볼 수 있다.

4) 페럿의 기본 사육용품

(1) 먹이

페럿은 완전 육식동물로 탄수화물, 섬유질, 당분을 제외한 단백질과 지방을 주요 영양소로 필요로 한다. 식물성 단백질의 경우 잘 소화시키지 못하며 방광결석이나 피부병 등의 질병으로 이어질 수 있기 때문에 동물성 단백질을 기반으로 먹이를 급여해야 한다. 야생의 페럿은 사냥을 통해 작은 동물들을 먹음으로써 필요한 영양소를 섭취하는데 가정에서 길러지는 페럿들은 사냥을 하지 못하므로 생식이 가장 좋은 먹이라고 할 수 있다. 하지만 생식은 꾸준히 급여하기 까다롭기 때문에 많은 보호자들이 페럿 전용 사료를 이용한다. 시중에서 판매되는 페럿 전용 사료에도 섬유질과 탄수화물이 들어있기는 하지만 현재로서는 가장 최선의 선택이라고 할 수 있다. 물론 페럿도 생명이기에 살아가기 위해 물이 필수적이다.

페럿 전용 사료는 다른 동물의 사료보다 비싼 편으로 간혹 같은 육식동물이므로 고양이 사료를 제공하는 보호자도 있다. 하지만 고양이 사료에는 섬유질과 탄수화물이 페럿에게 필요한 양보다 많으므로 추천되지 않는다.

페럿은 높은 신진대사율과 짧은 소화기관을 가지고 있다. 맹장을 가지고 있지 않기 때문에 섬유질과 같은 복합 탄수화물을 소화시키지 못한다. 음식물을 소화하고 흡수하는데 3~4시간 밖에 걸리지 않아 영양소를 흡수하는 시간이 짧기 때문에 대부분의 페럿은 조금씩 자주(6~8회 정도) 먹으며 풍부한 영양소를 필요로 한다. 먹이를 먹지 않더라도 위에서 위산이 분비되어 쉽게 위장장애가 발생하기 때문에 페럿이 먹이를 잘 섭취하는지 확인해야 한다.

(2) 케이지

페럿은 구석진 곳에 파고들거나 장난치는 것을 좋아한다. 움직임이 많기도 하지만 하루의 반 이상을 잠을 자기도 한다. 페럿을 풀어놓고 키워도 좋지만 몸을 숨기고 편안히 휴식을 취할 수 있는 케이지가 있는 것이 좋으며 환기가 잘 되는 것으로 선택한다.

(3) 화장실

구석진 곳에 배변을 보는 습관이 있으므로 화장실을 설치해주면 깨끗하게 케이지를 관리할 수 있을 뿐 아니라 배변훈련 또한 할 수 있다.

(4) 해먹

페럿이 사용하는 은신처 같은 것으로 계절에 따라 재질을 선택하여 케이지 안에 설치해주면 된다. 여름에는 주로 망사로 된 것을 겨울에는 두꺼운 천이나 양모로 된 것들이 가장 많이 선호된다. 대부분의 페럿들이 해먹을 설치해주면 알아서 그 위로 올라가 잠을 자고 쉬기도 하는데, 간혹 해먹을 사용하지 않는 페럿도 있다고 한다. 해먹은 페럿이 오래 머무르는 용품이므로 페럿의 냄새가 가장 많이 배는데 자주 세탁해주는 것이

페럿의 건강을 위해서도 그리고 페럿의 냄새를 잡는 데도 좋다.

(5) 하네스(몸줄)

페럿은 산책이 가능한 동물이다. 안전한 산책을 위해 몸줄을 착용해야 하는데 유연한 동물인 만큼 몸에 딱 맞는 것을 착용해야 한다. 처음 착용하는 페럿은 싫어할 수 있으니 실내에서 몸줄을 착용하는 훈련을 거친다. 또한 산책을 나가기 전에 예방접종이 완벽하게 끝나야 한다.

페럿과 하는 산책은 강아지와 하는 산책과는 전혀 다르다. 페럿은 냄새를 맡고 싶은 곳을 향해 여기저기 움직일 것이며 단지 보호자는 페럿을 따라 이동하는 것뿐이다. 하지만 페럿은 다양한 장소를 탐험하고 냄새를 맡으며 즐거워할 것이다.

5) 예방접종

(1) 홍역 예방접종

8주령부터 3주 간격으로 3회 접종을 권장한다. 매년 보강접종을 실시한다.

(2) 광견병 예방접종

3개월령 이후 1회 접종 후 매년 추가접종한다.

(3) 구충 및 심장사상충 예방

구충제는 3개월마다 급여하고 심장사상충은 매달 적용하는 것이 좋다.

6) 페럿의 질병

① 홍역

개 홍역 바이러스에 의해 발생하는 질병으로 개 홍역과 마찬가지로 전염성과 치사율이 높다. 완치되기 어려운 질병이므로 예방접종을 통한 예방이 중요하다. 개가 사용하는 백신을 변형시켜 사용하기 때문에 부작용이 발생할 위험이 있으므로 페럿에 대한 지식이 있는 병원에서 예방접종하는 것이 좋다.

- **원인체**: Canine parainfluenza virus
- **증상**: 발열, 눈곱, 기침, 콧물, 발바닥 굳음
- **예방**: 예방접종

② 광견병

광견병은 모든 포유류가 걸릴 수 있는 질병이므로 예방접종을 통한 예방이 중요하다.

③ 부신피질기능항진증

페럿에게 있어 부신피질기능항진증은 흔한 질병에 속하지만 왜 페럿에게 부신질환이 자주 발생하는지에 대해서는 정확히 밝혀진 것이 없다. 부신은 여러 호르몬을 만들어 내는 신장 주위에 위치한 장기인데, 이 부신에 종양이 발생하여 호르몬이 과도하게 분비되는 질병이다. 촉진 시 간이나 비장이 커져 있거나 다음, 다뇨, 다식, 꼬리에 탈모가 보인다면 이 질병을 의심해볼 수 있다.

- **원인**: 부신 종양
- **증상**: 다음, 다뇨, 다식, 기력 저하, 탈모(꼬리, 등이 가장 일반적), 외음부 부종, 체중 저하
- **예방**: 없음

④ 장폐색

장폐색이란 장, 특히 소장이 막혀 음식이나 소화액 등이 장을 통과하지 못하는 질병을 말한다. 페럿은 호기심이 많은 동물로 여러 물건을 물고 다니는데 그러던 중

이물질을 먹어 장이 막히는 경우가 많다. 사람의 경우 심한 복통이 증상으로 바로 오기 때문에 눈치채기 쉽지만 페럿은 그렇지 못하므로 활달하던 페럿이 음식을 먹지 않고 배가 빵빵하다면 장폐색을 의심해볼 수 있다.

- **원인**: 이물질 섭취, 종양
- **증상**: 기력저하, 복부팽만, 설사, 다량의 섬유질 섭취

4. 기니피그에 대한 이해

기니피그는 개와 고양이에 비해 현재까지도 잘 알려지지 않았을 만큼 국내에서 반려동물로 사육된 역사가 짧다. 식용의 목적으로서 길러지다가 유럽에서 반려동물로 기르기 시작하였는데 이조차 사육역사가 300여 년 정도 밖에 되지 않는다고 한다. 우리나라에서는 실험동물로 사육되다가 근래에 들어 반려동물로 많이 사랑받고 있다. 기니피그는 설치류로 같은 과인 쥐나 햄스터와 비슷한 외모를 가졌는데 꼬리가 없는 것처럼 보이는 외모가 가장 큰 특징이고 다양한 품종이 있다. 수명은 5~7년 정도로 알려져 있으나 보호자의 관리와 품종에 따라 11년까지 살았던 기니피그도 보고되어 있다.

반려동물매개심리상담에서는 사랑스러운 외모와 햄스터보다는 크고 고양이나 소형견보다는 작은 크기를 지니고 있어서 동물을 무서워하는 대상자에게 동물에 대한 거부감을 줄이는 단계에서 활동하고 있다.

1) 기니피그의 품종

미국 기니피그 협회 ACBA(American Cavy Breeders Association)에서는 현재 13개의 품종을 정식 품종으로 인정하고 있다.

(1) 아메리칸

가장 흔하게 보이는 품종으로 짧고 매끄러운 털을 가지고 있다.

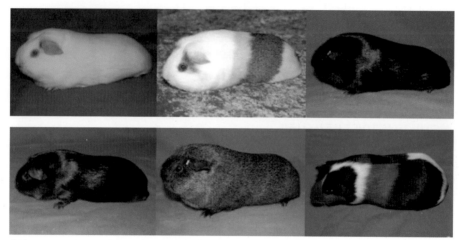

출처: 2014 American Cavy Breeders Association

(2) 아메리칸 새틴

아메리칸 품종에서 털이 좀 더 윤기가 난다. 새틴은 다른 품종에서도 나타날 수 있다.

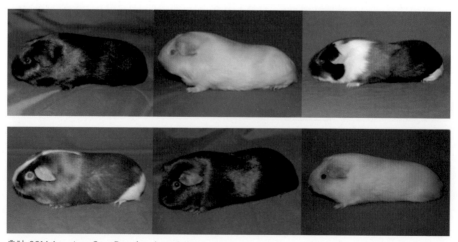

출처: 2014 American Cavy Breeders Association

(3) 실키

털이 긴 장모 기니피그이다.

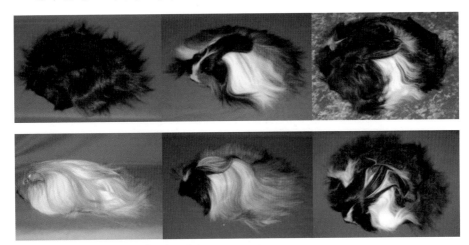

출처: 2014 American Cavy Breeders Association

(4) 실키 새틴

장모 기니피그가 윤기나는 털을 가지고 있다.

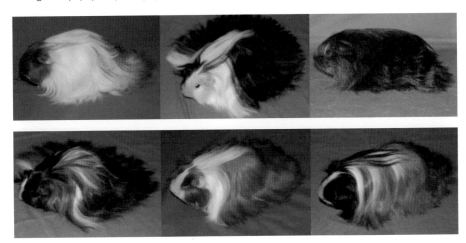

출처: 2014 American Cavy Breeders Association

(5) 아비시니안

짧은 털과 함께 몸 곳곳에 최소 8개의 가마를 가지고 있다.

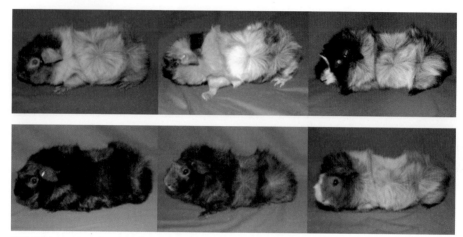

출처: 2014 American Cavy Breeders Association

(6) 아비시니안 새틴

아비시니안 품종이 윤기나는 털을 가지고 있다.

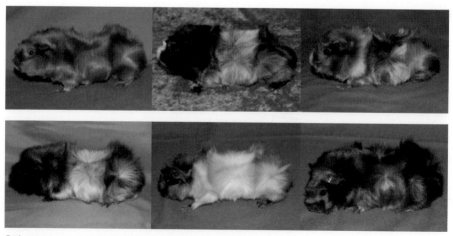

출처: 2014 American Cavy Breeders Association

(7) 아비시니안 새틴

아비시니안 품종이 윤기나는 털을 가지고 있다.

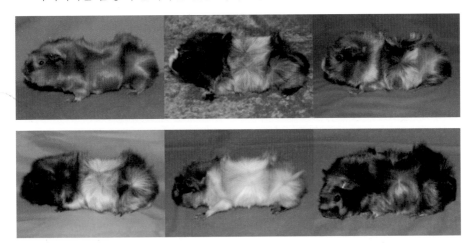

출처: 2014 American Cavy Breeders Association

(8) 화이트 크레스티드

짧은 털과 이마에 흰색의 가마를 가지고 있다.

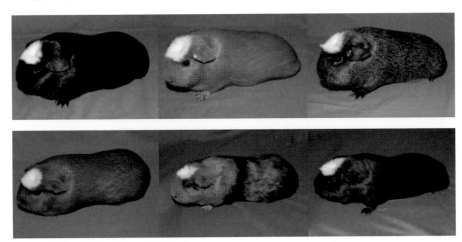

출처: 2014 American Cavy Breeders Association

(9) 텍셀

긴 털과 함께 파마를 한 것 같은 곱슬거리는 털을 가지고 있다.

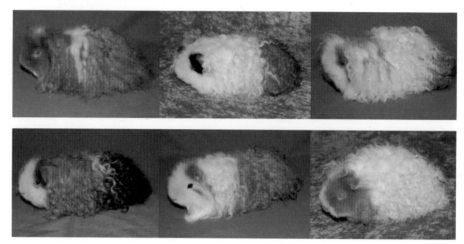

출처: 2014 American Cavy Breeders Association

(10) 테디

짧고 위로 솟아있는 듯한 털을 가지고 있다.

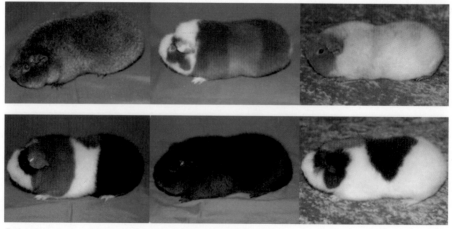

출처: 2014 American Cavy Breeders Association

(11) 테디 새틴

털이 촘촘하게 나 있으며 탄력이 있고 윤기가 난다.

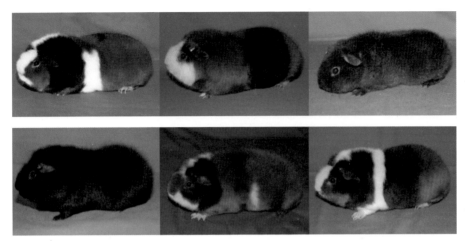

출처: 2014 American Cavy Breeders Association

(12) 페루비안

장모종으로 여러 털 색이 섞여있으며 앞머리가 얼굴을 덮을 정도로 자란다.

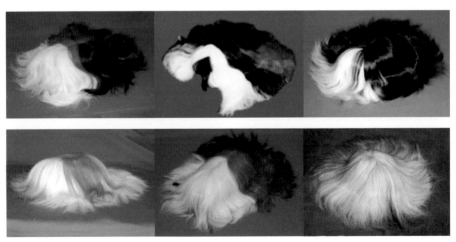

출처: 2014 American Cavy Breeders Association

(13) 페루비안 새틴

페루비안 품종에서 털이 윤기가 난다.

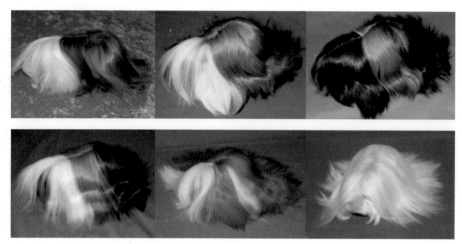

출처: 2014 American Cavy Breeders Association

ACBA가 인정한 품종 외에도 다양한 기니피그 품종이 있다.

(14) 알파카

물결 모양의 거친 털을 가진 기니피그로 기니피
그 보호자들 사이에서 아름답기로 소문이 나 있다.

(15) 볼드윈

털이 없는 기니피그로 체온조절이 어렵기
때문에 햇볕에 노출되어서도 안되고 항상 따뜻
하도록 온도를 관리해 주어야 한다.

(16) 히말라얀

샴 고양이와 비슷한 외모를 가진 기니피그로 전체적으로 흰 색의 털을 가지고 있고 귀나 발, 코 등은 검은색이다.

2) 기니피그의 생물학적 특징

(1) 시각

기니피그는 눈이 얼굴의 앞이 아닌 옆에 위치해 있어 약 340° 정도까지 사물을 볼 수 있다. 초식동물이기에 먹이사슬의 맨 밑에 위치하여 넓은 시야를 가지게 된 것으로 보인다. 하지만 심한 근시로 먼 곳은 잘 볼 수가 없다.

(2) 청각

기니피그는 기본적으로 겁이 많은 동물이다. 작은 소리에도 예민하게 반응하고 놀라며 몸이 굳거나 도망간다. 기니피그는 다양한 소리를 내며 의사소통을 하는데 사람보다 더 큰 10kHz까지 들을 수 있다고 한다.

(3) 후각

기니피그는 많은 후각세포를 가지고 있어 개만큼은 아니지만 예민한 후각을 지니고 있다.

(4) 미각 및 이빨

기니피그는 예민한 미각을 가지고 있다. 사람보다 더 많은 미뢰를 가지고 있어 다양한 맛을 구별할 수 있다. 까다로운 입맛으로 선호하는 음식이 다르고, 갑자기 사료를 바꾸면 며칠간 먹이를 거부하기도 한다. 쓴 맛보다는 단 맛을 선호하며 혀는 사람과 마찬가지로 음식을 삼키는 데 도움을 준다.

기니피그의 이빨은 꾸준히 자라나기 때문에 건초나 나무껍질 등을 갉아먹으며 계속 닳도록 한다. 건강하게 음식을 잘 먹는다면 추가적인 치아관리는 필요하지 않다.

(5) 촉각

기니피그를 자세히 보면 코 주변에 수염이 난 것을 볼 수 있다. 다른 동물들과 마찬가지로 이 수염은 기니피그가 길을 찾게 하고 주변 상황을 파악할 수 있게 한다.

(6) 꼬리

기니피그의 가장 두드러진 외형적 특징은 꼬리가 없다는 것이다. 실제로는 7개의 꼬리뼈를 가지고 있지만 골반 아래에 자리 잡고 있어 겉으로는 보이지 않는다.

3) 기니피그의 기본 위생 관리

(1) 발톱관리

기니피그는 앞발에 4개, 뒷발에 3개의 발가락을 가지고 있다. 야생에서 살던 기니피그는 생활하며 자연스럽게 발톱이 닳겠지만 반려동물로 살아가는 기니피그는 그런 것이 부족하기에 발톱이 부러지는 사고의 방지를 위해서도 발톱을 깎아주어야 한다. 개와 마찬가지로 발톱에 혈관이 있으므로 소동물 전용 발톱깎이를 사용하여 조금씩 잘라준다. 잘못해서 혈관을 건드려 피가 난다면 지혈제를 사용한다.

(2) 귀 관리

귀에 귀지가 있으면 박테리아나 기생충들이 살기 좋은 환경이 되므로 항상 청결하게 관리해주어야 한다. 면봉을 사용하여 일주일에 한 번 정도 관리해주는데 안으로 찌르는 것이 아니라 보이는 부분만 닦아주면 된다. 장모 기니피그와 단모 기니피그 중 장모 기니피그에게서 더 빠르게 귀지가 생긴다.

(3) 목욕

대부분의 기니피그는 물을 좋아하지 않는다. 기니피그에게는 특유의 냄새를 분비하는 기관이 있는데 이것 때문에 목욕을 자주 시켜야 한다고 생각하지만, 자연스러운 냄새이므로 더러워졌을 때만 목욕을 시키면 된다. 단모 기니피그의 경우는 2~3개월에 1회, 장모 기니피그는 한 달에 한 번 권장된다. 따뜻한 온도의 물을 사용하고 샤워기로 직접적으로 물을 뿌리기보다는 손으로 물을 부어 모피를 적시는 것이 스트레스를 줄여줄 수 있다. 샴푸를 사용할 때는 소동물 전용 샴푸를 사용하고 얼굴과 귀는 피해서 사용한다. 목욕을 한 후에 꼼꼼하게 말리는 것 또한 중요하다.

(4) 미용

단모종의 경우 미용이 따로 필요 없지만 장모종의 경우 털이 너무 길어서 움직이기 불편하거나 날씨가 너무 더운 경우 털을 짧게 다듬는 수준의 미용을 할 수 있다. 장모종은 털이 엉키지 않도록 빗질을 해주는 것 또한 중요하다.

4) 기니피그의 기본 사육용품

(1) 건초

건초는 기니피그의 주식이 되는 먹이로서 풍부한 섬유질로 소화를 잘 되게 돕고 평생 자라는 이빨을 닳게 하는 역할을 한다. 좋은 건초는 자연적인 녹색을 띠고

있고 향기로운 풀 냄새가 나며 잡초 먼지 등의
기타 이물질이 없다. 가장 많이 먹이는 건초는
알파파와 티모시인데 두 개의 건초는 영양성분
이 달라서 알파파는 어린 개체에게 티모시는
성체에게 급여하는 것이 좋다. 기니피그는 먹는
것을 아주 좋아하므로 언제나 신선한 건초를
먹을 수 있어야 한다.

① 알파파

단백질과 칼슘 및 탄수화물이 풍부하여 어린 개체나 임산부, 영양이 필요한 상
태의 기니피그에게 급여하기 좋다. 건강한 성체가 알파파를 지속적으로 섭취할 경
우 알파파의 칼슘을 너무 많이 섭취하게 되어 방광결석이 생길 수 있다.

② 티모시

티모시는 필수적인 영양소는 모두 포함하고 있으면서 섬유질이 풍부하고 알파
파에 비해 칼슘과 단백질이 적고 칼로리가 낮아 성체에게 급여하기 좋다. 알파파에
비해 거칠기 때문에 성체의 치아를 마모시키는 데도 좋다.

(2) 사료(펠렛)

펠렛은 건초로는 채울 수 없는 영양소를 채우기 위해 먹는 것으로 기니피그에게
필요한 영양성분들이 적절히 배합되어 있다. 여기서 주의할 점은 펠렛은 건초를 대
신할 수 없으며 펠렛 안에 있는 비타민C의 파괴를 막기 위해 직사광선을 피해 어두
운 곳에 보관해야 한다는 것이다.

제품을 사기 전 씨앗, 견과류, 오일, 옥수수 제품, 설탕, 동물성 제품 등이 포함되
었는지 살피고 위의 성분들이 없는 것이 좋은 펠렛이다.

(3) 간식

초식동물인 기니피그에게 간식은 야채와 과일이다. 양배추, 시금치와 같은 잎채

소가 가장 좋은 선택이고 양배추, 브로콜리, 콜리플라워 등은 소화를 시키지 못해 배에 가스가 찰 수 있으므로 피하는 것이 좋다. 과일은 소량만 먹이는 것이 좋다. 언제나 신선한 야채와 과일을 공급하는 것은 어렵기 때문에 동결건조되거나 말린 제품을 사서 급여할 수도 있다. 간식을 많이 먹는 것은 비만의 지름길이므로 적당량만 급여하도록 한다. 또한 수분을 너무 많이 섭취할 경우 설사를 할 수 있기 때문에 소량을 급여해야 한다.

(4) 케이지

기니피그는 개나 고양이처럼 풀어놓고 키우는 동물이 아니기 때문에 반드시 케이지가 필요하다. 시중에 판매되는 케이지를 구매하는 사람도 있고 리빙박스를 이용하여 케이지를 만드는 사람도 있으며 울타리 같은 것을 친 후 사육하는 사람도 있다. 어떤 소재·형태의 케이지를 사용하건 간에 청결하게 관리해 주는 것이 중요하다. 항상 건조하고 오염물이 없는 청결한 상태가 유지되어야 하므로 하루에 한 번은 청소를 해주어야 한다. 앞서 말했듯 기니피그는 발바닥에 털이 없기 때문에 딱딱한 바닥의 사육 환경은 좋지 않다.

(5) 베딩

베딩은 케이지 안에 깔아주는 것으로 천, 나무, 종이 등 다양한 유형의 제품이 있다. 각각 장단점을 지니고 있어서 자신의 상황과 기니피그의 선호도에 맞는 것을 선택하여 구매하면 된다. 나무로 만들어진 베딩(우드베딩)은 소나무, 시사나무, 우드펠릿 등 어떤 나무로 만들었는지에 따라 장단점이 다르다. 종이베딩은 부드럽고 흡수성이 좋은 장점이 있지만 비싼 가격과 약간의 먼지가 나는 단점이 있다.

① 주의사항

- 먼지가 많이 나는 베딩은 기니피그의 호흡기관에 안 좋은 영향을 미칠 수 있으므로 이러한 베딩은 피하여 선택한다.
- 삼나무의 페놀이란 성분은 곤충을 효과적으로 없애지만 기니피그의 호흡기

관을 해치고 심할 경우에는 간까지 손상을 입힐 수 있어 피한다.

- 신문지는 가격면에서는 가장 저렴하지만 신문지만으로는 소변을 잘 흡수하지 못하고 냄새를 잡아주지 못해 자주 교체해주어야 하는 번거로움이 있다.

(6) 급식기·급수기

급식기는 엎어지지 않도록 무거운 것을 사용하는 것이 좋다. 플라스틱은 갉아먹을 시 몸에 좋지 않으니 피하고 도자기류가 오래 사용할 수 있어서 적당하다. 급수기는 소동물을 사육할 때 가장 많이 사용하는 것이 '자동 급수기'로 기니피그가 원할 때 원하는 만큼의 물을 마실 수 있고 생활공간과 분리되어 있어 오염될 가능성이 적다. 하지만 마찬가지로 자주 설거지해주어 청결을 유지해주고 항상 신선한 먹이와 물을 급여해야 한다.

(7) 이동장

기니피그는 거의 외부로 나갈 일이 없지만 가끔 산책을 하거나 특히 동물병원을 갈 때는 필수적으로 필요하다. 상자나 품에 안고 나가도 되지만 갑자기 낯선 환경에 다다르면 기니피그가 놀라 발버둥칠 수 있고 안정감을 느끼지 못하기 때문에 소동물 전용 이동장을 준비하는 것이 좋다.

(8) 미용용품

① 샴푸

기니피그는 자주 목욕을 할 필요는 없지만 오염물이 묻으면 목욕을 해야 한다. 이 때 소동물 전용 샴푸를 사용해야 하는데, 일반 샴푸처럼 액체형으로 나온 것도 있고 거품샴푸처럼 물 없이 거품만으로 목욕을 시킬 수 있는 제품도 있다.

② 브러쉬

기니피그는 털이 많이 빠지는 동물로 털갈이 시기에는 많은 양의 털이 빠진다. 장모종의 경우 엉키는 것을 방지하기 위해 빗질이 필수이며 단모종도 털날림을 줄이기 위해 빗질을 할 수 있다. 예민한 기니피그가 아파하지 않도록 부드러운 타입의 브러쉬를 사용한다.

③ 발톱깎이

기니피그의 발톱을 자르기 위해서는 소동물 전용 작은 발톱깎이가 필요하다. 급하게 발톱을 잘라야 하는데 소동물 전용이 없다면 사람이 사용하는 작은 크기의 손톱깎이를 소독해서 사용하기도 하지만 전용 발톱깎이를 구비하는 것을 추천한다.

(9) 은신처

기니피그는 소리에 예민한 동물이므로 은신처를 마련해주는 것이 좋다. 한 마리당 1개의 은신처는 마련해주어야 하고 케이지를 청소할 때마다 함께 청소하여 관리해주어야 한다. 계절에 따라 다양한 재질의 은신처가 판매중이다.

5) 기니피그의 질병

① 비타민C 결핍증

기니피그는 사람과 다르게 체내에서 비타민C가 합성되지 않기 때문에 음식물을 통해 섭취해주어야 한다. 적어도 하루에 VitC 10mg 정도의 비타민이 필요하다.
- **원인:** 비타민C 섭취 부족
- **증상:** 보행장애, 관절부종, 피하출혈, 장기내 출혈, 잇몸 부어오름
- **예방:** 하루에 최소 VitC 10mg 급여, 비타민C가 포함된 야채 급여

② 족저궤양

기니피그의 발은 털이 없어서 딱딱한 사육에서 사육될 경우 발바닥에 궤양이 생겨 딱딱해지고 부어오르며 출혈이 생기기도 한다. 뼈까지 이전되면 다리를 외과적으로 제거해야 할 수도 있고 피부염으로 사망에 이를 수도 있다.
- **원인:** 불결한 사육 환경, 거친 바닥에서의 찰과상, 젖은 침구, 비만
- **증상:** 보행 장애, 발바닥에 생긴 궤양, 움직이지 않음

• **예방**: 적절한 몸무게 유지, 건조하고 깨끗한 사육 환경, 부드러운 케이지 바닥 사용

③ 방광결석

칼슘이 많은 먹이를 지속적으로 급여하면 결석이 생길 확률이 높아진다. 알파파의 경우 칼슘과 옥살산염이 많기 때문에 성체가 알파파를 섭취하게 되면 결석이 생길 수 있다. 작은 크기의 결석은 약으로 해결될 수도 있지만 그렇지 않은 경우에는 수술을 통해 제거해야 한다.

• **원인**: 알파파의 지속적인 섭취, 부적절한 식이 등
• **증상**: 혈뇨, 빈뇨
• **예방**: 성체 후에는 알파파 외의 건초 급여, 수분 섭취의 기회 늘리기(물, 야채 급여 등)

④ 부정교합

기니피그가 잘 먹지 못하고 계속 체중이 줄어든다면 구강에 문제가 생긴 것을 의심해볼 수 있다. 특히 기니피그의 이빨은 평생 자라기 때문에 잘 마모되지 못하면 이빨이 삐뚤삐뚤하게 자라거나 다른 방향으로 자라는 부정교합이 나타날 수 있다.

• **원인**: 유전, 비타민C 부족, 미네랄 불균형
• **증상**: 식욕저하, 침흘림, 구내염
• **예방**: 거친 건초나 사료의 급여

5. 토끼에 대한 이해

커다란 두 개의 귀와 짧은 꼬리를 가진 토끼는 개와 고양이만큼 흔하게 길러지는 반려동물은 아니지만 떡방아 찧는 토끼, 별주부전과 같은 민속 설화에서부터 동요, 만화 등 다양한 매체에서 만날 수 있는 익숙한 동물이기도 하다. 사랑스러운 외모와 보드라운 털을 가진 토끼는 순하고 조용한 이미지를 대변하지만 실제적으로 토끼는 반려동물로 사람과 함께 한 역사가 짧기 때문에 야생의 습성이 많이 남아있

는 편이다. 한때 머그컵에 들어가는 토끼라 해서 '미니토끼' 또는 '티컵토끼'로 초소형 크기의 토끼가 유행한 적이 있다. 실제로 학교 앞에서 팔거나 전철 역사 등에서 팔고 있는 토끼들은 크기가 아주 작다. 하지만 그 토끼들은 생후 2주 정도 된 아주 어린 토끼들로 실제 미니토끼, 티컵토끼는 국내에 존재하지 않는다. 가깝게 느껴지지만 가깝지 않은 토끼에 대해 알아보자.

1) 토끼의 품종

토끼 또한 다양한 품종이 있다. ARBA(American Rabbit Breeders Association)에서는 약 49종의 토끼 품종을 인정하고 있는데 그 중 몇 종류만 소개하고자 한다.

(1) 더치

출처: American Rabbit Breeders Association

네덜란드 태생 토끼로 1830년대에 영국에서 개량되었다. 오래된 품종으로 우리에게 가장 익숙하기도 하다. 원래는 검은색과 흰색 털을 지녀 '팬더 토끼'로도 불렸지만 현재에는 다양한 색을 지니고 있다.

(2) 프렌치 롭이어

출처: American Rabbit Breeders Association

우리가 일반적으로 알고 있는 토끼와 모습과 달리 귀가 아래를 향해 쳐져 있다. 다만 귀의 생김새로 인해 통풍이 어렵기 때문에 귀지가 더 잘 생긴다.

(3) 잉글리시 롭이어

출처: American Rabbit Breeders Association

토끼품종 중 가장 긴 귀를 가진 것으로 알려져 있다. 롭이어 품종에서 귀를 크게 개량한 것으로 성체가 되었을 때 귀가 땅에 끌린다고 한다. 귀 질환에 대해 특별히 신경써야 한다.

(4) 자이언트 앙고라

출처: American Rabbit Breeders Association

앙고라 토끼는 풍성한 털을 가지고 있는 토끼로 모피를 생산하기 위한 목적으로 개량되었다고 한다. Dwarf에서는 총 4개의 품종(프렌치, 잉글리시 등)을 인정하고 있다. 그 중 자이언트 앙고라 토끼는 이름에서처럼 가장 크기가 크다. 대부분이 5kg을 넘는다고 하며 세심하게 털 관리를 해주어야 한다.

(5) 라이언 헤드

출처: American Rabbit Breeders Association

머리에 수컷 사자의 갈기를 가진 것 같은 털을 가졌다고 해서 붙여진 이름이다. 독특한 외모로 반려토끼로 인기가 많은 품종이다.

(6) 탄

출처: American Rabbit Breeders
　　　Association

1800년대 영국에서 발견되어 개량된 품종으로 아치형의 몸과 윤기나는 털을 가지고 있다.

(7) 드워프 오토

출처: American Rabbit Breeders
　　　Association

드워프 토끼는 다른 토끼들에 비해 귀가 짧은 편이다. ARBA에서는 네달란드 드워프와 드워프 오토로 나누는데, 드워프 오토는 눈 주위에 검은색 아이라인을 가지고 있다. 토끼 종류들 중에서도 소형으로 속한다.

2) 토끼의 생물학적 특징

(1) 시각

토끼는 머리의 측면상부에 큰 눈을 가지고 있어서 모든 방향에서 자신에게 다가오는 포식자의 위치를 확인할 수 있다. 대부분의 토끼는 색맹으로 알려져 있으며 사람의 눈보다 8배 더 민감하여 이른 아침과 늦은 저녁 식사를 할 때 포식자를 피할 수 있게 도와준다. 또한 포식자의 위치를 확인하기 위해 멀리 있는 물체는 잘 보지만 가까이 있는 물체는 잘 보지 못한다.

(2) 청각

토끼는 커다랗고 긴 두 개의 귀를 가지고 있다. 토끼의 귀는 소리를 모아 소리의 방향을 확인하고 더 잘 들을 수 있게 하여 소리를 구분하는 데 도움을 준다. 평균적으로 신체 표면의 12% 정도가 귀이다. 토끼는 더운 것을 잘 견디지 못하는데 입술에 한 쌍의 땀샘을 가지고 있어 열 방출이 어렵기 때문에 커다란 귀는 열 방출을 하는 역할을 하기도 한다. 토끼의 귀에는 수많은 혈관이 있어서 접촉에 매우 민감하다. 만화에서 자주 나오는 토끼의 귀를 잡아 들어 올리는 행동은 토끼를 잘 모르는 사람이 하는 매우 위험한 행동이며 허리에 중상을 입힐 수도 있다.

(3) 후각

토끼는 생각보다 예민한 후각을 가지고 있다. 사람이 500만 개의 후각세포를 가지고 있다고 한다면 토끼는 1억 개의 세포를 가지고 있다. 토끼를 보면 계속 코가 움직이고 있음을 관찰할 수 있는데 이는 계속 주위의 냄새를 맡고 있음을 의미한다.

(4) 미각과 이빨

토끼는 단맛, 쓴맛 및 짠맛을 구분할 수 있어서 야생에서는 식물의 독성 여부를 판단할 수 있다. 토끼는 총 28개의 이빨을 가지고 있고 그 중 4개의 앞니는 다른 치아에 비해 길다. 토끼의 이빨은 평생 동안 자라나기 때문에 나뭇가지, 잡초, 거친 식물 등을 급여해주어 마모시켜 주어야 한다.

(5) 촉각

토끼는 아주 긴 수염을 가지고 있는데 입 주변 외에도 뺨과 눈 위에도 가지고 있다. 다른 동물들과 마찬가지로 이 수염은 공간감을 느끼게 해주고 방향을 인식하도록 해준다.

3) 토끼의 기본 위생 관리

(1) 치아관리

토끼의 앞니는 평생 자라는 이빨이다. 따라서 토끼는 풀, 잡초, 나뭇가지, 건초 등의 거친 식물들을 먹으며 치아가 자연스럽게 마모되도록 한다. 간혹 올바르지 못한 먹이 급여로 이빨이 계속 자라나 뺨 안쪽까지 자라나는 부정교합이 발생할 수도 있다. 건강한 치아를 가진 토끼는 자주 건초 등을 먹고 있는 모습을 볼 수 있다.

(2) 발톱관리

토끼의 발톱은 계속해서 자라나는데 야생에서 생활하는 토끼는 모래나 자갈, 돌 등에 자연스럽게 마모되지만 가정에서 자라는 토끼는 마모될 수 있는 기회가 적기 때문에 사람이 직접 잘라주어야 한다. 발톱에는 혈관과 신경이 있어서 이를 자르지 않게 주의하여 조금씩 자르면 된다.

(3) 목욕

토끼는 스스로 그루밍을 하는 동물이기 때문에 따로 목욕이나 귀 관리 등을 하지 않아도 괜찮다. 어쩔 수 없이 목욕을 해야 하는 상황이 온다면 몸에 물이 닿는 것을 무서워하고 귀에 물이 들어가면 치명적이기 때문에 물이 아닌 소동물 전용 거품 목욕제나, 물티슈 등을 사용하는 것이 좋다. 뒷발로 귀를 끌어  내려서 귀 안까지 스스로 관리하기 때문에, 종종 귓속을 들여다보고 깨끗한지만 확인해주면 된다.

토끼의 종류 중 롭이어 토끼는 큰 귀가 아래로 쳐져 있어 통풍이 잘 되지 않아 귀가 서 있는 토끼에 비해 귀 질병이 더 잘 생길 수 있으므로 자주 확인해주어야 한다.

(4) 미용

토끼는 털이 많이 빠지는 동물이다. 평상
시에도 많이 빠지지만 털갈이 시기가 되면 더
많은 양의 털이 빠지기 때문에 최소 1주일에 1
회 털을 빗어주되 환절기와 같은 털갈이 시기
가 되면 더 자주 빗어준다. 장모종의 경우 단
모종보다 더 자주 빗질을 해주어야 한다. 시중
에 판매되는 소동물 전용 브러쉬를 사용하여 빗어주는데, 얼굴과 같이 면적이 작은
부분은 부드러운 칫솔을 사용하여 빗어주기도 한다.

(5) 안는 방법

토끼를 들어 올릴 때 귀를 잡는 행동은 토끼에게 엄청난 고통을 주는 행위이다.
토끼는 발이 땅에서 떨어지는 것을 무서워하기 때문에 안아서 들어 올리는데 한 손
은 토끼의 가슴에 넣고 한 손은 엉덩이를 받쳐서 안는다.

4) 토끼의 기본 사육용품

(1) 건초

건초는 토끼의 주식으로 섬유질이 풍부하여 소화를 돕고 헤어볼을 예방한다.
또한 끊임없이 자라나는 이빨을 자연스럽게 마모시키며 토끼의 건강에 필수적인 단
백질 및 기타 영양분이 들어있다. 건강한 토끼는 끊임없이 건초를 먹으므로 항상 토
끼에게 신선하고 넉넉한 양의 건초가 제공되어야 한다.

① 알파파

알파파는 칼슘과 탄수화물의 비율이 높아 성체에게 오래 급여될 경우 비만을
불러일으키거나 소화 장애를 일으킬 가능성이 높다. 따라서 풍부한 영양이 필요한
어린 개체에게 주로 급여한다. 생후 6개월까지 급여하다가 이후에는 조금씩 알파파

의 비율을 줄이고 티모시의 비율을 높여간다.

② 티모시

성체의 주식으로 섬유질이 풍부하여 알파파에 비해 조금 더 딱딱하다. 이는 토끼가 섭취하면서 자연스럽게 이빨을 갈 수 있게 해준다. 건초는 항상 습기가 없는 시원하고 건조한 곳에서 보관해야 한다.

(2) 사료(펠렛)

펠렛은 주식은 아니지만 건초만으로는 부족한 영양성분을 채우기 위해 급여한다. 많이 먹을 경우에는 비만이나 소화 장애를 불러일으킬 수 있으므로 제한적으로 급여해야 한다. 펠렛은 신선해야 하며, 섬유소의 비율이(최소 18%) 높은 것으로 고르는 것이 좋다.

(3) 야채와 과일

펠렛 외에 따로 신선한 야채와 과일을 급여하기도 하는데 영양적인 부분에서도 그렇지만 다양한 맛과 질감을 제공하여 토끼에게 먹는 즐거움을 제공할 수 있다. 하지만 야채와 과일은 모두 부가적인 음식임을 잊지 말아야 한다. 야채는 잎채소로 급여하는 것이 좋고 과일은 토끼에게 고열량 식품이므로 소량으로만 급여하며 소화력을 고려하여 3개월 이후에 급여하는 것을 권장한다.

(4) 케이지

케이지는 토끼가 사는 집이라고 생각하면 된다. 토끼는 생각보다 크기가 크게 자라기 때문에 어린 개체의 사이즈에 맞춰 케이지를 구매하면 후에 다시 케이지를 구매해야 하므로 처음부터 넉넉한 크기의 케이지를 구매하는 것이 좋다.

① 화장실

토끼는 배변훈련이 가능한 동물로 화장실을 케이지에 구비해두면 청소도 쉽고 토끼에게 오물이 묻는 것을 방지할 수 있다. 토끼마다 선호하는 형태의 화장실이 다른데 대부분 토끼가 화장실 위에 올라가서 배변을 보면 밑으로 빠지는 형식을 취하고 있다. 다양한 형태, 질감의 화장실을 사용해보고 토끼가 선호하는 것을 찾는 것이 좋다.

② 식변

토끼는 원형의 크기의 완두콩 크기의 똥을 싼다. 건강한 토끼의 똥은 손으로 눌렀을 때 부스러지듯이 뭉개진다. 이 똥은 주로 낮에 배설하며 하루에 평균 200~300개의 똥을 싼다. 그 외에 '맹장변(식변)'이라 하는 종류의 똥을 주로 밤에 배설하는데, 이 똥은 포도송이처럼 뭉쳐있으며 윤기가 난다. 이 똥은 토끼의 맹장에서 발효된 것으로 미처 흡수되지 못한 단백질이나 아미노산 등의 영양소가 뭉쳐서 나온 것이다. 때문에 건강한 토끼는 부족한 영양분을 보충하기 위해 항문에 직접 대고 이 똥을 먹는다. 반려인들에게는 토끼가 똥을 먹으면 걱정할 행동으로 보이겠지만 똥을 먹는 것은 건강한 토끼에게서 보이는 자연스러운 행동이다.

(5) 미용용품

① 브러쉬

토끼는 털이 잘 빠지는 동물인데, 털갈이 시기에는 그 정도가 더 심해지므로 소동물 전용빗을 사용하여 털을 빗어주는 것이 좋다. 사용하는 부위에 따라 다양한 크기와 소재의 빗이 판매되고 있으므로 자신의 토끼에게 필요한 빗을 사용하여 부드럽게 빗어주면 된다.

② 발톱깎이

다른 반려동물들의 발톱과 비슷한 방법으로 동물전용 발톱깎이를 사용하여 잘라준다. 사람의 것은 발톱이 부셔지기 때문에 권장하지 않으며, 혈관을 잘라 피를 내지 않도록 조금씩 자르며 살펴보아야 한다.

5) 예방접종

(1) VHD(바이러스성 출혈성 질병) 백신

6~13주부터 4주 간격으로 2회 접종한다.

(2) 광견병 접종

13주 이상이 되면 1회 접종하고 매년 추가 접종을 실시한다.

(3) 구충제

3개월에 1회 투여한다.

6) 토끼의 질병

① 스너플(snuffles)

대표적인 토끼의 호흡기성 질병으로 증상이 사람의 감기 증상과 비슷하여 '토끼 감기'라고 부르기도 한다. 주로 면역력이 약한 어린 토끼에게서 자주 발병하며 질병이 가벼울 때는 재채기와 콧물 등의 증상을 보이지만 심해질 경우 폐렴과 같은 합병증으로 이어질 수 있으므로 주의해야 한다.

- **원인체:** Pasteurella
- **감염경로:** 스너플에 걸린 토끼의 분비물에 의한 감염
- **증상:** 감기와 비슷한 증상으로 재채기, 콧물, 눈곱 등의 증상이 보인다. 토끼의 코 주변에 분비물이 묻어있는 것이 자주 확인된다.
- **예방:** 깨끗한 사육환경, 토끼의 면역력 높이기

② 바이러스성 출혈병(VHD)

치사율이 90%에 달하는 무서운 전염성 질환으로 법정 전염병으로 지정되어 관리되고 있다. 급성형과 만성형 등으로 나뉘며 이 병에서 회복된 토끼는 탈모 증세나, 유산을 하는 경우도 있다. 바이러스에 의한 질병이기 때문에 치료약이 없어 예방이

가장 중요하다.

- **원인체**: 칼리시바이러스(calicivirus)
- **감염경로**: VHD에 걸린 토끼의 대변, 소변, 그 외 분비물 등
- **증상**: 질병의 경과기간에 따라 다양한 증세를 보이는데 발열, 식욕 감소, 안구 출혈, 황달 등의 증상을 보인다. 심급성형의 경우 건강한 모습을 보이다가 갑자기 특별한 증상 없이 폐사하기도 한다.
- **예방**: 예방접종

6. 햄스터에 대한 이해

작은 쥐라고 오해받는 햄스터는 독일어의 저장하다(hamstern)에서 이름이 유래된 동물이다. 쥐와 다르게 햄스터는 야행성이고 양쪽 볼 주머니에 먹이를 저장하는 습성을 가지고 있다. 비교적 반려동물로 사랑받은 역사가 짧은데 1930년경 시리아의 사막에서 살던 야생 햄스터를 데려와 사육된 것이 시작으로 보고되고 있다. 귀여운 외모와 다른 반려동물에 비해 분양가가 낮고 접근이 쉬워 반려동물을 키우고 싶은 사람들이 가장 처음으로 많이 키우는 동물이기도 하다. 크기가 작아 키우기 쉬울 것이라고 생각하기도 하지만, 아직까지 많이 남아있는 야생의 습성과 행동적 특징들로 여러 사항을 고려하여 키워야 하는 동물이다. 여러 햄스터 종에서도 반려동물매개심리상담에서는 크기가 제일 큰 편인 골든 햄스터가 도우미동물로 활동하고 있다.

1) 햄스터의 생물학적 특징

(1) 시각

햄스터는 기본적으로 시력이 좋지 않다. 태어났을 때에는 시력이 거의 없는 상태이고 5일 정도가 지나면 앞을 보기는 하지만 코 앞의 몇 인치 정도만 보는 수준이며 색맹으로 흑백만 구분할 수 있다. 심한 근시이기 때문에 먼 거리의 물체를 잘 알아

차리지 못하여 높낮이 등도 알아채기 어렵다. 그렇기 때문에 높이가 있는 케이지는 햄스터가 높이를 눈치채지 못하고 떨어져 골절이 일어날 수 있기 때문에 주의해야 한다.

(2) 청각

시력이 좋지 않은 대신 청각이 발달하였는데, 사람이 들을 수 없는 영역의 주파수를 사용하여 서로 의사소통을 한다. 머리의 높은 쪽에 귀가 위치해 있어 먼 거리의 소리를 잘 들을 수 있다. 큰 소리가 나면 햄스터가 굳은 표정으로 움직이지 않는 것을 볼 수 있다. 그만큼 햄스터는 소리에 예민하므로 케이지를 조용한 곳에 두고 조용한 목소리로 불러주어야 한다.

(3) 후각

햄스터는 뛰어난 후각을 지니고 있다. 음식 냄새뿐 아니라, 다른 개체의 냄새를 맡기도 하고 페로몬 냄새를 통해 암컷과 수컷을 구별할 수도 있다. 독립적인 동물이어서 다른 동물이나 개체의 냄새에 예민하게 반응하기 때문에 사육하는 햄스터를 다룰 때는 손에 다른 동물의 냄새가 나지 않도록 손을 씻고 만지는 것이 좋다.

(4) 이빨

기니피그, 토끼와 마찬가지로 앞니가 끊임없이 자라난다. 딱딱한 음식들을 급여함으로써 자연스럽게 이가 마모되도록 해야 한다. 이 외에도 소독된 목재 장난감이나 소동물용 이갈이 제품 등을 제공할 수 있다. 만약 햄스터가 음식을 먹지 않는다면 이빨 문제일 수 있으므로 수의사의 진료가 필요하다.

(5) 볼 주머니

'저장하다'라는 의미에서 이름이 유래된 것처럼 햄스터는 구강 내 양 쪽에 볼주머니(Cheek Pouch)를 가지고 있다. 볼 주머니는 햄스터의 어깨까지 늘어날 수 있으며 햄스터 몸무게의 반 정도 되는 무게의 음식을 볼에 저장할 수 있다. 무엇이든 볼에 넣으려고 하기 때문에 뾰족하고 거친 물체는 햄스터에게 고통을 줄 수 있으므로 주의해야 한다.

음식을 저장하는 것 외에도 새끼를 옮기거나 숨길 때도 볼 주머니를 사용한다. 어미 햄스터는 위험을 감지하면 아기를 볼 주머니에 넣고 숨겨 아기를 보호한다.

2) 햄스터의 기본관리

(1) 치아 및 볼 주머니 관리

햄스터의 앞니는 끊임없이 자라나므로 거친 음식들을 먹음으로써 마모시킨다. 햄스터가 케이지를 씹는 모습들을 볼 수 있는데 이는 햄스터의 치아를 부러뜨릴 수도 있고 칠해져 있는 페인트를 먹을 수도 있어 위험하다. 씹을 만한 것이 충분하지 않거나 생활이 지루할 때 이런 행동들을 많이 보이기 때문에 먹이 외에 씹을 수 있는 전용 이갈이 용품들을 급여하는 것으로 위와 같은 행동을 줄일 수 있다.

볼 주머니는 보호자가 따로 관리를 할 필요는 없지만 점도 있는 음식(떡, 밥 등)을 급여하게 되면 볼 주머니 안에서 썩어 염증을 유발할 수 있으므로 적절한 먹이를 급여해야 한다.

(2) 목욕

햄스터는 귀 안에 물이 들어가면 대부분 사망하기 때문에 목욕은 권장하지 않는다. 하지만 서식지가 사막이었던 만큼 모래목욕을 즐기므로 전용 모래를 사서 담아주면 햄스터의 스트레스 해소에도 도움을 주고 털 사이사이의 먼지를 자연스럽게 떨어뜨릴 수 있다.

3) 햄스터의 기본 사육 용품

(1) 먹이

햄스터는 잡식성 동물로 씨앗, 견과류, 야채, 과일, 밀웜 등 다양한 먹이를 먹는다. 가장 손쉽게 먹이를 급여하는 방법은 반려동물 용품 가게에서 햄스터 사료를 구입하는 것이다. 햄스터의 선호도가 높은 먹이들이 적절한 비율로 섞여 있어 가장 간편하게 급여할 수 있다. 그 외에 간식으로 야채나 과일 등을 급여할 수 있는데 너무 많은 야채와 과일은 설사를 일으킬 수 있으니 적당량만 급여하고, 설탕이 많은 음식과 사람이 먹는 음식은 급여하면 안 된다. 끈적거리는 음식은 햄스터의 볼 주머니에 붙어 염증을 유발할 수 있으므로 금지한다.

(2) 케이지

키우고자 하는 햄스터의 크기를 고려하여 케이지를 선택한다. 햄스터는 활동량이 많은 동물이기 때문에 크기가 작다고 해서 너무 작은 크기의 케이지는 움직일 수 있는 공간을 제한하게 되어 햄스터들이 스트레스를 받을 수 있다. 사막에서 살던 동물이기 때문에 굴을 파는 것을 좋아하여 베딩(바닥재)을 깔 수 있는 것을 선택하는 것이 좋다.

한 가지 주의해야 할 점은 햄스터는 단독생활을 하는 동물이기 때문에 한 마리의 햄스터가 1개의 케이지를 사용해야만 한다. 골든햄스터의 경우 야생에서도 단독생활을 하기 때문에 반드시 단독사육을 해야 하고 드워프햄스터의 경우 조건적으로 합사가 가능하다고 하지만 처음 키워보는 사람은 사고의 예방을 위해서도 단독사육을 추천한다.

① 은신처

햄스터는 소리에 예민하고 항상 포식자로부터 주위를 경계하고 숨기 때문에 위험을 느낄 때 몸을 숨길 수 있고, 편히 쉴 수 있는 은신처가 필요하다. 다양한 디자인과 재질의 은신처가 판매되고 있다. 햄스터는 은신처를 갉아먹는 경우가 많으므로 자주 바꿔주어야 한다. 또한 야행성으로 낮에는 주로 잠을 자기 때문에 빛이 차단되는 재질을 추천한다.

② 쳇바퀴

햄스터는 활동량이 많은 동물로, 야생에서는 공간의 제약 없이 마음껏 달릴 수 있겠지만 가정에서 사육되는 햄스터는 그렇지 않기 때문에 활동량을 채워주기 위해 쳇바퀴를 케이지 안에 넣어준다. 자신이 키우는 햄스터 종류를 보고 크기를 고려하여 구매하는 것이 중요하다.

쳇바퀴 돌아가는 소리가 시끄럽다고 햄스터에게 쳇바퀴를 제공하지 않으면 햄스터가 스트레스를 받게 되므로 햄스터의 운동과 스트레스 해소를 위해 설치해주어야 한다.

(3) 햄스터 볼

햄스터 볼은 케이지 밖에서도 돌아다닐 수 있게 해주는 용품이다. 공 모양의 투명 플라스틱으로 햄스터 볼 안쪽은 공간이 비어져 있어 이 안에 햄스터를 넣고 뚜껑을 닫고 바닥에 내려놓으면 햄스터가 움직이는 방향으로 공이 굴러가 햄스터가 자유롭게 돌아다닐 수 있게 된다.

햄스터 볼은 햄스터의 자유로운 운동을 위해 사용되어 왔으나, 최근에는 햄스터 볼이 오히려 햄스터의 스트레스 원인으로 지목되고 있다. 원형의 형태는 햄스터가 스스로 방향을 조절하기 어려우며, 위험을 느꼈을 때 몸을 숨길 수 있는 공간이 없다. 또한 숨구멍이 매우 작게 있어 구멍에 햄스터의 발이 빠져 골절을 입는 경우도 보고되고 있다. 따라서 햄스터의 운동량을 높이기 위해서는 햄스터 볼이 아닌 사육환경 자체를 넓혀주는 것이 좋다.

(4) 베딩

햄스터는 땅을 파고 굴을 만드는 것을 좋아하기 때문에 베딩을 깔아주는 것이 좋다. 기니피그와 마찬가지로 다양한 재질의 것이 판매되고 있으며 자신의 사육환경과 햄스터의 선호도를 고려하여 선택하면 된다. 베딩은 햄스터가 생활하는 공간 그 자체이기 때문에 햄스터의 냄새가 많이 묻게 된다. 케이지를 청소할 때 베딩을 한 번에 모두 바꿔버리면 같은 케이지임에도 불구하고 햄스터는 자신의 냄새가 나지 않아 다른 공간에 들어왔다고 생각하며 스트레스를 받을 수 있다. 따라서 베딩은 1/2정도씩 매일 바꿔주는 것이 좋다.

제2부 기출문제

01 「동물보호법」에 명시되어 있는 동물을 사육·관리할 때 준수해야 할 기본 원칙으로 옳지 않은 것은?

① 동물이 본래의 습성과 신체의 원형을 유지하면서 정상적으로 살 수 있도록 할 것

② 동물이 고통·상해 및 질병으로부터 자유롭도록 할 것

③ 동물의 선호도에 맞는 먹이와 물을 공급하도록 할 것

④ 동물이 공포와 스트레스를 받지 아니하도록 할 것

02 동물판매업 등록을 한 곳에서 반려동물을 분양받을 시 제공되는 계약서에 포함되어야 하는 내용으로 옳지 않은 것은?

① 동물의 출생일자 및 판매업자가 입수한 날

② 판매일 및 판매금액

③ 등록된 동물인 경우 그 등록내역

④ 동물을 생산(수입)한 동물생산(수입)업자의 전화번호

03 「유실물법」 제12조 및 「민법」 제253조에 따라 유기된 동물의 소유권이 지방자치단체로 이전되는데 필요한 시간으로 옳은 것은?

① 공고한 날로부터 7일

② 공고한 날로부터 10일

③ 공고한 날로부터 14일

④ 공고한 날로부터 25일

04 「동물보호법」에 따라 (A)개월 이상의 개는 동물등록을 해야 한다. (A)에 들어갈 숫자로 옳은 것은?

① 2   ② 3

③ 4   ④ 5

05 등록대상동물이 기르는 곳에서 벗어날 경우 부착해야 하는 인식표에 표시해야 할 사항이 옳지 않은 것은?

① 소유자의 성명   ② 소유자의 전화번호

③ 소유자의 주소   ④ 동물등록번호(등록한 동물만)

06 「동물보호법」에 따른 등록대상동물의 관리사항이 옳지 않은 것은?

① 동물의 배설물이 생겼을 때에는 즉시 수거해야 한다.

② 등록대상동물이 된 날부터 30일 이내에 동물등록신청서를 작성하여 제출해야 한다.

③ 3개월 미만인 등록동물대상을 안아서 외출할 때에는 안전조치를 하지 않을 수 있다.

④ 목줄 또는 가슴줄은 3미터 이내의 길이어야 한다.

07 동물학대 행위의 유형과 처벌 기준이 바르게 연결된 것은?

① 죽음에 이르게 하는 행위 − 3년 이하의 징역 또는 3천만 원 이하의 벌금

② 동물을 유기한 경우 − 2년 이하의 징역 또는 2천만원 이하의 벌금

③ 도박 및 경품으로 동물을 이용한 경우 − 2년 이하의 징역 또는 2천만원 이하의 벌금

④ 도구·약물 등 물리적·화학적 방법을 사용하여 상해를 입히는 행위 − 300만 원 이하의 벌금

08 동물이 동물병원 외의 장소에서 죽은 경우 처리하는 방법으로 옳은 것은?

① 주인이 없는 땅에 묻어서 처리

② 생활쓰레기봉투 등에 넣어 배출하여 처리

③ 동물병원에 위탁하여 처리

④ 무늬가 없는 천에 동물의 사체를 싸서 땅에 묻어서 처리

09 맹견을 소유한 자가 준수해야 할 사항으로 옳지 않은 것은?

① 소유자 없이 맹견을 기르는 곳에서 벗어나면 안 된다.

② 3개월 미만의 맹견은 목줄을 사용하지 않아도 된다.

③ 맹견의 소유자는 월령(月齡)에 상관없이 보험에 가입해야 한다.

④ 맹견은 어린이집, 유치원에 출입할 수 없다.

10 안전조치 사항을 위반하여 등록대상동물이 사람을 사망에 이르게 한 경우 주어지는 처벌로 옳은 것은?

① 2년 이하의 징역 또는 2천만원 이하의 벌금

② 3년 이하의 징역 또는 3천만원 이하의 벌금

③ 4년 이하의 징역 또는 4천만원 이하의 벌금

④ 5년 이하의 징역 또는 5천만원 이하의 벌금

11 다음 설명에 맞는 개의 분류 그룹으로 옳은 것은?

- 사람의 일을 대신할 수 있는 견종들이 모여 있다.
- 대부분 덩치가 크며 강한 힘, 체력을 가지고 있다.
- 훈련이 필수적이며 보편적으로 훈련에 잘 적응한다.
- 대표 견종으로는 리트리버, 말라뮤트, 허스키 등이 있다.

① 토이그룹(Toy group)

② 사역견(Working group)

③ 수렵견(Hound group)

④ 목축견(Herding group)

12 개의 감각에 대한 설명으로 옳지 않은 것은?

① 원시인 동시에 근시여서 물체에 정확하게 초점을 맞추지 못한다.

② 미뢰가 사람의 20% 미만으로 섬세한 맛을 잘 느끼지 못한다.

③ 코의 구조상 들숨과 날숨이 섞여 들어와 뛰어난 후각을 지니고 있다.

④ 수염을 통해 거리감을 느낀다.

13 개가 섭취해서는 안 되는 음식과 그 음식을 섭취했을 때 야기되는 증상이 잘못 연결된 것은?

① 양파 – 고열 ② 커피 – 심박동 증가

③ 포도 – 구토, 신부전 ④ 자일리톨 – 저혈당

14 다음의 설명에 해당하는 개의 질병으로 옳은 것은?

- 인수공통 질병이다.
- 야생동물에게 물려서 걸리는 경우가 많다.
- 공수병이라 부르기도 한다.
- 발열, 침흘림, 행동변화(공격적) 등의 증상을 보인다.

① 홍역 ② 파보장염

③ 전염성 기관지염 ④ 광견병

15 개에 대한 설명으로 옳지 않은 것은?

① 야생동물 중 가장 먼저 가축화된 동물이다.

② 반려동물매개치료에서 사람과의 심리적, 정서적 교감이 가장 깊게 가능하여 가장 중심적으로 활동한다.

③ 미국 애견협회에서는 여섯 가지로 개를 분류하고 있으며 각 그룹에 속한 견종들은 모두 같은 성격을 지닌다.

④ 개를 분양받기 전에는 자신의 주거환경이나 경제적·시간적 여유 등을 고려하여 입양해야 한다.

16 개의 기초 예방접종에 대한 설명으로 옳지 않은 것은?

① 종합(DHPPL) − 6~8주령에 접종을 시작한다.

② 코로나 − 2~3주 간격으로 2회 접종한다.

③ 켄넬코프 − 2~3주 간격으로 2회 접종한다.

④ 광견병 − 3개월령 이전에 접종한다.

17 개의 응급 상황 대처 방법으로 옳지 않은 것은?

① 심폐소생술을 할 때는 기도 확보를 위해 머리를 위로 들게 한다.

② 멀미를 하기 2시간 정도 전부터는 금식시킨다.

③ 교상 시 피가 많이 흐르지 않는 경우 세정제로 소독하고 소독약을 발라 병원에 내원한다.

④ 부식 가능한 이물을 섭취한 경우 빨리 구토 유발시켜 빼낸다.

18 개의 질병 중 예방접종을 통해 예방할 수 없는 질병으로 옳은 것은?

① 심장사상충   ② 코로나 장염

③ 렙토스피라 감염증   ④ 파보장염

19 개의 관리에 대한 설명으로 옳지 않은 것은?

① 개에게 자주 개껌을 급여한다면 양치질은 하지 않아도 된다.

② 개와 함께 대중교통을 이용할 때는 개의 모습이 완전히 보이지 않아야 한다.

③ 목욕을 하기 전, 엉킨 털을 먼저 풀어주어야 한다.

④ 개의 사료는 밀폐하여 보관하여야 한다.

20 고양이에 대한 설명으로 옳지 않은 것은?

① 고양이가 가질 수 있는 가장 어두운 색의 눈은 짙은 호박색이다.

② 야간시력과 동체시력이 좋다.

③ 혀에는 많은 돌기가 있어서 다양한 맛을 느낄 수 있다.

④ 고양이의 수염은 촉감을 느끼고, 거리감을 계산하며 균형을 유지할 수 있게 도와준다.

21 고양이에게 전용사료를 공급하지 않았을 때 나타나는 결핍증은?

① 타우린 결핍증   ② 알라닌 결핍증

③ 시스테인 결핍증   ④ 글라이신 결핍증

22 고양이 예방접종에 대한 설명으로 옳은 것은?

① 1년 이후에 광견병 백신을 접종한다.

② 기초 접종 후에도 추가접종이 필요하다.

③ 3개월에 한번 심장사상충 예방약을 처치한다.

④ 고양이 전염성 복막염 예방접종은 필수접종이다.

23 다음 중 자연적으로 태생된 고양이의 품종으로 옳은 것은?

① 스코티쉬 폴드   ② 먼치킨

③ 노르웨이 숲   ④ 스핑크스

24 고양이가 가진 '야콥손 기관'에 대한 설명으로 옳지 않은 것은?

① 다양한 냄새들 중 페로몬 냄새를 식별한다.

② 고양이에게는 코의 깊은 안쪽에 자리하고 있다.

③ 고양이뿐 아니라 호랑이, 뱀 등의 동물도 가지고 있다.

④ 플레멘 반응과 관련있는 기관이다.

25 다음 설명에 맞는 고양이의 질병으로 옳은 것은?

- 고양이과 동물들에게만 감염이 일어난다.
- 침, 대변, 소변 등을 통해 감염된다.
- 재채기, 구내염, 구강궤양 등의 증상을 보인다.
- 3종 종합백신(FVRCP)을 통해 예방이 가능하다.

① 허피스 바이러스 감염증

② 칼리시 바이러스 감염증

③ 고양이 범백혈구 감소증

④ 톡소플라즈마 감염증

26 고양이를 체형 중 가장 가늘고 날렵한 체형을 부르는 용어로 옳은 것은?

① 코비   ② 포린

③ 오리엔탈   ④ 롱 앤드 서브스탠셜

27 고양이의 화장실에 대한 설명으로 옳은 것은?

① 약 6주 이후부터 스스로 화장실을 가릴 수 있다.

② 흡수형 모래에는 벤토나이트 성분이 많이 포함되어 있다.

③ 응고형은 모래의 형태가 아니어서 잘 사용하지 못하는 고양이들이 있다.

④ 고양이의 수에 맞는 화장실을 준비해 주는 것이 좋다.

28 고양이의 질병 중 인수공통 감염병으로 옳은 것은?

① 고양이 전염성 복막염   ② 톡소플라즈마 감염증

③ 허피스 바이러스 감염증   ④ 고양이 백혈병 바이러스

29 반려동물매개심리상담사가 항시 지니고 다녀야 할 접종 증명서로 옳은 것은?

① 분변검사 증명서   ② 광견병 접종 증명서

③ 심장사상충 검사 증명서   ④ 항체 검사서

30 페럿에 대한 설명으로 옳지 않은 것은?

① 잡식성 동물이다.

② 먹이를 먹지 않아도 위산이 분비된다.

③ 장의 운동속도가 빠르다.

④ 유연성이 좋다.

31 페럿의 질병 중 예방접종으로 예방이 가능한 질병이며, 전염되면 기침, 콧물, 폐렴 등 호흡기 증상과 경련과 같은 신경계증상을 나타내는 질환은?

① 홍역   ② 부신피질기능항진증

③ 광견병   ④ 심장사상충 감염증

32 페럿을 분양받을 때 알아야 하는 사항으로 옳지 않은 것은?

① 페럿은 한국수의과학검역원에서 검역을 받고 들어와 분양된다.

② 취선이 제거되어 수입된다.

③ 홍역 예방접종의 경우 1차는 미국에서 하고 수입된다.

④ 국내에서 번식된 페럿이 수입되는 페럿보다 건강상태가 더 양호하다.

33 페럿의 부신피질기능항진증에 대한 설명으로 옳지 않은 것은?

① 주요 증상으로는 탈모, 다음, 다뇨가 있다.

② 앞다리의 힘이 약해지는 경우가 가장 흔한 증상이다.

③ 예방접종을 통해 예방할 수 없다.

④ 질병이 자주 발생하는 이유는 정확히 밝혀지지 않았다.

34 페럿의 질병 예방을 위한 설명으로 옳지 않은 것은?

① 홍역 접종: 페럿 전용 약물로 접종한다.

② 광견병: 평생 1회만 접종한다.

③ 심장사상충 예방약: 매달 예방약 적용을 권장한다.

④ 구충: 3개월마다 구충제 급여를 권장한다.

35 초식동물의 먹이인 건초에 관한 설명으로 옳지 않은 것은?

① 단백질이 풍부한 건초는 티모시이다.

② 초식동물의 주식으로 풍부한 섬유질을 지니고 있다.

③ 어린 개체에게는 알파파를, 성체에게는 티모시를 급여한다.

④ 알파파는 성체에게 장기간 급여 시 방광결석이 생길 수 있다.

36 기니피그에 대한 설명으로 옳지 않은 것은?

① 외형적으로 보았을 때 꼬리가 없는 것이 특징이다.

② 사람보다 미뢰의 수가 적어 미각이 많이 퇴화되어 있다.

③ 식용의 목적으로 길러지다가 유럽에서 반려동물로 기르기 시작하였다.

④ 사람보다 뛰어난 시각을 가지고 있다.

37 기니피그의 기본 관리에 대한 설명으로 옳지 않은 것은?

① 발바닥에 털이 없으므로 딱딱한 바닥의 환경이 사육하기에 좋다.

② 먼지가 많이 나는 베딩은 기니피그의 호흡기관에 악영향을 미친다.

③ 장모 기니피그의 경우에는 매일 빗질해준다.

④ 소리에 예민하므로 은신처가 있는 것이 좋다.

38 기니피그가 체내에서 합성하지 못하여 외부에서 공급해주어야 하는 영양소는?

① 비타민A

② 비타민B

③ 비타민C

④ 비타민D

39 기니피그의 품종 중 단모종으로 옳지 않은 것은?

① 아메리칸

② 테디

③ 페루비안

④ 볼드윈

40 토끼에 대한 설명으로 옳은 것은?

① 앞니는 평생 자라는 치아이므로 교합상태를 잘 봐준다.

② 토끼의 귀는 열 방출을 하는 역할을 하며 보정할 때 잡는 부위이다.

③ 사람보다 8배 민감한 눈을 가지고 있어 다양한 색의 구분이 가능하다.

④ 어린 개체에게는 티모시를 급여하고 성체에게는 알파파를 급여한다.

41 토끼의 앞발과 코에 노란 분비물이 묻어있을 경우 의심해볼 수 있는 질병은?

① 바이러스성 출혈병 ② 발바닥염증

③ 스너플 ④ 부정교합

42 토끼의 바이러스성 출혈병에 대한 설명으로 옳지 않은 것은?

① 법정 전염병으로 지정되어 관리되고 있다.

② 회복된 토끼의 경우 탈모나 유산을 하는 경우도 있다.

③ 예방접종으로 예방이 불가능하다.

④ 발열, 식욕감소, 황달 등의 증상을 보인다.

43 토끼의 변에 대한 설명으로 옳지 않은 것은?

① 건강한 토끼는 변은 손으로 눌렀을 때 부스러지듯 뭉개진다.

② 포도송이처럼 뭉쳐있는 변을 볼 경우, 수의사의 진료가 필요하다.

③ 식변은 토끼의 맹장에서 발효된 것이다.

④ 토끼는 하루 평균 200~300개의 변을 본다.

44 토끼의 기본관리에 대한 설명으로 옳지 않은 것은?

① 어린 개체와 성체의 먹이는 다르게 급여한다.

② 일정한 곳에 배변과 배뇨를 하는 습성이 있어 배변훈련이 가능하다.

③ 발바닥에 패드가 없으므로 딱딱하지 않은 바닥에서 사육한다.

④ 고양이처럼 스스로 그루밍을 하는 동물이므로 빗질은 하지 않아도 된다.

45 토끼의 예방접종에 관한 설명으로 옳지 않은 것은?

① 3개월령 이후에 광견병 접종을 실시한다.

② 바이러스성 출혈성 질병 백신은 3개월 미만일 경우 1개월 간격으로 총 2회 접종하고 매년 추가접종한다.

③ 구충제는 3개월에 1회 먹인다.

④ 스너플은 예방 백신은 3개월 이상일 경우 1회 접종 후 매년 추가접종한다.

46 햄스터에 대한 설명으로 옳지 않은 것은?

① 이름은 독일어의 '저장하다'에서 유래되었다.

② 여러 마리의 햄스터를 한꺼번에 키우는 것이 좋다.

③ 잡식성 동물로 다양한 먹이를 먹는다.

④ 야행성 동물이다.

47 햄스터가 자신의 새끼 또는 동료를 잡아먹는 행동을 무엇이라 부르는가?

① 카밍시그널　　　　　　　② 히싱

③ 카니발리즘　　　　　　　④ 메이팅

48 햄스터의 볼주머니 탈출증에 대한 설명으로 옳지 않은 것은?

① 외형적으로 탈출된 볼주머니가 보인다.

② 날카로운 것에 의한 상처로 탈출될 수 있다.

③ 햄스터 스스로는 꺼내지 못하고 외부에 의한 충격으로만 탈출된다.

④ 점도 있는 음식은 볼주머니에서 썩어 염증을 일으킨다.

49 햄스터의 부정교합을 예방하기 위한 방법으로 옳은 것은?

① 운동을 많이 시킨다.　　　② 씨앗을 많이 급여한다.

③ 이갈이 용품을 넣어준다.　　④ 점도가 많은 음식을 준다.

50 다음 동물 중 적용 가능한 예방접종 주사 약물이 없는 동물은?

① 기니피그　　　　　　　② 토끼

③ 페럿　　　　　　　　　④ 고양이

정답

01. ③	02. ④	03. ②	04. ①	05. ③	06. ④	07. ①	08. ②	09. ②	10. ②
11. ②	12. ③	13. ①	14. ④	15. ③	16. ④	17. ④	18. ①	19. ①	20. ③
21. ①	22. ②	23. ③	24. ②	25. ②	26. ③	27. ④	28. ①	29. ②	30. ①
31. ①	32. ④	33. ②	34. ②	35. ①	36. ②	37. ①	38. ③	39. ③	40. ①
41. ③	42. ③	43. ②	44. ④	45. ④	46. ②	47. ③	48. ③	49. ③	50. ①

반려동물행동의 이해

Companion Animal
Assisted Psychology Counselor

CHAPTER 01

동물행동학의 이해

1. 동물행동학의 정의

1) 동물행동학이란?

동물의 행동이란 무엇인가? 집에서 키우고 있는 반려견은 보호자가 외출했다 돌아올 때 현관문에 나와 꼬리를 흔들리거나, 두 발로 서서 보호자에 매달리거나 빙빙 돌기도 한다. 반려견에게서 보이는 이러한 행동을 통해 그가 보호자를 보고 반가워하며 기뻐하는 것을 알 수 있다. 또한 잠자리가 낮게 날아다니거나, 개미가 부지런히 굴의 입구를 막는 행동을 하면 곧 비가 내린다는 것이라고 한다. 동물들에게는 여러 가지 다양한 움직임을 볼 수 있는데 이러한 움직임, 즉 내적 또는 외적인 자극(stimulus)에 대한 반응(response)에 의해 나타나는 모든 움직임을 행동(行動, behavior)이라고 한다. 모든 동물이 먹이를 찾거나 포식자로부터 도망가거나 정상적인 신체 상태를 유지하려는 등 자신의 생명을 유지하기 위한 것뿐만 아니라 외부에서 온 다양한 자극을 대응할 때 나타나는 모든 움직임이나 변화도 행동에 속한다. 즉, 동물의 행동은 동물이 살아가는 하나의 생활방식이라고 볼 수 있다.

동물의 행동을 관찰하고 파악한 후 각각의 행동 특성과 의미를 규명하기 위해 학자들이 많은 노력을 하고 있다. 동물행동학(動物行動學, ethology)은 그리스어의 ethos, 즉 습성 혹은 형태라는 말과 과학(logos)에서 유래되었고 자연환경에서 볼 수 있는 동물의 행동을 과학적인 방법으로 연구하여 각각의 행동이 가지고 있는 의미를 탐구하는 학문이다. 동물행동학은 단순히 행동의 기재, 생태학적 연구에만 한정하는 것이 아니라 행동의 포괄적이고 종합적인 이해를 의미하고 있다. 다시 말하자면, 동물행동학은 생물의 본능과 습성뿐만 아니라 일반적으로 생물이 나타내는 행동과 외부환경과의 관계를 연구하는 것으로 정의할 수 있다.

동물행동학은 20세기 초반에 동물학의 한 연구 분야로서 동물의 행동, 행태, 습성 등을 관찰함으로써 동물에 관한 일반적인 지식을 넓히고자 했다. 일반 대중과 학계에 동물행동학에 대한 이해와 관심을 높이는 데 기여한 대표적인 학자인 오스트리아 동물학자 카를 폰 프리슈(Karl von Frisch), 콘라트 로렌츠(Konrad Lorenz)와 네덜란드 동물학자이자 동물행동학자 니코 틴버겐(Niko Tinbergen)을 들 수 있는데 30년대 초기에 들어서 로렌츠(K. Lorenz)와 티버겐(N. Tinbergen)은 생명과학 분야의 하나로 동물행동학을 설립하는 데 중추적인 역할을 했다. 따라서 이들은 1973년에 동물행동 연구로 노벨상을 받게 되었다.

카를 폰 프리슈(1886~1982)　　콘라트 로렌츠(1903~1989)　　니코 틴버겐(1907~1988)

20세기 초에는 틴버겐, 프리슈, 로렌츠 등과 같은 동물행동학자들은 동물의 행동을 '본능'으로 설명했고 동물의 행동을 객관적으로 관찰할 것을 주장했지만 동물의 모든 행동을 다 다룬 것은 아니었다. 한편으로 미국의 왓슨, 손다이크, 스키너와 같은 행동주의 심리학자들은 동물행동의 기초를 반사에 있다고 믿으면서 전혀 다른 측면에서 동물행동에 관한 연구를 실시하였다. 동물행동학이 여러 동물 종들의 자연스러운 행동에 관심을 가지는 학문이라면, 행동주의라 불리는 동물심리학에서는 인간이 관심의 주체가 되고 있다. 미국의 행동주의 심리학자들은 당시에 행동을 학습의 산물이며, 본능에 의한 것이 아니라고 주장했고 실험실에서 동물에 관한 학습 실험을 하면서 이를 기초로 인간의 심리를 이해하려고 했다. 유럽의 동물행동학자들은 생득적인 행동이 유전자에서 이미 프로그래밍이 되어 있으므로 학습은 필요하지 않다고 주장한 반면 미국에 있는 행동주의 심리학자들은 동물행동은 환경 내의 자극에 대한 조건부여의 결과이므로 유럽에 있는 동물행동학자들의 주장을 부인하며 학습을 더욱 중요시했다.

따라서 동물행동학과 동물심리학은 수십 년간을 서로 독립적으로 발전해왔지만 오늘날에는 다양하게 상호 영향을 미치고 있다. 이러한 상호 영향으로 동물행동학은 예전보다 학습의 영향을 더 관심을 돌리게 된 반면, 학습 실험에 거의 국한하여 연구해온 동물심리학은 동물행동학의 영향을 받아 행동의 유전적 기초에도 관심을 갖게 되었다.

2. 동물행동의 연구

1) 동물행동학에서는 무엇을 연구하는가?

동물행동학의 중심 과제는 자연적인 환경에서 방해를 받지 않은 동물의 적응과정으로써의 행동을 이해하는 데 있다. 예를 들어, 먹이를 찾는 방법, 포식자로부터 도망가는 방법, 이동 방향이나 경로의 선택, 동물 간의 의사소통 방법, 구애행동이나 공격행동, 새끼를 양육하는 방법 등이 모두 다 동물행동에서 연구하는 대상이다. 동물들에 관해 실제로 알고 싶다면, 그들이 자연 조건에서 어떻게 행동하는지, 즉 그들의 행동이 어떻게 진화되어 왔는지 알아야 한다. 그러므로 동물행동학에서는 야생 혹은 자연의 조건과 유사한 사육 환경에서 동물들을 관찰하는 것이 좋고 가장 이상적인 관찰 연구는 야생의 연구와 실험실의 연구를 서로 보완하여 이루어지는 것이다.

2) 동물행동의 연구 방법

동물의 행동을 관찰하고 연구하는 데 다양한 방법이 있다. 첫째, 자연상태에서의 관찰 방법은 동물행동을 설명하는 데 있어서 가장 이상적인 방법이다. 야생동물들이 자연에서 사는 모습을 비교적으로 정확하게 관찰하고 설명할 수 있기 때문이다. 그러나 연구하는 과정에서 많은 시간을 투자할 뿐만 아니라 비용도 많이 들어야 하는 관점에서 보았을 때 비효율적인 것으로 인식되고 있다. 둘째는 준자연 상태에서의 관찰이다. 이 연구방법은 넓은 면적의 땅을 최대한 자연상태로 조성한 후 그곳에서 다양한 동물들을 사육하며 관찰하는 방법이다. 동물행동학자인 카를 폰 프리슈나 콘라트 로렌츠도 이 방법으로 벌과 조류를 관찰하고 연구했다고 하였다. 셋째, 실험실에서의 연구방법은 한 마디로 자연과 같은 환경을 만들거나 관련된 실험 장치를 설치하여 동물들을 연구하는 것이다. 넷째, 동물을 포획한 상태에서 연구하는 것인데 주로 어류나 파충류에 많이 사용하는 연구방법이다. 그러나 이 방법은 동물에게서 얻을 수 있는 자료가 한계적이기 때문에 일반적으로 자연상태에서 보조방법으로 많이 쓰인다. 마지막으로는 제인 구달의 방법인데 이 방법은 제인 구달이라는 동물행동학자가 사용하는 방법으로 그는 침팬지를 연구할 때 멀리서 관찰하는 것이 아니라 침팬지 무리에 접근하여 함께 생활을 하며 연구하였다. 즉, 연구자가 연구 대상에 해당된 동물의 무리에 접근하여 그들의 일원이 되어 행동을 연구하는 방법을 의미한다.

연구 방법	내용
자연상태에서의 관찰	이 방법은 동물행동설명에 이상적이나 시간과 경제의 관점에서는 비효율적인 것으로 알려져 있다.
준자연 상태에서의 관찰	넓은 면적에서 최대한 자연상태를 유지하고 동물을 사육하여 관찰하는 방법이다. 로렌츠와 프리슈는 이 방법을 통해 동물을 연구하였다.
실험실에서의 연구	실험실에서 자연과 같은 환경을 만들어 놓고 관찰하고 또 관련된 실험 장치를 설치하여 연구한다.
포획상태	동물을 포획해서 연구하는 방법으로서 어류나 파충류 연구에 많이 사용된다. 그러나 이 방법을 통해 얻은 자료가 빈곤하기 때문에 자연상태에서 보조방법으로 쓰인다.
제인 구달의 방법	제인 구달이 침팬지를 연구할 때 사용한 방법으로 멀리서 관찰하는 것이 아니라 침팬지 무리에 접근해서 그들의 일원이 되어 연구를 하는 것이다.

3) 동물행동 연구의 필요성

동물들은 인간의 일상생활에 다양한 영향을 주고 있고 인간과 동물은 서로 밀접한 관계를 가지고 있다고 해도 과언이 아니다. 역사를 살펴보면 인간과 동물은 생각했던 것 이상으로 오래 전부터 공존해왔음을 알 수 있는데 예를 들어, 인간이 정착생활을 하면서 스스로 사냥이 어려워지자 개 행동의 특성을 이용하여 사냥에 도왔고, 농작물이나 사람을 해치는 동물의 수를 줄이기 위해 동물의 행동을 알아야 했으며 동물행동을 이해하고 활용함으로써 인간에게 유익한 동물로도 만들 수 있다. 예를 들어, 안내견, 구조견, 경찰견, 마약탐지견, 사람의 심리를 치료하는 동물매개치료 현장에 투입된 도우미동물 등이 있다. 또한 농경생활이 시작됨에 따라 안정적인 단백질 공급원이 필요하게 되며 가축을 사육하기 시작했다. 건강하고 질이 높은 육류를 먹기 위해 그들에게 최적의 환경에서 생활할 수 있도록 배려해주는 것이 중요하고 그렇기 때문에 가축동물들의 습성과 행동 등을 연구하고 이해하는 것이 필요하다.

　　동물행동의 연구는 자연보호의 관점에서도 아주 중요한 역할을 맡고 있다. 인간의 개발과 과학 발전으로 인해 여러 가지의 서식환경이 급속도로 파괴되고 있고 그에 수반하여 많은 동물이 멸종위기에 처해 있다. 이러한 동물들을 보호하기 위해 확실한 방법을 찾아야 하므로 그들의 생태와 행동에 대한 자세한 이해가 필요하다. 또한 동물행동의 연구는 반려동물 유기, 학대 등의 문제 해결이나 예방과 밀접한 관계가 있다. 우리나라의 반려동물을 양육하는 가구가 많아지면서 유기동물의 수도 많아지고 있는데 농림축산식품부에서 발표한 유기동물 통계 자료에 따르면 2019년도는 13만 5791마리, 2020년도는 13만 401마리라고 보고되고 있다.

　　비록 사람들이 다양한 이유로 반려동물을 유기하지만 동물의 행동에 대한 이해의 부족으로 그들을 유기하는 경우가 매우 많다. 반려동물의 종류마다 그들이 가지고 있는 습성과 행동이 다 다름에도 불구하고 사전지식 없는 상태에서 반려동물의 외모만 보고 충동적으로 입양하는 사람이 상당히 많다. 그리고 양육하는 과정에서 동물의 행동과 습성을 이해하지 못해 제대로 관리하지 못하게 되고 함께 생활하는

데 많은 어려움을 겪게 되며 결국 반려동물을 유기하는 길을 선택하게 된다. 따라서 동물행동의 연구는 사람에게 유익한 동물로 만들어 도움을 받을 수 있는 것에만 그친 것이 아니라 동물복지를 증진시켜 인간과 동물이 공존할 수 있는 방법이라고도 볼 수 있다.

3. 동물행동학 연구의 실제

1) 카를 폰 프리슈(Karl von Frisch, 1886~1982)

카를 폰 프리슈는 비엔나에서 태어났지만 생애 많은 시기를 독일에서 보냈다. 그는 매우 복잡한 꿀벌의 행동에 대해 60년 이상의 시간으로 준자연 상태에서 꿀벌을 대상으로 연구했고 그가 '꿀벌의 언어'를 규명하였다. 꿀이 있는 곳을 발견한 일벌들이 벌집에 돌아오면 일정한 모양의 춤을 추면서 꿀의 위치와 거리를 다른 일벌들에게 알려준다는 것을 발견하였다. 프리슈는 꿀벌의 행동을 좀 더 확인하기 위해 일정한 모양의 춤이 먹이와 관계가 있다는 것을 가정하여 먹이의 거리와 벌집의 거리를 변화시켰고 특정한 꿀벌들의 등에 페인트를 칠해 표시한 후 그 벌들이 꿀을 발견했을 때 어떻게 행동하는지 관찰하였다. 그 결과는 꿀벌들이 원형 춤과 8자 춤을 추어서 다른 일벌들에게 정보를 전달한다는 것을 알아냈다.

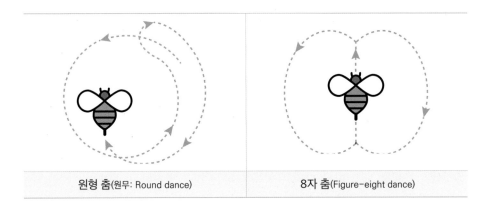

| 원형 춤(원무: Round dance) | 8자 춤(Figure-eight dance) |

먹이가 100m 이내에 있는 경우에는 원형 춤을 추고 100m 이상에 있는 경우에는 8자 춤을 춘다는 것을 알아냈고 8자 춤의 경우는 거리가 가까울수록 춤을 추는 속도가 빨라지고 거리에 따라 회전수가 달라지는 것 또한 알아냈다. 그뿐만 아니라 꿀을 찾아다니는 꿀벌들은 하늘에서 내리쬐는 자외선으로 음식의 위치를 알아내는 능력을 가지고 있다는 것을 발견하였다. 하지만 꿀벌들이 춤을 추는 것과 춤의 신호를 이해하는 것을 따로 학습하는 것이 아니라 유전적으로 계획된 고정적인 행동 양식이라고 설명하였다.

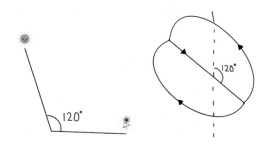

그림 3-1 카를 폰 프리슈의 '꿀벌 행동의 연구'

2) 콘라트 로렌츠(Konrad Lorenz, 1903~1989)

로렌츠 박사는 행동학의 창시자라고 자주 불렸고 다윈과 그의 시대 사이에서 동물행동의 연구를 한 사람들이 몇 명 있었지만 로렌츠의 공헌은 훨씬 폭넓은 것이었다. 로렌츠는 주로 조류의 행동을 연구하였고 그가 한 연구에 기초를 두고 동물행동의 유전을 강조하는 이론을 발전시켰다. 로렌츠는 자기가 사육하는 동물들을 사람들에게 친숙하도록 했고 그 동물들을 완전히 자유롭게 돌아다닐 수 있도록 했으며, 그 종의 자연 환경과 매우 비슷한 조건에서 살도록 했다.

그의 가장 유명한 연구 중에 하나는 갓 부화된 새끼 회색기러기가 처음으로 본 움직이는 물체를 보고 따라 다니는 행동을 하는 것을 발견하는 것이었다. 로렌츠는 거위의 둥지에서 알을 몇 개 꺼내 부화기에서 인공적으로 부화를 시켰고, 나머지 알은 그대로 거위 둥지에서 어미가 품게 했다. 거위 어미가 직접 품은 새끼들은 부화된 후에 어미를 따라 다니며 정상적인 행동을 보였으나 인공적으로 부화된 새끼들은 부화되자마자 처음 몇 시간 동안 어미가 아닌 로렌츠와 같이 있었다. 그랬더니 이들은 로렌츠를 졸졸 쫓아다녔고, 어미 혹은 어미에 의해 부화된 다른 형제들을 전혀 알아보지 못하였다. 로렌츠는 갓 부화된 회색기러기는 처음 본 움직이는 대상을 어미로 인식하고 따라 다니고 또한 이를 기억한다는 사실을 밝혀냈으며 이러한 현상을 '각인(imprinting)'이라고 불렀다.

3) 이반 파블로프(Pavlov Ivan Petrovich, 1849~1936)

러시아의 생리학자인 아반 파블로프의 조건반사의 연구는 가장 잘 알려졌고 대표적인 행동주의 심리학 실험 중 하나로 인식되고 있으며 그 후 학습에 관한 수많은 연구의 기초가 되었다. 그의 가장 유명한 실험은 개에게 음식을 제공했을 때의 타액 분비를 연구한 것이었는데 그는 개의 소화과정을 연구하던 중 개가 음식을 입에 넣기도 전에 침을 흘리는 현상을 발견했고, 처음에 개가 조교의 발자국 소리에 아무 반응이 없었다가 조교가 항상 먹이를 들고 실험실에 들어오니 시간이 어느 정도 지나 개가 조교의 발자국 소리만 들어도 침을 흘렸다는 것을 발견했다.

이 계기로 파블로프가 실험실에서 개에게 먹이를 주기 전에 종소리를 들려주었고 그것을 일정 시간에 반복했더니 나중에 개가 종소리만 들어도 침을 분비하는 현상이 나타났다. 이 실험에서는 먹이와 종소리의 두 자극을 연합해서 조건화가 되었고, 그 이후 개는 종소리만 듣고도 침을 분비하였다. 이러한 과정을 통해 개는 학습된 자극에 의해 학습된 반응을 나타낸 것이라고 파블로프가 설명하였고 이 학습과정을 '고전적 조건형성(classical conditioning)'이라고 정의하였다.

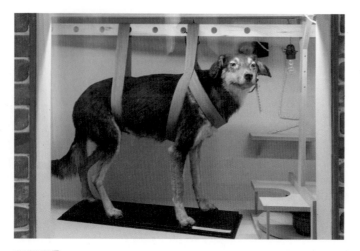

그림 3-2 **개의 침 분비 실험**

4) 스키너 (B. F. Skinner, 1904~1990)

미국의 행동주의 심리학자인 스키너는 영향력이 있는 행동주의학자 중의 한 사람이다. 그는 쥐를 이용한 학습실험(스키너 상자)을 통해 인간이나 동물의 행동이 자극-반응-결과의 관계에 있고 보상에 의한 학습의 원리를 탄생시켰다.

스키너는 지렛대를 누르면 먹이가 한 조각씩 나오거나 살짝 전기충격이 나오도록 만들어진 실험상자 안에 배고픈 쥐를 넣고 쥐의 행동을 관찰해보았는데 쥐가 상자 안에 배회하다 우연히 지렛대를 누르자 먹이 한 조각이 나왔고 또 배회하다 우연히 다른 지렛대를 누르면 전기충격이 나왔다. 이러한 상황이 반복되면서 쥐는 지렛대를 누르면 먹이가 나오거나 전기충격이 나온 것을 학습하게 되었고 배가 고플 때 간식이 떨어지는 지렛대를 누르는 행동을 보였고 전기충격이 나오는 지렛대를 잘 누르지 않았다. 이처럼 행동은 그 결과에 따라 증가 또는 감소하게 되는데 보상이 따르는 행동은 증가하고 처벌이 따르는 행동은 감소한다는 것이 바로 '조작적 조건형성(operant conditioning)'의 원리다. 스키너는 다양한 연구들을 실험실 동물들을 대상으로 하였고 이러한 연구에서 생기는 원리는 일반적으로 응용할 수가 있어 인간의 행동마저도 이 원리로 이해된다고 믿었고 그 의미를 확대하고자 하였다.

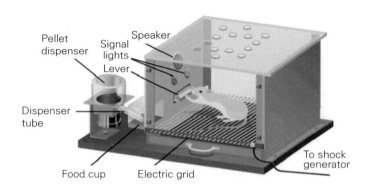

그림 3-3 '스키너 상자' 조작적 조건형성 실험

5) 템플 그랜딘(Temple Grandin, 1947~)

현재 미국 콜로라도주립대학교에서 교수를 하고 있는 동물학자 템플 그랜딘은 어린 시절부터 자폐증 진단을 받았고 일반적인 학교생활을 하기 힘들만큼 사회성이 결여되어 있었다. 그렇기 때문에 사람들과 소통하지 못했고 동물들에게 더 많은 관심을 가지게 되었다. 타고난 시각과 지각 능력, 기억력 등 그는 특별한 재능으로 대학에 진학해 동물학으로 박사학위를 받게 되었고, 동물행동학 연구를 통해 그 당시로서는 획기적이었던 가축시설을 개발해냈다.

템플 그랜딘은 1990년대 미국 축산업계에 동물복지와 식품안전성 개선을 요구했고 동물복지가 향상된 환경에서 자란 가축들이 질병에 강하고 더 나은 식품을 제공한다는 점을 강조했다. 동물복지라는 단어조차 없었던 당시에 그는 무자비한 가축시

설에서 고통과 학대를 받은 동물들을 바라보고 동물행동을 연구하고 동물을 배려하며 생명의 존엄성을 위할 수 있는 시설들을 개발하려고 노력하였다. 현재 미국과 캐나다, 뉴질랜드 등 거의 70%의 농장에서 그랜딘이 설계한 시설을 사용하고 있다.

그림 3-4 **탬플 그랜딘이 설계한 가축 이동 시설**

4. 동물행동의 분류

1) 개체유지 행동과 사회적 행동

동물의 행동은 크게 개체유지 행동과 사회적 행동으로 구분할 수 있다. 개체유지 행동은 말 그대로 각각의 동물이 스스로의 생존을 위해서 하는 행동을 말한다. 즉, 섭식행동, 배설행동, 몸단장행동, 휴식행동, 포식자로부터 도망가는 행동 등이 개체유지 행동에 포함된다. 반면 사회적 행동은 자신 이외에 다른 동물과 상호영향을 주고받으면서 하는 행동을 말한다. 이성으로부터 사랑을 얻기 위한 과시, 다른 동물에 대한 공격, 새끼를 돌보는 행동, 여러 개체들이 무리를 이루어 생활하는 행동, 자신의 세력권을 다른 개체로부터 지키기 위한 방어 행동 등이 사회적 행동에 속한다.

표 3-1 개체유지 행동과 사회적 행동

개체유지 행동	사회적 행동
섭식행동	과시 및 짝짓기
배설행동	무리형성
몸단장행동	공격
휴식 또는 잠자는 행동	세력권 방어
몸을 지키는 행동	새끼 양육
탐색행동	놀이와 투쟁

또한 동물의 행동을 쉽게 이해하기 위해 아래와 같이 선천적 행동, 학습행동, 조정행동, 공격행동, 이상행동 등으로 구분하여 설명하였다.

2) 선천적 행동(innate behavior)

동물이 태어나면서부터 하는 행동, 즉 신생아들이 배고플 때나 아플 때 또는 불편할 때 울음으로써 부모나 주변 사람들에게 알려주는 것처럼 누구에게 배우는 것이 아니라 태어나면서부터 행하는 행동이 바로 선천적 행동이라고 한다. 예를 들어, 포유류 새끼들은 태어난 후 본능적으로 어미의 젖을 찾아 빨아먹으려고 하고 또는 널리 알려져 있는 뻐꾸기는 자신이 만든 둥지가 아니라 다른 새의 둥지에 몰래 알을 낳고 새끼 뻐꾸기가 부화되자마자 눈도 뜨지 못한 채 누가 시키지도 않았는데 의붓어미가 둥지에 낳아 놓은 알을 둥지 밖으로 밀어 떨어뜨린다. 경쟁자가 될 수 있는 의붓어미의 알들을 모두 제거함으로써 자신의 생존율을 극대화하는 것인데 이러한 행동은 의붓어미의 알이나 새끼들과 직접적으로 먹이나 공간을 차지하기 위한 경쟁이나 필요에 의한 것이 아닌 선천적인 행동이라고 학자들이 설명하였다.

3) 학습행동(learned behavior)

학습행동이란 어미 혹은 다른 형제자매로부터 살아가는 과정에서 필요한 기술, 즉 처신 방법, 먹이 찾는 방법 등을 배워서 하는 행동을 말한다. 일란성 쌍둥이를 예로 들자면, 태어날 때 똑같은 유전자를 가지고 있어도 환경과 학습의 차이가 있을 수 있기 때문에 성장하는 과정에서 성격이나 개성이 차이가 날 수 있다.

모든 동물들은 태어날 때부터 죽을 때까지 주변 환경에서 많은 영향을 받으면서 생활하고 같은 종의 동물이라 할지라도 살고 있는 서식지의 환경 특성이 다를 수 있으므로 각각의 동물들은 자신에게 주어진 주변 환경에 맞추어 생활하는 것이 바람직하다. 이러한 환경이나 상황에 적합한 행동을 어미나 동료들로부터 배우는 것은 살아가는 데 있어서 매우 중요한 과정이다. 우리가 지금 키우고 있는 반려동물들도 마찬가지로 사람과 함께 공존하기 위해 야생에서 사는 방식이 아닌 사람과 함께 살아가는 방식으로 끊임없이 다양한 행동을 학습해나간다. 예를 들어, 배변패드에서 변을 보는 것, 이동장에 들어가 이동하는 것, 앉아나 엎드려와 같은 명령어를 따르는 것 등이 다 학습행동이라고 볼 수 있다.

4) 조정행동(modified behavior)

동물들을 둘러싸고 있는 주변 환경은 언제나 똑같은 것이 아니라 시기별로, 자연재해나 인위적인 환경 파괴 등의 원인으로 변화가 된다. 이러한 원인 때문에 먹이,

잠자리, 물, 피난처, 경쟁자, 포식자 등 동물이 살아가는 데 영향을 주는 많은 요인들이 변화하게 된다. 따라서 동물들은 살아남기 위해 변화된 주변 환경에 적응해야 하는데 주변 환경에 적응해서 행동을 조절하는 것을 조정행동이라고 한다. 반려견이나 반려묘에게서도 이러한 조정행동을 볼 수 있는데 그들이 계절이 바뀌는 환절기에 털갈이하여 온도에 적응하고, 어떤 동물이나 곤충은 주변의 환경에 따라 자신의 몸 색을 변화시켜 적으로부터 자신을 보호한다.

5) 공격행동(aggressive behavior)

먹잇감을 사냥할 때, 경쟁자로부터 먹이를 뺏거나 지킬 때, 마음에 드는 암컷을 차지하려고 할 때, 공포감을 느낄 때 등에 공격행동이 나타날 수 있다. 동물에게 공격이란 살아남거나 후손을 남기기 위해 매우 중요한 행동이고, 이러한 공격행동은 사회성이 발달한 동물에게서 유독 더 많이 볼 수 있다. 무리를 이루어 생활하는 사회적 동물의 경우, 무리 내에서 서열이나 순위를 결정하기 위해 공격행동을 보이고 짝짓기시기에 수컷이 암컷을 차지하기 위해서도 공격행동을 보인다. 육식동물들이 먹잇감을 사냥할 때에도 매우 적극적인 공격행동을 보이는데, 이러한 예는 맹수들이 사냥을 하는 과정에서 쉽게 발견할 수 있다. 그 밖에 배가 고프거나 피로할 때, 새끼들을 돌보거나 먹이를 먹고 있는 동안 방해를 받을 때도 공격행동을 보인다.

6) 이상행동(abnormal behavior)

동물이 본래 가지고 있는 행동양식을 벗어나는 경우, 즉 동물들이 정상적인 범위를 넘어선 행동을 보이는 경우를 이상행동이라고 한다. 이상행동은 다양한 원인들이 복합적으로 작용해서 나타나는데 특히 동물원에서 사육되고 있는 동물이나 경제적인 이용의 목적으로 사육되고 있는 산업동물에게 많이 발생하고 있는 것으로 알려져 있다.

　　특히 동물원에서 사육하고 있는 동물들의 이상행동으로 인해 사육사들이 어려움을 겪기도 하는데 이들이 보이는 갑작스러운 공격적 성향, 다른 개체들과의 관계 악화, 번식률 감소 등은 스트레스가 원인으로 나타나는 이상행동이라고 많은 학자들이 주장하고 있다. 이상행동은 일반적으로 탈모나 몸의 한 부위를 계속 핥는 것이 있고 한 곳에 빙빙 돌거나 양쪽 왔다갔다 하는 단조롭고 규칙적이지만 매우 무의미한 행동을 반복적으로 하는 것이다. (예: 정형행동)

5. 동물의 의사소통

1) 시각에 의한 의사소통

　　시각에 의한 의사소통에 대해 알아보면 주간 활동형 동물이 야간 활동형 동물보다 시각의 의존도가 높다고 볼 수 있고 동물들은 소리를 내지 않고 몸의 색이나 행동을 통해 의사소통을 하기도 한다. 예를 들어, 화려한 색깔이나 다양한 행동으로 짝을 유혹하기 위한 구애 행동이 있고 적이 오고 있다는 것을 알리는 경고 행동이 있으며, 말이 위협적인 행동을 보았을 때 귀를 뒤로 빼는 자세를 보이는 것 등은 모두 시각적인 의사소통에 속한다. 시각에 의한 의사소통은 다른 방법보다 더 정확하고 빠르며 형태, 움직임, 색깔 등 다양한 정보를 전달할 수 있지만 나무가 빽빽한 숲이나 어두운 밤, 동굴, 바다 속에서는 효과가 떨어진다.

2) 후각에 의한 의사소통

후각에 의한 의사소통은 화학적 신호를 통한 의사소통 방법이고 후각과 냄새 묻히기는 동물의 중요한 의사 전달 수단이다. 동물의 분비물, 페로몬 등이 같은 종의 동물의 후각을 자극하는데 이러한 냄새는 상당기간 지속될 수 있다. 또한 냄새는 멀리 퍼지기 때문에 어두운 곳에서는 의사소통을 하지 못하는 시각을 통한 의사소통의 단점까지도 해결할 수 있고 냄새는 상대가 암컷인지 아닌지, 서열이 높은지 낮은지, 지금 건강 상태가 어떤지 등 여러 가지 정보를 모두 전달할 수 있다.

개, 늑대, 사슴 등과 같은 동물들은 소변으로 자신이나 무리의 영역을 표시하고 코뿔소의 경우는 발에 배설물을 묻혀 동료들이 땅에 밴 냄새를 맡고 무리를 따라올 수 있게 한다. 누에나방 암컷은 페로몬을 분비하여 멀리 떨어져 있는 수컷에게 자신의 위치를 알려주고, 우리가 흔히 알고 있는 개미도 페로몬을 이용해 먹이의 위치를 동료 개미들에게 알려준다.

3) 청각에 의한 의사소통

많은 동물은 소리로 의사소통을 함으로써 자신의 텃세권을 표시하고 짝을 찾거나 경쟁자들에게 경고를 보내며 새끼와 어미가 서로를 알아보기 위해 소리를 이용한다. 또한 힘이 약한 동물은 먹이를 먹거나 휴식을 취할 때 망을 보는 파수꾼이 있는데 포식자가 나타났을 때 파수꾼이 경계하라는 뜻의 울음소리를 내면 나머지 무리들은 재빨리 안전한 곳으로 숨는다. 청각에 의한 의사소통은 나무가 빽빽한 숲이나 멀리 떨어진 곳, 어둠 속에서도 소리를 전할 수 있지만 소리가 오래 지속되지 못하여 계속해서 소리를 내야 한다.

청각에 의한 의사소통을 하는 대표적인 동물이 바로 새다. 번식기가 되면 텃세권을 정하고 그 주위를 돌아다니며 울음소리를 내고, 수컷들이 소리를 내어 암컷을 향해 구애하며 다른 경쟁자에게 자신의 영역을 표현한다. 또한 소리는 무리를 지어 사는 동물들에게 가장 좋은 의사소통 수단이다. 집단 사냥을 하는 늑대나 점박이 하이에나는 소리로 먹이의 위치나 공격의 시작 등을 알리는 다양한 정보를 주고받고, 그들의 울음소리는 무리 속 동료들이 흩어지는 것을 막아 주고 서로 단단하게 뭉치게 하기도 하며 전략을 세워 먹잇감을 잡기도 한다.

CHAPTER 02

행동풍부화에 대한 이해

1. 동물의 다섯 가지 자유(Five Freedoms for Animal)

동물복지에 관해 가장 높은 수준의 원칙을 정한 곳인 유럽연합(EU)은 동물에게 다섯 가지 자유를 보장하는 것을 동물복지의 기본조건으로 정의하였고 현재 동물의 복지를 평가하는 데 가장 널리 쓰이고 있는 기준이다.

1) 먹이섭취의 자유

동물은 신선한 물과 음식을 쉽게 섭취할 수 있도록 제공해줌으로써 목마름, 배고픔, 영양실조에서부터 자유로워야 한다.

2) 불편함으로부터의 자유

동물은 적합한 피난처나 안락한 쉼터를 제공함으로써 불편함에서부터 자유로워야 한다.

3) 건강의 자유

동물은 예방과 진단을 통해 빠른 치료를 함으로써 통증이나 부상, 질병에서부터 자유로워야 한다.

4) 정상적인 행동 표출의 자유

동물은 충분한 공간과 적절한 시설과 동종의 친구를 어울릴 수 있게 함으로써 정상적인 행동을 표출할 수 있게 해야 한다.

5) 불안과 두려움으로부터의 자유

동물은 육체적, 정신적 고통을 피할 수 있는 환경을 제공함으로써 불안과 두려움에서부터 자유로워야 한다.

표 3-2 **동물의 다섯 가지 자유**

먹이섭취의 자유	동물은 신선한 물과 음식을 쉽게 섭취할 수 있도록 제공해줌으로써 목마름, 배고픔, 영양실조에서부터 자유로워야 한다.
불편함으로부터의 자유	동물은 적합한 피난처나 안락한 쉼터를 제공함으로써 불편함에서부터 자유로워야 한다.
건강의 자유	동물은 예방과 진단을 통해 빠른 치료를 함으로써 통증이나 부상, 질병에서부터 자유로워야 한다.
정상적인 행동 표출의 자유	동물은 충분한 공간과 적절한 시설과 동종의 친구를 어울릴 수 있게 함으로써 정상적인 행동을 표출할 수 있게 해야 한다.
불안과 두려움으로부터의 자유	동물은 육체적, 정신적 고통을 피할 수 있는 환경을 제공함으로써 불안과 두려움에서부터 자유로워야 한다.

2. 행동풍부화의 이해

1) 행동풍부화의 정의와 중요성

사전적인 의미로 '풍부는 넉넉하다, 다양하다, 많다'라는 뜻을 가지고 있다. 풍부화는 '행동풍부화'와 '환경풍부화'로 나뉘어 있지만 우리나라에서는 모든 것을 포괄해서 행동풍부화로 말하는데 제한된 공간과 부족한 자극으로 발생하는 동물의 무기력한 증상 및 비정상적인 행동을 감소시키고 건강한 정신 상태에서 정상적인 행동을 유도하는 것이 중요하다. 따라서 행동풍부화란 사육된 동물들의 문제행동들을 감소시키기 위해 개발된 프로그램이고 자연과 유사한 환경을 제공해줌으로써 동물들이 자연스럽게 본능적인 행동을 이끌어내는 것을 말한다.

야생동물은 자연에서 대부분의 시간과 에너지를 먹이 찾기, 영역 지키기, 포식자로부터 도망 다니기, 집짓기에 에너지를 소모하는 등 본능 그대로의 행동을 할 수 있지만 집에서 길러지는 반려동물의 경우는 정해진 시간에 먹이를 공급받게 되거나 안전적인 공간에서 생활하기 때문에 야생동물과 달리 먹이를 찾거나 포식자로부터 도망 다니는 등의 행동을 할 필요가 없어진다. 즉, 집에서 지내는 반려동물들은 경험할 수 있는 것들이 상대적으로 제한되어 있고 다양하지 못하기 때문에 그들에게 다양한 행동풍부화를 제공해주지 않으면 많은 스트레스가 쌓일 수 있고 이로 인해 많은 문제행동들도 생길 수 있다. 따라서 행동풍부화는 반려동물에게 매우 중요하고 필수적인 요소이다.

2) 풍부화의 다섯 가지의 요소

(1) 먹이 풍부화

자연에서 생활하는 동물들은 먹이를 찾아다니는데 많은 시간과 에너지를 소모하지만 집에서 길러지는 반려동물들은 정해진 시간에 그릇에 담겨 나오는 먹이나 간식을 먹기 때문에 무료함을 느낄 수 있다. 따라서 급여하는 사료의 종류 혹은 급여하는 방식을 달리하거나 사료의 형태나 질감 등에 변화를 주는 방법이 있고 반려동물들이 스스로 노력을 통해 먹이를 얻을 수 있게 하는 것도 좋은 방법이다. 예를 들어, 간식이나 사료를 숨겨 놓고 반려동물이 스스로 찾아 먹을 수 있게 하거나 쓰지 않는 양말이나 장난감에 간식을 넣어 그것을 뜯어 먹는 과정에서 많은 즐거움을 얻을 수 있어서 스트레스 해소에 도움이 될 수 있다.

(2) 감각자극 풍부화

다양한 감각기관을 자극해줄 수 있는 매개물이나 환경을 제공하는 것을 말한다. 예를 들어, 냄새를 이용한 후각자극, 다른 동물의 소리나 자연에서의 소음을 이용한 청각자극, 다양한 색의 매개물을 이용하는 시각자극, 질감과 맛이 다양한 음식을 제공하는 미각자극이 있다. 감각 자극의 경험이 많을수록 낯선 자극에 노출되어 있을 때 스트레스를 덜 받는다. 즉, 어렸을 때부터 다양한 자극에 노출을 시켜주면 낯선 자극에 덜 놀래고 스트레스에 강하며 적응을 잘 한다.

(3) 환경 풍부화

환경 풍부화는 생활하는 공간의 환경적인 요소에 변화를 주어 다양한 행동 양상을 유도하는 것을 말한다. 동물원의 경우는 사육장에 다양한 요소를 추가하여 동물이 원래 있던 자연 환경과 최대한 비슷하게 만들어 동물이 여러 활동을 할 수 있도록 하고, 반려동물의 경우는

집에 있는 가구나 방석의 위치를 재배치하는 등 생활영역을 다시 탐색하고 생각할 수 있도록 한다. 반려동물들이 사람과 함께 생활하면서 주변 생활환경의 변화를 계속 접할 수 있게 되어 이러한 환경 풍부화를 제공해주면 환경 변화에 대해 스트레스를 덜 받을 수 있고 자신감 향상에도 도움이 될 수 있다.

(4) 사회그룹 풍부화

사회그룹 풍부화란 다른 개체를 만나서 각 개체의 사회행동을 유도하고 사회성을 기르는 것을 말한다. 그러나 사회그룹 풍부화를 제공해주려고 무작정 여러 동물들을 합사시키려고 하거나 자신의 반려견을 애견카페나 애견놀이터에 데려가는 것이 매우 무모한 일이다. 여러 반려동물들을 한 집에 합사시키기 전에 그들에 대한 충분한 이해가 필요하고 다른 종과 평화롭게 지닐 수 있는지, 원래 키우고 있는 반려동물의 성향과 잘 맞는지, 그들 간의 갈등관계나 배타적인 습성을 갖고 있지 않은지 등등 여러 가지 문제들을 고려해야 한다. 또한 애견카페나 애견 놀이터에 데려가기 전에 나의 반려견의 성격과 몸집에 대해 생각해 볼 필요가 있다. 만일 나의 반려견의 성격이 매우 소극적이거나 겁이 많거나 예민한 경우 친구를 만들어주기 위해 반려견이 매우 많은 애견카페나 애견놀이터에 데려가면 오히려 역효과를 가져올 수 있다. 따라서 내가 키우고 있는 반려동물의 다양한 측면을 고려하여 그에게 가장 맞는 사회그룹 풍부화를 제공해주는 것이 중요하다.

(5) 놀이 풍부화

다양한 매개물을 통해 동물들이 스스로 생각하고 판단할 수 있는 자극을 제공해주는 것을 말한다. 즉, 제한된 공간에 동물들이 무료하지 않도록 다양한 인지 풍부화라고 불리는 놀이 풍부화를 제공해주는 것이다. 놀이 풍부화를 위한 준비는 매우 간단하다. 일상생활 주변에서 흔히 구할 수 있는 빈 상자나 휴지심 또는 페트병 등을 이용하여 반려동물이 좋아하는 간식이나 사료를 숨겨 넣어 스스로 생각하여 간식을 찾아먹도록 하는 것이다. 이러한 놀이 풍부화는 반려동물들의 본능적인 욕구를 해소시킴으로써 스트레스를 완화할 수 있고 충분한 에너지 소진으로 외부자극에 민감하지 않게 할 수 있으며 자신감이나 성취감을 상승시킬 수 있다.

CHAPTER 03

반려동물의 학습원리

1. 반려동물 학습원리의 분류

우리나라에서는 반려동물을 키우는 가구의 수가 매해 증가되고 있고 이것은 반려동물에 대한 관심도가 높아지고 있다는 것을 의미한다. 그러나 반려동물에 대한 교육이 제대로 이루어지지 못해 다양한 문제행동이 나타나면서 보호자와 반려동물 간의 부정적인 상호작용만 생길 뿐만 아니라 타인에게 피해를 입히는 일도 종종 발생되고 있다. 이러한 문제들로 인해 결국 동물학대, 파양, 유기, 물림사건 등과 같은 사회적인 문제까지 초래하게 된다. 따라서 문제를 예방하는 차원에서 올바른 교육이 보호자와 반려동물에게 매우 중요한 과제이고 이러한 교육이 잘 이루어지려면 반려동물을 교육시킬 때 알고 있어야 할 학습원리를 이해하는 것이 필수적이다.

반려동물 학습원리의 분류는 크게 네 가지의 영역으로 살펴볼 수 있는데 우선 반려동물에게 교육을 시킬 때 그들의 종류, 품종, 습성, 능력, 교육의 필요성 등을 고려하여 학습에 맞는 맞춤형 목표와 계획을 수립하고 교육을 실행하는 것이 적절하다. 즉, 반려동물을 개별화시켜 교육 목표와 계획을 세우고 실행하는 것이 더욱 효과적이다. 둘째는, 반려동물이 학습과정에 자발적이고 능동적으로 참여할 수 있도록 하는 것이다. 학습시간이 되었을 때 지루한 시간이 아닌 즐거운 시간을 보호자와 함께 보낸다는 인식을 심어준다면 자발적이고 능동적으로 학습에 참여하게 되고 이로 인해 학습의 효과가 극대화될 수 있으며 보호자와의 긍정적인 상호작용을 통한 교감도 함께 경험할 수 있을 것이다. 셋째는 반려동물에게 학습에 대한 동기를 부여하는 것이다. 학습하는 과정에서 긍정적인 강화물이나 보상을 활용함으로써 반려동물의 집중력을 유지시킬 수 있고 교육 효과를 극대화 할 수 있으며 학습에 대한 동기를 강화시킬 수 있다. 마지막으로는 반려동물의 사회화이다. 일부의 보호자들은 반려동물 특히 반려견에게 사회화의 중요성을 잘 인지하지 못하고 그것을 놓치는 경우가 있고, 또는 사회화의 중요성을 인지하고 있지만 잘못된 방법으로 교육을 하여 오히려 역효과를 초래하는 경우도 있다. 사회화는 무리생활의 특성을 가진 반려동물에게는 더욱 중요한데 사회성이 부족하면 스트레스를 쉽게 받을 수 있다. 이러한 스트레스로 인해 분리불안, 공격성 행동, 질병 등과 같은 문제들이 발생될 수 있으므로 반려동물 학습에 있어서 기본적인 사회적 경험을 반려동물에게 제공할 필요가 있다.

행동주의적 심리학자들은 유기체가 새로운 행동을 학습하게 되는 원리와 과정에 많은 관심을 가졌고 그것을 알아내기 위해 수많은 실험적인 연구를 진행하였다. 이러한 실험적 연구를 통해 다양한 학습원리를 제시하였고, 여기에서는 새로운 행동이 학습되는 주요한 원리인 고전적 조건형성과 조작적 조건형성을 살펴보기로 한다.

2. 파블로프의 고전적 조건화

'고전적 조건화'는 러시아의 생리학자인 Ivan Pavlov에 의해 만들어진 이론이다. 개를 이용한 파블로프의 생리학 실험 과정에서 침 분비는 먹이가 개의 입 속에 들어갈 때마다 자동적으로 일어나는 반사적인 반응임을 발견하였다. 개가 이런 실험을 여러 번 경험하였더니 나중에 먹이가 없어도 실험자나 조교의 발자국 소리나 먹이 그릇만을 접했을 때도 침을 흘리는 현상을 관찰하였고, 그는 이러한 현상을 체계적으로 연구하기 시작하였다.

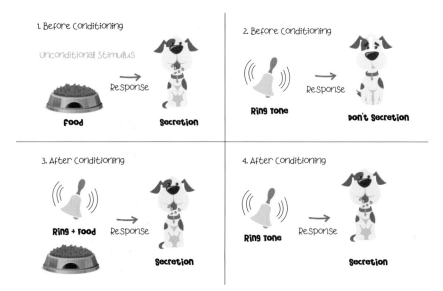

파블로프는 개의 실험에서 종소리와 같은 중립자극은 처음에는 개의 타액분비 반응을 유발하지 못했지만 종소리를 들려주고 음식을 주는 행위를 일정 시간 동안 반복하여 실행하였더니 나중에 개에게 음식을 제공하지 않고 종소리만 들려주어도 타액분비를 하게 되었다. 이 실험 과정에서 무조건 자극(음식)과 조건 자극(종소리)이 조건화하여 나중에는 조건 자극만으로도 유기체의 반응을 유발하는 현상이고 이것을 '고전적 조건형성(classical conditioning)'이라고 하는데 조건형성이라는 말이 어렵다면 습관화, 학습화라고 쉽게 생각하면 된다.

반려동물에게 어떠한 행동이나 반응을 학습화시킬 때 시간, 강도, 일관성 그리

고 계속성의 원칙을 지켜야 한다. '파블로프의 개'의 실험으로 예를 들자면, 종소리
는 먹이에 시간상 조금 앞서서 혹은 동시에 주어져야 하고 먹이의 자극강도는 종소
리의 이상이어야 한다. 그리고 종소리는 일관되게 주어져야 하며 자극과 반응의 결
합은 계속적으로 반복되어야 조건화가 잘 형성될 수 있다. 다시 말하면, 반려동물을
교육시킬 때 조건자극은 무조건자극이 제공됨과 동시에 조건이 이루어져야 하고,
무조건자극의 강도가 강할수록 조건형성이 보다 쉽게 이루어질 수 있으며 보호자가
반려동물에게 일관적인 조건자극을 제공해주어야 하고 마지막으로 반려동물이 조
건자극에 대한 반응이 생길 때까지 조건화가 반복해서 시켜야 한다.

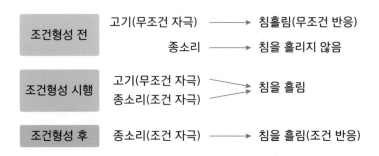

1) 고전적 조건화의 현상

(1) 자극일반화

조건반응을 성립시킨 원래의 조건자극과 유사한 자극이 주어졌을 때 조건화된
반응이 계속 일어나는 현상을 말한다. 즉, 종소리에 침을 흘리도록 학습된 개에게
종소리와 비슷한 소리를 들려주어도 침을 흘린다는 말이다. 두 자극이 유사할수록
일반화의 정도가 크다는 자극 일반화 법칙이 수립되었다. 자극 일반화 현상은 행동
치료에서 인간의 불합리한 행동의 원인을 찾아 그를 치료하는 데 이용되기도 한다.

(2) 자극변별

자극 일반화를 막기 위해 동물로 하여금 두 개의 자극을 변별하도록 조건형성을 하는 것이다. 어떤 특정한 소리를 들려줄 때만 보상을 주고 그렇지 않을 때는 보상을 주지 않으면 동물이 그 특정한 소리를 들을 때만 반응을 하게 된다.

(3) 자발적 회복

얼마간의 휴식기를 가진 후, 조건형성에 사용되었던 조건자극을 제시하면 다시 조건반응이 나타나게 되는 현상을 말한다. 즉, 일정 기간 동안 간식과 종소리 훈련을 제시하지 않다가 다시 제시하면 조건 반응이 갑자기 재출현하게 되는 것이다.

(4) 고차적 조건형성

고전적 조건화가 일어난 다음 두 번째 조건자극을 첫 번째 조건자극과 결합시킨다. 이와 같이 몇 차례 반복하면 두 번째 조건자극도 역시 조건반응을 유발할 수 있는데 이것을 2차적 조건화라고 부른다. 예를 들어, 종소리와 클리커 소리를 짝지어 반복적으로 제시하면 나중에 클리커 소리에도 침을 흘린다. 이와 같은 방법으로 세 번째 조건자극을 두 번째 조건자극과 결합시켜서 나중에 세 번째 조건자극도 조건반응을 유발할 수 있게 하는 과정을 고차적 조건형성이라고 부른다.

3. 스키너의 조작적 조건화

스키너는 동물은 환경이 보내오는 자극에 단순히 반응만 하는 존재가 아니라 환경에 대해 자발적이고 능동적으로 행동하는 것이 가능하다고 했다. 앞에 제1절 동물행동학 연구의 실제에서 언급했듯이 스키너가 '스키너 상자'의 실험을 통해 동물이 행동에 보상이 따르면 그 행동이 더 강해지고 보상이 없거나 처벌이 뒤따르면 그 행동은 약해지거나 없어진다는 것을 알 수 있었는데 이것이 조작적 조건형성(operant conditioning)의 원리이다.

1) 강화와 처벌

스키너는 동물 자신에게 이득을 준 반응은 더 열심히, 그렇지 못한 반응은 잘 안 한다며 이런 효과를 강화(reinforcement)와 처벌(punishment) 두 가지로 구분해서 설명하였다. 여기서 강화란 행동을 증가시키는 것을 말하고 처벌은 행동을 감소시키는 것을 말한다. 그리고 강화와 처벌은 각각 두 가지로 나뉘는데 강화에는 정적 강화(positive reinforcement)와 부적 강화(negative reinforcement)가 있고 처벌에는 정적 처벌(positive punishment)과 부적 처벌(negative punishment)이 있다. 정적은 '제공한다'라는 의미이고 부적은 '제거한다'라는 의미이다.

(1) 정적강화와 부적강화

정적강화는 반려동물이 좋아하는 자극 또는 강화물을 제공함으로써 올바른 행동의 빈도수를 증가시키는 것을 말하고 부적강화는 반려동물이 싫어하는 자극 또는 강화물을 제거함으로써 올바른 행동의 빈도수를 증가시키는 것을 말한다. 즉, 강화의 원리는 긍정자극을 제공하거나 혐오자극을 제거할 때 반응(행동)의 빈도가 증가하는 것을 말한다. 예를 들어, 반려동물이 정해진 장소에서 배변을 할 때마다 강화물이나 보상을 제공함으로써 보호자가 원하는 장소에서 계속 배변하도록 하는 것이 정적강화에 해당되고, 이동장에 갇혀 있는 반려동물이 얌전해지면 다시 밖으로 나올 수 있게 하는 것이 부적강화에 해당된다.

(2) 정적처벌과 부적처벌

강화처럼 처벌에도 정적처벌과 부적처벌이 있다. 정적처벌은 반려동물이 싫어하는 혐오자극이나 강화물을 제공함으로써 올바르지 않은 행동의 빈도수를 감소시키는 것을 말하고 부적처벌은 반려동물이 좋아하는 자극이나 강화물을 제거함으로써 올바르지 않은 행동의 빈도수를 감소시키는 것을 말한다. 즉, 처벌의 원리는 혐오자극을 제공하거나 긍정자극을 제거할 때 반응(행동)의 빈도가 감소하는 것을 의미한다. 예를 들어, 반려동물이 짖을 때마다 신문지로 때리거나 소리를 질러 짖는 것을 감소시키는 것이 정적처벌에 해당되고, 떼를 쓰는 반려동물에게 관심을 주지 않고 무시함으로써 떼를 쓰는 행동을 감소시키는 것이 부적처벌에 해당된다.

표 3-3 강화와 처벌

	강화(행동의 증가)	처벌(행동의 감소)
정적 (+)	정적 강화	정적 처벌
부적 (−)	부적 강화	부적 처벌

2) 소거

스키너의 학습이론에서 또 하나 중요한 개념이 소거(extinction)이다. 소거는 더 이상 강화를 주지 않으면 그 학습된 행동이나 반응들이 약화되거나 없어지는 것을 말한다. 따라서 동물의 바람직하지 못한 행동을 없애고 싶을 때는 그 행동을 강화시켜 주고 있던 요인 또는 자극을 찾아서 소거시키면 된다. 하지만 소거의 초기 단계에는 그 행동이 급격히 더 증가하는 '소거 격발'이라는 부작용이 일어나기 때문에 문제가 해결되기는커녕 훨씬 더 악화되었다는 인상을 준다. 이때의 주인은 흔들리면 안 되고 소거 격발 단계를 지나면 문제 행동은 빠른 속도로 사라진다.

3) 간헐적 강화

스키너는 강화를 어떻게 주는 것이 학습에 효과적인지를 놓고 많은 연구가 이어졌는데 처음에는 그 행동을 할 때마다 강화를 해 주어야 학습이 되지만 일단 학습이 되고 나면 간헐적으로 강화를 주는 것이 그 행동을 유지시키는 데 훨씬 효과적이라는 것이 밝혀졌다.

4) 행동형성 기법

행동형성이란 현재 동물이 할 줄 모르는 새로운 행동을 학습시키는 방법으로 원하는 목표 행동을 해내기까지 그 행동에 근접해 가는 행동들을 여러 단계로 쪼개어 차츰차츰 완성시켜 나가는 방법을 말한다. 애초에 나타나지도 않은 행동은 강화도 처벌도 할 수 없어서 반려동물이 내가 원하는 행동을 할 때까지 무작정 기다릴 수도 있지만 이 행동형성 기법을 사용하면 기다리는 시간을 단축시킬 수 있다.

표 3-4 **행동형성 예시 - 이동장 훈련**

1단계 – 이동장에 대한 관심만 보여도 보상을 줌	2단계 – 이동장에 다가가면 보상을 줌

3단계 – 이동장 바로 옆에 가 있으면 보상을 줌	4단계 – 이동장 안에 들어가면 보상을 줌 (이동장에 잘 들어가면 그때 '하우스'라는 명령어를 붙임

4. 반려동물 행동의 보상과 처벌

　반려동물 처벌의 가장 중요한 것은 일정한 타이밍이다. 여기서 처벌이라는 것은 반려동물의 행동이 잘못되었을 때 소리를 질러 혼을 내거나 때리는 등 강압적이고 폭력적인 행위를 의미하는 것이 아니라 반려동물이 이해할 수 있는 표현으로 자신이 잘못한 행동을 하고 있다는 것을 즉시 인지할 수 있도록 하는 것을 말한다. 예를 들어, 반려동물의 시선을 피하거나 관심을 주지 않거나 바디 블로킹 등의 방법으로 "너의 행동은 잘못된 행동이야", "나는 너의 이런 행동을 봐줄 수가 없어"를 정확히 전달하는 것이다. 그러나 여기서 보호자들이 주의해야 할 점이 있다. 그것이 바로 강압적이고 폭력적인 방법을 결코 반려동물에게 사용해서는 안 되는 것이다. 이러한 방법을 사용하는 것이 당장 효과가 보여도 오래 지속되지 못하고 물리적인 힘으로 반려동물을 교육시키는 것이 보호자와 반려동물 간의 신뢰관계를 깨트리는 지름길이다. 보호자와 반려동물 간의 신뢰관계가 깨지게 되면 서로 매우 불편한 관계를 형성하게 될 뿐만 아니라 보호자의 교육에 두려움과 거부감을 느껴 그것을 문제 행동으로 표출할 수 있다. 처벌에서 두 번째 중요한 것은 보호자의 일관성이다. 보호자가 반려동물에 미치는 영향이 매우 크므로 항상 정확하고 동일한 신호를 반려동물에게 전달해야 한다. 일관성이 없이 반려동물이 유사한 상황에서 특정한 행동을 했을 때 매번 다르게 대한다면 반려동물이 보호자가 무엇을 원하는지 파악하기 어려워하고 자신이 올바른 행동을 하고 있는 것인지 아닌지에 대해 혼란스러워하여 결국 잘못한 행동을 더 강화시킬 수가 있다.

CHAPTER 04

개에 대한 이해

1. 개의 성장 과정

1) 신생아기(출생~2주간)

이 기간에 자견들은 눈도 보이지 않고 귀도 들리지 않으며 스스로 배설하지도 못해서 어미에게 모든 것을 의존할 수밖에 없다. 그리고 이 시기의 새끼 강아지들은 살아남기 위해 어미와의 관계를 계속 요구하고 어미개의 모성본능과 모성애를 보다 강하게 키워주기 위해 사람의 간섭은 자제해야 한다.

2) 이행기(생후 3주령)

어미개가 음부나 항문을 자극하지 않아도 스스로 배설할 수 있고 눈이 보이고 귀가 들리며 서서 걷기 시작한다. 이미 걸을 수 있으므로 강아지들은 활발하게 돌아다니고 서로 접촉하기 시작하는데 어미 개뿐만 아니라 강아지들 사이에서 생기는 접촉에 의해 개끼리의 관계가 형성되며 견고해진다. 이 시기에 강아지를 형제들로부터 떼어놓으면 장래 다른 개들과 정상적으로 사귀지 못하게 되는데 그 이유는 강아지들끼리의 접촉이나 교류하는 방법을 모르기 때문이다.

3) 사회화기(4주~12주)

강아지는 이 세상에 태어나서부터 처음에는 엄마에게 의존한 다음에 형제와의 교류를 체험하고 드디어 외부의 세계에 있는 사람을 알게 되는데 이 시기에는 사람과의 관계가 매우 중요하다. 사회화라는 것은 강아지가 자신의 세계를 넓혀 가는 과정을 가리키는 것이고 강아지는 인간은 어떤 동물인가를 이해하기 시작하는 시기이다. 따라서 강아지의 안정적인 정서를 얻기 위해 다른 강아지를 만나게 할 수 있는 것도 중요하지만 다양한 사람들과 접촉하도록 하는 것 또한 매우 중요하다.

사회화기의 강아지에게는 자극이 많은 환경에 적응하게 만들고 울타리나 사육장에서 꺼내 실내를 자유롭게 걷게 하며 다양한 물건, 냄새, 소리 등에 대해 탐색할 수 있는 기회를 충분히 제공해주어야 한다. 그리고 이 시기의 강아지는 순응성이 높고 새로운 환경이나 사람에게도 금방 친해질 수 있어서 강아지에게 생활의 기본이 되는 교육을 가르쳐 주는 것도 좋다.

4) 성장기(4개월~12개월)

4개월 즈음 되면 강아지의 자립심이 높아져 어미로부터 떨어져 행동하는 일이 많아지고 경계심이 많아지며 바깥세상과 자신이 있는 세계와 구별이 가능해져 모르는 사람에 대해 경계한다. 그리고 사회화기와 성장기를 통한 놀이는 강아지의 정상적인 행동발달에 매우 중요한 역할을 하고 놀이를 통해 강아지는 복잡한 운동패턴을 학습하여 신체능력을 갈고닦음과 동시에, 개 특유의 보디랭귀지를 이해할 수 있게 된다.

2. 개의 본능적인 행동

1) 한쪽 다리를 들고 소변한다

한쪽 뒷다리를 올리고 오줌을 싸는 것은 수컷에게서 많이 볼 수 있는 현상인데 그렇다고 신체 구조적으로 한쪽 다리를 들지 않으면 오줌을 못 싸는 것은 아니다. 그럼 수컷들이 왜 다리를 들고 오줌을 싸는 것일까? 수컷에게 오줌은 단순한 배설물이 아니다. 자신이라는 존재를 다른 개들에게 알려주기 위한 중요한 소통의 수단인 것이다. 개는 후각이 발달해 개들 서로의 오줌냄새를 구분할 수 있고 암컷에 비해 영역의식이 강해서 자신의 행동권을 오줌으로 표시한다. 이러한 행동을 '마킹(marking)'이라고 부른다. 그러나 지면에 배설을 하면 자신의 오줌 냄새가 멀리까지 퍼뜨리지 못해서 가로등, 건물 벽, 나무 등 지면보다 높은 곳에 오줌을 싸는 것이다. 즉, 개가 한쪽 다리를 들고 오줌을 싸는 것은 오줌을 보다 높은 곳에 싸기 위한 수단이라고 볼 수 있다.

개들의 행동권은 중복되기 마련이다. 그래서 자신이 속한 무리의 존재를 보다 강력하게 어필하기 위해 산책길에 있는 다른 개의 오줌 냄새가 나면 그 위에 자신의 오줌을 싸서 이전의 냄새를 지워버린다. 어린 수컷은 성숙이 미숙하기 때문에 한쪽 다리를 들고 오줌을 싸는 행동을 잘 하지 않고 대략 생후 10~12주가 되면 점차 마킹을 하기 시작한다. 이 수컷 특유의 행동은 남성 호르몬에 의해 지배되므로 누가 가르쳐주지 않아도 성장함에 따라 한쪽 다리를 들고 오줌을 싼다.

2) 개가 보호자에게 뽀뽀할 때

갓 태어난 자견은 모견의 젖을 먹고 자라지만 일정 기간이 지나면 이유식을 먹게 된다. 개의 이유식은 모견이 음식을 먹은 후 위에서 약간 소화시킨 것인데 자견이 배가 고프면 모견의 입술 주위를 핥고 모견은 그때 위 속에 있는 음식을 토해내 자견에게 먹인다. 이렇게 자견이 모견의 입술 주위를 핥는 것이 먹을 것을 달라는 신호이고 모견이 먹은 음식을 토해내 자견에게 먹이는 것은 야생에서 사는 개의 선 조인 늑대들의 사냥법과 관계가 있다.

늑대들이 사냥을 할 때 도망치 는 사냥감을 완전히 지칠 때까지 추적하고 공격하는데 사냥감의 크 기가 클 경우에는 멀리 떨어진 무 리까지 운반하기 어려워 사냥감을 커다란 위 속에 저장해 무리까지

운반하였다. 이 때에도 역시 무리에 있는 새끼들이 배가 고프면 어미나 다른 늑대의 입 주위를 핥아 배고픔의 신호를 보내 음식을 얻어먹는다.

사람과 함께 생활하는 자견뿐만 아니라 성견에게도 이러한 습성이 아직도 남아 그대로 표현하는 경우가 있다. 먹이를 주는 보호자와의 관계에 있어서 반려견이 보 호자의 입 주위를 핥는 행동이 나타날 수 있는데 그렇다고 이러한 행동을 한다고 해서 반려견이 꼭 배가 고픈 것은 아니다. 반려견은 옛날부터 자신보다 위의 존재에 대한 존경과 애정을 전하고 싶을 때 입을 핥는 습성이 있어서 자신보다 위에 있는 리더인 보호자에게 애정을 전하기 위해 보호자의 입을 핥는다.

3) 개는 잘 짖는다

가축화된 동물 중에서도 개는 특히 잘 짖는다. 사람들은 맹수나 적의 습격을 미 리 알기 위해 개를 번견으로 사육했는데 이러한 역할을 위해서 개는 잘 짖어야 했 다. 또한 개는 원래 잘 짖는 습성을 가지고 있었고 무리를 이루는 동물이라 위험이 닥치면 짖어서 동료들에게 알려야 했다. 가축화된 반려견은 보호자나 가족을 무리 라고 인식하기 때문에 위험이 다가왔을 때 짖어서 보호자에게 알리는 일이 자신의 습성에도 부합하는 것이다. 이처럼 개의 습성을 이용한 사람들이 자신의 생활에 도 움이 되도록 잘 짖는 개를 개량했다.

한편으로는 낯선 사람이나 다른 개가 접근했을 때 잘 짖는 개가 있다. 이것은 보호자에게 이상한 사람이 있다는 것을 알리기 위한 것일 수도 있고 짖는 것이 상대를 위협하는 것으로 보이지만 실은 혼자서는 불안하기 때문에 동료에게 와달라고 하는 신호일 수도 있다. 따라서 개가 짖을 때 그것을 무시하고 지나가는 것이 좋은데 짖고 있는 개가 사람에게 겁을 주려는 의도가 아니라 겁을 먹어서 짖는 것일 수도 있기 때문이다.

반려견에게 있어 보호자는 무리의 리더라고 생각해서 그런 존재가 가까이 있으면 짖고 있는 상대가 강하다 해도 자신을 지켜 줄 대상이 있는 만큼 안심하게 된다. 그래서 약한 반려견도 보호자가 가까이 올수록 낯선 사람이나 다른 개에게 더욱 짖어댈 수 있다.

4) 개가 배를 보여준다

동물의 방어 자세는 기본적으로 몸을 둥글려 상대에게 등을 향하는 자세이다. 배를 보이는 것은 내장이나 경동맥 등 자신의 약점을 상대에게 드려내는 행동이기 때문에 여기를 공격당하면 치명상을 당할 것이 분명하므로 일반적으로 배를 잘 드러내지 않는다. 그럼 반려견은 왜 배를 드러내는 것일까? 자신의 약한 부분을 일부러 보임으로써 전혀 싸울 의사가 없음을 상대에게 확실히 전달하는 것이다. 자신보다 강한 상대를 만났을 때 자신을 낮추고 귀를 눕히며 꼬리를 뒷다리 사이에 감아 넣는 자세를 취하기도 한다. 이것은 두려움을 뜻하는 것으로 두려움이 공격으로 바뀔 수는 있으나 배를 보이는 행동은 이것과는 근본적으로 다르며 공격으로 전환되지 않는다.

또한 반려견들 중에 처음부터 배를 보이는 반려견이 있는데 이럴 때는 복종의 표시보다는 인사 대신 사용하는 경우도 있다. 상대와 사이좋게 지내려면 처음부터 배를 보이는 것이 빠른 방법이기 때문이다. 그리고 보호자에게 배를 보일 경우 혼날 때뿐만 아니라 함께 놀고 싶다는 애정의 표시이기도 해서 반려견들이 배를 보인다고 하여 반드시 복종하는 것을 표현하는 것은 아니다.

3. 개의 스트레스

동물 중에서 반려견은 머리가 매우 좋은 동물이라는 것을 널리 알려져 있다. 수의학의 연구를 통해 인간의 뇌와 반려견의 뇌를 비교해보았을 때 정보를 기억하거나 사고를 담당하는 대뇌신피질은 차이가 있지만 정동을 담당하는 대뇌변연계는 거의 차이가 없다고 알 수가 있다. 즉, 반려견에게도 인간과 거의 똑같은 감정(기쁨, 슬픔, 두려움, 싫음, 좋음 등)을 가지고 있고 단, 인간과 같이 언어로 감정을 표현하지 못하고 자신의 행동 때문에 일어나는 미래의 결과를 예측하지 못할 뿐이다. 따라서 인간과 같이 다양한 감정을 가지고 있을뿐더러 인간과 같이 자신이 원하지 않은 일을 해야 하거나, 원하지 않은 상황에 처해 있거나 자신의 욕구나 에너지를 제대로 충족을 시키지 못하고 해소하지 못한다면 스트레스를 받을 수 있다.

'배가 고프다', '목이 마르다', '덥다', '소란스럽다' 등의 문제가 해결되지 않거나 주인이 관심을 가져주지 않을 때 받은 외로운 감정이나, 타고난 사냥본능을 충분히 발휘하지 못하거나, 질병이나 상처에 의한 고통을 받는 등 이 모든 원인들이 반려견의 스트레스를 초래할 수 있다. 물론 반려견과 인간도 스트레스를 완전히 없앨 수 없다. 그러나 사람을 포함한 동물은 어느 정도의 스트레스를 견뎌낼 수 있는 능력을 갖고 있기 때문에 경미한 스트레스를 받는다고 해서 큰 문제가 생기지는 않는다. 문제는 스트레스가 장기화되고 그 상태가 오래 지속되면 반려견의 육체적, 정서적, 심리적인 균형이 깨져버린 것이다. 동물매개교육 현장에서 도우미동물의 스트레스 관리가 매우 중요하다. 그들이 스트레스를 제대로 관리하지 않으면 면역력이 낮아지고 질병에 약해질 뿐만 아니라 공격행동이 나타날 수 있기 때문에 현장에서 안전사고가 발생될 수 있다. 따라서 도우미동물이 스트레스를 받고 있는지 수시로 확인할 필요가 있고 스트레스를 최소화시키기 위해 꾸준히 교육을 시켜야 한다. 만일, 프로그램을 진행하는 과정에서 도우미동물들이 스트레스 반응을 보인다면 적당한 휴식시간을 제공해주어야 하고 필요 시 프로그램에서 제외시켜야 한다.

스트레스를 받고 있는 반려견에게는 다양한 징후가 나타나는데 크게 신체적 징후와 행동적 징후로 나눌 수 있다. 신체적인 징후는 구토, 용변 실수, 부적절한 배뇨량, 피부병, 과도한 탈모, 식용부진 등이 있고 행동적인 징후는 떨기, 심하게 낑낑거리기, 계속 짖기, 물건을 물어 뜯기, 사람이나 동물을 물기, 활동량의 증가나 감소, 상동행동 등이 있다. 처음에는 스트레스나 불안감 때문에 시작된 행동들이지만 시간이 지날수록 그 행동들이 점차 버릇이 되고 나중에 그 행동들을 하지 않으면 불안해지는 강박신경증을 갖게 된다.

만성적인 스트레스는 반려견의 여러 가지의 질병과 문제행동을 일으킬 수 있다. 특히 긴장을 잘 하는 반려견의 경우에는 스트레스에 약하기 때문에 식용부진이나 장염(만성설사) 등에 걸릴 수 있고 스트레스가 많이 쌓이다 보면 전반적인 면역기능도 떨어질 수 있다. 그러므로 보호자가 자신의 반려견에게 이러한 징후가 발견하게 되면 반려견이 스트레스를 받고 있는지 확인할 필요가 있다. 반려견에게서 나타나는 신체적인 징후는 단순히 질병의 문제인지 아니면 스트레스로 인한 문제인지 먼저 확인해야 하므로 가까운 동물병원에 의뢰하는 것이 좋고 스트레스 반응이 신체적인 문제로 나타나는 것이라면 전문가에 의뢰하여 해결방안을 찾아보는 것도 하나의 방법이다.

4. 카밍 시그널(calming signal)

오랫동안 늑대를 연구해 온 전문가들은 늑대에게 특별한 능력을 발견하였다. 그 능력이 바로 늑대 무리 중 한 늑대가 공격적인 자세를 취했을 때 다른 늑대가 와서 중재를 하는 것이었다. 전문가들은 이 보디랭귀지를 '중단 시그널(cut-off signals)'이라고 불렀다. 그러면 개에게도 이런 비슷한 보디랭귀지가 있을까? 그 답은 개도 늑대와 마찬가지로 이러한 보디랭귀지를 한다는 것이다. 개들도 갈등을 해결하는 사회적 능력을 가지고 있고 차이라고 한다면 개의 보디랭귀지는 늑대만큼 강하지 않다는 것뿐이다. 다시 말해, 늑대에 비해 개의 보디랭귀지가 쉽게 눈에 띄지 않다는 것이다. 왜냐하면 늑대와 개가 살아가는 환경 자체가 너무 다르기 때문이다. 자세히 생각해보면 우리가 키우고 있는 반려견이 늑대처럼 항상 위험한 야생에 노출되어 있는 것도 아니고 늑대처럼 여러 마리와 함께 무리생활을 하는 것도 아니기 때문에 반려견이 늑대만큼 자신의 의사를 강하게 표현할 필요가 없는 것이다.

유럽반려견훈련사협회의 설립자 중 한 명인 투리드 루가스(Turid Rugaas)는 반려견의 이러한 보디랭귀지에 '카밍 시그널(calming signal)'이라는 이름을 붙였는데 그 이유는 늑대가 상대방의 공격적인 행동을 중단시키기 위한 것이라면 반려견의 보디랭귀지는 행동의 예방 차원에 더 가깝기 때문에 상대방을 진정시킨다는 뜻으로 '카밍(calming)'이라는 단어를 선택했다고 하였다.

1) 카밍 시그널이란?

'카밍 시그널'이란 글자 그대로 상대를 온화하게 하고 진정시키며 조용하게 만드는 반려견들의 신호를 말하며 다른 반려견과 소통할 때 사용하는 몸짓 언어이다. 반려견들은 자신이 공포를 느끼거나 스트레스 혹은 불안감을 느낄 때, 다양한 신호를 통해 자신과 주위의 동료를 진정시키고 무리를 안정시키는데 이러한 신호를 주인이 알아차리고 이해할 수 있다면 또한 그 신호를 응용하여 반려견에게 보낼 수 있다면 반려견의 불안감이나 스트레스를 더욱 빨리 해소시킬 수 있고 진정시킬 수 있을 것이다.

카밍 시그널과 보통 행동을 구별하는 것이 중요한데 위 내용에서 언급했듯이 '하품한다'는 전형적인 카밍 시그널이지만 정말 졸리거나 심심할 때도 하품을 할 경우가 있기 때문에 주인이 현재 자신의 반려견이 스트레스나 불안감으로 인해 하품을 하는 것인지 아니면 단순히 무료해서 하품을 하는 것인지 구별할 수 있어야 한다. 따라서 처음 한동안은 상당한 주의력과 관찰력을 발휘하여야 카밍 시그널과 보통 행동을 구별할 수 있고 카밍 시그널을 이해할 수 있게 된다면 한층 더 반려견과 친밀한 관계를 쌓을 수 있고 보다 행복한 삶을 함께 보낼 수 있을 것이다.

2) 대표적인 카밍 시그널

① 고개 돌리기(head turn)

순간순간 급박한 상황이나 놀랄만한 상황이 벌어졌을 때, 그리고 상대 강아지가 불안해 할 때 강아지하고 눈이 마주치는 순간에도 이러한 행동을 보인다. 상대에게 불안해하지 말라고 "나 너한테 다가가지 않을게~ 나 그냥 지나갈게~"라는 표현이다. 또한 사람이 반려견과 눈이 마주칠 때 정면으로 다가가 높은 톤으로 "아이고, 예쁘다"라고 하면서 손을 뻗어 머리를 만지려고 할 때도 이러한 행동을 보이고 정면에서 시선을 받는 것을 위협받는다고 느낀 반려견이 불안하다는 것을 표현하는 것이다. 따라서 사람이 반려견과 눈이 마주칠 때 가볍게 고개를 돌려주거나 눈을 감거나, 다른 곳을 살짝 보고 다시 보는 행동을 해준다면 반려견이 조금은 편해질 수 있을 것이다.

사람이 무서워서 짖거나 으르렁거리는 반려견을 만나게 되면 그 자리에 멈추어서서 얼굴을 돌리며 적대감이 없다는 것을 표현하고, 반려견이 냄새를 맡고 가까이 다가오기를 기다려 주는 것이 좋다. 또한 반려견은 정면으로 시선을 받는 것 자체를 위협으로 느낄 수 있기 때문에 정면으로 눈을 마주치는 것을 피하는 것이 좋고 눈을 감거나 시선을 피함으로써 "나는 적대감이 없어"라는 의사를 표현하는 방법도 있다.

② 앞가슴 내리기(play bow)

반려견이 엉덩이를 올리고 가슴을 내리는 것은 상대방에게 같이 놀자고 하는 신호를 보내는 것이다. 특히 신나게 이쪽저쪽 뛰어다니거나 장난감을 물고 이러한 행동을 취한다면 놀고 싶다는 뜻이다. 그러나 놀고 싶을 때 이러한 자세를 취하지만 가만히 서있다가 앞가슴을 내릴 때는 카밍 시그널일 수도 있다. 예를 들어, 반려견 모임이나 애견카페 같은 곳에 가서 친구가 되고 싶은 다른 반려견을 만났는데 그 반려견이 무서워하는 모습을 보이면 이 시그널을 사용할 수 있고 어떤 스트레스 상황에 처해 있을 때 긴장감을 풀기 위해서도 이 시그널을 사용할 수 있다.

③ **돌아가기**(curving)

반려견들은 정면으로 상대방에게 다가가지 않는다. (사회성이 낮은 반려견 중에 다른 강아지를 만날 때 정면으로 달려가는 경우가 있다.) 특히 모르는 개를 발견할 때 정면으로 다가가기보다는 멀리 돌아가면서 커브를 그리듯이 스쳐 지나가고 이러한 행동은 상대에게 적의가 없다는 것을 표현하는 것이다. 따라서 불안감을

느끼고 있는 반려견을 만날 때 되도록 가까이 가지 말고, 시선을 피하면서 커브를 그리듯 돌면서 지나치면 반려견은 여러분에게 적의가 없다는 것을 알고 진정할 수 있다.

만약 커브를 그리면서 멀리 돌아갈 수 없는 좁은 길을 지나가야 할 때 주인이 반려견들 사이에 들어가 반려견의 시선을 밖으로 돌리면서 스쳐 지나가도록 하는 것이 좋다. 다른 반려견을 볼 때 공격적인 행동이 보이거나 쉽게 흥분할 수 있는 반려견이면 목줄을 놓치지 않도록 주의해야 하고 필요할 시 입마개를 사용하는 것이 좋다.

④ **하품하기**(yawning)

감정이 격한 상대나, 불안을 느끼는 상대를 진정시킬 때, 가족이 싸우거나 시끄러운 잔소리로 반려견을 야단칠 때, 또는 흥분하고 긴장된 자신의 기분을 달래기 위해 하품을 한다. 그래서 긴장하고 흥분한 반려견에게 하품을 하는 것이 반려견을 진정시키는 데 도움이 될 수가 있다. 특히 익숙하지 않은 장소(동물병원, 사람이나 개가 많은 곳 등)에서 긴장하고 있는 반려견을 안아주고 토닥토닥하면서 말로 달래주는 주는 것이 아니라 반려견과 눈을 마주치지 않은 상태에서 크게 하품을 해야 반려견의 긴

장도를 완화시킬 수 있다. 또한 흥분해 있는 반려견의 경우에도 반려견을 향해 하품을 하면 "너 지금 너무 흥분했어, 진정 좀 해~"라는 신호를 전달할 수 있다.

즉, 반려견들이 불안해하거나 공포를 느낄 때, 스트레스를 받거나 보호자의 표정이 어두울 때 그리고 반려견이 자신의 흥분을 가라앉히려고 할 때 하품하는 카밍 시그널을 사용할 수 있다.

⑤ 끼어들기(split up)

긴장된 상태에서 싸움의 기미가 보이는 사람 또는 강아지의 사이에 끼어듦으로써 싸움을 막으려는 행동이다. 끼어들기는 다투는 반려견 사이에 끼어들어 그들의 싸움을 막고 멈추게 하는데 많이 쓰이는 방법이기도 한다. 그러나 공격성이 매우 높거나 모르는 처음 보는 반려견 사이에 끼어들다가 물릴 수도 있기 때문에 무작정 반려견 사이에 끼어들지 않는 것이 좋다. 또한 가끔 사람이 소파에 앉아 아이와 소란스럽게 놀고 있거나 사람이 누군가의 옆에서 춤을 출 때 반려견이 그 사이에 끼어들려 할 수 있다.

⑥ 코 핥기(licking the nose)

반려견이 재빨리 코를 핥는 모습을 자주 볼 수 있을 건데 가끔 속도가 너무 빨라서 놓칠 때가 많다. 반려견들이 다른 반려견이 자신에게 다가 올 때나 사람이 화난 목소리로 말할 때 또는 손으로 꽉 잡을 때 코를 핥는 카밍 시그널을 사용할 수 있다.

또한 자신을 향한 카메라를 보고 놀란 나머지 스스로를 진정시키기 위해 코를 핥을 수도 있고 가까운 곳에서 여러 사람이 손을 움직일 때 긴장이 되어 코를 핥을 수도 있으며 너무 직선으로 반려견을 향해 접근하거나 손을 쫙 벌리는 행동은 반려견을 불편하게 할 수 있어서 이럴 때도 반려견이 코를 핥을 수 있다.

⑦ **냄새맡기(sniffing)**

반려견이 불편한 상황이 끝날 때까지 땅에 코를 박다가 선 채로 가만히 기다리기도 하고 재빨리 땅의 냄새를 맡고 다시 머리를 드는 행동을 하는데 이것이 역시 카밍 시그널이다. 그러나 반려견이 냄새를 맡는 행동이 반드시 카밍 시그널이란 법은 없고 반려견이 왜 냄새를 맡는지에 대해 알고 싶다면 전체적인 상황을 이해할 필요가 있다. 반려견은 다른 반려견이 접근하거나 누군가 정면으로 다가오거나 부담스러울 정도로 가깝게 다가오는 경우 땅에 코를 박고 냄새를 맡는다. 또한 길거리에서 모자를 쓰고 있는 사람이 다가 올 때, 보호자가 짜증이 나거나 화가 나면서 이름을 부를 때, 계속 반려견을 쳐다볼 때도 반려견은 땅 냄새를 맡을 수 있다.

5. 개의 문제행동

1) 문제행동의 정의

일반적으로 문제행동이라는 것은 세 가지의 유형으로 나누어 볼 수 있는데 첫째, 반려견 건강의 문제로 본래 가지고 있는 행동양식(behavior patten)을 일탈하는 경우가 있다. 예를 들어, 스스로 털을 뽑거나 피부가 상처날 때까지 핥거나 고통으로 인한 이상행동 등이 여기에 해당된다. 즉, 문제행동의 원인이 질병에 있을 수도 있기 때문에 이러한 모습을 발견했을 때 반드시 통제하려고 하거나 행동을 교정하려고 하는 것이 아니라 건강문제가 없는지, 보호자의 꼼꼼한 체크와 반려견에 대한 이해가 선행되어야 하고 필요 시 바로 동물병원에 데려가 치료를 받도록 해야 한다.

둘째는 동물이 본래 가지고 있는 행동양식의 범주에 있으면서도 그 많고 적음이 정상을 일탈하는 경우로 성행동이나 섭식행동 등에서 많이 발견할 수 있다. 반려견이 어떤 생활양식을 가지고 있는지 보호자가 함께 생활하면서 면밀하게 체크하고 이해하는 것이 중요하다. 성행동이나 섭식행동에서 나타나는 이상행동들은 질병적인 측면과 문제행동에 대한 두 가지의 측면을 모두 포함하므로 이러한 행동들을 발견했을 때 반드시 전문가에게 의뢰하는 것이 적절하다.

마지막으로는 그 행동의 많고 적음이 정상 범위를 일탈하지 않더라도 인간사회와 협조되지 않으면 문제행동이라고 본다. 즉, 반려견에게는 지극히 정상적이고 본능적인 행동임에도 불구하고 인간과 공존하면서 반려견으로 인해 보호자 또는 다른 사람이 불편함을 느끼거나 보호자와 함께 행복한 삶을 유지할 수 없다면 그 모든 행동들을 문제행동으로 삼고 있다. 안타깝게도 마지막 범주로 분류되는 문제행동이 현실적으로 가장 많은 비율이 차지하고 있고, 이로 인해 파양, 유기, 다른 사람에게 입양, 학대 심지어 안락사 등과 같은 심각한 문제들이 끊임없이 발생되고 있다.

반려견이 생득적으로 가지고 있는 행동들을 문제행동으로 정의하는 것은 어떻게 보면 에고이즘(egoism)일지도 모르겠지만 반려견이 안락사나 파양 등을 당하지 않고 보호자와 함께 행복한 삶을 영위할 수 있으려면 이러한 문제행동들을 수정할 필요가 있다. 그러나 일반적으로 보호자와 반려견 간의 관계와 생활환경을 객관적으로 살펴보고 이해하게 되면 실제로 보호자에 의해 만들어진 문제행동들이 많다. 따라서 반려견의 문제행동의 발생 원인이 무엇인지 그리고 그것이 보호자와 관련이 있는지를 알아봐야 하고, 보호자의 의식이나 행동을 바꾸는 것을 통해 반려견의 문제행동 개선에 있어서 도움이 된다는 것도 인지해야 한다. 또한 보호자가 반려견의 행동을 본래 있는 그대로 수용해주는 것도 잊지 말아야 한다. 단순히 보호자의 개인적인 불편함 때문에 생활에 방해가 될 정도로 짖지도 않았는데도 강한 처벌(예: 짖음방지 목걸이)을 내리거나 성대제거 수술을 시키는 등 반려견에게 학대적인 행위는 결코 해서는 안 되는 것이다.

2) 공격행동

선천적으로 겁이 많거나 어렸을 때 무서운 경험을 했거나 사회화 기회가 충분히 주어지지 못한 반려견은 겁이 많고 겁이 많은 반려견은 으르렁거리거나 짖거나 하지만 무는 경우는 드물다. 그러나 자신이 두려워하는 상황에서 벗어날 수 없다는 것을 깨달으면 공격적인 행동이 나타날 수 있다. 과도한 처벌을 받거나 별안간 발을 밟히거나 자동차 문에 꼬리가 끼는 경우처럼 통증을 느끼거나 상처를 입었을 때 무는 행동을 보이고 자신의 영역이나 밥그릇, 뼈, 장난감 등과 같은 것을 지키려고 하는 경우에도 무는 행동을 보인다.

또한, 단순히 재미있어서 무는 반려견도 있고 강아지가 어렸을 때 무는 행동을 방치하거나 반려견의 무는 행동을 정상적인 활동이라고 생각하는 보호자도 있다. 이러한 보호자는 사람이나 다른 개를 물어서는 안 된다는 것을 반려견에게 가르쳐 주지 않아 성견이 되어도 무는 행동은 지속되는 경우가 많다.

물지 못하게 하려면 강아지 때 응석으로 무는 버릇을 그대로 방치하지 않는 것이 중요하고 무는 행동을 그냥 내버려두면 성견이 되어도 입을 사용해서 놀기 때문에 물리는 상대는 참기 어려울 정도로 아프다. 또한 무는 버릇이 있는 성견인 경우 이미 "상대를 물었을 때 자신이 원하는 것을 얻었거나 상황이 좋아진다"는 것을 학습했기 때문에 그것을 고치려면 행동치료를 전문으로 하는 행동교정 전문가와 상담하는 것이 좋다.

3) 심하게 짖는 행동

반려견이 심하게 짖는 소음 공해는 반려견을 키우고 있는 사람뿐만 아니라 근처의 이웃 사람들에게도 피해를 준다. 그러나 짖는 행동을 고치기 위해 보호자들이 하는 큰 실수 중에 하나는 반려견의 짖는 행동을 올바른 교육을 통해 수정하려고 하는 것이 아니라 짖는 행동 그 자체를 완전히 못하게 하려는 것이다.(예: 성대제거) 우리는 아이가 수다쟁이라고 해서 성대를 자른다거나, 운전하고 있는 사람이 노래를 부른다고 해서 신문지를 말아 때리는 행동은 아무도 하지 않을 것이다. 그런데 짖는 반려견에게는 이러한 행동을 가한다. 반려견이 본능적으로 짖는 행동을 무차별하게 처벌하거나 성대를 제거하는 것은 상당히 비인도적인 방법이고 반려견에게 절대 짖지 말라고 요구하는 것은 사람에게 절대 말을 하지 말라고 요구하는 것과 같이 무리한 일이다.

또한 흔히 "우리 강아지는 쓸데없이 짖는다"고 고민하는 보호자가 있다. 그러나 쓸데없이 짖는다고 보는 것은 어디까지나 사람의 관점이고 반려견에게는 쓸데없이 짖는 것은 존재하지 않고 짖는 행동 뒤에는 반드시 어떤 이유가 있는 것이다.

반려견이 짖는 이유는 다양한데 낯선 사람이나 다른 개, 자동차나 벨소리 등 자극에 대해 반응할 때 짖을 수 있고 영역 침범에 대한 경계심 때문에 짖을 수도 있다. 그리고 주인의 관심을 끌려고 짖거나 무료해서 짖거나 주인과 떨어지는 분리불안 때문에 짖는 반려견도 있다. 심하게 짖는 행동을 수정하게 하려면 반려견이 왜 짖는지 그 원인을 먼저 찾아내야 한다. 그 원인에 따라서 짖는 것을 수정하는 방법도 다르기 때문이다. 또한 못 짖도록 잘 길들여진 반려견도 지속적으로 짖는 것을 참게 하는 것은 반려견에게 상당한 스트레스를 줄 수 있기 때문에 '짖어'라는 명령어를 기억시켜서 짖어도 될 때 마음껏 짖게 해주는 것도 반려견의 스트레스 해소에 도움이 될 수 있다.

4) 분리불안

보호자와 떨어졌을 때 또는 보호자가 외출하고 반려견이 집에 혼자 남겨질 때 불안을 느끼고 스트레스를 받아서 여러 가지 문제 행동을 하는 경우를 '분리불안'이라고 한다. 분리불안이 심해지면 아무 데나 배변을 한다거나 이리저리 뛰어다니거나 걷기, 씹기, 울기, 짖기 등의 빈도가 정상적인 반려견보다 훨씬 잦아진다.

또한 보호자가 반려견에게 지나친 애정을 표현하는 것이 자신의 의도와 달리 반려견에게 많은 불안과 스트레스를 느끼게 하는 경우가 많다. 보호자가 집에 있을 때 반려견에게 보여 주는 지나친 관심과 애착이 오히려 부재 중일 때 반려견에게 매우 큰 빈자리를 느끼게 할 수가 있고 보호자가 외출 시나 귀가 시 반려견에게 강한 애정표현과 스킨십을 보임으로써 반려견에게 보호자가 있을 때와 없을 때의 차이를 강하게 인식시키게 되어 결과적으로 보호자가 부재 시의 반려견의 분리불안이 더욱 심해진다.

보호자와의 지나친 애착관계로 인한 분리불안뿐만 아니라 어렸을 때 오랫동안 빈 집에 혼자 있었던 일, 보호자가 매일 같이 스케줄이 변하는 일, 보호자가 종종 바뀌는 등의 일도 반려견의 분리불안을 초래할 수 있다. 반려견이 지나치게 보호자에게 집착하게 되면 보호자가 없을 때 반려견은 그만큼 불안해질 것이므로 반려견의 독립심과 자신감을 키워주는 것이 중요하고 반려견이 혼자 보내는 시간도 즐거울 수 있다는 것을 교육해주는 것이 중요하다.

5) 씹거나 물어뜯는 행동

반려견이 물건을 씹는 데에는 여러 가지의 이유가 있는데 일반적으로 이빨이 생길 때 나타나는 둔통을 완화하기 위해서이다. 그래서 이가 나고 이갈이가 끝날 때까지 대부분의 어린 반려견들에게서 계속해서 갉아대는 행동을 보이고 또한 어린 반려견은 주위의 환경을 탐색할 때, 걸어 다니는 다리와 씹는 턱을 주로 사용하는 특징이 있고 탐색 활동이 놀이가 되어 즐겁기 때문에 기본적으로 반려견은 계속해서 씹는 것이다. 하지만 그런 행동을 그대로 방치해 두면 반려견의 씹는 행동은 습관화가 될 수 있고 반려견에게 씹는 행동은 즐거운 일이기 때문에 일단 습관화가 되어버리면 고치는 것이 어려질 수밖에 없다.

또한 반려견이 혼자 있을 때 즐길 수 있는 일은 상당히 한정되어 있다. 씹는 것, 구멍을 파는 것, 짖는 것, 미친 듯이 돌아다니는 것 정도 밖에 없는데 오랫동안 혼자 있게 되면 반려견은 대체로 심심해지거나 쓸쓸해진다. 그래서 반려견이 즐겁게 지내기 위해서는 여러 가지 흥미로운 자극이 필요하고 보호자가 재미있는 놀이를 적극적으로 가르치지 않으면, 반려견은 제 마음대로 문제 행동 놀이를 만들어 버린다.

반려견에게는 씹고 뜯는 것은 매우 본능적이고 정상적으로 필요한 행동인데 가끔 반려견이 씹어서 문제를 만들게 되면 지나치게 벌을 주는 보호자가 있다. 그런 벌은 반려견의 불안과 스트레스를 유발할 수 있고, 이럴 때 반려견은 스트레스를 해소시키려고 씹는 행동을 더욱 계속하게 되는데 이렇게 되면 악순환이 되어 씹는 행동이 점차 더 파괴적으로 변할 수 있다. 따라서 어렸을 때부터 어느 것은 씹어도 되고 어느 것은 씹으면 안 되는지를 반려견에게 교육시키는 것이 매우 중요하다.

6. 교육 전 알아야 할 점

반려견을 교육시킬 때 아무 계획 없이 교육을 시키기보다는 사전에 반려견의 교육에 관한 정보나 자료 등을 미리 검색하여 내가 무엇을 가르쳐주고 싶은지 어떤 방식으로 진행할 것인지 등에 대해 구체적인 계획을 세우는 것이 바람직하다. 이렇게 하는 것이 내가 반려견에게 가르치고자 하는 교육에 일관성이 생기고 내용의 난이도를 쉽게 조절할 수 있어 교육할 때 훨씬 수월할 수 있다. 원활한 교육을 위해 사전에 알아 두면 좋은 점들이 있는데 그것은 다음과 같다.

첫째, 반려견들의 집중력은 길지 않으므로 한 번에 교육을 너무 오래하는 것은 반려견을 지루하게 만들 수 있어서 짧게 여러 번 나누어서 교육시키는 것이 좋을 것이다. 1회에 5분에서 10분 정도 하고 하루에 여러 번을 실시하는 것이 좋을 것이다. 또한 교육시킬 때 반려견이 이해할 수 있을 때까지 눈높이를 맞추고 꾸준하게 학습시켜야 하고 잘 따를 때마다 보상을 반드시 제공해주어야 한다.

둘째, 반려견들은 특정 행동에 대해 보상을 받으면 행동을 지속하려는 심리가 있고 보호자가 이야기하고 있는 좋은 기억들은 모든 행동의 원동력이 된다. 따라서 반려견 교육에서 칭찬과 통제는 반드시 구분해야 하고 이해할 수 없는 부정적인 반응을 주게 되면 반려견은 다시 그 행동을 하지 않으려고 할 것이다.

셋째, 반려견은 인내심을 가지고 교육을 시켜야 한다. 기본적으로 반려견과 사람의 지능 수준과 이해도가 다르기 때문에 반려견이 이해될 때까지 인내심을 가져야 제대로 된 교육을 할 수 있을 것이다. 즉, 반려견에 대해 인내와 끈기를 갖고 학습시켜야 하는 이유는 근본적으로 사람과 동물은 다르기 때문에 인내심을 갖고 일정한 패턴으로 반복을 수행하게 되면 올바른 교육으로 인도할 수 있을 것이다.

CHAPTER 05

고양이에 대한 이해

1. 고양이의 성장 과정

암컷 고양이는 빠르면 6개월부터 성적으로 성숙되어 발정기가 시작된다. 고양이를 키우고 싶어하는 사람들이 새끼 고양이의 귀여운 외모에 빠져 입양을 결정했다면 당황스러울 정도로 초고속으로 성장한다. 반려묘와 행복한 삶을 살기 위해 고양이의 성장 과정과 단계별 관리 방법을 알아보는 것이 중요하다.

1) 출생~생후 2주

출생부터 생후 10일 정도의 갓 태어난 새끼 고양이는 시력과 청력은 아직 발달되지 않아 앞을 볼 수 없고 귀도 들리지 않지만 생후 10일 정도가 되면 눈이 슬슬 떠지기 시작한다. 그리고 어미의 젖을 먹는 시간을 제외하고는 거의 모든 시간이 수면 상태에 있고, 스스로 배설하지 못하므로 어미가 생식기 부위를 핥아 변을 볼 수 있도록 도와준다. 만일 어미가 없는 새끼 고양이를 데리고 있을 경우 따뜻한 물을 적신 가제수건이나 휴지로 부드럽게 새끼 고양이의 생식기를 문질러 배변할 수 있도록 유도해주어야 한다. 또한 이 때의 새끼 고양이는 체온조절 능력이 매우 떨어져 있어서 저체온증에 걸리지 않도록 따뜻한 환경을 만들어 주어야 한다.

2) 생후 2주~4주

생후 14일이 지나면 청력이 발달되어 귀가 열리면서 소리에 반응을 하기 시작하고, 기는 법을 익히며 다리에 힘이 붙으면서 걷기 시작한다. 유치가 나기 시작하여 무른 형태의 이유식을 먹여도 되는 시기이고, 생후 3주 무렵 스스로 체온을 유지할 수 있게 되며 스스로 배설이 가능해진다.

3) 생후 4~8주

유치가 완전히 자라서 이유식 또는 물에 불린 사료 급여가 가능해지고 8주 정도가 되면 젖을 완전히 뗄 수 있다. 또한 생후 5주가 되면 신체 균형이 잡혀 뛰어 다니기 시작하고 화장실에서 배변 훈련이 가능해지며 스스로 몸단장, 즉 그루밍을 하기 시작한다는 것이다. 같은 배에서 태어난 형제 고양이 또는 다른 동물들과 어울리는 사회화시기인데 형제들과 함께 노는 과정에서 발톱을 세우지 않고 세게 물지 않는 등 서로 상호작용할 수 있는 법을 익혀나간다. 사냥 기술을 익히는 행동이 늘어나고 사람의 훈련 없이도 무엇인가를 잡으려는 사냥 기술을 익혀나간다.

4) 생후 8~14주

8주 후부터는 목욕, 발톱손질, 털 손질 등을 해주면서 기본적인 관리에 대한 훈련을 시키는 것이 적절한 시기이고, 첫 예방접종을 실시하는 시기이기도 하다. 12주가 되면 잘 달릴 수 있게 되고, 균형 감각이 발달되며 잠자는 시간이 전보다 줄어들면서 움직임이 많아진다. 적절한 놀이 기술을 어미에게 학습하지 못하는 경우는 보호자가 올바른 사냥 놀이를 할 수 있도록 낚시대나 장난감을 이용하여 함께 놀아주어야 한다.

5) 생후 5개월~11개월

이 시기는 고양이의 성격 형성에 가장 중요한 시기이므로 병원에 다니거나, 사람을 만나거나 다른 고양이와의 접촉함으로써 고양이의 성격 형성에 큰 영향을 미친다. 보호자가 반려묘와 자주 놀아주거나 털 손질을 해주는 것과 같이 함께 시간을 보내는 것이 고양이와의 유대감 형성에 큰 도움이 될 수 있다. 그리고 고양이마다 차이가 있지만 생후 6개월 즈음 되면 성적으로 성숙해지는 시기이고 중성화 수술이 진행 가능한 시기이다.

6) 생후 12개월 이후(성묘)

생후 1년 정도가 되면 몸이 다 자랐고 성적으로 완벽히 성숙해지는 성묘가 된다. 중성화 수술을 하지 않는 암컷의 경우는 1년에 3~4번 정도 발정기가 오면서 임신이 가능하고 수컷의 경우는 생후 14개월이 되면 성적으로 성숙된다. 수컷은 따로 발정기가 없어 발정기가 온 암컷 고양이가 있으면 언제든지 교미가 가능하다. 즉, 수컷 고양이는 발정기가 정해지지 않고 언제든 자극이 온다면 그때가 바로 발정기이다. 발정기가 오면 집 밖으로 탈출할 수 있기 때문에 문단속을 잘 해야 한다.

2. 고양이 기분의 이해

1) 고양이의 꼬리 언어

우리가 고양이의 감정을 이해하는 데 가장 좋은 방법은 고양이의 꼬리를 관찰하는 것이다. 고양이의 꼬리가 다양한 모습으로 나타낼 수 있는 이유가 바로 유연한 꼬리뼈가 있기 때문이다. 개체마다 차이가 있지만 대략 15개~23개의 꼬리뼈와 그것에 붙어 있는 근육이 만들어내는 섬세한 움직임에는 다양한 감정이 숨어 있다. 고양이는 자신의 감정을 직접적으로 드러내는 부위가 바로 꼬리인데 어쩌면 꼬리는 표정보다 고양이의 기분을 더 뚜렷하게 표현하고 있을지도 모른다. 따라서 고양이 꼬리의 여러 움직임을 관찰하고 이해하는 것이 고양이와 교감하는 데 있어서 더욱 수월할 수 있을 것이다.

표 3-5 **고양이의 꼬리 언어**

만족스러움	기분이 매우 좋음	극심한 두려움을 느낌
매우 화남	흥분되거나 짜증남	방어적, 공격적

2) 고양이의 눈

우리는 고양이의 감정을 이해하려면 그들의 꼬리뿐만 아니라 눈으로도 파악이 가능하다. 누구나 다 알고 있듯이 동공은 어두운 곳에 있을 때 확대가 되는데 그 이유는 동공이 확대되면 더 많은 빛과 주변의 정보를 받아들일 수 있기 때문이다. 그러나 투쟁이나 도피의 반응을 보일 때도 동공이 확대된다. 고양이는 위험에 처해 있을 때 동공을 확장시켜 주변의 정보를 더 많이 수집하고, 자기를 보호하고 피신할 수 있는 다양한 방법을 확보해놓는다. 따라서 동공이 확대돼 있을 때 고양이는 방어적인 상태일 가능성이 높을 수 있고, 반대로 동공이 수축되어 있을 때 편안한 상태일 가능성이 높을 수 있다.

동공의 확대와 축소뿐만 아니라 눈을 어떻게 사용하고 있는지 파악하는 것도 고양이의 감정을 이해할 수 있다. 고양이가 무언가를 뚫어지게 바라보고 있다는 것은 일반적으로 도전의 의미를 가지고 있는데 고양이가 얼마나 집중해서 그 무언가를 응시하고 있는지에 따라 도전적의 정도를 파악할 수 있다. 또한 다른 고양이의 시선을 피하고 다니는 것은 상대방과 싸울 수 있는 기회를 줄어들기 위해서이고, 만족하거나 편안한 상태일 때는 눈을 천천히 깜빡거린다. 따라서 고양이들이 서로 처음에 만나거나 의사소통을 할 때 그들이 눈을 천천히 깜빡거리며 기다린다.

3) 고양이의 자세로 감정 상태 알아보기

길에서 생활하는 고양이는 사냥감을 찾거나 외부의 적을 경계하느라 무방비로 지낼 수밖에 없는데 그 반면에 집에서 사는 고양이는 밥을 굶거나 적에게 공격당할 위험이 없기 때문에 비교적 안전한 환경에서 생활한다. 즉, 집에서 키운 고양이는 혹독한 자연에서 살아가는 고양이와 달리 대체로 차분한 상태로 시간을 보낸다. 비록 차분한 상태로 시간을 보내지만 가끔 집에 모르는 사람이 들어오면 경계하기도 하고 병에 걸리면 몸을 움츠리기도 하기 때문에 몸의 이상을 눈치 챌 수 있도록 평소에 고양이의 자세를 많이 관찰하고 이해하는 것이 좋을 것이다.

① 자신의 몸을 부풀리는 것

다리를 쭉 펴고 등과 꼬리의 털을 잔뜩 부풀리고 엉덩이를 위로 올리는 자세로 자신의 몸집이 커 보이도록 하는 것을 말하는데 일반적으로 화난 고양이에게 볼 수 있는 자세이다. 이 자세를 통해 적으로 간주한 상대방을 쫓아내려고 할 때가 있고 자신만만하게 힘을 과시할 경우도 있다. 이런 상태의 고양이는 언제든지 싸울 준비가 되어 있기 때문에 달래려고 만지다가 크게 다칠 수 있다. 따라서 이럴 때 가급적이면 다가가지 말고 고양이가 진정할 때까지 그냥 기다려

주는 것이 좋다.

② 자신의 몸을 움츠리는 것

갑자기 모르는 사람이 집에 들어오거나 큰 소리가 나서 공포감을 느끼면 자세를 낮추고 꼬리를 뒷다리 사이에 넣어 몸을 움츠린다. 이러한 행동은 자신이 적의감이 없다는 것을 상대방에게 표현해주기 위해서인데 궁지에 몰린다면 어쩔 수 없이 공격하겠지만 그것은 최후의 수단일 뿐이다. 이럴 때는 불안정한 상태라서 건드리다가 공격을 당할 수 있고 고양이가 더 공포감을 느껴 많은 스트레스를 받을 수 있기 때문에 그 자리에서 피하는 것이 좋을 것이다.

③ 몸을 둥글게 마는 것

앉는 자세를 보면 고양이가 얼마나 편안한지 알 수가 있다. 야생에서 사는 고양이는 언제 적에게 습격을 당할지 몰라 주변을 경계하면서 언제든지 도망갈 수 있는 자세를 취할 때가 많지만 집에서 사는 고양이는 이럴 필요가 없기 때문에 대부분은 편안한 자세를 취한다. 발바닥을  바닥에 붙이고 앉는 자세는 긴장을 완전히 풀지 않고 곧바로 도망갈 수 있도록 경계하는 상태이고 편히 쉴 때는 흔히 말하는 식빵자세, 즉 앞다리와 뒷다리를 몸 아래로 집어넣고 앉는 자세를 말하고 다리를 옆으로 눕히는 자세, 사람처럼 벌러덩 드러눕는 자세가 있다.

배를 내밀고 무방비한 상태로 드러눕는 자세와 앞발을 몸 아래로 집어넣는 식빵자세는 마음이 매우 편안할 때 많이 취하는 자세이다. 이러한 자세는 적을 만났을 때 바로 도망가기 어려운 자세이므로 이러한 자세를 취할 때는

경계하지 않고 긴장하지 않다는 의미로 이해할 수 있기 때문에 편안한 상태가 아니면 이런 자세를 결코 취하지 못할 것이다. 특히 배는 고양이에게는 급소인데 배를 보여준다는 것은 상대방을 믿는다는 증거이고 마음이 그만큼 편안하다는 표시이다.

④ 기분 전환을 위한 기지개 켜기

요가 동작 중에 '고양이 자세'가 있는데 엎드린 채 상반신을 쭉 펴는 동작이다. 지극히 고양이다운 몸짓이지만 고양이가 이 몸짓으로 딱히 뭔가를 어필하려는 것은 아니고 고양이도 사람처럼 단순히 긴장을 풀거나 기분을 전환하려고 기지개를 켠다. 고양이는 기지개를 한 번 켬으로써 기분이 좋아졌다면 그 좋은 기분을 또 느끼고 싶어하여 조건반사처럼 기지개 켜기를 반복하기도 한다. 기지개를 켜는 타이밍은 고양이마다 다른데 보호자와 놀다가 질렸을 때 기지개를 켜기도 하고 아침에 일어난 직후, 밤에 잠들기 전에도 기지개를 켜는 모습을 볼 수 있다.

기분 전환을 위해서 기지개를 켜기도 하지만 기지개를 켜면 혈액 순환에도 도움이 될 수 있다. 한동안 같은 자세로 취하면 근육이 뭉치거나 혈액순환이 나빠질 수 있으므로 기지개를 켬으로써 몸을 풀고 혈액순환을 개선하는 효과가 있다. 그러나 관절이 아프면 기지개를 켜지 못하므로 자신의 고양이가 장기적으로 기지개를 켜지 못한다면 관절이 문제가 있는지 확인해볼 필요가 있다.

⑤ '골골'거리는 고양이

고양이를 키우는 사람이라면 고양이의 목에서 모터가 돌아가는 듯한 특유한 '골골'거리는 소리를 들어본 적이 있었을 것이다. 원래는 새끼 고양이가 어미젖을 먹을 때 '골골'하는 소리를 내지만 다 큰 고양이에게서도 이러한 소리를 들을 수 있다. 일반적으로 고양이를 부드럽게 쓰다듬어 줄 때나 밥을 먹을 때, 잠이 들기 전, 어리광을 부리는 등 느긋하고 기분이 좋은 경우에 이러한 소리를 낸다고 알려져 왔는데 최근에 연구결과에 의하면 큰 상처를 입거나 아플 때 이 소리를 내기도 한다고 한다. 단, 몸 상태가 좋지 않을 때 내는 '골골' 소리는 편안할 때 내는 '골골' 소리와 다르다.

3. 고양이 행동의 이해

1) 자기의 구역에 자기의 냄새를 묻힌다

동물은 본능적으로 충분한 먹이가 확보되고 안전하게 숨을 수 있는 곳, 즉 자신의 구역(세력권)을 만든다. 사람이 키우는 고양이는 자신이 살고 있는 집을 자신의 구역으로 여기며, 가구 등에 몸을 문질러 자신의 냄새를 묻혀둔다. 자신의 냄새가 나는 장소에 대해서는 안심할 수 있기 때문이다. 그래서 집에서 키우는 고양이가 집에서 벗어나게 되면 불안감과 긴장감, 공포감을 느낄 수 있어서 일반적으로 강아지처럼 고양이에게 산책을 시키지 않는다.

따라서 고양이가 보호자의 팔과 다리 또는 가구에 머리를 비비거나 그것을 꼬리로 감싸는 행위는 인사를 하는 동시에 자신의 냄새를 묻히는 것이다. 고양이의 얼굴 주변과 꼬리가 달려 있는 부분에는 냄새 분비샘이 있고 고양이들끼리도 머리를 서로 비비면서 인사를 나누고 동료의 징표인 냄새를 묻힌다.

2) 그루밍은 기분을 안정시킨다

고양이는 자신의 털을 핥으면 기분이 안정될 수 있어서 긴장이나 불안을 해소하기 위해 일부러 그루밍을 하기도 한다. 마음을 안정시키려고 그루밍을 하기도 하지만 어떠한 실수를 했을 때 그루밍을 하기도 한다. 지나친 스트레스를 받으면 손톱을 물어뜯는 사람처럼 고양이들도 자신의 몸을 핥음으로써 스트레스를 해소하려고 한다. 보호자에게 혼났거나 높은 곳에서 뛰어 내려오다가 넘어지는 등의 경우에도 그 긴장감을 풀기 위해 바로 자신의 몸, 특히 앞발을 핥는 모습을 볼 수 있을 것이다. 불안, 공포, 스트레스 등을 발산하려고 하는 그루밍은 '대체행동 (displacement behavior)'이라고 부르는 현상이다.

3) 고양이의 발톱을 가는 습성

고양이에게 발톱은 살아가는 데 매우 중요한 부위이고 발톱을 가는 이유도 여러 가지가 있다. 뾰족한 발톱으로 사냥감을 잡을 때 비교적 쉬워질 수 있고 오래된 발톱 층을 벗기고 날카로운 발톱을 유지하기 위해 발톱을 간다. 또한 할퀸 자국과 발바닥 냄새로 마킹하려 할 때, 즉 영역을 주장할 때 발톱을 갈고 초조함을 해소하려고 할 때도 발톱을 가는데 발톱 갈기는 고양이의 습성이므로 억지로 막을 수 없다.

발톱 갈기는 마킹 행위이고 마킹은 고양이의 습성이므로 막을 수 없다. 마킹을 할 때에는 발톱을 가는 행위로 할퀸 흔적과 발바닥 냄새를 남겨 자신의 영역을 주장하고 자신의 몸집이 커 보이게 하고 싶어서 가능한 한 높은 위치에 할퀸 흔적을 남긴다.

4) 뒷발차기는 사냥 연습

고양이는 사냥 본능이 강해서 움직이는 물체를 쫓거나 잡는 포식 행동을 자주 볼 수 있는데 사람의 손이나 인형을 감싸 안고 뒷발로 차는 행동도 그중에 하나이다. 이 귀여운 고양이 뒷발차기는 고양이의 사냥 본능에서 비롯한 행동이고 야생에서 사는 고양이는 사냥감을 앞발로 붙잡은 뒤에

뒷발을 이용하여 사냥감을 분리하기 위해 뒷발차기를 한다. 이러한 고양이 뒷발차기 행동은 사람의 손뿐만 아니라 장난감 등을 통해서도 볼 수 있는데 꼭 사냥을 위해서가 아닌 사냥감을 만났을 때를 대비한 연습 행동으로 볼 수도 있다.

또한 고양이가 뛰거나 점프를 할 때 대부분의 힘은 뒷발에서 나오기 때문에 앞발보다 힘이 더 세서 사냥감을 붙잡을 경우 뒷발을 이용하여 사냥감을 분리시키는 행동으로 해석할 수 있지만 주변 고양이나 보호자와 놀 때 자기가 싫어하는 행동을 하면 그 행동을 멈추게 하려고 뒷발을 차기도 한다.

5) 우열을 위해 싸움을 한다

야생에서 하는 고양이들이 처음 만나게 되면 싸움을 하곤 하는데 자신의 구역을 지키기 위해서 그리고 우열을 가르기 위한 행동이다. 한 번 승패가 결정이 나면 그 이후에는 싸움이 일어나지 않고 길에서 약한 쪽이 강한 쪽을 발견하게 되면 길을 양보해준다.

여러 마리의 고양이가 함께 집에서 사는 경우에는 영역을 확보하기 위해 싸우는 경우가 있는데 아무래도 고양이는 자신의 영역을 중요하게 여기는 동물이라 영역을

침범 받았다고 느끼게 되면 예민해지고 스트레스를 받아 싸움으로 이어질 수 있다. 일반적으로 시간이 지나면 자연스럽게 영역분류에 의해 중첩된 세력권을 공유하게 되지만 때로 그것이 싸움으로 발전하는 경우가 있어서 이럴 때는 각각의 고양이에 게 자신만의 영역을 제공해주는 것이 좋고 각자 편하게 쉴 수 있는 공간을 만들어 주면 싸움을 줄일 수 있다.

4. 고양이의 문제 행동

1) 고양이에게 깨무는 것은 본능인가

고양이가 열심히 놀다가 흥분하 게 되면 갑자기 보호자의 손을 깨 무는 경우가 있고 무심코 걷다가도 고양이에게 물린 경우도 있다. 고양 이에게 깨무는 행동은 본능적이고 사냥감을 포식하는 행동이라고 볼 수 있다. 특히 새끼 고양이 같은 경 우에는 여러 가지의 물건을 깨물면서 사냥 연습을 하는데 새끼일 때는 경험이 부족 하므로 깨무는 힘을 잘 조절하지 못한다. 생후 2개월부터 다른 고양이와 싸우는 일 이 잦고 상대를 너무 강하게 깨물어 화나게 만들기도 하는데 이런 연습을 통해 고 양이들이 깨무는 강도를 익힌다.

고양이들이 깨무는 것은 기본적으로 사냥 훈련이지만 스트레스 때문에 생긴 공 격 행동일 수도 있다. 따라서 고양이가 깨물 때 무작정 혼내거나 억지로 그만두게 하기보다는 상대방을 공격하는 이유를 알아낸 후에 적절하게 대처하는 것이 좋을 것이다.

고양이와 함께 놀다가 고양이가 흥분해서 사람을 깨물면 철저히 무시(무반응)를 해야 한다. 그러면 고양이는 흥미를 잃어버리게 되고 반복적으로 이러한 훈련을 하 면 사람의 손을 깨무는 행동을 줄일 수 있고 놀아줄 때는 사람의 손 대신에 장난감을 물도록 하면 고양이에게 물리는 일도 줄일 수 있다.

2) 고양이도 마킹을 한다

고양이는 특정한 장소에 자신의 소변이나 체취를 묻혀 영역을 주장하는데 이러한 행동을 마킹(marking)이라고 한다. 특히 길에서 생활하는 어른이 된 수고양이의 경우에는 서서 뒤로 소변을 보는 'spray'라고 불리는 행동을 통해서 냄새를 남기며 자신의 영역을 확보한다. 생리적으로 배뇨할 때와는 달리 자신의 존재를 주장하려는 목적이므로 냄새가 강한 소변을 광범위하게 뿌린다. 중성화 수술을 하면 스프레이 행동이 줄어들 수 있지만 완전히 사라지지 않는다.

수컷 고양이는 암컷 고양이에 비해 마킹의 횟수가 많고 냄새도 강하다. 그 이유는 암컷은 음식만 확보할 수 있다면 영역에 집착을 하지 않지만 수컷은 번식을 하기 위해 암컷을 독차지해야 하기 때문이다. 그러나 이러한 스프레이 행위는 길에서 지내는 고양이뿐만 아니라 집에서 키우고 있는 반려묘에게도 나타날 수 있다. 예를 들어, 두 마리 이상인 다묘 가정에서 스프레이 행위를 자주 볼 수 있다면 그것은 반려묘들이 서로 아직 친하지 않아 서로를 견제하는 것을 의미한다. 특히 영역 본능이 강한 수컷 고양이들에게 더욱 많이 관찰할 수 있다. 따라서 다묘 가정에서 반려묘들이 서로 친해질 수 있도록 보호자가 도와주는 것도 중요하지만 각자 자기의 영역 즉, 휴식공간을 확보해주는 것이 더욱 중요하다. 또한 자극을 받아 스프레이 행위를 하는 고양이들도 있는데 특히 작은 변화에도 민감한 고양이들에게 더욱 많이 나타날 수 있다. 예민한 고양이들은 창밖으로 지나가는 고양이를 보고도 스프레이 행동을 할 수 있고, 가구의 배치에도 자극을 받아 스프레이 행동을 할 수 있다. 만약 내가 키우고 있는 반려묘가 작은 자극으로 인해 스프레이 행위를 자주 한다면, 가급적이면 생활환경에 변화를 주지 않는 것이 좋다. 스프레이는 어찌보면 고양이의 본능적인 행위이므로 스프레이 행동을 한다고 해서 야단을 치면 오히려 스트레스의 강도와 스프레이의 횟수를 높일 수 있다.

정서적 문제나 건강 상태의 이상으로 인해 스프레이가 아닌 부적절한 배설 행동도 할 수 있다. 새로운 동물이 가족으로 들어오게 되거나 이사 등과 같은 환경의 변화가 생기면 고양이가 불안감과 스트레스를 받아 부적절한 배설 행동을 할 수 있고, 보호자가 장기적으로 집을 비우거나 화장실에 대한 불만이 있을 때도 부적절한 배설 행동이 나타날 수 있다. 고양이는 무언가의 불편함을 느끼기 때문에 일반적인 방식으로 배설을 하지 못하는 것이므로 그 불편함이 무엇인지를 보호자가 알아볼 필요가 있고, 필요 시 동물병원에 내원하여 치료를 받는 것이 좋다.

표 3-6 **스프레이 행동과 부적절한 배설의 차이점**

특징	스프레이 행동	부적절한 배설
자세	일반적으로 서서 함	앉아서 함
배설량	매우 적음	많음
소변 장소	일반적인 배설 시 화장실 사용함	좋아하는 장소에서 소변함
소변 자세	꼿꼿이 선 채 꼬리는 하늘을 향해 높이 세워 소변을 뿌림	쪼그려 앉아서 소변을 봄

사진 출처: https://www.cathealth.com/cat-care/elimination-issues/1273-cat-marking-behavior

3) 고양이의 공격행동

고양이의 공격적 행동(feline aggression)이란 사회화가 덜 된 고양이가 낯선 사람이나 동물을 발톱으로 할퀴거나 입으로 무는 등 공격적 행동을 말한다. 자신의 영역에 누가 침범했거나 낯선 사람이 다가오거나 새끼를 보호하려는 모성본능이나 질병 등에 의해서도 공격적 행동을 할 수 있다.

① 공포성 공격행동

고양이에서도 공포성 공격행동은 존재한다. 공포나 불안을 느낄 때 상대방을 공격할 수 있는데 이것을 바로 공포성 공격행동이라고 부른다. 고양이에서는 천성적 공포이거나 사회화 부족인 경우 일반적으로 도망가 버리므로 공포성 공격행동이 나타나는 일은 드물지만 도망갈 곳이 없는 경우나 체벌이 가해지는 경우는 방어적으로 상대방을 공격하는 경우도 적지 않다.

② 전가성 공격행동

전가성 공격행동이라는 것은 어떠한 원인에 의해 고양이의 각성도가 높아져 있는, 즉 흥분되어 있는 고양이에게 접근하다가 갑자기 공격을 당하는 것을 말한다. 특히 흥분하기 쉬운 고양이에서는 이러한 종류의 공격행동이 많이 보이는데 보통 보호자는 원인을 파악하지 못하고 지나치기 때문에 어떤 징조와 원인도 없이 고양이에게 공격을 당할 때가 있다.

③ 애무 유발성 공격행동

고양이가 쓰다듬어 달라는 표정으로 무릎 위에 와 앉아 만져주었더니 갑자기 무는 경우를 보호자라면 한 번쯤은 다 경험해 보았을 것이다. 이는 사람이 쓰다듬어 줄 때 유발되는 공격행동으로 '애무유발성 공격행동'이라고 부르고 수컷에서 많이 볼 수 있지만 정확한 원인은 아직도 밝혀지지 않았다.

그러나 고양이 자신뿐만 아니라 다른 고양이에게 그루밍 하는 것을 관찰해보면 횟수는 많지만 지속시간이 짧고 서로 핥는 스트로크도 그렇게 길지 않다. 이에 반해, 사람은 지속적으로 긴 스트로크로 쓰다듬으려고 하는데 이러한 애무패턴에 익숙하지 않은 고양이의 입장에서는 관용한계를 초과했기 때문에 갑자기 무는 것이라는 설이 있다.

5. 고양이와 친해지는 방법

1) 고양이는 이런 사람을 싫어한다

고양이를 갑자기 끌어안고 뺨을 부비거나 아무 이유 없이 고양이의 이름을 부르거나 큰 소리를 지르거나 고양이를 집요하게 만지는 행동은 고양이가 매우 싫어한다. 왜냐하면, 고양이는 몸을 자유롭게 움직일 수 없게 하거나 깜짝 놀라게 하면 불안해지기 때문이다. 따라서 이러한 행동을 하는 사람은 고양이들이 매우 싫어한다. 반대로 여유로운 동작으로 부드럽고 놀라게 하지 않게 다가가 다정하게 말을 걸어주는 사람은 훨씬 더 편안해 한다.

그리고 고양이는 부드러운 말투를 쓰면서 높은 목소리로 말을 걸어주고 동작이 크지 않고 여유롭게 묻어나는 여성을 남성보다 더 좋아하는 설이 있는데 아마도 남성은 비교적으로 덩치가 크고 낮은 목소리에 동작이 커서 고양이에게는 위협적인 존재로 느껴질 수가 있다. 사람이 위에서 고양이를 내려다보는 것 또한 고양이의 입장에서는 매우 무서운 일이기 때문에 고양이에게 말을 걸거나 고양이를 만지려면 몸을 웅크려 고양이와 시선을 맞추는 것이 좋다. 쓰다듬을 때도 반응이나 평소 행동을 관찰해 함께 살고 있는 고양이가 어떤 성향을 가지고 있는지 잘 파악하여 그것에 맞춰 주는 것도 고양이와 친해지는 데 도움이 될 수 있다.

2) 고양이에게 이렇게 놀아 준다

놀이는 고양이에게 매우 중요하고 고양이와 함께 노는 것을 통해 고양이의 운동 부족을 해소해 줄 수 있고 서로 교감도 할 수 있다. 놀이가 고양이의 정신과 신체를 단련하고 건강하게 만들 수 있기 때문에 어렸을 때부터 많이 놀아 주는 것이 좋다. 그러나 나이가 들수록 놀이에 흥미가 떨어질 수 있기 때문에 나이에 맞는 장난감이나 노는 방법을 고민할 필요가 있고 근력이 쇠퇴하는 것을 막으려면 너무 무리하지 않은 범위 내에서 놀아주는 것이 중요하다.

고양이의 사냥 본능을 자극할 수 있는 놀이가 좋고 고양이의 눈앞에서 장난감을 흔들면서 위로 뛰어오르도록 하는 놀이가 좋다. 끈이 달려 있는 인형이나 쥐, 벌레, 새의 움직임을 흉내내는 장난감, 또는 공을 힘껏 굴리면서 그것에 덤벼들을 수 있는 등 일정하고 규칙적인 움직임이 아니라 갑자기 움직이거나 멈추는 놀이 방법은 고양이에게 더욱 흥미롭고 즐거운 느낌을 줄 수 있다.

그러나 똑같은 장난감으로만 놀면 쉽게 질려서 흥미를 잃어버릴 수 있기 때문에 새 장난감을 준비해 새로운 자극을 주는 것이 좋다. 그리고 고양이가 놀이에 너무 열중하다 보니 다칠 수 있으므로 고양이와 놀 때 주변에 있는 물건들을 치워두는 것이 필요하고 레이저 포인터와 같은 장난감은 고양이의 눈을 향하면 위험할 수 있으니 고양이에게 불빛이 직접 닿지 않도록 주의해야 한다.

3) 고양이를 만지는 방법

고양이와의 커뮤니케이션을 즐기고 싶다면 올바른 스킨십이 매우 중요하다. 스킨십은 고양이와 사람 간의 마음을 평온하게 만들어 주고 날마다 서로 쓰다듬으면 신뢰도 쌓을 수도 있다. 또한 고양이의 몸을 쓰다듬어주는 것은 스킨십의 역할을 할 뿐만 아니라 몸에 부종이 있는지, 탈모가 있는지 등을 확인해볼 수 있어서 질병을 일찍 발견할 수 있는 기회가 된다.

그러나 고양이를 쓰다듬을 때 주의해야 할 점은 집요하게 쓰다듬지 않는 것이다. 고양이가 꼬리를 좌우로 흔들기 시작하거나 귀를 뒤쪽으로 늘어뜨리는 행동은 '이제 그만 만져'라는 신호일 수도 있어서 이런 신호를 보게 되면 바로 동작을 멈추는 것이 좋을 것이다.

일반적으로 고양이는 얼굴, 목 주변 등을 만져주면 좋아하고 급소인 배를 비롯해서 발, 꼬리를 만지면 싫어한다. 고양이마다 다를 수도 있기 때문에 자신의 고양이가 어떤 부위를 만져주는 것을 좋아하는지 잘 파악하여 그곳을 중점적으로 쓰다듬어주면 좋을 것이다.

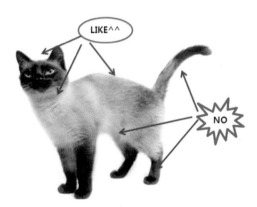

―― 일반적으로 좋아하는 부위와 싫어하는 부위

4) 안기는 것을 좋아하게 만들자

기본적으로 고양이는 사람에게 안기는 것을 싫어한다. 사람에게 안겨 옴짝달싹하지 못하면 위험한 일이 생겼을 때 곧바로 행동할 수 없기 때문이다. 또한 잘못된 방법으로 안는 탓에 안기기를 싫어할 수도 있어서 인형을 안듯이 고양이를 함부로 안는 것은 바람직하지 않고 안기기를 싫어하는 고양이를 억지로 안으려 해서도 안 된다.

고양이가 다가왔다고 해서 갑작스럽게 안아 올리려고 하면 고양이는 놀랄 수 있어서 고양이를 안기 전에 이름을 먼저 부르고 안는 것이 좋고 고양이를 안을 때마다 이름을 먼저 부르면 나중에 고양이도 이제 안기겠다는 것을 인식할 수 있을 것이다. 그리고 고양이를 안을 때 고양이의 양 옆구리에 손을 넣고 올린 후에 바로 한 손으로 엉덩이를 받치는 것이 좋고 고양이의 몸을 감싸듯이 안으면 고양이가 안정감을 느낄 수 있다.

CHAPTER 06

기니피그에 대한 이해

1. 기니피그 행동의 이해

1) 기니피그의 거짓 없는 행동

기니피그는 겁이 매우 많은 동물이고 아주 작은 소리와 움직임에도 깜짝 놀랄 수 있기 때문에 처음 기니피그를 키울 때 겁을 먹지 않게 신경을 써야 한다. 기니피그의 행동을 통해 심리를 파악하는 것은 어려운 일이 아니다. 기니피그의 시력은 그다지 좋지 않지만 서로의 행동으로 분위기를 파악할  수 있고 보호자가 조금만 관심을 기울이면 기니피그의 행동이 무엇을 뜻하는지 쉽게 이해할 수 있을 것이다. 기니피그는 기분이 좋을 때와 나쁠 때 정확하게 자신의 감정을 행동으로 표현한다. 평소에는 맛있는 간식을 줄 때 정말 기쁘다는 듯이 보호자에게 다가가 두발로 서서 빨리 맛있는 것을 달라고 재촉하고 애교를 부릴 때가 있고 기분이 좋을 때 케이지 안에서 날뛰기도 한다.

또한 케이지에 가만히 누워 있거나 하품을 할 때가 있는데 그것이 일반적으로 케이지 안이 편하고 안전하다고 생각할 때 나타나는 모습이다. 위협을 느꼈을 때, 수컷들끼리 서로 공격할 때, 몸에 어떤 이상이 느껴질 때, 날씨가 너무 추울 때 털을 세우고 같은 포즈로 계속 멈춰 있고 눈을 크게 뜨고 있을 때는 낯선 소리나 큰 소리에 놀랐을 때 나타나는 모습이다. 또한 동료들끼리 놀면서 폴짝폴짝 뛰거나 서로 뒤쫓는 행동을 보이지만 기분이 좋다는 의미로 가끔 혼자 있을 때도 이러한 행동을 보인다. 그러나 이러한 행동은 보통 어렸을 때 많이 나타나고 성체가 되면 거의 하지 않는다.

2) 기니피그도 소리를 내어 표현한다

기니피그는 다른 동물에 비해 우는 소리가 매우 독특하다. 기니피그는 소리로 자신의 기분을 표현하기도 하고 다른 기니피그와 간단하게 의사소통을 할 때도 사용한다. 시끄러운 소리가 아니기 때문에 방에서 키워도 크게 방해가 되지 않고 보호자가 소리로 인해 스트레스를 받을 일도 별로 없다. 그리고 기니피그가 내는 소리에 대해 이해하고 있다면 기니피그의 기분과 욕구를 파악하는 데 도움이 될 것이다.

표 3-7 기니피그의 울음소리

꾸잉꾸잉	반가운 보호자가 나타났거나 먹이를 줄 때 흥분하면서 내는 소리이다. 야생에서는 다른 동료가 없어졌을 때 찾으려고 이 소리를 내기도 한다.
가르릉 소리	기분이 매우 좋을 때 내는 소리이고 고양이의 '골골' 소리와 매우 유사하다.
삐익 삐익	통증이 있거나 위협을 느꼈을 때 내는 소리로 '꾸잉 꾸잉' 소리보다 강하고 날카롭다.

3) 무리생활의 동물이다

기니피그는 야생에서부터 같은 동료들끼리 무리를 지어 함께 다니면서 생활하곤 했고 야생에서의 기니피그 무리 중에 수컷은 한 마리만 존재했고 암컷과 사이에 수컷 새끼가 태어나면 아빠 기니피그는 새끼가 어느 정도 컸을 때 무리 밖으로 쫓아내버렸다. 그러나 집에서 키우는 기니피그의 경우에는 어느 정도 무리습성을 가지고 있지만 야생에서 사는 수컷 기니피그와 달리 잘 지낸다. 단 주의해야 할 점은 수컷들끼리 키우는 케이지에 암컷이 있는 경우에는 수컷들이 그 암컷을 차지하기 위해 싸울 수 있어서 수컷들끼리 한 케이지에 키울 때 암컷을 같은 케이지에 넣어 키우면 안 된다.

집에서 키우는 기니피그들 사이에도 서열과 같은 지위가 있고 몸짓과 소리로 간단하게 의사소통을 하는데 예를 들어, 기니피그들끼리 서로 몸을 문지르는 사회적 그루밍 행동을 보이고 서열을 정리하기 위해 다른 기니피그의 털을 물어 뜨는 경우도 있으며 간혹 상대방의 귀 또는 코를 물어 상처가 나기도 한다.

4) 스스로 그루밍을 한다

기니피그가 갑자기 벌떡 서서 앞발을 모은 다음에 몸을 손질하는 모습을 많이 볼 수 있을 텐데 기니피그가 직접 자신의 털을 손질하는 그루밍 행동을 볼 수 있다. 그루밍을 할 때나 목욕을 시킬 때 가끔 눈에서 하얀 분비물이 나오기도 하는데 이것은 눈을 보호하고 깨끗하게 해주는 역할을 하기 때문에 걱정하지 않아도 된다. 그러나 기니피그가 몸을 심하게 긁는 행동을 보인다면 그루밍하는 것이 아니라 기생충이나 다른 피부병일 수도 있어서 몸 상태를 자주 확인할 필요가 있다.

5) 대변을 아무 곳에 본다

기니피그의 대변은 토끼의 대변처럼 모양이 잡혀 있고 냄새도 나지 않아 치울 때 소변보다 훨씬 수월하다. 그리고 기니피그의 대변 중에 식변이라는 변이 있는데 이 변은 영양가가 매우 풍부해서 기니피그들이 그것을 먹는다. 기니피그를 처음으로 키우는 보호자들이 이러한 모습을 보고 경악할 수 있지만 지극히 정상적인 행동이니 걱정하지 않아도 된다.

기니피그들은 대변을 아무 곳에서 보지만 소변은 일반적으로 구석에서 본다. 정확한 이유가 아직 밝혀지지 않았지만 대부분의 기니피그들이 구석에서 소변을 보기 때문에 이 습관을 잘 이용하면 소변훈련을 잘 시킬 수 있다. 그러나 모든 기니피그가 구석에서 소변을 보는 것이 아니다. 특히 여러 마리의 수컷을 키우는 경우에 서로 경쟁자로 생각하여 아무 곳에나 소변을 보는 경우도 있다.

2. 기니피그와 친해지기

1) 음식을 이용해서 친해지기

기니피그를 길들일 때는 무한한 인내심이 필요하고 그들의 행동을 이해할 수 있는 마음이 필요하다. 기니피그는 자신이 왜 잘 못했는지 모르기 때문에 화를 내거나 때린다면 오히려 보호자를 무서워하게 되어 친해지기가 더 어려워질 수 있다. 기니피그는 이름 뒤에 '돼지(pig)'라는 말에서 느낄 수 있듯이 음식에 대한 애착이 크고 평소에 보호자에 관심이 없어보여도 맛있는 음식이 있으면 보호자에게 사랑스럽게 보이려고 애교를 부리는 기니피그도 있다.

음식을 이용하여 기니피그를 길들이는 방법은 여러 가지가 있는데 대표적인 것은 핸드 피딩을 들 수 있다. 핸드 피딩은 손으로 직접 음식을 기니피기에게 먹이는 방법인데 이 방법을 계속 이용하다 보면 나중에 기니피그가 보호자의 손만 보아도 간식을 주는 줄 알고 매우 반가워하는 모습을 볼 수 있을 것이다.

2) 풀어 주고 놀아주기

기니피그는 겁이 많은 동물이지만 동시에 호기심도 많은 편이어서 가끔 케이지에서 꺼내 방에다 풀어주고 같이 놀아주면 금방 친해질 수 있다. 이때 방의 구석구석에 맛있는 간식을 숨겨놓으면 기니피그가 그것을 찾아 먹느라고 왔다갔다 하면서 운동을 하게 되기도 하고 즐거워 하기도 한다. 기니피그를 방에 풀어놓고 놀아 줄 때 방에 있는 위험한 물건들을 다 치워야 하고 기니피그가 호기심이 많기 때문에 이것저것 물어뜯을 수 있다. 그래서 전기콘센트와 같은 것을 반드시 치워야 하고 화초를 뜯어먹을 수도 있기 때무에 화분도 반드시 치워버려야 한다.

3) 좋은 기억 심어주기

기니피그는 생각보다 기억력이 매우 좋은 동물이다. 물론 아주 세심한 것까지 기억하지는 못하지만 보호자에 의해 좋은 경험을 했다면 그것을 계속 기억할 수 있다. 예를 들어, 기니피그는 봉지소리만 들어도 기분이 매우 좋아지는데 그 이유는 보호자가 건초를 꺼낼 때 나는 봉지소리 때문이다. 봉지소리만 들어도 기분이 좋아서 케이지 안에서 폴짝폴짝 뛴다거나 입맛을 다시면서 케이지 문 앞에서 기다리기도 한다. 따라서 보호자가 매일 기니피그에게 좋은 기억을 심어준다면 언젠가는 보호자가 집안에 들어오는 소리만 들어도 매우 행복한 모습을 볼 수 있을 것이다.

3. 핸들링의 요령

1) 핸들링 할 때 주의할 점

핸들링은 기니피그와 좀 더 가까워지고 친해질 수 있는 방법 중에 하나이다. 보호자의 핸들링에 익숙한 기니피그는 보호자가 껴안거나 손으로 들어도 버둥거리지 않지만 그렇지 못한 경우에는 기니피그를 들었을 때 몸부림을 치거나 잘못하면 바닥에 떨어져 다칠 수도 있다. 기니피그의 몸은 둥글둥글하지만 뼈가 매우 약하기 때문에 잘 못해서 떨어뜨리기라도 한다면 뼈가 부러질 수도 있고 이빨이나 다른 부분이 다칠 수도 있어서 핸들링을 할 때 매주 조심해야 한다.

핸들링을 할 때 양손을 이용해야 하고 한 손은 엉덩이를 받치고 다른 한 손은 가슴 쪽을 안정감 있게 잡아주어야 한다. 핸들링에 익숙하지 않은 기니피그는 버둥거릴 수도 있는데 너무 심하게 버둥거린다고 생각되면 케이지에 다시 넣어주는 것이 좋고 간식으로 살살 달래면서 어느 정도 친해진 다음에 살짝 들어 올리는 것이 좋다. 가끔 성질이 약간 나쁜 기니피그의 경우는 보호자를 물기도 하는데 이럴 때는 바닥에 떨어뜨리지 않도록 하고 억지로 핸들링을 하려고 하지 말고 케이지 안에 다시 넣어 주는 것이 좋다. 핸들링을 할 때 잘 못하면 기니피그가 핸들링에 대한 안 좋은 기억을 가지게 되고 앞으로 핸들링을 할 때 더욱 어려워질 수 있어서 급하지 않게 점차적으로 핸들링을 시키는 것이 좋을 것이다.

2) 손으로 간식주기

처음에 기니피그를 집에 데리고 왔을 때 새로운 환경에 적응할 시간이 필요하고, 낯선 곳에 대한 두려움이 있어 케이즈나 은신처에 들어가 나오지 않으려고 한다. 그러나 기니피그들은 음식을 워낙 좋아해서 2~3일 정도 지난 뒤

에 손으로 좋아하는 채소나 과일 등의 간식을 직접 주면 조심스럽게 먹곤 한다. 그렇게 지속적으로 핸드 피딩(hand feeding)을 시도하다 보면 보호자의 손을 익숙해져 금방 친해질 수 있다.

　간식을 먹일 때 한 손으로는 간식을 주고 다른 손으로는 기니피그의 이마를 쓰다듬어 주는 것도 좋다. 그리고 핸드 피딩을 할 때 한 번에 성공하지 못할 수도 있는데 보호자가 주는 간식을 피한다고 해서 너무 섭섭해하지 말고, 매일 꾸준히 인내심을 가지고 먹이면 성공할 수 있을 것이다.

페럿에 대한 이해

1. 페럿은 어떤 동물일까요?

페럿이 반려동물로 인간과 함께 한 역사는 무려 2500년이 되었고 기원 전 4세기부터 긴털 족제비를 길들여 사냥용으로 사용했다고 한다. 페럿의 수명은 8-10년이고 어른 페럿이 될 때까지 약 6개월의 시간이 걸린다. 암컷은 몸길이 약 30-38cm이고, 수컷 50cm 안팎으로 되

며 몸무게 대략 2kg 미만인 소동물로 구부리기 쉬운 골격구조를 가지고 있다. 몸통이 흐물흐물하여 머리만 통과할 수 있다면 작은 틈도 빠져 나가는 아주 유연한 동물이다. 호기심이 강하고 사람과 친화적이며 활발한 성격으로 노는 것을 매우 좋아하는데 특히 잡기놀이를 좋아한다. 높은 곳에 올라가기, 좁은 틈에서 돌아다니기, 사람 곁에 앉거나 비비기도 좋아한다.

2. 페럿 행동의 이해

1) 목 물기(alligator roll)

일반적으로 페럿들은 다른 동료들과 함께 놀고 있을 때 상대방의 목을 무는 행동을 보인다. 한 페럿이 다른 페럿의 목덜미를 물고 뒤집으면서 노는데 이 행동은 서열을 정하는 데 있어서 매우 중요한 행동이다. 상대방의 목을 물고 계속 뒤집는 쪽(알파 페럿)은 서열이 높은 것으로 나타나고 뒤집힘을 당하는 쪽은 서열이 낮은 것으로 나타난다. 간혹 혼자만 생활하는 페럿이 놀다가 흥분하면 자신이 스스로 데굴데굴 굴러다니고 어린 페럿과 일반 페럿들이 훈련을 받은 적이 없음에도 불구하고 가끔 사람의 손등, 양말, 다리 등을 목덜미를 무는 것을 시도할 때가 있다. 보호자가 이러한 행동을 보았을 때 흥미롭게 느낄 수도 있지만 페럿에게 물리게 되면 상처가 아프기 때문에 이러한 행동을 못하게 막아야 한다.

2) 구석으로 물러나기(backing into a corner)

페럿들이 구석으로 물러가는 것에 다양한 이유가 있는데 그 중에 하나는 페럿이 구석이나 벽 쪽으로 물러가면서 'hissing'의 소리를 내고 모든 털이 부어오른다면 지금 페럿이 매우 두려워하고 있다는 것을 말한다. 이 때 중요한 것은 공포감을 느끼고 있는 페럿을 붙잡거나 들어 올리면 안 되고 이런 상황에서는 부드러운 말투를 사용하고 페럿이 진정될 때까지 혼자 두는 것이 좋을 것이다. 그리고 페럿들이 두려워할 때 구석으로 물러나는 경우도 있지만 볼일을 볼 때도 이러한 행동을 한다. 따라서 자신의 페럿이 두려워서 구석으로 물러나는 것인지 볼일을 보려고 하는 것인지 파악할 필요가 있다.

3) 꼬리 부풀리기(bottle brush tail)

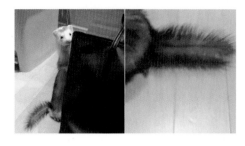

페럿들이 놀랄 때나 흥분할 때 꼬리의 털이 부풀어진다. 만약 페럿의 꼬리가 부푼 상태에서 뒤로 물어나면서 'hissing'의 소리를 낸다면 두려워한다는 것을 의미하기 때문에 이럴 때는 페럿이 진정될 때까지 만지지 말고 혼자 쉬도록 하는 것이 좋다. 그러나 페럿이 처음으로 외출을 하거나 새로운 환경을 탐색하거나 격렬한 놀이를 하는 경우에도 페럿이 매우 흥분하고 신나서 꼬리의 털이 부풀어진다.

4) 위젤 워 댄스(weasel war dance)

야생에서 사냥을 할 때나 적을 공격하기 전에 위협하는 행동 중의 하나로써 자신의 등을 거꾸로 된 U자 모양으로 만든 후 입을 벌려 양쪽으로 흔들면서 뛰는 모습인데 약간 술에 취한 사람이 춤을 추는 것처럼 보인다. 이 행동을 '위젤 워 댄스'라고 부르는데 야생성이 거의 없는 집에서 키운 반려 페럿의 경우는 신나거나 놀 때 이러한 행동을 많이 한다.

5) 사이드웨이어택(side way attack)

사이드웨이어택은 위젤 워 댄스와 비슷한 의미를 가지고 있는데 대신 사이드웨이어택은 앞뒤가 아닌 옆으로 뛰는 것이다. 너무 신나고 흥분할 때 페럿들이 옆으로 뛰어다니면서 바닥에 굴러다니거나 가구 사이로 왔다갔다 하고 입을 살짝 벌려 '찍찍'의 소리를 내는 등 스스로를 주체하지 못하는 상황에 빠져버린다. 일반적으로 이러한 행동을 보이는 페럿은 현재 매우 기쁘고 에너지가 많고 즐거운 놀이를 하는 것에 준비가 되었다는 것을 표현한다.

6) 완전히 죽은 것처럼 잔다

페럿을 키워본 적이 있는 사람이라면 페럿들이 죽은 듯이 자는 모습을 자주 보았을 것이다. 보호자가 페럿들을 들어 올려도, 콕콕 찔러도, 소리를 쳐도 그들은 여전히 깨지 않고 푹 자는데 이런 모습을 보고 신기해하면서도 웃긴다. 이렇게 자는 이유는 간단한데 바로 에너지를 보충하기 위해서이다. 페럿들은 놀 때 자신이 가지고 있는 에너지를 소모해서 활발하게 논다. 모든 활동이 끝난 후에 소모된 에너지를 회복시키기 위해서 깊은 잠이 절실히 필요하여 잘 때 완전히 죽은 것처럼 자는 것이다.

7) 작은 물건을 숨긴다

페럿들이 흔히 자신이 좋아하는 장난감, 간식, 사료 등을 물어다가 은신처나 구석, 책상 밑, 자신이 아지트로 정해놓은 곳에 숨겨 놓는다. 이것이 바로 음식을 숨기는 습성에서 비롯된 것인데 야생에서 사는 페럿들은 사냥감을 다 먹지 못했을 때 다른 포식자들이 훔쳐 먹지 못하게 자신의 은신처에 숨겨 놓는다. 그래서 집에서 키운 페럿들은 작은 보석이나, 열쇠 고리, 작은 공 등을 발이나 이빨로 잡고 끌거나 심지어 그들의 엉덩이 아래에 놓고 깔고 앉는 모습을 볼 수 있는데 이것이 습성 중에 하나이기 때문에 애써 제어하려고 하지 않아도 된다.

8) 기타

다른 페럿과 놀고 싶을 때 그 페럿과 짧게 눈을 마주치면서 정신없이 머리를 움직이는 표현을 하고 어떨 때는 짝짓기를 원하면 같은 행동을 하기도 한다. 페럿들이 불안감이나 공포감을 느낄 때 등이 경직되고 머리를 낮추는 행동을 보이는데 그것이 바로 반려견들이 두려움을 느낄 때 취하는 행동과 같다.

3. 페럿 소리의 특징

1) 구구구 소리(dooking)

페럿들이 흥분하거나 기분이 좋을 때 'dooking'의 소리를 내는데 보호자들이 가끔 페럿과 함께 놀 때 유심히 잘 들어보면 들을 수 있을 것이다. 그러나 가끔 페럿들이 흥분할 때 부드럽게 'dooking'의 소리를 내기 때문에 잘 들릴지 않을 때가 있다.

2) 히싱(hissing)

페럿들이 고통을 느끼거나 상대방을 공격하려고 할 때 'hissing'과 같은 소리를 내는데 이것을 '방어적 공격행동'이라고 부르고 이럴 때는 절대 페럿을 만지면 안 된다.

CHAPTER 08

토끼에 대한 이해

1. 토끼는 어떤 동물일까요?

토끼는 토끼목 토끼과의 포유류 동물이고 대체적으로 긴 귀와 솜뭉치 모양으로 위쪽으로 짧아 보이게 말린 꼬리를 가지며 앞다리보다 훨씬 긴 뒷다리를 이용하여 깡충깡충 뛰어다닌다. 토끼는 소리를 내지 않는 과묵한 동물이다. 하지만 위협을 느끼거나 고통스러울 때는 신음소리나 비명을 지르기도 하고 반려동물로 키우는 토끼의  경우 기분이 매우 나쁠 때 으르렁거리는 소리를 내는 경우도 있다고 한다. 수명은 대략 8-10년이고 장수하면 13년까지 살 수 있다.

2. 토끼 행동의 특징

토끼들은 성대가 퇴화된 탓에 큰소리로 울지도 못하고 신체의 다양한 위치와 제약된 발성을 사용하여 자신의 언어를 전달한다. 토끼의 세계에는 그들만의 언어가 있는데 다른 반려동물과 같이 자세, 몸짓, 행동 등을 통해 자신의 상태와 기분을 전달한다. 토끼의 언어를 알게 되면 보호자와 깊은 교감을 할 수 있고 사람과 오래 생활하다 보면 토끼들도 사람의 언어를 학습할 수 있다. "이리 와, 안 돼, 간식" 등과 같은 언어는 기억하고 알아들을 수 있다.

1) 치아를 연마한다

토끼들이 "나는 행복해"라는 감정을 표현할 때, 보호자가 부드럽게 쓰다듬어줄 때 또는 완전히 편안할 때 이빨을 연마한다. 그러나 통증, 불편함 또는 스트레스를 나타낼 때도 종종 이빨을 연마하므로 자신이 키우는 토끼가 편안함을 표현하는 것인지 불편함을 표현하는 것인지 제대로 파악할 필요가 있고 만약 불편함이나 통증을 나타내는 신호이면 즉시 동물병원에 데려가는 것이 좋다.

2) 스프레이와 턱 비비기

수컷이나 암컷 토끼들도 중성화수술을 하기 전에 반려묘처럼 자신의 영역을 표시하기 위해 스프레이 행동을 한다. 또한 토끼들의 땀샘이 턱 아래에 있어서 "이것이 나의 것이다", "나는 여기에 있었다" 등 영역표시를 하기 위해 턱 밑면을 갖다 문지른다.

3) 토핑(Thumping)

토끼들이 두려워할 때 뒷다리로 땅을 쾅쾅 대며 자기의 동료들에게 위협이 있음을 알려준다. 이것은 '토핑(thumping)'이라고 부르는데 이 신호를 통해 주변 다른 토끼들의 주의를 환기시키고 위험으로부터 도망칠 수 있도록 한다.

같은 가정에서 생활하는 다른 반려동물이나 가구 또는 주변 환경의 소음 등이 충분히 토끼들을 불안하게 만들 수 있다. 이러한 위협이 사라질 때까지 계속해서 토끼들은 뒷발로 바닥을 칠 수 있는데 이 행동이 반복적으로 지속되면 다리가 다칠 수 있기 때문에 매우 불안해하거나 스트레스를 받을 때 가능한 빨리 편안하게 쉴 수 있도록 하는 것이 중요하다. 또한 자신이 무언가를 원할 때나 부정적인 감정을 표현할 때도 토핑을 할 수 있으므로 토끼에게서 토핑하는 모습이 보인다면 주의를 기울여 관찰할 필요가 있다.

4) 옆으로 넘어진다

토끼들이 예고 없이 갑자기 옆으로 '꽈당'하고 쓰러질 때가 있어서 그를 처음으로 키우는 보호자들이 종종 놀랠 때가 있는데 어디 아파서가 아니라 토끼들이 기분이 좋고 편안할 때 하는 행동이다. 토끼를 키우는 반려인들은 이러한 행동을 '발라당'이라고 부리기도 한다.

5) 갑작스러운 탈출

토끼가 위협을 감지하면 주변에 앉아서 확인하지 않고 즉시 경주하고 숨어버린다. 이 행동은 갑작스러운 소리, 냄새 또는 움직임에 의해 유발될 수 있다. 보호자가 다가가 말을 걸거나 음식을 주면 오히려 토끼에게 스트레스를 줄 수 있기 때문에 이럴 때는 토끼가 스스로 진정할 때까지 혼자 두는 것이 좋다.

6) 쿨쿨거리는 소리

토끼들이 주변에서 위협을 받을 때나 상황이 못마땅할 때 쿨쿨거리는 소리를 낸다. 이럴 때는 "제발 나 혼자 있게 해주세요", "뒤로 물러나주세요"라고 표현하는 것이다. 또한 일부의 토끼는 자신의 케이지나 음식 등을 사람이나 다른 동료로부터 보호하기 위해서도 이러한 소리를 내는데, 이럴 때는 다소 분노의 감정이 포함되어 있다.

CHAPTER 09

햄스터에 대한 이해

1. 햄스터는 어떤 동물일까요?

햄스터는 쥐목 비단털줫과 비단털 쥐아과에 속한 포유류 동물이다. 따라서 건강한 햄스터의 경우 털이 비단처럼 곱고 부드럽다고 한다. 햄스터를 키우는 보호자들은 애정으로 '햄쥐' 또는 '햄찌'라는 귀여운 어감의 애칭으로 햄스터를 부른다. 햄스터는 대체로 독립적인 생활을 하기 때문에 사람과  의 정을 느끼기에 어려움이 있을 수도 있다. 따라서 보호자들이 햄스터와 친해지기 위해 핸들링을 하는데 핸들링은 대개로 간식을 주면서 햄스터가 보호자의 손을 친근하고 익숙하게 느끼게 하는 것이다. 그러나 독립적인 동물인 만큼 햄스터를 키울 때 핸들링을 하겠다고 무턱대고 만지려고 하거나 잡으려고 하면 햄스터가 스트레스를 받아 건강이나 수명에 지장을 줄 수 있고 다치게 할 수도 있기 때문에 주의해야 한다.

반려동물로 키우는 햄스터의 몸길이 약 12−15cm이고 수명은 평균적으로 2−3년이다. 긴 세월 동안 애정을 주고받으면서 반려동물을 키우고 싶다면 햄스터는 그다지 적합하지 않다. 1년 이상의 시간이 지나게 되면 햄스터는 슬슬 기력이 떨어지는 것이 눈에 띌 정도로 관찰될 수 있기 때문이다. 또한 햄스터는 야행성 동물이라 대부분 낮에는 잠을 자고 밤에 돌아다니는 습성을 가지고 있다. 따라서 밤이 되면 열심히 쳇바퀴를 돌리는 햄스터의 모습을 볼 수 있다. 햄스터들이 쳇바퀴를 돌리는 것을 좋아하는 이유는 아직 밝혀진 바가 없지만 야생에서 사는 설치류의 경우 하루에 몇 십 킬로미터를 이동하는 습성을 가지고 있기 때문에 집에서 키우는 햄스터들이 부족한 운동량을 채우기 위해 쳇바퀴를 돌리는 가설이 있다고 한다. 따라서 햄스터들이 쳇바퀴를 돌리는 것을 통해 스트레스를 해소하고 부족한 운동량도 채울 수 있으므로 밤에 시끄럽다고 해서 쳇바퀴를 치우는 것은 적합하지 않다.

2. 햄스터 행동의 특징

1) 베딩을 파면서 집 바닥을 왔다갔다 한다

햄스터가 베딩에 냄새를 묻히거나 숨겨둔 먹이를 찾거나 파는 행동은 본능에서 비롯된 행동으로 편안하게 일상적인 행동을 하는 것이다. 베딩 사이사이에 먹이를 숨겨주면 찾는 재미를 느껴서 좋아한다.

2) 앞발을 이용해 빠른 속도로 코 주위와 귀, 머리, 몸을 다듬는다

이런 행동은 몸단정을 하는 것으로 '그루밍'이라고 한다. 우리나라 햄스터 반려인들은 이행동을 '꾸시꾸시'라고 부른다. 보통 잠에서 깨어나 가장 먼저 하는 행동으로 감각기관을 손질해 감각을 예민하게 하려는 행동이다. 하지만 함께 놀다가 이 행동을 한다면 조금 불안해하고 있다는 것이다. 이렇게 불안을 느낄 때에는 그냥 둬야 한다.

3) 쳇바퀴를 엄청나게 빠른 속도로 달리거나 쳇바퀴에서 떨어진다

갑자기 핸들링을 시도하려고 하거나 케이지에 손을 넣었을 때 보이는 행동으로 매우 놀라서 도망가려는 본능적인 행동이므로 안정될 때까지 더 이상 놀라게 하지 말고 혼자 두어야 한다.

4) 탐험 행동

햄스터는 새로운 환경을 익숙해질 때까지 돌아다니면서 시간을 보낸다. 그때 그의 수염이 도움이 많이 될 수 있고 수염은 새로운 환경을 익숙하고 적응함에 있어서 큰 역할을 한다.

5) 부풀어진 볼

다람쥐와 비슷하게 햄스터는 실제로 음식 도망꾼이라서 볼에 음식을 채우는 습성이 있다(음식을 저장하기 위해 머리가 두 배로 커질 때가 있다). 햄스터의 볼 주머니에 엄청난 양의 음식을 저장할 수 있고 그것들을 자신이 안전하다고 생각하는 은신처에 옮겨가 보관하다가 배고플 때 꺼내서 먹는다.

제3부 기출문제

01 동물행동학의 정의가 아닌 것은?

① 동물의 행동을 연구하는 생물학의 한 분야를 동물행동학이라고 한다.

② 생물의 본능, 습성 및 그 밖에 일반적으로 나타나는 행동과 외부환경과의 관계를 연구하는 과학이다.

③ 동물행동학이란 행동의 생물학적 연구이다.

④ 사회환경 속에서 직접 또는 간접적으로 타인과 관계를 가지고 사회의 문화나 규범 등의 규제를 받고 생활하는 인간의 경험이나 행동을 연구한다.

02 (   )에 들어가는 단어로 옳은 것은?

> 20세기 초에는 동물행동학자들은 동물의 행동을 (㉠)로/으로 설명했지만 미국의 행동주의 심리학자들은 동물행동의 기초를 (㉡)에 있다고 믿으면서 전혀 다른 측면에서 동물행동에 관한 연구를 실시하였다.

① ㉠ 본능 ㉡ 습성

② ㉠ 습성 ㉡ 유전

③ ㉠ 본능 ㉡ 반사

④ ㉠ 생리적 ㉡ 습성

03 동물행동학에서 연구하는 것으로 옳은 것은?

> ㉠ 포식자로부터 도망치는 방법　　㉢ 먹이를 찾는 방법
> ㉡ 인간과 동물 간의 행동 차이　　㉣ 새끼를 양육하는 방법
> ㉢ 이동 방향이나 경로의 선택

① ㉠, ㉣, ㉤

② ㉠, ㉡, ㉣, ㉤

③ ㉠, ㉢, ㉣, ㉤

④ ㉠, ㉡, ㉢

04 동물행동을 연구하는 방법 중 하나로 멀리서 동물을 관찰하는 것이 아니라 그 동물의 무리에 접근하여 그들의 일원이 되어 연구를 하는 방법을 무엇이라고 하는가?

① 실험에서의 연구 방법 ② 준자연 상태에서의 관찰 방법
③ 자연상태에서의 관찰 방법 ④ 제인 구달의 방법

05 꿀이 있는 것을 발견한 일벌들이 벌집에서 특유한 춤 모양, 회전 속도, 자외선으로 꿀의 위치를 다른 일벌들에게 알려준다. 벌들 간의 이러한 커뮤니케이션을 발견한 학자는?

① Konrad Lorenz ② Karl von Frisch
③ B. F. Skinner ④ Pavlov, Ivan Petrovich

06 회색기러기 새끼가 생후 1~2일 안에 처음으로 움직이는 사람이나 사물을 보면 마치 어미새인 것처럼 뒤를 쫓아다니는 현상은?

① 사회적 학습화 ② 조작적 행동화
③ 각인 ④ 고전적 조건화

07 파블로프가 개에게 종소리를 들려주면서 간식을 주는 실험을 통해 동물은 학습된 자극에 의해 학습된 반응을 나타낸 것을 증명하였는데 이 학습과정을 무엇이라고 하는가?

① 대리학습 ② 조작적 조건화
③ 관찰학습 ④ 고전적 조건화

08 실험상자와 쥐의 실험에서 동물의 행동이 자극–반응의 관계에 있다고 설명하였고 동물들의 행동은 그 결과에 따라 증가 또는 감소하게 되는데 보상이 따르는 행동은 증가되고 처벌이 따르는 행동은 감소한다는 것이 조작적 조건형성이라고 하였다. 이 원리를 정의한 학자는?

① 스키너 ② 왓슨
③ 반두라 ④ 손다이크

09 생존을 위한 기본적인 문제해결과 생리적 욕구를 충족시키기 위한 행동을 지칭하는 용어로 옳은 것은?

① 개체 유지 행동 ② 사회적 행동
③ 공격 행동 ④ 조정 행동

10 사회적 행동이 종류가 아닌 것은?

① 무리형성 ② 놀이와 투쟁
③ 먹이 섭취 행동 ④ 세력권 방어

11 동물들 간의 의사소통 방법 중에 동물이 이것을 한 번 남기면 상당한 기간이 지속될 수 있고 멀리 퍼질 수 있기 때문에 어두운 곳에서도 의사소통이 가능해진다. 이 의사소통 방법은?

① 청각에 의한 의사소통 ② 미각에 의한 의사소통
③ 시각에 의한 의사소통 ④ 후각에 의한 의사소통

12 유럽연합(EU)은 동물에게 다섯 가지 자유를 보장하는 것을 동물복지의 기본조건으로 정의하였다. 이 다섯 가지 자유에 해당되지 않은 것은?

① 불편함으로부터의 자유 ② 포식자로부터 도망치는 자유
③ 정상적인 행동 표출의 자유 ④ 건강의 자유

13 행동풍부화에 대한 설명으로 틀린 것은?

① 풍부화는 '행동풍부화'와 '환경풍부화'로 나뉘어 있지만 우리나라에서는 모든 것을 포괄하여 행동풍부화로 말한다.

② 동물들에게 다양한 행동풍부화를 제공해주지 않으면 스트레스를 받을 수 있고 이로 인해 문제행동들도 발생한다.

③ 행동풍부화는 야생에서 생활하는 야생동물에게는 필요하지만 동물원에 있는 야생동물이나 집에서 키우는 반려동물에게는 그다지 중요하지 않다.

④ 행동풍부화는 먹이 풍부화, 감각 자극 풍부화, 환경 풍부화 등이 있다.

14 고전적 조건형성의 현상이 아닌 것은?

① 자극일반화 ② 자극변별
③ 자발적 회복 ④ 행동 풍부화

15 ( )에 들어가는 단어로 옳은 것은?

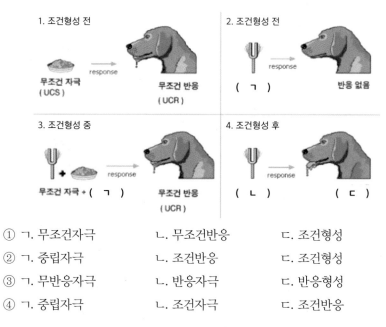

① ㄱ. 무조건자극 ㄴ. 무조건반응 ㄷ. 조건형성
② ㄱ. 중립자극 ㄴ. 조건반응 ㄷ. 조건형성
③ ㄱ. 무반응자극 ㄴ. 반응자극 ㄷ. 반응형성
④ ㄱ. 중립자극 ㄴ. 조건자극 ㄷ. 조건반응

16 '소거'의 의미로 옳은 것은?

① 자극 일반화를 막기 위해 동물로 하여금 두 개의 자극을 변별하도록 조건형성을 할 수 있다.

② 얼마간의 휴식기를 가진 후, 조건형성에 사용되었던 조건자극을 제시하면 다시 조건반응이 나타나게 되는 현상을 말한다.

③ 획득된 조건반응도 조건자극이 무조건 자극에 의해 강화되지 않은 채 그 조건반응은 점차 약화되어 사라져 버리게 되는 현상이다.

④ 잘 확립된 조건 반응은 제3의 자극에 대해 무조건 자극으로 사용될 수 있는데, 이 과정을 말한다.

17 반려견이 배변패드에 변을 보는 행동을 강화시키기 위해 패드에 변을 볼 때마다 맛있는 간식을 주도록 하는 행동수정 기법은?

① 정적강화　　　　　　　　　② 부적강화

③ 정적처벌　　　　　　　　　④ 부적처벌

18 반려견과 장난감으로 놀다가 반려견이 흥분하여 보호자의 손을 물었을 때 보호자가 아무 말도 하지 않고 장난감을 치우고 놀아주지 않는 행동수정 기법은?

① 정적강화　　　　　　　　　② 부적강화

③ 정적처벌　　　　　　　　　④ 부적처벌

19 반려견이 얌전해질 때 울타리에서 풀어주는 줌으로써 얌전한 행동을 증가시키는 행동수정 기법은?

① 정적강화　　　　　　　　　② 부적강화

③ 정적처벌　　　　　　　　　④ 부적처벌

20 반려견이 짖을 때마다 코를 때려 짖는 것을 감소시키는 행동수정 기법은?

① 정적강화 ② 부적강화
③ 정적처벌 ④ 부적처벌

21 반려동물이 할 줄 모르는 새로운 행동을 학습시키는 방법으로 원하는 목표행동을 해내기까지 여러 단계로 쪼개어 완성시키는 것은?

① 행동 형성 ② 정형 행동
③ 조건 반사 ④ 행동 발달

22 반려동물 행동의 처벌에 대한 설명으로 틀린 것은?

① 반려동물 처벌에 중요한 것은 일정한 타이밍과 보호자의 일관성이다.
② 처벌을 할 때 반려동물이 이해할 수 있는 표현으로 자신이 잘못한 행동을 하고 있다는 것을 즉시 인지할 수 있도록 하는 것이 중요하다.
③ 보호자와의 관계형성보다는 올바르지 않은 행동을 수정하는 것이 우선이기 때문에 소리를 질러 혼을 내거나 때리는 것도 필요하다.
④ 보호자가 반려동물에게 전달하는 신호가 정확하고 동일해야 반려동물이 보호자의 신호를 쉽게 이해할 수 있다.

23 반려견의 행동 발달단계 중 사회화기에 대한 설명이 아닌 것은?

① 생후 4–12주까지의 기간이 사회화기이다.
② 강아지가 함께 사는 동료의 동물(사람포함)과의 적절한 사회적 행동을 학습하는 과정이다.
③ 사회화의 초기에는 아직 사람이나 새로운 환경에 접해도 공포심이나 경계심을 보이지 않는다.
④ 눈이 보이고 귀가 들리며 서서 걷기 시작한다.

24 반려견의 행동 발달 순으로 알맞은 것은?

① 사회화기 → 성장기 → 신생아기 → 과도기

② 신생아기 → 사회화기 → 과도기 → 성장기

③ 신생아기 → 이행기 → 사회화기 → 성장기

④ 과도기 → 신생아기 → 사회화기 → 성장기

25 반려견의 스트레스를 조절하는 방법 중 틀린 것은?

① 어릴 때부터 스트레스에 조금씩 노출시켜 익숙해지게 한다면 후에는 스트레스에 둔감해질 수 있다.

② 스트레스 반응이 나타났을 때 어둡고 밀폐된 공간에 가두어 혼자 쉬도록 한다.

③ 스트레스 반응이 신체적인 문제로 나타나게 되는 경우 가까운 동물병원에 의뢰해 해결방안을 찾아본다.

④ 안락한 자신만의 공간에서 충분히 휴식할 수 있도록 하거나 평소에 개가 좋아하는 놀이나 산책을 통해 환기를 시켜준다.

26 카밍시그널에 대한 설명으로 틀린 것은?

① 상대를 온화하게 하고 진정시키며 조용하게 만드는 반려견들의 신호이다.

② 대표적인 카밍 시그널은 고개 돌리기, 뒷발차기, 등 돌리기, 달리기 등이 있다.

③ 긴장된 상태에서 싸움의 기미가 보이는 강아지의 사이에 끼어듦으로써 싸움을 막으려는 행동도 카밍 시그널이다.

④ 인간도 반려견의 카밍시그널을 이해한다면 반려견의 행동과 감정을 이해하기 쉬워지고 보다 행복한 관계를 유지할 수 있다.

27 다음의 행동 중 개에서 나타나는 문제행동이 아닌 것은?

① 심하게 짖는 행동   ② 뒷발을 차는 행동

③ 분리불안   ④ 공격행동

28 반려견을 교육시킬 때 유의한 점으로 아닌 것은?

① 스키너의 강화와 처벌의 원리처럼 반려견의 교육에서 칭찬과 통제는 반드시 구분해야 한다.

② 하나의 동작이 될 때까지 몇 번이고 반복해야 한다.

③ 보호자와 교육하는 시간을 좋아하기 때문에 반려견의 교육시간이 길면 길수록 좋다.

④ 사람과 동물의 지능 수준과 이해도가 다르기 때문에 교육을 할 때 사람의 관점에서 반려견을 바로보고 해석해서는 안 된다.

29 스트레스로 인해 개에게서 나타나는 구토, 부적절한 배뇨량, 피부병, 과도한 탈모 등의 반응은 무엇인가?

① 습관적 표시   ② 행동학적 표시

③ 신체적 표시   ④ 반응적 표시

30 고양이가 자신의 감정을 많이 드러내는 부위로 옳은 곳은?

① 수염   ② 눈

③ 다리   ④ 꼬리

31 다음 고양이의 행동 중 자신의 상태를 표현하는 행동이 아닌 것은?

① 적으로 간주한 상대방을 쫓아내려고 할 때 자신의 몸을 부풀려 힘을 과시한다.

② 마음이 편할 때 배를 내밀고 무방비한 상태로 드러눕는 자세를 취한다.

③ 고양이들은 기분을 전환시킬 때 기지개를 켠다.

④ 신나거나 놀고 싶을 때 자세를 낮추고 꼬리를 뒷다리 사이에 넣어 몸을 움츠린다.

32 고양이의 행동에 대한 설명 중 틀린 것은?

① 고양이는 자신이 살고 있는 집을 자신의 구역으로 여기며, 가구 등에 자신의 냄새를 묻힌다.

② 고양이는 긴장이나 불안을 해소하기 위해 일부러 그루밍을 하기도 한다.

③ 보호자를 너무 사랑하거나 애교를 표현할 때 감싸 안거나 뒷발로 차는 행동을 한다.

④ 발톱 갈기는 고양이의 마킹 행위 중에 하나이고 이것이 고양이의 습성이다.

33 길에서 생활하는 어른이 된 수고양이의 경우에는 자신의 세력권을 확보하기 위해 서서 뒤로 소변을 보는 행동을 지칭하는 용어로 옳은 것은?

① 과시 행동   ② 뒷발차기 행동

③ 스크래칭 행동   ④ 스프레이 행동

34 고양이의 공격행동이 아닌 것은?

① 공포성 공격행동   ② 사회적 공격행동

③ 애무유발성 공격행동   ④ 전가성 공격행동

35 고양이와 친해지는 방법에 대한 설명이 아닌 것은?

① 고양이의 사냥 본능을 자극할 수 있는 놀이로 놀아주는 것이 좋다.

② 고양이를 쓰다듬을 때 주의해야 할 점은 집요하게 쓰다듬지 않는 것이다.

③ 고양이는 갑자기 끌어안거나 뺨을 부비거나 큰 목소리를 지르는 것을 좋아한다.

④ 고양이를 안을 때 양 옆구리에 손을 넣고 올린 후 바로 한 손으로 엉덩이를 받치는 것이 좋다.

36 처음에는 바람직한 행동을 할 때마다 강화를 해주어야 학습이 되지만 일단 학습이 완료된 후에 가끔 강화를 주는 것이 그 행동을 유지시키는 데 훨씬 효과적이다. 이것은 무엇인가?

① 소거   ② 자발적 회복

③ 간헐적 강화   ④ 자극 일반화

37 고양이의 기분을 알 수 있는 자세가 아닌 것은?

① 공포를 느끼면 몸을 움츠린다.

② 자신의 몸을 부풀러 힘을 과시할 때가 있다.

③ 편히 쉴 때는 몸을 둥글게 만다.

④ 화가 나있을 때 몸을 낮추고 뒷발을 찬다.

38 고양이가 꼬리로 자신의 감정을 표현하는 것으로 틀린 것은?

(ㄱ)	(ㄴ)	(ㄷ)

① ㄱ. 반가워   ㄴ. 짜증나   ㄷ. 그게 뭐지?

② ㄱ. 놀랐잖아   ㄴ. 당신이 너무 좋아   ㄷ. 너무 무서워

③ ㄱ. 너무 화나   ㄴ. 짜증나   ㄷ. 친하게 지내자

④ ㄱ. 걱정돼요   ㄴ. 너무 화나   ㄷ. 놀랐잖아

39 고양이에 대한 설명으로 틀린 것은?

① 야생에서 사는 고양이는 사냥감을 앞발로 붙잡고 뒷발을 이용하여 사냥감을 분리한다.

② 일반적으로 고양이는 느긋하고 기분이 좋은 경우에는 '낑낑'과 같은 소리를 낸다.

③ 발바닥을 바닥에 붙이고 앉는 자세는 긴장을 완전히 풀지 않고 곧바로 도망 갈 수 있도록 경계하는 자세이다.

④ 고양이가 뛰거나 점프를 할 때 대부분의 힘은 뒷발에서 나오기 때문에 앞발 보다 뒷발의 힘이 더 세다.

40 생후 2-3주 사이에 나타나는 변화로 정상적인 개의 일생 중 짧은 기간에 나타 나는 가장 큰 변화 시기는 무엇인가?

① 신생아기   ② 성장기

③ 사회화기   ④ 이행기

41 스트레스로 인해 개에게서 나타나는 행동적 징후가 아닌 것은?

① 같은 부위를 계속 핥는다   ② 안절부절 못한다

③ 계속 짖는다   ④ 계속 점프를 한다

42 반려동물의 스트레스에 대한 설명으로 틀린 것은?

① 현장에서 도우미동물에게서 스트레스 반응이 발견되더라도 상담의 윤리를 지키기 위해 프로그램은 반드시 완성하고 스트레스를 대처해야 한다.

② 스트레스는 반려동물의 여러 가지 질병과 문제행동을 유발할 수 있다.

③ 반려동물에게 나타나는 신체적인 징후는 스트레스가 아닌 단순한 질병일 수도 있기 때문에 신체적인 징후가 생길 때 가장 먼저 병원에 의뢰하는 것이 적절하다.

④ 스트레스는 피부병, 탈모, 식용부진 등을 유발할 수 있다.

43 기니피그와 친해지는 방법으로 아닌 것은?

① 기니피그는 음식에 대한 애착이 커서 친해지려고 할 때나 핸들링을 할 때 음식을 이용하는 것이 좋다.

② 기니피그에게도 행동풍부화가 중요가하기 때문에 방의 구석구석에 맛있는 간식을 숨겨 놓으면 기니피그가 그것을 찾아 먹을 때 즐거움을 느낄 수 있다.

③ 기니피그는 생각보다 기억력이 매우 나빠서 좋은 기억이든 나쁜 기억이든 기니피그에게는 큰 영향을 주지 않는다.

④ 기니피그는 이것저것 물어뜯는 습성을 가지고 있으므로 풀어 줄 때 그 주변의 위험한 물건들을 미리 치워 놓는 것이 좋다.

44 기니피그의 행동에 대한 설명이 아닌 것은?

① 케이지 안이 편하고 안전하다는 생각을 할 때 가만히 누워 있거나 하품을 한다.

② 놀랐을 때나 매우 큰 소리가 났을 때 눈이 뜨거나 감겨 있다.

③ 동료들끼리 놀면서 나타나는 행동 중에는 폴짝폴짝 뛰는 것과 서로 뒤쫓는 것이 있다.

④ 위협을 느꼈을 때 또는 수컷들끼리 서로 공격할 때 털을 세운다.

45 페럿에 대한 설명이 아닌 것은?

① 페럿은 노는 것을 좋아하지만 하루에 14시간에서 18시간의 수면을 한다.

② 페럿은 훌륭한 사냥꾼이다.

③ 페럿은 느리게 움직이고 단독생활을 하는 동물이다.

④ 페럿은 행동과 소리로 자신의 감정을 표현한다.

46 다음 중 페럿이 하는 행동이 아닌 것은?

① 목 물기   ② 발톱 세우기

③ 꼬리 부풀리기   ④ 작은 물건 숨기기

47 페럿은 위협하는 행동 중의 하나로서 자신의 등을 거꾸로 된 U자 모양으로 만든 후 입을 벌려 양쪽으로 흔들면서 뛰는 모습은 무엇인가?

① 위젤 워 댄스   ② 사이드웨이어택

③ 백킹인투어코너   ④ 앨리게이터 롤

48 페럿들은 완전히 죽은 것처럼 잠을 자는데 그 이유로 옳은 것은?

① 꿈을 자주 꾸기 때문에 잘 안 깨어난다.

② 에너지를 회복시키기 위해서 깊은 잠이 필요하다.

③ 적에게 공격을 당하는 것을 막기 위해서이다.

④ 보호자와 접촉하기 싫어서 죽은 것처럼 잔다.

49 토끼 행동의 특징으로 아닌 것은?

① 치아를 연마한다   ② 뒤로 넘어지기

③ 토핑(Thumping)   ④ 스프레이와 턱 비비기

50 햄스터 행동의 특징으로 아닌 것은?

① 햄스터는 대체적으로 스스로 그루밍을 잘 하지 않는다.

② 햄스터는 베딩을 파면서 집 바닥을 왔다갔다 한다.

③ 햄스터는 야행성 동물이고 스트레스를 해소하기 위해 쳇바퀴를 돌린다.

④ 햄스터의 볼 주머니에 엄청난 양의 음식을 저장할 수 있고 안전하다고 생각하는 은식처에 옮겨가 보관하다가 배고플 때 꺼내서 먹는다.

정답

01. ④	02. ③	03. ③	04. ④	05. ②	06. ③	07. ④	08. ①	09. ①	10. ③
11. ④	12. ②	13. ③	14. ④	15. ④	16. ③	17. ①	18. ④	19. ②	20. ③
21. ①	22. ③	23. ④	24. ③	25. ②	26. ②	27. ②	28. ③	29. ③	30. ④
31. ④	32. ③	33. ④	34. ②	35. ③	36. ②	37. ④	38. ②	39. ②	40. ④
41. ④	42. ①	43. ③	44. ②	45. ③	46. ②	47. ①	48. ②	49. ②	50. ①

심리상담의 이해

Companion Animal
Assisted Psychology Counselor

CHAPTER 01

심리상담의 기초

1. 심리상담의 의미

상담자는 누군가가 '상담이 무엇인가?'라고 묻는다면 나름대로 상담에 대한 정의를 해보는 것도 중요하다. 상담은 문제를 해결하기 위한 상담자와 내담자 사이의 상호작용이라고 연결하면 쉽게 이해할 수 있다. 상담이 이루어지기 위해서는 '상담자, 내담자, 해결문제'라는 세 가지의 구성요소가 충족되어야 한다.

내담자는 자신이 행복한 삶을 누릴 수 있음에도 주변 환경이나 사람과의 상호작용하는 과정에서 겪게 되는 여러 가지 부적응, 심리적 좌절, 실망, 고통 등을 가지고 있는 사람을 말한다. 내담자는 왜 자신 스스로 변화할 수 있는 능력이 부족하고 자신이 가지고 있는 능력을 마음껏 발휘하지 못하는지를 잘 알지 못한다. 알고 있다고 하더라도 어떻게 자신을 변화시켜야 하는지에 대한 방법을 모르는 내담자가 대부분이다. 이렇듯 내담자는 겪고 있는 문제의 원인을 파악하고 변화를 도울 수 있는 전문적인 상담자의 조력이 필요하다. 따라서 상담이란 전문적인 훈련을 받은 상담자와 심리적, 사회적, 정서적 등으로 어려움을 겪고 자신의 타고난 잠재력을 마음껏 발휘하지 못하는 내담자 간의 상호작용을 통하여 내담자의 심리적인 문제나 적응 과제를 해결하고 내담자가 행복한 삶을 살아갈 수 있도록 돕는 전문적인 활동을 지칭한다. 그런데 대부분의 사람들은 스트레스를 받거나 심리적으로 고통스러운 문제가 생겼을 때 상담을 받아보라는 말을 들으면 상담을 받으려는 자신의 모습이 문제가 있는 사람으로 보일까봐 걱정하고 스스로 문제를 해결하지 못하는 사람, 이상한 사람으로 인식될까봐 상담을 받아야겠다는 결정을 쉽사리 하지 못한다.

이처럼 상담에 대해 고민을 하는 사람은 많지만 실제로 상담을 받기 위한 행동을 하는 사람은 적다. 살아가는 동안 인간은 많은 심리적 문제나 갈등을 반복해서 경험하게 되는데 그럴 때마다 문제를 해결하지 않고 넘어갈 수도 없고, 단순히 타인에게 자신의 어려움과 괴로움을 호소한다고 해서 상담이라 할 수도 없다. 또한 모든 어려움이 있을 때마다 상담을 할 수도 없는 일이다. 그렇다면 상담은 어떤 사람에게 필요한 걸까?(천성문 외, 2006)

2. 심리상담의 필요성

대부분의 사람들은 심리적인 문제를 겪게 되면 가족, 친구, 동료, 종교인 등에게 도움이나 조언을 구한다. 이처럼 주변사람들의 도움이나 조언을 받아 삶 속에서 부딪히는 심리적인 문제를 해결하고 극복하는 경우가 있다. 그러나 이러한 도움을 통해서도 해결하지 못한 심리적인 문제들이 많은데 이처럼 일상적인 노력만으로 해결하지 못한 심각한 심리적인 문제들을 지니게 될 때 전문가의 도움이 필요하다. 즉, 상담은 스스로 해결할 수 없는 심리적인 문제로 인해 일상적인 삶에 지장이 되고 고통을 겪게 되는 사람들에게 필요하다. 거의 대부분의 사람들이 상담을 받지 않고도 문제를 해결한다. 그래서인지 사람들은 심리적 문제가 신체적으로까지 고통을 받는데도 이러한 문제를 심각하게 생각하지 않고 다른 방법으로 해결하려고 하는 경우가 많아 전문가에게 상담을 받을 시기를 놓치는 경우가 많다. 상담을 통해 문제해결을 하기 위해서는 내담자 스스로가 상담에 대한 필요성을 느끼고 자신이 변화하고

자 하는 자발적인 동기가 중요하다. 상담에 대한 부정적인 시선이 줄어들고 우리나라 실정에 맞는 상담 문화를 만들어낸다면 자연스럽게 상담자를 찾아가는 문화가 형성될 수 있을 것이다.

3. 심리상담의 목표

상담의 목표는 내담자에 따라 달라진다. 상담을 원하는 내담자들의 문제가 다르고, 문제의 형성과정과 문제를 해결하기 위해 내담자가 가진 강점, 주변의 조력도 모두 다르기 때문이다. 상담의 목표는 내담자의 문제 해결, 환경에 대한 적응, 문제 발생의 예방 등으로 다양하다. 그 중 내담자의 문제를 해결하는 것이 중요한데 교육적인 방법이나 치료적인 방법을 통한 내담자의 주 호소 문제를 해결하고 내담자의 변화를 추구하는 등이 상담의 가장 중요한 목표이다. 그리고 내담자의 문제 해결만큼 중요한 것이 바로 문제 발생의 예방이다. 상담이 끝난 후에도 내담자가 어려움을 잘 해결하고 있는지 확인해야 하며 예방차원에서의 상담은 내담자의 성장과 문제의 해결을 위해서 반드시 필요한 단계이다.

4. 상담자와 내담자

1) 상담자의 특성

상담의 주체로서 상담자가 어떤 자질을 갖추고 있는지에 따라 상담의 결과에 많은 영향을 주기 때문에 상담자가 갖추어야 할 자질이 매우 중요하다. 기본적으로 상담은 상담자와 내담자의 상관관계를 바탕으로 서로가 주고받는 사회적 영향이라고 볼 수 있다. 스트롱(1968)은 내담자가 상담자를 높은 수준의 전문성(Expertness: E), 사람을 이끄는 친근감(Attractiveness: A), 믿음을 주는 신뢰감(Trustworthiness: T), 즉 EAT를 가지고 있는 중재로 지각할 때 상담 결과가 가장 좋을 것이라고 믿었다. 이러한 상담자의 태도에 근거하여 스트롱은 상담의 두 단계를 제안하기도 하였다. 첫 번째 단계에서는 상담자의 ETA에 대한 내담자의 지각을 향상시킨다고 하였고 두 번째 단계에서는 상담자가 내담자의 EAT에 대한 긍정적인 지각을 촉진시키는 것에 의해서 내담자의 태도와 행동변화에 영향을 미친다고 하였다.

상담하는 과정에서 상담자가 효과적인 상담을 이끌 수 있는데 있어서 어떠한 특성을 가지고 있는지에 대한 주제가 항상 연구의 대상이 되어 왔다. 대부분의 연구가 상담자의 특별한 특성을 이론적 입장이나 전문적 경험과 관련하여 설명했고, 상담 이론가와 실천가들 역시 임상적인 관찰을 통해 효과적인 상담자의 특성에 대해 이해하고자 한다. 지금까지 일반적으로 밝혀진 효과적인 상담자의 주요한 특성은 다음과 같이 설명한다(Patterson & Welfel, 2000, pp. 10-14; Welfel & Patterson, 2005, pp. 13-18).

- 내담자에게 다가갈 수 있는 능숙한 대인관계기술을 가진다.
- 내담자에게 진실감, 신뢰감, 자신감을 야기한다.
- 내담자를 돌보고 존경한다.
- 타인 이해뿐만 아니라 자기 이해를 바탕으로 성숙된 삶을 영위한다.
- 내담자와의 갈등을 효과적으로 처리한다.
- 가치 판단을 강요함이 없이 내담자의 행동을 이해하려고 한다.
- 내담자의 자기파괴 행동패턴을 확인할 수 있고 그러한 자기파괴 행동을 보다 보상적인 행동패턴으로 변화하도록 조력할 수 있다.
- 내담자에게 특별한 가치가 있을 어떤 영역에 있어 전문적인 지식과 경험을 갖는다.
- 체계적으로 추리하고 체계에 의해 생각할 수 있다.
- 문화에 대한 능숙한 지식을 가진다. 즉, 그는 사람들이 생활하는 사회적, 문화적, 정치적 맥락을 이해할 수 있다.
- 자신을 좋아하고 존중하며 자신의 욕구를 만족시키기 위해 내담자를 이용하지 않는다.
- 인간행동의 심층적 이해를 발달시킨다.

- 바람직한 인간 모델을 가진다. 이러한 인간은 건강하고 효과적이며 충분히 기능하는 자질과 행동패턴을 가진다.

2) 상담자의 윤리

상담 활동에서 상담자가 준수해야 할 윤리가 있는데 이러한 윤리는 상담과정에서 상담자가 내담자에 대해 어떻게 대하고 행동해야 할 것인가에 대한 근거가 된다. 상담자의 윤리는 내담자와 상담자를 동시에 보호할 수 있고 윤리적인 문제가 상담 중에 발생했을 때 상담자의 선택과 결정은 내담자 및 상담 전체에 매우 중요한 영향을 미친다. 즉, 상담자의 윤리는 상담하는 과정에서 상담자가 어떤 윤리적인 판단을 해야 할 때 그 상황에서 보다 현명한 선택과 결정을 할 수 있도록 한다. 따라서 상담자는 한국상담학회나 한국상담심리학회 등에서 제정한 윤리강령을 준수해야 한다. 다음에 제시된 내용은 상담에서 대표적으로 지켜야 할 윤리적인 행동 중 일부다.

(1) 비밀유지

상담을 할 때 비밀유지는 매우 중요한 부분이다. 상담관계에서 내담자는 상담자를 신뢰하며 자신의 속마음을 털어놓는데 그런 내담자의 사적인 문제를 지켜줄 책임이 있다. 상담자가 비밀유지를 파기할 수 있는 예외는 내담자가 자신을 해칠 가능성이 있는 경우, 내담자가 타인을 해칠 가능성이 있는 경우, 아동학대와 관련된 경우이다. 아동학대는 크게 신체적 학대, 심리적 학대, 성적 학대로 나눌 수 있다.

(2) 전문적 한계

상담자는 자신의 능력과 훈련을 통한 자격을 바탕으로 실천적 활동을 하는 전문가이다. 만약 상담자가 자신의 전문적 한계를 인식하고 내담자에게 적절한 조력을 할 수 없는 경우에는 다른 상담자에게 내담자를 의뢰해야 한다.

(3) 이중 관계

상담자는 내담자의 친인척, 친구 등 내담자의 관계가 상담의 성과에 영향을 줄 수 있다고 판단되면 다른 상담자에게 의뢰해야 한다. 또 상담할 때 이외에는 내담자와 사적인 관계를 갖지 않아야 하며 상담료 이외의 금전적인 거래 관계를 해서는 안 된다.

(4) 성적 관계

상담자는 상담관계 중 내담자와 어떠한 종류의 성적 관계를 가져서는 안 된다. 이러한 관계는 내담자에게 양가감정 경험, 공허감, 성적인 혼돈, 약화된 인지적 기능, 믿음의 상실 등 부정적인 피해를 줄 수 있다. 상담자가 내담자에 대해 성적인 매력을 느끼는 것 자체는 비윤리적인 것이 아니지만 상담자가 이러한 감정을 느꼈을 때 신속하고 주의 깊게 알아차리고 조심스럽게 다루어 갈 윤리적인 책임이 있다는 것이다.

(5) 내담자

내담자(client)는 스스로 해결할 수 없는 심리적 문제나 장애를 지니고 있어 전문적 도움을 요청하는 사람을 의미한다. 상담에서 내담자의 발달연령이 매우 중요한 변인인데 내담자가 발달연령에 따라 겪는 신체적, 심리적, 또는 사회적 발달 특징이 다 다르다. 왜냐하면 내담자의 문제는 대체로 발달연령에 부합하지 못한 것과 관련이 있기 때문이다. 따라서 상담자는 내담자를 효과적으로 조력하기 위해 내담자의 발달 연령의 주요한 특징에 대해 이해하는 것이 중요하다. 여기서는 내담자의 발달 연령에 따라 일반적으로 분류되는 네 가지의 상담유형을 살펴본다.

① 아동 상담

아동 상담은 보통 3~4세에서 12세까지 해당된다. 이 시기의 아동들은 주로 발달장애와 관련되어 있으며 지적 능력 발달, 언어적 발달, 사회적 발달, 행동발달 등을 이루지 못한 경우가 대부분이다. 아동을 대상으로 상담을 하는 상담자들은 이러한 발달 장애에 대한 지식과 경험을 쌓는 것이 중요하다. 또 아동뿐만 아니라 자신의 자녀 때문에 스트레스를 겪는 부모와도 상담을 할 수 있는 능력을 키워야 한다.

② 청소년 상담

청소년 상담은 보통 13세에서 18세까지 해당된다. 청소년들도 아동과 마찬가지로 발달과업과 관련되어 있는 경우가 많다. 이 시기의 청소년들은 친구나 이성관계, 정체감 혼란, 학업 문제 등으로 고민하는데, 이 시기의 청소년을 위해 상담자는 정체감을 확립하고 주변 사람들과 원만한 대인관계를 맺을 수 있도록 조력한다. 또한 공부, 미래, 직업 활동을 위해 학업상담과 진로상담을 하고 비행을 차단하는 것도 노력하여야 한다.

③ 성인 상담

성인 상담은 19세 이후에 해당된다고 볼 수 있다. 갓 성인이 된 대학생들은 지금까지 부모의존적인 상태에서 벗어나 독립적인 주체로서 살아가야 하고 결혼을 해서 가족을 이루고 가족과 사회에 기여할 수 있도록 생산적인 활동을 할 수 있어야 한다. 그러나 살아가면서 겪게 되는 가족 갈등과 적응문제, 성격문제, 인관관계 문제, 직장 스트레스 등의 문제들이 삶의 질을 저하시켜 많은 정서적 장애를 유발할 수 있기 때문에 성인들이 흔히 겪게 될 수 있는 문제들에 집중할 수 있는 상담이 필요하다.

④ 노인 상담

노인은 발달연령의 마지막 단계이고 이 단계에 해당한 사람을 대상으로 하는 상담이 노인 상담이다. 우리나라는 이미 고령화 시대를 맞이하고 있고 노인의 수가 급격히 증가하고 있다. 노인들이 은퇴 후에도 생산적이고 의미 있는 삶을 살 수 있도록 다양한 상담전략을 개발하여 그들을 도울 필요가 있다. 노인들이 노령이라는 연력에서 비롯되는 다양한 심리적 문제들을 이해하여 그들이 지금보다 좀 더 나은 삶을 영위할 수 있도록 조력해야 한다.

(6) 내담자의 문제 행동

상담을 할 때에는 내담자가 갖는 문제내용에 따라 상담 명칭이 달라질 수 있다. 예를 들면, 내담자가 성 문제로 상담을 하고 싶은 경우에는 성 상담이라고 하며 성상담을 해주는 상담자를 성 상담 전문가라고 칭한다. 또 내담자가 우울증의 문제를 해결하고 싶어 할 때에는 정신건강 상담이라고 하고 이러한 상담자를 정신건강 상담 전문가라고 칭한다. 이처럼 내담자가 호소하는 문제는 많기 때문에 그에 따른 상담 유형 또한 많다. 이 외에도 여러 가지의 내담자의 문제행동과 상담 유형이 있다.

① 진로 상담

인간이 살아가면서 자신이 원하는 직업을 가지고 취업을 하는 것은 중요한 삶의 일부분이다. 진로 상담을 전문으로 하는 진로 상담 전문가는 내담자가 적성에 맞는 것과 능력에 맞는 진로를 선택할 수 있도록 조력해야 한다.

② 비행 상담

청소년 비행은 사회적으로도 크게 주목을 받고 있다. 상담자는 사회적으로 이탈을 하는 행동의 이유에 대한 지식과 경험을 바탕으로 비행예방상담을 하는 것이 필요하다.

③ 가족문제 상담

상담을 하는 내담자들은 부분적으로 가족과 관련되어 있다. 청소년 가출, 가정폭력, 부부갈등 등은 가족과 직접적 또는 간접적으로 관련된 문제이다. 상담자는 가족을 하나의 체계로 보며 가족치료를 적용하여 내담자를 조력한다.

④ 위기상담

상담자는 내담자를 조력하며 시간의 긴박성을 인식하고 위기상황을 처리할 수 있는 위기관리능력을 갖추는 것도 필요하다. 상담자는 내담자가 아무리 위급한 상황에 직면한다고 해도 적절한 조치를 취하며 위기상황을 극복해야 한다.

⑤ 물질남용과 중독상담

알코올, 니코틴, 약물과 같은 물질남용과 도박이나 게임과 같은 활동중독에 빠져 자기 통제능력을 상실하고 일상생활을 제대로 하지 못한 내담자를 위한 상담이다. 중독에 대한 상담자는 내담자 주변의 사회적 지지를 잘 활용하여 내담자가 탐닉하는 부적절한 자기파괴 습관에서 벗어날 수 있도록 도와주어야 한다.

⑥ 정신건강 상담

내담자가 가지고 있는 다양한 정신적 문제에 대한 상담을 말한다. 정신건강에 문제가 생긴 내담자는 사회적 적응이나 직무수행, 일상생활, 인간관계 등에 어려움을 갖게 되고 정도가 심해지면 정신장애까지 이어질 수 있다. 정신건강 상담자는 내담자의 정신건강 상태를 평가하고 진단할 수 있는 능력을 갖추어야 하고 내담자가 가지고 있는 정신적 문제에 따른 상담계획을 수립하여 적절한 상담기법을 적용할 수 있어야 한다.

CHAPTER 02

상담이론

1. 정신분석이론

1) 지그문트 프로이트의 인간관

프로이트는 우선 인간을 생물학적 존재로 보았다. 인간이 쾌락을 추구하는 생물학적인 존재로 보고 본능의 중요성을 강조하였다. 즉, 인간의 모든 행동, 사고, 감정은 생물학적인 본능으로 지배를 받고 특히 성적 본능과 죽음의 본능의 역할을 강조하였다. 두 번째는 인간을 결정론적 존재로 보았다. 심리적 결정론(psychic determinism)이라고도 하는데 이것은 인간의 모든 사고, 감정, 행동에는 심리적 의미와 목적이 있으며, 이런 의미와 목

Sigmund Freud (1856~1939)

적은 개인의 과거 환경이나 경험 등에 의해 결정되어 있다는 것을 말한다. 즉, 인간

이 마음 안에 일어나는 모든 것들은 우연히 일어나는 것이 없고 모든 정신적 현상들에는 반드시 어떠한 원인이 있다는 것이다.

세 번째는 무의식에 대한 가정이다. 정신분석학에서는 인간의 행동이 여러 가지의 의식차원에서 일어나고 그 중에 특히 무의식의 영향을 많이 받는다고 하였다. 무의식은 일반적으로 많은 작업과 노력이 없이 결코 자각할 수 없는 부분이고 과거에 일어났던 일들이 망각된다고 생각하나 사실은 무의식에 저장이 되며 그것이 우리의 생각과 감정 그리고 행동에 계속 영향을 미친다. 네 번째는 현재가 과거의 영향을 받기 때문에 한 사람의 행동을 이해하려면 그 사람의 역사적 발달을 이해해야 한다고 했다. 특히 프로이트는 인간의 성격 구조가 생후 6년 간의 경험에 의해 형성이 된다고 강조했고 이러한 성격 구조는 성인이 될 때까지도 계속 영향을 미친다고 보아 인간발달의 초기인 영유아기 때의 경험들이 매우 중요하다고 생각했다.

2) 주요 개념

프로이트의 정신분석학을 이해하기 위해 알아야 할 주요 개념으로 의식 구조, 성격 구조, 심리성적 발달단계, 불안 그리고 자아방어기제가 있다.

(1) 의식 구조

프로이트는 인간의 의식에는 세 가지 차원이 있다고 말했으며 인간의 성격을 이해하는 틀로서 성격 구조를 의식(conscious), 전의식(preconscious), 무의식(unconscious)의 세 가지 수준으로 나누어 제시하였다. 프로이트는 특히 무의식을 강조하였고 인간의 마음을 빙산에 비유하여 물위에 떠 있는 작은 부분을 의식이라고 불렀고 물 수면에 보일 듯 말 듯한 부분을 전의식, 물 속에 잠겨 있는 훨씬 큰 부분을 무의식이라고 불렀다.

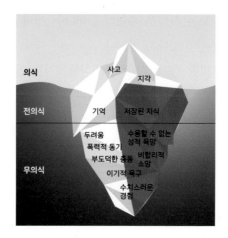

그림 4-1 의식구조와 성격구조

① 의식(conscious)

의식은 한 개인이 어느 순간에 인식하고 있는 모든 정신과정을 말한다. 즉, 현재 자각하고 있는 감정, 경험, 기억 등을 말하는데 프로이트는 우리가 자각하고 있는 의식은 빙산의 일각에 불과하고 우리가 자각하지 못한 부분이 훨씬 더 많다는 것을 강조하였다. 일단 의식된 내용은 시간이 경과하면 전의식이나 무의식 속으로 잠재된다. 프로이트는 의식을 개인의 전체적인 정신활동 면에서 보면 아주 작고 순간적인 일부분에 지나지 않는다고 보았다.

② 전의식(preconscious)

전의식은 즉시 인식되지는 않지만 어떤 자극이나 적은 노력으로도 꺼내올 수 있는 기억의 저장소로서 무의식과 의식 영역을 연결해 주는 교량이다. 즉, 현재는 의식 밖에 있지만 노력하면 의식으로 가져올 수 있는 부분이다. 바로 그 순간에는 의식되지 않지만 조금만 노력을 기울이면 의식될 수 있는 경험을 말한다.

③ 무의식(unconscious)

무의식은 인간 정신의 심층에 잠재된 부분이고 전혀 의식되지 않는 부분이다. 그러나 우리는 의식하지 못하지만 무의식은 인간의 행동을 결정하는 데 있어서 지

대한 영향력을 행사한다. 무의식은 직접 눈으로 볼 수 없지만 여러 증거(꿈, 말실수, 자유 연상 등)에 의해 추론될 수 있다.

(2) 성격 구조

프로이트는 인간의 성격 구조는 원초아(id), 자아(ego), 초자아(superego)라는 세 가지 요소로 구성되어 있다고 했고 이 세 가지의 요소는 가각의 기능, 특성, 구성요소, 작용원리 등을 가지고 있으나 서로 밀접하게 연관되어 있고 프로이트는 인간 자체를 에너지 체계로 보면서 세 가지의 요소 중 어느 요소가 에너지에 대한 통제력을 더 많이 가지고 있느냐에 따라 인간의 행동 특성이 결정된다고 보았다.

그림 4-2 성격 구조

① 원초아(id)

원초아는 심리적 에너지의 원천이자 본능이 자리를 잡고 있는 곳이다. 원초아는 외부세계와 단절되어 있으며 법칙, 논리, 이성 또는 가치에 대해 전혀 알지 못하고 현실성이나 도덕성에 대한 고려 없이 본능적 추동에 의해 충동적으로 작동한다. 프로이트는 인간의 본능을 성적 본능과 죽음의 본능으로 설명했고 성적 본능의 에너지를 libido라고 했으며 죽음의 본능의 에너지를 thanatos라고 했다. 삶의 에너지라고도 불리는 libido로서 육체적 성욕을 비롯하여 삶의 에너지에 있어서 생산, 창조, 성취 및 인간관계 형성 등의 기본적인 에너지라고 설명했고 죽음의 에너지라고

도 불리는 thanatos로서 공격행동을 비롯하여 파괴, 정리, 저항, 인간관계 단절의 기본적 에너지라고 설명했다.

원초아는 본능적 충동에 의해 야기된 생리적 긴장 상태를 감소시키기 위해 '쾌락원리(pleasure principle)'를 작동시킨다. 쾌락의 원리는 불쾌감이나 고통을 피하고자 하는 심리적 기능으로서 고통을 최소화하고 쾌락을 최대화하려는 속성으로 참을성 없이 즉각적인 만족을 추구하고자 한다. 그리고 즉각적인 만족과 욕구를 현실적으로 충족시키지 못할 경우에 환각이나 망상과 같은 원시적인 사고를 통해 자신의 무의식적인 욕구를 만족시키는데 이를 '1차과정사고(primary process thinking)'라고 부른다. 예를 들어, 원하는 것이 있는데 현실에서 이루기 어렵거나 못할 때 상상이나 꿈을 통해 이루는 것이 그 예다.

② 자아(ego)

갓 태어난 아이는 주로 본능적인 행동을 하지만 성장하면서 외부세계로의 적응과 생존을 위해 본능적인 충동을 적절하게 충족시키거나 효과적으로 지연시키는데, 이 때 형성되는 성격구조가 바로 자아이다. 자아는 약 생후 1년경에 발달하기 시작하고 생성 초기부터 원초아와 갈등관계에 놓이게 된다. 자아는 원초아의 본능 욕구와 현실 세계의 균형을 유지하거나 통제하는 역할을 하고 '현실원리(reality principle)'에 따라 현실적이고 논리적인 사고를 하며 환경에 적응해 나간다. 여기서 말하는 현실원리란 자아가 원초아의 본능적 충동을 충족시킬 수 있는 현실적이고 바람직한 대안과 환경조건을 발견될 때까지 현실을 검증하고 원초아의 긴장방출을 지연시키는 것을 말한다. 다시 말해, 현실원리는 현실을 고려하여 사회적으로 바람직한 표현방법이 발견될 때까지 긴장을 참아 내고, 사회적으로 수용 가능한 형태로 만족을 얻는 원리다.

또한 원초아에 의한 충동적 행동은 사회로부터 처벌을 받게 될 수 있으므로 심리적 고통과 긴장이 증가될 수 있다. 이때 1차과정사고만으로는 그 고통과 긴장을 효과적으로 감소시킬 수 있기 때문에 '2차과정사고(secondary process thinking)'가 등장한다. 2차과정사고는 자아가 현실적이고 논리적인 사고와 계획을 수립하여 원초아의 충동적 행동을 지연시키는 정신과정을 말한다. 즉, 자아는 원초아와 외부세계 사이를 중재하고, 현실을 검증하여 적절한 욕구만족 및 지연행동을 선택하는 것이다.

③ 초자아(superego)

초자아는 쾌락보다 완전을 추구하고 현실적인 것보다 이상적인 것을 추구하는 심판자이다. 초자아는 유전되는 것이 아니고 인간의 발달과정 중 가장 마지막에 발달하는 부분으로 아이가 부모의 사회적 가치와 이상을 내면화한 정신요소로 발달한다. 초자아의 형성은 부모의 사회적 가치를 내면화하면서 시작되고 도덕적이고 이상적인 목표를 추구하며 무엇이 옳고 그른지, 또 어떤 것을 해야 하고 어떤 것을 하지 말아야 하는지 등을 판단한다. 또한 초자아는 도덕에 위배되는 원초아의 욕구와 충동을 억제하며 도덕적이고 규범적인 기준에 맞추도록 요구하고 평가하는데 이것이 '도덕원리(morality principle)'라고 하는 심리적 과정이다. 프로이트의 정신분석 이론에서 도덕원리는 쾌락원리·현실원리와 함께 인간심리를 통제하는 중요한 원리의 하나이다.

프로이트는 초자아가 '양심(conscience)'과 '자아이상(ego ideal)'이라는 두 개의 하위요소로 구성된다고 하였다. 양심은 부모가 도덕적으로 나쁘다고 간주하는 것과 관련되며 자녀에 대한 명령, 금지와 같은 통제에 의해 형성되고 자아이상은 부모가 도덕적으로 바람직한 것이라고 간주하는 것과 관련되며 부모의 칭찬에 의해 형성되는 부분이다. 자아이상은 개인으로 하여금 목표나 포부를 갖게 해주지만 이것을 달성하지 못한다면 수치심을 느끼게 되고 양심에 어긋나는 행동을 했다고 여길 때에는 죄책감을 느끼게 된다. 또한 지나치고 엄격하게 자녀를 교육하는 경우에는 강한 양심이 형성이 되고 이것이 행동을 위축시키고 긴장이나 불안을 가중시킬 수 있으며 죄책감이나 열등감에 사로잡히게 될뿐더러 더 심한 경우에는 사회불안 또는 대인공포증, 완벽주의 등과 같은 신경증적 증상이 나타난다.

(3) 심리성적 발달단계(psychosexual development theory)

프로이트는 인간의 무의식중에서도 특히 성적 본능을 강조했고 모든 사람은 아동기 초기, 즉 생후 5~6년 동안 그 사람 일생의 성격 형성에 결정적인 영향을 미치는 몇 개의 심리성적 발달단계를 거친다고 했다. 그 발달 시기에 경험하는 갈등과 그것을 해결하는 과정을 통해 습득한 관점과 태도가 나중에 성인이 되어서까지 무의식 속에 잠재되어 지속적으로 영향을 미친다고 보았다.

인간발달의 중요한 요소는 성적 충동이고 초기발달 시, 성적 에너지인 리비도가 집중된 부위에 따라 발달단계를 나누었기 때문에 이것을 '심리성적 발달단계(psychosexual development theory)'라고 했다. 프로이트의 심리성적 발달단계는 구강기(oral stage), 항문기(anal stage), 남근기(phallic stage), 잠재기(latent stage), 생식기(genital stage)의 다섯 단계로 이루어진다. 성격은 이 다섯 단계를 거치면서 형성되고 특히 앞의 세 단계가 성격형성에 결정적 역할을 한다. 각 단계마다 주요 과업을 성취하면서 적절한 정도의 만족을 얻어야 다음 단계로 넘어갈 수 있는데 만일 특정 단계에서 지나치게 불만족스러웠거나(좌절, regression) 또는 지나치게 만족스러운 경우(방임, overindulge)에는 성인이 되어서도 해당 단계에 지속적으로 머무르게 되고 이는 고착(fixation)이라고 부른다.

표 4-1 심리성적 발달단계

시기	단계	특성
0~1세	구강기 (oral stage)	빨기와 깨물기, 삼키기를 통해 긴장감을 감소시키고 쾌락의 욕구를 만족시킨다.
1~3세	항문기 (anal stage)	배변훈련을 통해 통제, 독립, 분노와 공격 등 부정적 감정을 표현하는 것을 학습한다.
3~6세	남근기 (phallic stage)	성별 차이점에 대해 관찰하고 생식기가 쾌락의 대상이 되며 동성의 부모를 경쟁자로 인식한다.
6~12세	잠재기 (latency stage)	이 시기에 성적 본능은 휴면을 취하고 학교생활, 우정, 운동 등을 통해 성적 충동을 승화시킨다.
12세 이후	생식기 (genital stage)	리비도가 성기에 집중되면서 이성에 대한 관심과 함께 성행위를 추구하기 시작한다.

① 구강기(oral stage)

구강기(oral stage)는 아이가 출생 후 만 18개월까지에 해당하는 심리성적 발달의 첫 단계이다. 이 때 아이들의 성적 에너지인 리비도(libido)는 입(구강)에 집중이 되고 입을 통해 빨고, 먹고 깨무는 행위에서 긴장을 해소하고 쾌락을 경험한다. 따라서 아이의 빨기 행위는 생존을 위해 필요한 것 이외에도 긴장 해소와 쾌락을 주기 때문에 배가 고프지 않아도 무언가를 빨려고 한다.

이 단계에서 적절하게 욕구를 충족하게 되면 개별화와 분리, 대인관계에서 친밀한 관계 형성과 같은 발달과업을 적절히 성취할 수 있고 낙천적이며 조바심이 없고 공개적으로 공격성을 보이거나 탐욕적인 행동을 하지 않는다. 그러나 반대로 만족을 얻지 못한다면 성인이 된 후에 극도의 의존성, 대인관계의 문제와 사회적 고립, 의타심이 많고 상대방을 비꼬며, 언쟁이나 비판을 즐기는 성격이 형성될 수 있다. 또한 이 시기에 고착된 성인은 심리적 갈등에 처하게 되면 퇴행하여 음식에 집착하거나 손가락이나 사물을 물어뜯거나 구강기적 쾌감을 위해 흡연이나 음주, 키스 등에 몰두하는 행동을 보이게 된다.

② 항문기(anal stage)

18개월~3세 사이에는 리비도가 구강 영역에서 항문 영역으로 이동하고 항문기는 인격 형성에 가장 중요한 시기이다. 이 시기의 아이는 대변의 배출과 보유에서 만족감을 느끼고 신경계의 발달로 항문 괄약근을 본인의 의지에 따라 조절할 수 있게 되고 이 과정에서 원초아로부터 자아가 분화되기 시작한다.

배설은 아이에게 쾌락이지만, 배변훈련의 시작과 함께 아이는 생후 처음으로 본능적 충동이 외부로부터 통제받는 경험과 함께 쾌락을 지연시키는 방법을 배우게 된다. 또한 이런 행동은 양육자에 의해 통제되면서 아이들은 배변훈련을 받게 되는데 이때 양육자가 너무 지나치게 엄격하고 억압적이면 아이의 성격은 청결·질서·절약에 집착이 생기고 완고하고 인색하며 파괴적이고 짜증을 잘 내는 특성을 갖게 된다. 반대로 아이와 양육자가 배변을 적절히 조절하는 방법을 습득할 경우에 아이는 창조적이고 생산적이며 관용, 자선, 박애행동 등의 특징이 나타나는 성격을 갖게 된다.

이 시기에 고착된 사람은 반동형성의 방어기제를 많이 사용하여 배변훈련을 시키는 부모와 권위적 인물에게 분노를 느끼지만 분노 대신에 철저한 복종을 표현한다.

③ 남근기(phallic stage)

남근기는 심리성적 발달단계 중에서 가장 복잡하고 논쟁과 여지가 많은 단계로 3세부터 6세까지에 해당되며 이때 아이의 성적 에너지인 리비도가 성기에 집중된다. 이 단계에서 아이들은 자신의 성기에 대한 관심이 높아지고 출생과 성, 남아와 여아의 성적 차이에 대해 관심을 나타낸다. 또한 이 시기의 기본적인 갈등은 아이가 부모에게 느끼는 무의식적 근친상간의 욕망에 집중되어 있고 이러한 감정은 위협적으로 느껴지므로 억압된다. 이 갈등관계의 형성에는 남아가 겪는 불안 오이디푸스 콤플렉스(Oedipus complex), 여아가 겪는 갈등을 엘렉트라 콤플렉스(Electra complex)라고 한다.

오이디푸스 콤플렉스는 어머니를 사랑하고 아버지를 경쟁상대로 삼으면서 나타내는 남아의 심리특성으로서 어머니의 사랑을 독차지하고 싶어하여 아버지를 미워하고 적대감을 가지며, 살부혼모(殺父婚母)의 무의식적 욕망을 품게 된다. 그러나 자신의 의도가 아버지에게 들키면 자신의 남근을 잘라 버릴지 모른다는 두려움인 '거세불안(castration anxiety)을 경험하게 된다. 남아가 이러한 갈등을 극복하기 위해 자신을 아버지와 동일시하고 이 과정에서 사회적 규범, 도덕적 실체라고 할 수 있는 아버지에 대한 동일시를 통해 초자아를 형성하게 된다.

엘렉트라 콤플렉스는 아버지를 사랑하고 어머니를 경쟁상대로 삼는 여자아이들의 심리특성으로서 아버지에 대한 사랑을 독차지하려고 어머니를 미워하고 적대감을 가지며, 살모혼부(殺母婚父)의 무의식적 욕망을 품게 된다. 프로이트는 남아의 거세불안과 상반되게 여아는 남근선망(penis envy)을 갖는다고 보았다. 즉, 남아의 거세불안에 대응되는 개념으로 여아가 남자형제나 아버지에게는 있는 남근이 자신에게는 없음을 알고 실망하여 자신도 남근을 갖기를 원하게 된다는 개념을 말한다. 이 때의 여아는 이러한 갈등을 극복하기 위해 어머니와 동일시하고 엘렉트라 콤플렉스를 해결하면서 초자아를 형성하게 된다.

④ 잠재기(latency stage)

잠재기는 6세부터 12세까지에 해당되고 성적 에너지인 리비도가 수면상태에 들어가게 된다. 이 시기에 무의식적 욕구는 승화되어 학교활동, 취미, 운동, 친구 간의 우정, 즉 외부세계의 적응에 대한 관심으로 전환된다. 아이들이 이 단계를 적절하게 보낸다면 적응능력이 향상되고 학업에 매진하게 되며 원만한 대인관계를 갖게 되나 이 시기에 좌절을 경험하게 되면 열등감이 형성되고 소극적이고 회피적인 성격특성을 나타낼 수 있다.

⑤ 생식기(genital stage)

이 단계는 청소년기에 해당하는데 오랫동안 휴면에 있었던 리비도가 성기에 집중되면서 이성에 대한 관심과 인식이 증가되며 성적 그리고 공격적 충동이 다시 나타난다. 생식할 능력을 갖춘 존재로서 청소년은 타인과의 관계를 통해 만족을 추구하며 직접적으로 성행위를 충족시키지 못할 경우 자위행위를 통해 긴장을 해소하면서 쾌락을 경험한다. 생식기에 해당하는 청소년들은 쾌락추구에 너무 몰두하거나 정서적 억압을 강하게 하는 경향을 나타내며 혼란스러운 모습을 보인다. 그러나 점차 청소년들은 성적 성숙을 하고 가족과 분리를 통해 진정한 자신을 찾는 방향으로 나아가게 된다.

(4) 불안(anxiety)

프로이트는 정신의 구조를 원초아(id), 자아(ego), 초자아(superego)로 보고 이 세 가지 자아 간의 마찰이 불안을 야기하는 것으로 보았다. 자아는 원초아와 초자아를 조정하여 현실의 원칙을 충실히 따르려고 하나 지속적인 원초아의 욕구나 초자아의 압력 사이에서 자아는 갈등과 마찰을 경험하게 되고 이러한 갈등과 마찰은 긴장한 상태인 불안을 유발한다. 불안은 원인에 따라 현실적 불안(reality anxiety), 신경증적 불안(neurotic anxiety), 도덕적 불안(moral anxiety)으로 구분된다.

① **현실적 불안(reality anxiety)**

자아가 현실을 지각하여 두려움을 느끼는 불안으로 실제 외부 세계에서 받는 위협, 위험에 대한 인식 기능을 하는 것을 의미한다. 실제 외부의 생활로부터 오는 불안으로 불안의 정도는 실제 위험에 대한 두려움의 정도와 비례하고 실제 위험이 사라지면 이 불안도 자연스럽게 사라진다.

② 신경증적 불안(neurotic anxiety)

현실에 의해 작동하는 자아와 본능에 의해 작동하는 원초아 간의 갈등에서 비롯된 불안이다. 신경증적 불안은 원초아가 자아를 압도하는 상태로, 성욕 또는 공격성의 압력을 원초아의 본능적 충동이 의식화되어 자아가 이를 통제할 수 없을 것에 대한 두려움과 긴장감에 따른 정서 반응을 말한다. 자아가 원초아로부터의 본능적 위협을 감지하면 우리는 언제나 불안을 느낄 수 있고 이 불안이 심해지면, 신경증(neurosis)이나 정신병(psychosis)으로 발달할 수 있다.

③ 도덕적 불안(moral anxiety)

원초아와 초자아 간의 갈등에서 비롯된 불안으로 본질적 자기 양심에 대한 두려움이다. 만약 도덕적 원칙에 위배되는 본능적 충동을 표현하도록 동기화되면 초자아는 당신으로 하여금 수치와 죄의식을 느끼게 한다. 즉, 도덕적 불안은 자신의 행동이 도덕적 기준에서 위배되었을 때 생기는 불안이다.

(5) 자아방어기제(ego defense mechanism)

정신분석이론에서 자아방어기제는 아주 중요한 개념이다. 프로이트가 먼저 자아방어기제의 개념을 발견했지만 실제로 그 연구를 하고 체계화시킨 사람은 프로이트의 막내딸인 안나 프로이트였다. 자아방어기제는 이성적이고 직접적인 방법으로 불안을 통제할 수 없을 때 붕괴의 위기에 처한 자아를 보호하기 위해 무의식적으로 사용하는 사고 및

행동 수단이다. 즉, 자아가 충동적으로 쾌락을 추구하는 원초아와 도덕적으로 완벽

성을 추구하는 초자아 간의 갈등으로 인한 불안을 감소시키기 위해 사용된 방어기제이다.

방어의 개념에는 자아를 보호하는 요소와 위험하다는 신호를 보내는 요소가 포함되어 있어서 방어기제는 병적인 것이 아니다. 그러나 그것이 무분별하고 충동적으로 사용될 때는 병리적이 되고 과다한 사용은 다른 자아기능을 발달시키지 못하도록 정신에너지를 소모할 뿐만 아니라 방어유형이 한 사람 성격패턴의 일부가 될 수도 있다. 방어기제들이 작동되는 구체적인 내용이 다 다르지만 두 가지의 공통적인 특성을 가지고 있다. 첫 번째는 현실의 부정 혹은 왜곡이고 두 번째는 무의식적으로 작동된다는 것이다. 방어기제는 다양한 종류가 있는데 그 중에 주요 방어기제 몇 가지를 제시한다.

① 억압(repression)

억압은 가장 중요하고 보편적인 1차적인 자아방어기제로서 의식하기에는 현실이 너무나 고통스럽고 충격적이어서 그러한 감정, 사고, 욕망, 기억 등을 무의식 속으로 억눌러 버려 의식화되는 것을 막아내는 것을 말한다. 그러나 모든 무의식적 충동과 마찬가지로 억압된 사고는 인간의 행동에 강력하게 영향을 미치고 위협적인 정보를 억압하기 위해서는 엄청난 양의 정신에너지가 필요하다.

억압과 혼동할 수 있는 유사한 용어는 억제(suppression)이다. 억압은 너무나 고통스럽고 힘든 과거의 사건을 전혀 기억하지 못하는 경우를 말하는 것이고 수치심이나 죄의식 또는 자기비난을 일으키는 기억들은 주로 억압하여 의식하지 못하게 한다. 반면, 억제는 받아들이고 싶지 않은 욕구나 기억을 의식적으로 잊으려고 노력하는 것을 말한다.

② 투사(projection)

투사는 스트레스와 불안을 일으키는 원인인 자신의 감정, 느낌, 생각 등을 무의식적으로 타인의 탓으로 돌려 자신을 보호하는 방법이다. 예를 들어, 자기가 화나 있는 것은 의식하지 못하고 상대방이 자기에게 화를 냈다고 생각하는 것, 어떤 사람이 자신을 미워하기 때문에 자신도 그 사람을 미워한다고 생각하는 것 등이 있다.

③ 부정(denial)

자신이 받아들일 수 없는 현실을 인식하지 않거나 거절하는 것이다. 이는 의식화 되다면 도저히 감당하지 못할 어떤 생각, 욕구, 현실적 존재를 무의식적으로 부정하 는 것이다. 예를 들어, 사랑하는 사람의 죽음이나 배신을 인정하려고 하지 않고 사실 이 아닌 것으로 여기거나 백일몽으로 현실을 떠나 일시적 안도감을 찾는 경우이다.

④ 동일시(identification)

중요한 인물들의 태도와 행동을 자기 것으로 만들면서 닮으려는 것을 말하고 자아와 초자아의 형성에 큰 역할을 하며 성격발달에 영향을 미치는 가장 중요한 방 어기제이다. 예를 들면, 자기가 좋아하는 사람의 사상이나 행동을 무의식적으로 모 방하는 것이다.

⑤ 퇴행(regression)

심각한 좌절이나 스트레스, 또는 위협적인 현실 등으로 인한 불안을 감소시키기 위해 불안을 덜 느꼈던, 그리고 편했던 예전의 수준으로 후퇴하는 현상을 말한다. 즉, 초기 발달단계의 쾌락이나 만족과 관련된 행동을 하는 것이다. 부모의 애정을 독차지했던 아이가 동생이 태어나 부모의 관심이 동생에게 집중되자 갑자기 나이에 어울리지 않게 응석을 부리거나 대소변을 못 가리는 것이 그 예다.

⑥ 합리화(rationalization)

부적응행동이나 실패를 현실에 더 이상 실망을 느끼지 않으려고 그럴듯한 구실 을 붙여 정당화함으로써 불쾌한 현실을 피하려고 하는 방어기제이다. 자신의 무의 식적 동기를 전혀 의식 못하기 때문에 어디까지나 성실하고 정직하게 말하고 이때 바른 충고를 하면 받아들이지 못하고 화를 내게 된다. 예컨대, 친구의 잘못을 선생 님께 보고한 것은 내가 그렇게 해야 할 의무 때문이었다고 핑계를 대지만 자기 자신 도 깨닫지 못하고 있는 진정한 이유는 친구에 대한 미움이나 그에 대한 경쟁심을 가 지고 있는 경우를 들 수 있다.

⑦ 저항(resistance)

프로이트가 억압에 대한 개념을 체계화 할 수 있었던 기법은 자유연상이다. 자유연상의 과정에서 억압된 내용을 상기시킬 때 흔히 부딪히게 되는 것은 바로 저항이다. 저항은 억압된 감정이나 생각이 의식화되는 것을 방해하는 것을 말하고 무의식의 내용을 의식화 할 때 심층수준에서 이를 방해하는 방어기제이다.

⑧ 주지화(intellectualization)

불쾌한 생각이나 사건을 지적으로 이해할 수 있는 방식으로 개념화함으로써 감정적 갈등이나 스트레스를 처리하고자 하는 방어기제다. 예를 들어, 여자로부터 거부를 당한 남자가 현대 여성의 심리와 이성관계에 대해 지적인 분석을 통해 자신의 고통과 상처를 회피하려고 한다.

⑨ 치환(displacement)

어떤 대상이나 사건으로 인해 받은 부정적인 감정을 직접적으로 그 대상에게 표현하지 못하고 전혀 다른 대상에게 자신의 감정을 발산하는 것을 말한다. 예를 들어, 아빠에게 꾸중들은 아이가 적대감을 아빠에게 표현하지 못하고 동생을 때리거나 개를 발로 차는 경우, 자신의 도덕적 타락에 대한 무의식적 죄책감에 휩싸인 사람이 더러움 타는 것을 무서워해서 하루에 몇 번씩 속옷을 갈아입는 경우이다.

⑩ 반동형성(reaction formation)

실제로 느끼는 분노나 화 등의 감정을 직접 표현하지 못하고 반대의 감정으로 표현함으로써 불안을 감소시키려는 현상이다. 미워하거나 싫어하는 대상에게 오히려 좋아하는 것처럼 행동하는 것이다. 남동생이 태어나서 부모의 사랑을 빼앗긴 누나가 감정을 억압하여 남동생을 극단적으로 귀여워해 주는 경우, 실제로 자기를 학대하는 대상인데도 좋아하는 것처럼 행동하는 경우이다.

⑪ 분리(isolation)

고통스러운 기억, 생각과 그에 수반된 감정과 정서를 의식에서 분리시키는 것을 말한다. 이 방어기제를 사용하면 고통스러웠던 사실은 기억하지만 그에 수반된 감정과 정서는 무의식에 존재하게 된다. 따라서 슬프거나 고통스러운 일을 듣거나 이야기를 해도 겉으로 아무런 정서적 표현을 하지 않는다.

⑫ 승화(sublimation)

사회적으로 용납할 수 없는 본능적인 충동들을 사회적으로 인정되는 형태와 방법을 통해 발산하는 것이다. 예를 들면, 타인에 대한 공격성을 훌륭한 권투선수로 대체하여 사회적으로 인정받는 경우, 성적 욕망을 예술로 승화하거나 잔인한 파괴적 충동을 외과의사로 승화하는 경우이다.

3) 상담목표 및 기법

(1) 상담목표

정신분석을 통한 상담목표는 내담자로 하여금 불안을 야기하고 있는 억압된 충동을 자각하게 하는 데 있다. 즉, 무의식을 의식화하고, 원초아와 초자아, 외부 현실의 요구를 효과적으로 중재하도록 자아의 기능을 강화하는 것이다. 인간에게 문제가 되는 것은 자신도 잘 모르는 내용이다. 직면해서 똑바로 보면 괴롭고 두려우며 불안하기 때문에 생각하기 싫은 내용들을 무의식에 숨겨버린다. 억압된 내용을 표현하고 밝힘으로써 당신은 보다 솔직한 자신의 모습을 발견할 것이다. 비록 그러한 내용이 죄의식과 공격적인 내용일지라도 그것을 인간의 모습으로, 자신의 모습으로서 수용하는 용기가 필요하다.

정신분석 상담은 무의식적인 내용들을 철저히 분석하는 치료방법을 사용하므로 상담의 목표는 문제 해결이나 새로운 행동을 학습하는 것이 아니며, 자기 이해를 깊게 하기 위해 현재 문제와 관련된 과거에 억압된 갈등에 대해 깊이 탐색해 가는 것이다.

(2) 상담 기법

① **자유연상**(free association)

프로이트가 사용해오던 최면술을 포기하고 무의식 탐구를 위해 개발한 방법이 자유연상이다. 자유연상은 내담자가 상담자에게 자신의 마음속에 떠오르는 생각

들을 있는 그대로 이야기하는 것이다. 내담자가 자신의 마음속에 떠오르는 것이 아무리 사소하고 괴상하고, 시시한 내용일지라도 전혀 거르지 않고 상담자에게 이야기하는 것이다. 상담자는 그것을 통해 내담자 내면에 억압된 자료를 수집하고 해석하여 내담자의 통찰을 돕는다. 자유연상에서는 어떤 검열과 자기비판도 금지된다. 자유연상은 내담자가 방어기제를 사용하여 억압한 무의식에 숨겨진 진실을 찾기 위해 사용하는 기법이다. 이렇게 감정을 표현하고 경험을 개방하는 것은 내담자가 자신의 감정과 경험을 더 이상 억압하지 않고 자유로워지도록 하는 효과가 있다.

② **꿈의 해석(dream analysis)**

꿈의 해석은 자유연상과 같이 내담자의 무의식 세계에 접근할 수 있는 또 하나의 방법이다. 수면 중에 내담자의 방어기제가 약화되어 억압된 욕망과 본능적 충동, 갈등들이 의식의 표면으로 떠오른다. 꿈은 일상생활에서 경험한 일, 잠을 잘 때 듣는 소리나 감각적인 자극, 잠재적 사고나 욕구 등 다양한 요인에 의해 형성되고 프로이트는 꿈을 "무의식에 이르는 왕도"라고 하였다.

잠재된 생각과 소망은 자아의 무의식적인 방어와 초자아의 무의식적 검열을 통해 응축되고 전위되며 꿈으로 상징화된다. 소망과 방어 간의 타협이 잘 안 되면 꿈은 '수면의 수호자'로서의 역할을 할 수 없게 되어 잠자는 동안 방어가 허술해져 억압된 내용들이 표면화된다. 상담자는 이러한 꿈의 특성을 활용하여 내담자의 꿈을 분석하고 해석하여 내담자로 하여금 자신이 가진 심리적 갈등을 이해하고 통찰하게 한다.

③ **전이분석(transference analysis)**

전이분석은 정신분석 상담에서 아주 주요한 기법이다. 왜냐하면 상담자는 정신분석의 치료과정에서 내담자로 하여금 전이를 유도하고 전이를 해결하는 작업을 수행하기 때문이다. 전이는 내담자가 상담 상황에 대해 가지고 있는 일종의 왜곡으로, 과거에 중요한 사람에게 느꼈던 감정을 현

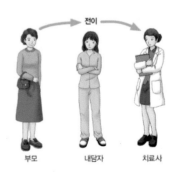

부모　　　내담자　　　치료사

재의 상담자에게 느끼는 것을 말한다. 정신분석에서 상담자의 주된 업무의 하나는 전이를 유도하고 해석하는 것이다. 전이는 내담자가 상담자에게 부여하는 모든 투사의 총합이다.

전이는 이전에 관계양상이 활성화되는 성향으로 많은 옛 체험들이 과거에 지나간 것이 아니라 심리치료라는 한 인간과의 실제 관계에서 다시 생생해진다. 즉, 내담자는 상담을 통해 이전에 자신이 가지고 있다가 억압했던 감정, 신념, 소망 등을 표현하게 되는데, 상담자는 이러한 전이를 분석하고 해석함으로써 내담자가 무의식적 갈등과 문제의 의미를 통찰하도록 돕는다.

④ 저항분석(resistance analysis)

저항분석은 내담자가 치료과정에서 보여 주는 비협조적이고 저항적인 행동의 의미를 분석하는 작업을 말하는 것이고 내담자가 상담에 협조하지 않는 모든 행위를 포함한다. 또한 상담하는 과정에서 상담자의 분석과 해석으로 인해 내담자가 불안과 위협을 느낄 수 있으므로 저항을 통해 억압된 심리 상태, 즉 현재 상태를 유지하려고 하는 힘이다. 내담자가 저항을 하는 주요 이유는 첫째, 무의식적 갈등을 직면하는 것에 대해 두려워한다. 둘째, 변화에 대한 두려움이다. 셋째, 무의식적 소망과 욕구의 충족을 계속 유지하고 싶어한다. 그러므로 상담자는 내담자가 무의식적으로 숨기고자 하는 것, 피하고자 하는 것, 불안해하는 것 등의 정보를 얻어 분석하고 해석해야 한다. 그리고 이러한 저항과 무의식적인 갈등의 의미를 파악하여 내담자가 통찰을 얻도록 돕는다.

⑤ 해석(interpretation)

치료의 초점은 꿈, 실언, 전이, 자유연상, 증상 등 다양한 곳에 맞추어질 수 있지만, 무의식적 자료를 의식으로 가져오는 도구는 바로 자료를 해석하는 것이다. 해석을 통해 상담자는 내담자의 무의식적인 내용을 의식화하도록 촉진하며 내담자로 하여금 자신의 무의식에 대한 통찰을 얻게 한다. 해석은 일반적으로 몇 가지의 원칙이 이루어져야 효과를 기대할 수 있다. 첫 번째, 적절하지 못한 때에 해석을 하면 내담자가 거부반응을 일으킬 수 있기 때문에 해석하는 시기가 중요하다. 두 번째, 내담자가 소화해 낼 수 있을 정도의 깊이까지만 해석해야 한다. 저항이나 방어의 저변에 깔려 있는 무의식적 감정 및 갈등을 해석하기에 앞서 그 저항과 방어를 먼저 지적해 줄 필요가 있다.

2. 개인심리학 상담

1) 알프레드 아들러의 인간관

아들러는 인간을 전체적, 사회적, 목적론적, 현상학적 존재로 보았고 개인(individual)을 '나누어질 수 없는(in+divisible)' 존재로 생각하여 자신이 개발한 이론을 개인심리학(individual psychology)이라고 명명했다.

아들러는 인간을 네 가지의 측면에서 바라보았는데 첫 번째는 모든 인간은 열등감을 가지고 있고 그것을 극복하려고 하는 존재라고 주장하였다. 아들러는 인간이 생존을 하기 위해 많은 방법을 사용

—— Alfred Adler (1870~1937)

하고 그 중에는 인간은 자신이 가지고 있는 열등감을 극복하려고 하는 노력에서 비롯되었다고 믿었다. 즉, 인간은 열등감을 극복함으로써 보존을 추구하고 현재보다 더 높은 수준의 발전을 이루고자 하는 것이다.

두 번째는 인간은 목적론적 존재라고 주장하였다. 개인은 사회 속에서 목표지향적으로 행동하며 자신의 삶의 의미, 성공, 완전성을 추구한다고 했다. 목표를 지향하는 인간은 자신의 삶을 창조할 수 있고 선택할 수 있으며 자기결정을 내릴 수 있는 존재임을 설명하였고 인간은 유전과 환경에 주어진 것에 반응만 하는 것이 아니라 자기가 스스로 선택한 목표를 도달하기 위해 노력하며 자신의 운명을 개척하고 창조해 나가는 존재라고 보았다.

세 번째는 인간은 사회적 존재라고 하였다. 인간은 타인에 대한 관심을 가지며 우리가 속한 사회나 집단에 기여하려고 하는 의도를 보인다. 아들러는 이것을 '사회

적 관심(social interest)'이라고 하였는데 사회적 관심은 아동기 때부터 형성되는 것이기 때문에 선천적으로 가지고 태어난 부분도 있지만 교육과 훈련을 통해 후천적으로도 발달시킬 수 있다. 아들러는 인간은 자신이 속한 공동체를 떠나 혼자서 살아가는 존재가 아니기 때문에 나름대로 자신의 역할과 할 수 있는 것들을 찾아 공동체 안에서 생존한다고 말하였다. 마지막으로는 인간은 총제적인 존재라고 하였다. 인간을 하나의 통합된 존재로 보아야 하고 인간이 분리할 수 없는 통합적으로 기능하는 존재임을 강조하였다. 아들러는 인간이 단순히 원초아, 자아, 초자아로 구성된 복합체의 관념을 비판했고, 전체적, 통합적, 현상학적, 목적론적으로 인간을 바라보았다.

2) 주요 개념

(1) 열등감과 보상(inferiority complex and compensation)

열등감이라는 단어는 아들러가 처음으로 사용하였는데 아들러가 말하는 열등감이란 자신의 능력이나 수준이 타인이나 이상적인 자기(또는 자기상)에 비해 부족하거나 낮다고 느끼는 마음 또는 감정 상태를 의미한다. 즉, 자신이 부족한 존재라는 것을 인식한다는 것이다. 그러나 우리는 열등감을 느끼지만 그 이면에는 이를 극복하려고 하는 마음도 가지고 있다. 아들러는 인간은 누구나 어떤 측면에서도 열등감을 느낀다고 했다. 왜냐하면, 인간은 누구나 현재보다 더 나은 상태, 즉 완전성을 추구하기 위해 노력하는 존재이기 때문이다. 또한 인간은 자기완성을 실현하기 위해 자신이 느끼는 열등감을 극복하고 보상하려는 노력을 통해 자기 성장과 발전의 원동력이 될 수 있다고 했다. 그러니까 아들러는 열등감을 부정적인 것으로만 여기지 않았으며 그 긍정적인 측면을 강조하였다.

아들러는 열등감이 인생 전반에 걸쳐서 커다란 영향을 미치고 있다고 하였고 특히 열등감은 인간의 정신병리 현상과 밀접한 관계를 가지고 있다고 보았다. 따라서 그는 열등감의 개념 없이 정신병리학을 이해한다는 것은 불가능하다고 하면서 "열등감에 관한 연구는 모든 심리학자, 심리상담자 그리고 교육학자들에게 학습장애아, 노이로제 환자, 알코올중독자, 성도착증자, 범죄자, 자살자를 이해하는 데 없어서는 안 되고 또 없어질 수 없는 열쇠임을 증명해 보인다."(Adler, 1973a)라고 하였다.

아들러는 인간은 열등한 존재로 태어나므로 인간이 된다는 것이 곧 열등감을 갖는 것이라고 말했다. 예를 들면, 인간이 생애 초기에는 육체적으로 아주 약한 존재로서 타인에 의존할 수밖에 없고 타인의 도움이 없이 생존조차 할 수 없는 무력한 존재라는 것에 주의를 기울였다. 그는 이러한 생득적인 열등함을 인간이 어떻게 받아들이고 대응하는 것이 중요한 것이지, 열등함 그 자체가 중요한 것이 아니라고 생각했다. 다시 말해, 열등감은 객관적인 원인을 바라보기보다는 주관적으로 어떻게 느끼는가가 더 결정적인 영향을 미친다는 것이다. 역사적으로 위대한 사람들은 열등감을 지녔던 사람들이 많은데 예컨대, 말더듬이였던 데모스테네스는 자기의 신체적 열등감을 극복하기 위해 피나는 노력을 하여 고대 그리스의 아주 유명한 웅변가가 되었고 청각장애를 가진 베토벤, 학력이 없었던 링컨 등이 열등감을 극복하여 성공한 사람들이었다. 이러한 사람들은 자신의 부족한 점을 스스로 인정하고 그것을 극복하려는 의지와 노력을 통해 자기완성을 이루기 위해 매진하였다.

아들러에게 있어 열등감은 인간의 성장과 발전, 나아가 인류 문명의 발전에 매우 중요한 요인이다. 열등감이 이와 같이 긍정적이고 생산적인 것으로 인식될 수 있는 것은 열등개념과 꼭 붙어 다니는 보상(kompensation)개념 때문이다. 초기에 아들러의 논문에서 열등한 기관들이 쉽게 병에 영향을 받고 심리적 문제를 줄 수 있지만 인간은 약한 기관을 강하게 함으로써 보상하고자 하는 경향을 가지고 있음을 발견하였다. 그는 이어 신체적 열등감뿐만 아니라 자신이 약하다고 느끼는 심리 사회적 문제까지도 보상하고자 노력하는 것을 발견하였다.

개인이 자신의 열등감을 극복하면서 우월성을 추구하면 심리적 건강을 가질 수 있게 되는데 이러한 사람의 특징은 자신의 부족함을 스스로 인정하고 그 부족함을 극복하려는 의지와 노력을 통해 자기완성을 이루기 위해 힘을 쓴다. 그러나 열등감에 사로잡혀 열등감의 노예가 되고 열등감이 우리를 지배하게 된다면 우리는 콤플렉스에 빠져 버리게 되는데 아들러가 이것을 '열등감 콤플렉스'(inferiority complex)라고 말했다. 그는 열등감 콤플렉스의 세 가지의 원인을 기관열등감, 과잉보호 그리고 양육태만이라고 하였다.

① 기관열등감(organ inferiority)

이 원인은 개인의 신체와 관련된 것이다. 외모에 대해서 어떻게 생각하는가? 신체적으로 건강한가? 신체적으로 불완전하거나 만성적으로 아픈 아동들은 다른 아동들과 신체적인 차이로 인해 성공적으로 경쟁하기 어려워 기관열등감을 가질 가능성이 높다.

② 과잉보호(spoiling)

자녀를 독립적으로 키우느냐 의존적으로 키우느냐는 부모의 교육방식에 따라 달라진다. 아이들이 일상생활에서 어떤 문제가 생겼을 때, 아이 스스로 해결할 수 있도록 기회를 주기보다는 부모들이 먼저 나서서 모든 일을 해결해버리는 경우가 많은데 이러한 교육환경에서 자라는 아이들은 어려운 고비에 부딪혔을 때 자신감이 부족하여 문제를 해결할 능력이 없다고 믿고 열등감에 젖게 된다. 그 뿐만 아니라 과잉보호 속에 자신이 세상에서 가장 중요한 존재라고 생각하게 되어 타인을 위해 베푸는 것을 전혀 모르게 된다.

③ 양육태만(neglect)

아이들은 부모와의 신체접촉과 놀이를 통해 안정된 정서를 갖게 되고 자신의 존재 가치를 느끼게 된다. 그러나 자녀에 대한 사랑과 관심 부족으로 아이는 자신이 필요하지 않다고 느끼고 있기 때문에 열등감을 극복하기보다는 오히려 문제에 대해 회피하거나 도피한다. 즉, 이러한 아이들은 자신의 능력을 인정받고 애정을 얻거나 타인으로부터 존경받을 수 있다는 자신감을 잃고 세상을 살아간다.

또한 열등감은 우월감과 밀접한 관계를 가지고 있다. 우월함을 추구하는 것은 보편적인 인간의 욕구이지만 열등감 콤플렉스의 과잉보상으로 나타날 수도 있다. 예를 들어, 실제로 공부를 잘 하고 항상 전교 1등을 받는 학생이 우월함을 느낀다는 것은 매우 당연하고 적절한 것이다. 그러나 자신의 능력을 실제 이상으로 과대평가하고 자신이 우월해야 한다는 생각을 하게 된다면 그것은 현실적 자기와 이상적 자기를 혼동하는 것으로서 열등감 콤플렉스를 보상하려고 하는 과장된 노력이라고 볼 수 있다. 즉, 열등감을 지닌 개인이 문제를 회피하는 하나의 방법으로 실제로는 우월하지 않지만 자신이 우월하다고 가정하고 그릇된 성공은 견딜 수 없는 열등상태를 보상하려고 한다. 아들러는 이것을 '우월감 콤플렉스(superiority complex)'로 설명했다.

아들러에게 있어 중요한 것은 열등감 자체가 아니라 선천적인 열등감을 인간이 어떻게 받아들이고 대응해 나가느냐는 것이었고, 이 열등감을 보상하기 위한 노력에 의해 인간발달이 향상된다는 것이었다.

(2) 우월성 추구(striving for superiority)

아들러는 '우월성 추구'란 개념을 자기완성 추구 또는 자아실현이란 의미로 사용하였다. 인간은 기본적으로 자신의 약점으로 인해 생기는 긴장과 불안정감, 남보다 열등한 사실을 견디기 힘들어한다. 따라서 열등의 감정을 극복 또는 보상하여 우월해지고, 성공을 향한 목표를 달성하고자 노력한다. 아들러는 인간이 자신의 열등감을 보상하는 방향으로 행동하고 보상의 궁극적인 목적을 우월의 추구라고 하였다. 우월의 추구는 모든 인간이 문제에 직면했을 때 부족한 부분은 보충하고, 낮은 부분은 높이며 미완성한 부분은 완성하게 만드는 경향성을 말한다.

인간의 우월 추구를 향한 보상은 긍정적 또는 부정적 경향을 취할 수 있다. 이는 초기 아동기 동안 어떤 대우를 받으며, 또 이 열등감을 어떻게 다루느냐 하는 것이 그의 성격을 형성하는 데 아주 중요하다. 또한 아동이 어린 시절에 얼마나 깊은 불안감과 열등감을 느꼈는가와 삶의 문제를 극복하는 데 있어 주변 사람들이 어떠한 모델이 되어 주었는가에 따라 각기 다른 보상 형태가 이루어진다고 하였다. 아동이 어린 시절에 열등감 때문에 억압받지 않고 열등감을 장점과 역량을 키우면서 줄여나가며 성장지향적인 건강한 방향으로 나아가려고 애쓰면 긍정적인 발달과 성숙, 발전을 할 수 있다. 그러나 잘못된 교육 상황이나 부적절한 환경, 즉 응석받이로 자라거나 방치된 아동의 경우는 힘을 키우고자 하는 노력을 저지당하고 긍정적인 발달을 경험할 가능성이 크게 훼손된다. 이러한 환경에서 자란 아동은 열등감이 더욱 심화되어 삶의 유용한 측면에서 정상적인 방법으로 더 이상 자신의 열등감을 극복할 수 없다고 믿게 되면 비뚤어진 방향의 보상을 시도하게 된다.

(3) 사회적 관심(social interest)

사회적 관심이란 인간에 대한 공감으로서 개인의 이익보다는 사회발전을 위해 다른 사람과 협력하는 것을 의미한다. 아들러는 인간을 사회적이며 목적론적인 존재로 이해했고 인간이 사회적 존재로서 사회에 참여하여 타인에 기여할 수 있는 애타적인 측면을 강조했다. 개인의 완전에의 욕구가 완전한 사회로의 관심으로 대체된 것으로, 인간은 사회와 결속되어 있을 때 안정감을 갖게 되지만 강한 열등의식을 지닌 인간은 사회적 승인을 받지 못하면 고립될지 모른다는 불안 속에서 살게 된다. 다시 말해, 아들러는 인간이 경험하는 많은 문제들은 자신이 가치가 있다고 생각하는 집단에서 인정을 받지 못하거나 받아들여지지 않는다면 두려움을 느끼게 되고 소속감을 느끼지 못할 경우에는 불안하게 된다. 반면에 소속감을 느끼고 인정을 받을 때 자신의 문제를 직면하는 용기가 생긴다고 하였다.

Adler(1966)는 "문화라는 도구 없이 원시의 밀림에서 혼자 사는 인간을 상상해 보라. 그는 다른 어떤 생명체보다 생존에 부적합한 것이다. 인간의 생존을 위해서 가장 좋은 방법은 공동체 안에 있는 것이고 공동체감은 모든 자연적인 약점을 보상하는 데 있어서 반드시 필요하고 또 바른 것이다."라고 말할 정도로 인간의 행복과 성공은 사회적 결속과 관계가 있다고 믿었다. 또한 아들러는 초기 아동기의 경험이 사회적 관심을 결정하는 데 중요한 역할을 한다고 보았고 모든 아동은 사회적 관심을 개발할 수 있는 잠재력을 가지고 태어나며 적절한 양육으로 사회적 관심을 개발시킬 수 있다고 보았다. 사회적 관심은 태어나서 일차적으로 어머니와 가족구성원, 학교생활을 통해 발달될 수 있으며, 계속 훈련되어야 한다. 특히 학령기의 학생들의 사회적 관심을 잘 발달시키려면 학교생활, 즉 교사와의 관계, 또래와 관계에서 일어나는 협동과 상호존중을 통해 타인을 공감하고 배려할 수 있도록 유도하는 것이 중요하다.

아들러는 공동체감이 제대로 발달되었는지의 여부를 정신건강의 척도로 사용하였고 신경증, 정신병, 범죄, 자살 등의 문제들은 사회적 관심이 부족해서 초래된다고 설명하였다. 신경증의 경우에는 사회적 관심이나 유익한 행동에 대한 관심 없이 오로지 자기중심적인 우월성을 추구하고자 하는 것이고 높은 열등감을 없애기 위해 개인적인 안전을 추구하려고 노력하는 과정에서 생겨나는 '자기 고양', '힘', '개인적인 우월감' 등을 추구하는 것으로 간주되었다. 이와 같이 신경증을 가진 사람은 영향력, 자기 소유와 힘 등을 높이려고 하고 다른 사람을 비하하며 속이려고 하는 사람이라고 할 수 있다.

아들러의 개인심리학에서는 높은 사회적 관심을 가진 사람일수록 정신적으로 더 건강하고 행복하며 사회에 기여하는 사람이 되고 그렇지 못한 사람은 부적응한 사람으로 인식된다. 이러한 사람은 단지 자신의 욕구에만 집중하고 사회적으로 사람과 상호작용을 하거나 타인의 욕구를 중요시하지 않는다.

(4) 생활양식(life style)

생활양식은 개인이 인생을 살아가는 데에 있어 가지게 되는 신념과 행동체계를 뜻한다. 즉, 개인의 생활양식은 생각하고 느끼고 행동하는 모든 기초가 되는 것으로 생애 초기 4~5년 정도가 중요하다. 이때는 부모를 비롯한 가족 구성원 등과 맺는 관계가 생활양식의 발달에 중요한 영향을 미친다. 그리고 한번 형성된 생활방식은 변화하지 않고 이렇게 형성된 생활양식은 계속 유지되어 그 후의 행동의 뼈대가 된다. 그러나 한번 형성된 생활양식을 바꾸지 못하고 거기에 매여 살아가야 하는 것은 아니다. 아들러는 심리치료를 통해 개인이 가지고 있는 생활양식을 탐색하고 어떤 부분이 나의 목표를 이루지 못하게 방해를 하고 있는지 검토한 후, 용기와 노력을 가지고 의식적으로 바꾸고자 하면 충분히 수정할 수 있다고 설명하였다.

개인의 독특한 생활양식은 그가 생각하고 느끼고 행하는 모든 것의 기반이 된다. 개인의 생활양식이 일단 형성이 되면 이것은 인간의 외부 세계에 대한 전반적인 태도를 결정할뿐더러 인간의 기본적인 성격구조가 일생을 통하여 일관성이 유지되게 한다. 따라서 개인의 생활양식을 통해 그가 추구하는 우월의 목표와 그의 독특한 방법 그리고 자신과 세계에 관한 자신의 의견을 이해한다는 것이 개인심리학의 기본 원리다. 아들러는 각 개인의 독특성을 이해하는 것이 중요하다고 생각하여 생활양식 유형론을 적극 지지하지 않았으나 그것이 인간의 행동을 이해하는 데 있어서 도움이 된다는 점을 동의하였다. 아들러의 생활양식 유형은 사회적 관심과 활동성 수준에 따라 네 가지로 구분된다.

① **지배형**(dominant or ruling type)

지배형은 부모가 지배하고 통제하는 독재형으로 자녀를 양육할 때 나타나는 생활양식이고 이 유형의 사람은 사회적 관심은 부족하지만 활동성은 높은 편이다. 그들은 타인을 배려하지 않고 부주의하며 공격적이고 경우에 따라 공격성이 자신에게 향하기도 하여 알코올중독, 약물중독, 자살의 가능성도 나타낼 수 있다. 오랫동안 가부장적 가족문화, 유교문화로 권위를 중시한 우리나라처럼 아직도 부모가 막무가내로 힘을 통해 자녀를 통제하려고 한다. 이러한 가정에서 자란 자녀들의 생활양식은 지배형으로 형성되는 경우가 많다.

② **기생형**(getting type)

기생형의 사람들은 자신의 욕구를 다른 사람에게 의존하여 충족시키려고 하고 자신의 문제를 스스로 해결하기보다는 타인에게 의존하여 기생의 관계를 유지하는 것이다. 이러한 생활양식은 부모가 자녀를 과잉보호할 때 나타나는 태도이고 자녀를 지나치게 보호하여 독립성을 길러 주지 못할 때 생기는 생활태도이다.

③ **회피형**(avoiding type)

회피형의 사람들은 사회적 관심과 활동성이 다 떨어지는 유형으로 실패의 두려움에서 벗어나려고 하기 위해 삶의 문제를 아예 회피하려고 한다. 또한 이 유형을 가진 사람은 매사에 소극적이고 부정적인 특징을 가지고 있고 자신감이 없기 때문에 문제를 적극적으로 직면하거나 해결하려고 하는 의식이 없다.

④ **사회적 유용형**(socially useful type)

사회적 유용형은 사회적 관심과 활동성이 모두 높은 유형이다. 이 유형의 사람은 성숙하고 긍정적이며 심리적으로 건강한 사람이다. 또한 이 유형을 가진 사람들은 삶의 과제에 적극적으로 대처하고, 자신의 삶의 문제를 타인과 협동하여 해결할 수 있는 능력을 갖추고 있으며 적절한 행동을 할 수 있다.

	사회적 관심 (높음)	사회적 관심 (낮음)
활동 수준 (높음)	사회적 유용형	지배형
활동 수준 (낮음)		기생형 회피형

→ 여기서 사회적 관심이 높고 활동성이 낮은 유형은 실제로 존재할 수 없다. 왜냐하면 사회적 관심이 높은 사람은 어느 정도의 활동성이 있음을 의미하기 때문이다.

아들러는 인간은 환경의 영향을 받고 성장하지만 환경을 변화시킬 수 있는 존재 또한 인간이라고 말하였다. 사람들은 주변의 환경의 어떠한 영향을 받고 살아왔다 하더라도 현재 내가 처한 환경을 변화시켜 긍정적으로 성장할 수 있도록 하는 것은 각자의 책임이다. 즉, 내가 지배형으로 살아갈 것인가 사회적 유용형으로 살아갈 것인가는 온전히 나의 몫이고 나의 책임이라는 것이다.

(5) 가족구도(family constellation)와 출생순위(birth order)

아들러는 가족구도와 출생순위가 개인의 생활양식에 많은 영향을 준다고 하였고 자녀의 수가 몇 명인가도 역시 성격형성에 영향을 준다고 하였다. 아동기 때 타인과 관계하는 독특한 스타일을 배워서 익히게 되고 그들은 성인이 되어서도 그 상호작용 양식을 답습한다. 다시 말해, 출생순위와 가족 내 위치에 대한 해석은, 어른이 되었을 때 세상과 상호작용하는 방식에 큰 영향을 미친다는 것이다. 따라서 개인의 생활양식을 탐색하고자 할 때 가족구도는 그에 관한 많은 것을 예측할 수 있게 도와준다.

가족구도에는 가족의 구성, 각 구성원의 역할, 개인이 초기 아동기 동안 형제자매 및 부모와 맺은 관계의 양상이 포함된다. 아동은 가족 내 상호작용에 의해 정해지는 특정한 역할을 하게 되고 부모와 형제자매가 아동 자신에게 어떻게 반응할지에 영향을 미친다. 출생순위도 가족의 또 다른 주요 측면으로 아들러는 이것이 발달에 심대한 영향을 미친다고 보았다. Adler(1963b)는 예를 들면, 결혼을 해서 낳은 첫째 아이가 부부가 정말 원해서 출생했는가의 여부, 첫째 아이가 남자인 경우 혹은 여자인 경우, 독자인 경우 등에 따라 부모가 자녀에게 대하는 심리적 태도가 다를 수 있기 때문에 자녀의 수가 몇 명인가와 출생순위가 성격형성에 영향을 준다고 주장한 것이다. 그는 가족에 다섯 종류의 심리적 위치가 있다고 하였는데 맏이, 둘째, 가운데 아이, 막내, 외동으로 열서하였다.

① 맏이

이들은 다섯 집단 중에서 가장 머리가 좋고 성취 지향적이며 부모의 사랑과 관심을 독차지하면서 자라게 된다. 그리고 처음에 어른들로만 이루어진 가족에서 성장하게 되어 의존적이고, 체계적이며 책임감 또한 강하다. 부모와 가장 많은 상호작용을 하며 부모로부터 많은 지지, 압력과 간섭을 받기 때문에 실제 다른 자녀에 비해 높은 수행능력을 보이기도 한다. 아직 동생이 태어나지 않았을 때 맏이는 관심과 사랑의 초점이 되며 때때로 버릇없는 응석받이가 될 수도 있지만 동생이 태어나면서 맏이는 자신이 지금까지 독차지하면서 누리던 소중한 것들을 동생에게 빼앗겼다고 생각하고 이러한 상실감으로 인해 분노와 두려움, 불안감과 질투심을 느낄 수 있다. 따라서 부모가 첫째 아이의 위치를 안전하게 인식하도록 격려해주고 공정하게 관심과 사랑을 주면 맏이는 더 친화적이고 더 자신감 있는 아이가 될 수 있다.

② 둘째

이들은 형제와 계속 경쟁하면서 서로 다른 성격이 발달되기도 하는데, 두 아이의 연령이 비슷하고 성별이 같을 때 더욱 그렇다. 둘째 아이는 위를 따라 잡으려고 하고 아래보다는 앞서가기 위해 노력하는데 만일 셋째 아이가 출생할 경우 둘째 아이는 형제를 위아래로 두고 있으므로 압박감을 느끼게 된다. 일반적으로 맏이가 이미 성공적으로 성취한 분야에서는 둘째 아이는 그 이상으로 더 따라 잡을 수 없다고 판단하고 맏이와 완전 반대의 분야에서 노력을 기울이는 경향이 있다. 예를 들어, 맏이가 수학이나 영어 같은 전통적인 영역에서 두각을 나타난다면, 둘째는 노래나 그림 그리기 등 보다 창의적이고 덜 관습적인 영역에서 성공을 추구할 경향이 있다.

③ 가운데 아이

출생순위가 가운데인 아이들은 형제자매들의 중간에 끼어 있어 압박감과 불공

평한 대우를 받는다고 느끼게 된다. 맏이로서의 위치를 가지지 못 할뿐만 아니라 막내로서의 지위도 가지지 못한다. 앞서가는 첫째를 이기려고 하고 뒤따라오는 동생이 자신을 따라잡지 못하도록 경주해야 한다. 따라서 가운데에 있는 아이는 이러한 압박감으로 인해 자신의 삶이 늘 쫓기듯이 느껴져 인생이 피곤하고 불공평하다고 생각한다.

④ **막내아이**

동생에게 자리를 빼앗기는 충격을 경험할 필요 없고 가족의 귀염둥이로 부모와 형제에 의해 응석받이로 자라게 되며, 그 지위를 즐기며 그들을 돌봐줄 보호자를 가지게 된다. 하지만 막내아이는 자기보다 크고 힘이 세고 특권이 있는 형제에게 둘러싸여 있으므로 독립심의 부족과 강한 열등감을 경험하기 쉽다. 또한 막내아이는 부모와 형의 도움을 받아 자신의 야심을 키워가는 배후에서 그들을 공격하기도 하고 주의집중하게 만들기도 한다. 가족 전체가 막내를 어떤 방법으로 사랑하는가는 중요하다. 자나치게 사랑받는 아이는 결코 자립할 수 없으며 자신의 노력에 의해서 성공할 수 있다는 용기를 잃어버리게 된다.

⑤ **외동 자녀**

어린 시절을 주로 어른들 사이에서 보내는 경우가 많다. 그래서 외동자녀는 응석받이가 될 수도 있고 항상 가족의 관심을 받고자 할 수도 있다. 반면 역할 모델로서 성인의 역할을 해볼 기회가 많아지므로 더 유능하고 협동적인 가족의 한 구성원으로서 자랄 수도 있다. 또한 외둥이는 어려서부터 혼자 지내는 시간이 많아 풍부한 상상력을 발달시킬 수 있으나 이기적인 성향이 나타날 수 있고, 사회화가 잘 이루어지지 않을 수도 있다.

출생순위를 강조하는 아들러의 이론에 대해 인간의 행동을 출생순위에 따라서 결정지을 수 없다는 비판도 있었다. 그 이유는 가족과 주변의 환경은 끊임없이 역동적으로 변하기 때문에 출생순위를 설명할 때 처해 있는 그 상황에서 아동과 가족이 서로 어떤 영향을 주고받았는지에 대해 고려하여 해석되어야 한다는 것이다. 그러니까 가족의 경제적인 형편, 주거환경, 부모의 나이, 원하는 출산인지 아닌지, 형제 자매 중에 장애아가 있거나 장애아로 태어난 경우, 이혼이나 사별 등의 경우에 따라 아동의 행동은 상대적인 것이다. 따라서 출생순위에 따른 행동유형은 하나의 지침 으로 이해하는 것이 좋다.

3) 상담목표 및 기법

(1) 상담목표

아들러 치료의 목표는 내담자가 가지고 있는 생활양식을 이해하고 잘못된 목표 와 신념을 파악하여 수정함으로써 사회적 관심을 증가시키고 보다 적절한 목표와 생활양식으로 변화시키는 것에 있다. 내담자는 잘못된 목표와 생활양식으로 인해 좌절감과 열등감을 느껴 삶에 대한 용기를 잃고 낙담한 상태에 빠지기 쉽다. 낙담 은 자신과 외부세계가 변하지 않는데 내가 왜 변화하려고 시도를 해야 하는지와 관 련된 감정 상태이다. 정신적으로 건강한 사람은 끊임없이 자신을 격려하면서 용기를 잃지 않는 사람이고 반대로 심리적으로 고통을 가지고 있는 사람은 용기를 잃고 자 신감과 책임감을 상실한 낙담한 사람을 말한다. 따라서 우리의 삶에 중요한 것은 용 기를 갖게 하는 격려이고 상담자는 내담자를 계속 격려함으로써 잃은 용기를 다시 회복할 수 있게 함으로써 내담자가 공동체 생활에 참여하며 삶의 과제를 효과적으 로 수행하도록 조력해야 한다. 그리고 상담자는 상담을 통해 내담자의 생활양식을 파악하여 바람직한 방향으로 생활양식을 바꾸도록 재교육이나 재정향을 위해 노력 해야 한다.

(2) 상담기법

① 격려하기

격려는 영어로 'encouragement'이고 '용기를 만들어 내는 것'이라는 의미를 가 지고 있다. 개인이 살아가면서 문제와 고통, 어려움에 부딪혔을 때 이것에 맞설 수 있는 용기가 필요하고 용기를 증진시키는 것이 바로 격려이다(Carlson & Englar-Carlson,

2017). 개인이 통제할 수 있는 요인과 통제할 수 없는 요인을 구분해야 본인이 어디에 힘을 쏟을지 결정할 수 있으므로 용기를 만들어 내기 위해 우선 개인이 통제 가능한 요인과 불가능한 요인에 대해 구분할 수 있어야 한다. 예를 들어, 수능생이 수능을 잘 못 보아서 대학에 입학하지 못하였다고 가정해보자. 이 상황에서 수능생이 통제할 수 없는 영역은 가정환경, 지능, 태어난 나라, 가족 형편 등이 있을 것이다. 반면에 통제 가능한 것들은 목표를 향한 노력, 결과에 대한 태도, 자신에 대한 믿음이나 기대감 등이 있다. 그렇기에 개인은 기능적인 생활양식으로 목표지향적인 삶을 살기 위해 통제 불가능한 요인보다 통제 가능한 요인에 초점을 맞추어 문제를 해결해 나가는 것이 바람직하다. 그러나 간혹 처한 상황에 따라 스스로도 해결하지 못할 경우가 있기 때문에 이럴 때는 외부에서 격려를 통해 개인이 당면한 문제를 해결할 용기가 생기도록 도움을 주어야 한다. 또한 통제할 수 없는 요인에 대해 그 영향을 최소화하려는 노력 역시도 필요하다. '머리가 나쁘다'는 생각으로 인한 스트레스에서 벗어나고, '노력'에 더욱 귀인하는 것이 바람직하다.

② 생활양식 탐색

아들러의 개인심리학에서는 내담자의 생활양식을 분석하는 것을 매우 중요시한다. 생활양식의 수집은 비구조화된 면접으로부터 시작해서 구조화된 검사지를 활용한 것까지 다양한 방법이 있다. 생활양식 검사지를 예로 들자면 가족구성에 대해 알아볼 수 있다. 내담자를 포함하여 형제자매의 관계, 나이 차이, 내담자가 기억하는 형제자매의 특성이나 인상, 자기와 닮은 형제자매 또는 닮았던 형제자매가 누구인지 등에 대해 확인할 수 있다. 이러한 과정을 통해 내담자가 가족구성원들을 어떻게 인식하고 있는지를 확인할 수 있을 뿐만 아니라 가족 내에서 내담자의 위치를 파악할 수 있다.

또한 가족구성원들 간의 상호작용도 확인한다. 내담자가 가족구성원 중 주로 누구와 어울렸으며, 가족 내에서 서로 공유하는 가치, 부모의 특성과 성향, 부모와의 관계, 어린 시절에 내담자 스스로에 대한 인식, 또래집단에서 내담자의 역할 등을 모두 파악할 수 있다. 이러한 정보를 통해 내담자의 생활양식을 수집하고 상담사와 함께 읽으면서 수정할 부분이 있는지 검토하는 과정을 거친다. 이러한 생활양식을 정리하는 과정을 통해 내담자는 자신의 삶, 삶에 대한 신념 등을 재검토하여 확인할 수 있으며 이에 대한 목표와 동기를 점검해볼 수 있다. 다시 말해서, 생활양식을 분석하는 목적은 내담자가 의식하지 못한 자신의 생활양식을 의식화하고 보다 분명하고 명확하게 하여 내담자가 인식할 수 있도록 하는 것이다.

③ 역설적 의도

내담자에게 문제행동을 극대화하도록 요청하는 방법이다. 즉, 내담자가 보이는 문제행동을 의도적이고 계획적으로 더 지속해 보게끔 하는 것이다. 이 방법을 통해 내담자가 보이는 문제행동이 언제 나타나는지 자각할 수 있으면서 동시에 그 행동의 결과를 인식하여 그것을 변화시킬 통제력이 내담자 본인 안에 있음을 이해할 수 있게 된다. 아들러는 이 역설적 의도 기법을 상담에서 최초로 적용한 사람이었고, 이러한 개입은 다소 불합리적으로 보일 수도 있으나 개인이라는 전체적인 관점 안에서 내담자 자신과 그 행동을 함께 바라볼 수 있게 되고 이를 자연스럽게 변화시켜 나아가도록 한다. 그러나 내담자가 가지고 있는 문제행동이나 증상이 자해행동이나 음주, 자살 시도 등과 같은 위험한 종류의 행동들이라면 이 기법을 사용해서는 안 된다.

④ 마치 ~인 것처럼 행동하기

아들러가 개발한 '마치 ~인 것처럼 행동하기'(acting as ~ if)는 무언가 할 수 없다거나 성취할 수 없다고 믿고 있는 내담자에게 할 수 있다는 가정하에 또는 이미 성취한 것처럼 상상하여 행동을 해보도록 하는 기법이다. 이는 일종의 인지행동적 기법이라고 볼 수 있는데 특정한 행동을 하기 전에 이미 두려움을 가지고 있는 내담자에게 보다 안전한 환경인 상담실에서 그 특정한 행동을 해보도록 요청함으로써 그에 따른 정서와 인지의 변화를 경험할 수 있도록 하는 것이다. 미래에 대한 기대는 현재 일어난 상태가 아니기 때문에 허구적이긴 하지만 이러한 기대는 현재 나의 행동과 선택에 영향을 미치고 그 기대를 통해 형성된 행동과 결정들은 결국 '나', '자신'이라는 존재를 형성해 갈 수 있다. 즉, 이러한 기대로 인해 내가 기대하는 나의 모습으로 자신을 만들어 갈 수 있다는 것이다.

⑤ 내담자의 스프에 침 뱉기

스프에 침 뱉기(spitting in the client's soup)는 개인(내담자)이 반복적으로 수행하는 비생산적이고 자기패배적인 행동을 수정할 때 아주 효과적인 방법이다. 상담자가 내담자의 잘못된 인식, 생각 또는 행동에 부여한 가치를 낮추어 그 해당된 행동의 빈도를 줄인다. 다시 말하면, 내담자의 해당 행동이 가지고 있는 무의식적인 동기나 의도를 상담자가 읽어줌으로써 내담자의 생각이나 행동 뒤에 숨겨진 진짜의 의도를 외면하지 못하고 자각할 수 있도록 하여 내담자가 해당 행동과 분리할 수 있게 한다.

⑥ 수렁 피하기

수렁 피하기(avoiding the tar baby) 기법은 내담자가 반복적으로 겪고 있는 문제 상황에 직면하기 전에 그것에 대한 다른 대안행동이 무엇이 있는지를 고려하여 준비된 대안행동을 할 수 있게끔 하는 방법을 말한다. 예를 들어, 스트레스를 받거나 힘들어 할 때마다 쇼핑을 하며 돈을 마구 소비하는 내담자가 있다고 가정했을 때, 그 사람이 어떤 상황에서 스트레스를 받을지 파악하고 그 스트레스로 인한 불필요한 쇼핑을 줄이기 위해 할 수 있는 다른 대안행동을 탐색하도록 하는 것이다.

3. 행동주의 상담

1) 행동주의 배경

행동주의학자들은 관찰이 가능한 인간의 행동만이 심리학의 연구주제가 될 수 있다고 주장하며 과학적인 방법을 모색하여 인간의 행동을 설명하려고 하였다. 또한 행동주의 상담은 인간의 이상행동을 무의식의 갈등 증상이라고 보는 정신분석 상담과 달리 인간의 외현적인 행동의 변화를 중시하였고 과거의 경험보다는 현재의 이상행동에 초점을 두었다. 다시 말하면, 행동치료는 과거보다는 현재, 무의식보다는 관찰 가능한 행동, 단기치료, 명확한 목표, 빠른 변화에 초점을 두는 것이었다. 이러한 행동주의 심리학의 이론적 토대는 학습이론이고, 인간행동의 원리나 법칙을 학습이론에 근거하여 설명한다. 학습이론은 어떤 행동이 왜 지속되는지 또는 중단되는지에 대해 설명해 주는 이론을 통틀어 학습이론이라고 한다. 학습을 자극과 반응의 새로운 결합이라고 보고 자극과 반응 사이의 연결은 특정 조건에서 강해질 수도 있고 약해질 수도 있다. 따라서 행동주의 상담에서는 인간의 바람직한 행동뿐만 아니라 올바르지 않은 행동도 학습이 된다고 믿는다.

행동주의는 인간의 행동을 연구하는 분야로서 20세기 초부터 시작되어 20세기 동안 막강한 영향력을 보였다. 1900년대 초반 러시아의 생리학자인 Ivan Pavlov는 실험에 근거한 고전적 조건형성(classical conditioning)으로 알려진 학습의 유형을 발견하고 설명하였고, 미국의 심리학자 John B. Watson은 인간행동을 변화시키기 위해 학습이론과 함께 Pavlov의 고전적 조건형성이론 및 자극일반화를 사용하여 환경적 사건의 중요성을 강조하였으며 인간의 모든 행동은 학습의 결과라고 주장하였다. 그리고 Pavlov와 Watson의 연구를 기반으로 B. F. Skinner는 행동이론을 발전시켰고 행동이 환경을 '조작'하고 또 그것의 결과를 통제하기 때문에 Skinner는 이것을 조작적 조건형성(operant conditioning)이라고 불렀다.

전통적 행동치료는 1950년대에 미국과 남아프리카, 영국에서 동시에 시작되었고 1960년대에 Albert Bandura는 고전적 조건형성과 조작적 조건형성을 관찰학습에 결합하여 사회학습이론을 개발하였다. 1970년대 동안 현대적 행동치료가 심리학에서 중요한 세력으로 등장했고 행동주의 치료기법은 많은 심리적 문제에 대해 효과적인 치료방법으로 간주되었다. 1990년대 후반에 행동인지치료학회(Association for Behavioral and Cognitive Therapies, ABCT)는 약 6,000명의 정신건강 전문가와 학생들이 자신들의 경험에 근거하여 행동치료 혹은 인지행동치료를 연구했고, 2000년대 들어서 행동치료는 마음챙김, 수용, 치료적 관계, 정서적 표현 등의 다양한 관점들을 받아들여 다양한 치료 형태로 확장되고 있다.

2) 행동주의 상담의 주요학자와 개념

(1) 이반 파블로프(Ivan Pavlov)

—— Ivan P. Pavlov
(1849~1936)

러시아의 생리학자인 Ivan Pavlov는 1849년에 태어나 1936년에 사망하기까지 행동수정의 기초가 된 과학적 원리를 개발하고 지속적인 연구를 수행하였다. 파블로프는 상트페테르부르크 대학교에서 화학과 생리학을 전공했고 상트페테르부르크의 임피리얼 의학 아카데미에서 의사자격을 취득하였다. 1881년에 결혼했고, 자신이 얻은 성공의 많은 부분을 가정적 또는 종교적이고 자신의 편안함과 연구를 위해 끊임없이 헌신한 자신의 부인의 덕분이라고 말하였다. 1900년대 개의 침샘을 연구하던 중 개가 음식을 보고 침을 분비하는 현상을 발견한 것을 계기로 조건반사에 대한 법칙을 공식화하였고 그것을 고전적 조건형성이라고 불렀다. 1904년에 소화액 분비에 관한 연구로 그는 노벨 생리학·의학상을 수상하였고, 만년에는 수면, 본능, 신경증의 연구를 진행하였으며 조건반사의 연구는 국외의 생리학계와 심리학계에서 활발하게 진행하도록 하였다.

① 고전적 조건형성(classical conditioning)

개를 이용한 파블로프의 생리학 실험 과정에서 침 분비에 대해 먹이가 개의 입 속에 들어갈 때마다 자동적으로 일어나는 반사적인 반응임을 발견하였다. 개가 이런 실험을 여러 번 경험했더니 나중에 먹이가 없어도 실험자나 조교의 발자국 소리나 먹이 그릇만을 접했을 때도 침을 흘리는 현상을 관찰하였고, 그는 이러한 현상을 체계적으로 연구하기 시작했고 그것을 '고전적 조건형성'이라고 불렀다. 고전적 조건형성은 다음과 같은 절차로 도식화된다.

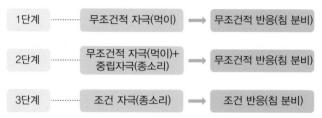

1단계	무조건적 자극(먹이)	→	무조건적 반응(침 분비)
2단계	무조건적 자극(먹이)+ 중립자극(종소리)	→	무조건적 반응(침 분비)
3단계	조건 자극(종소리)	→	조건 반응(침 분비)

그림 4-3 고전적 조건형성의 절차

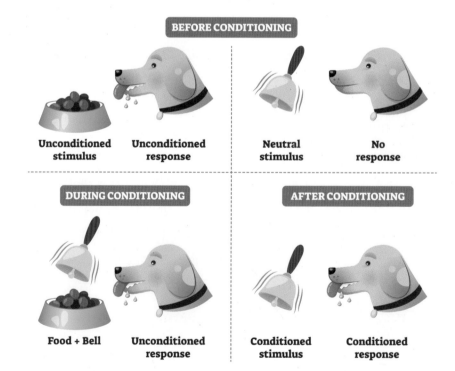

그림 4-4 고전적 조건형성(classical conditioning)

파블로프는 실험에서 종소리와 같은 중립 자극은 처음에 개의 타액 분비에 아무 반응을 일으키지 못하지만 개에게 먹이(무조건자극, unconditioned stimulus: UCS)를 주기 직전에 종소리(중립자극, neutral stimulus: NS)를 제시하고 먹이를 주는 과정을 반복하였다. 이 두 자극은 연합되어 조건화되었고, 그 이후 개는 종소리만 듣고도 침을 분비하였는데 이러한 과정을 통해 개는 학습된 자극에 의해 학습된 반응을 나타낸 것이라고 파블로프가 설명하였다.

행동주의 심리학자들은 여러 실험을 통해 고전적 조건형성의 원리에 의해 행동과 정서 반응도 학습이 가능할 수 있음을 보여 주었는데 그 중에 Watson과 Rayner의 1세 미만 아기 Albert의 실험이 있었다.

Watson과 Rayner가 한 실험의 목적은 어떤 중립자극과 공포반응을 유발할 수 있는 자극과 연합을 시킬 때 Albert가 두려움(정서반응)을 학습하게 될지의 여부를 확인하는 것이었다. 우선 Albert의 두려움을 유발하지 못한 흰쥐(중립자극)를 선택했고 Albert가 흰쥐와 함께 있을 때 Watson과 Rayner는 아이의 머리 뒤에서 망치로 쇠막대기를 두드려서 큰 소리를 냈다. 이렇게 반복하다 보니 Albert는 흰쥐만 보아도 놀

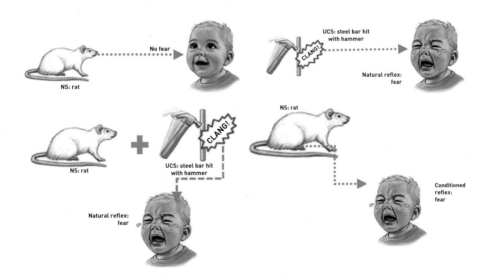

그림 4-5 **어린 앨버트 실험**

라서 울게 되었고 쇳소리가 들리지 않아도 마찬가지였다. 이 실험을 통해 공포증을 비롯한 여러 정서장애가 고전적 조건형성에 의해서 형성될 수 있음을 보여 주었다.

이처럼 고전적 조건형성은 처음에 아무런 반응도 일으키지 못했던 중립자극이 무조건자극과 반복적인 연합을 하면 중립자극이 조건자극이 되어 생리적 반응(침 분비 등)이나 정서적 반응(두려움 등)과 같은 조건반응이 나타날 수 있고, 이러한 결과는 학습하는 것이다.

(2) 버러스 프레더릭 스키너(B. F. Skinner)

미국 행동주의 심리학의 대표적인 학자인 B. F. Skinner는 1904년 미국 펜실베니아주 법관인 아버지와 도덕적이고 따스한 성품을 가진 어머니의 두 아들 중 장남으로 태어났다. 그의 부모는 일정한 행동 규칙과 계획으로 자녀를 양육하였고 이 원칙에 따라 자녀의 행동에 대해 적절한 보상과 처벌로 교육하였다. 스키너는 부모의 영향을 크게 받았음을 부모의 자녀양육방식에서 쉽게 볼 수 있다. 그의 아버지는 법관으로서 법에 따라 행동에 대해 옳고 그름을 판결하고, 어머니는 자녀양육에 있어서 일정한 행동 원칙에 따라 자녀들이 행동하기를 원하는 성격을 가

———— B. F. Skinner (1904~1990)

지고 있었다. 스키너는 부모의 자녀양육방식을 그대로 심리학에 적용시켰다고 볼 수 있고, 그 결과는 행동주의 심리학의 대표적인 이론인 조작적 조건형성이론을 형성할 수 있었다 해도 과언이 아니다. 아울러 자신의 기계적 적성과 동물행동에 대한 관심을 토대로 '스키너상자'를 만들어 과학적이고 실험적인 방식을 통해 행동주의이론을 증명하였다.

① 조작적 조건형성(operant conditioning)

조작적 조건형성은 행동이 체계적으로 변화되는 결과에 의해 변경된다는 학습

유형으로 B. F. Skinner에 의해 그 원리가 더욱 체계화되었다. 스키너의 관점은 행동이 얼마나 자주 일어나는가는 주로 그 행동에 뒤따르는 사건들에 의해 결정된다고 가정하였다. 다시 말해, 어떤 특정한 반응이 바람직하면 결과(강화)로서 '보상'을 제시하고, 그 반응이 바람직하지 못 하면 결과(강화)로서 '처벌'을 제시하는 것이다. 그렇게 하면 보상을 받은 행동은 증가가 되고 처벌을 받은 행동은 감소가 된다는 가설을 지닌 이론이다. 스키너는 자신의 조작적 조건형성이론을 과학적이고 실험적인 것을 입증하기 위해 스스로 '스키너 상자(Skinner Box)'를 제작하고 실험동물로 쥐와 비둘기를 사용하였다.

스키너는 상자에 누르면 먹이가 떨어지는 지렛대를 설치하였고 일부의 상자에는 동물에게 전기충격을 가하는 전기 그물이나 바닥을 설치하였다. 그리고 배고픈 쥐를 실험상자에 넣어 쥐의 행동을 관찰했는데 쥐가 상자 안을 배회하다 우연히 지렛대를 누르자 먹이 한 조각이 떨어져 나왔고 이를 먹은 모습을 관찰하였다. 이러한 상황이 반복되면서 나중에 쥐는 지렛대를 누르면 먹이가 나온다는 것을 학습하게 되었고 배가 고플 때마다 지렛대를 누르는 모습을 관찰할 수 있었다. 반면, 쥐에게 전기충격이 나오는 지렛대를 누르는 횟수가 줄어들거나 아예 누르지 않은 모습도 관찰할 수 있었다. 이처럼 행동은 그 결과에 따라 변화될 수 있는데 보상이 따르는 행동은 증가되고 처벌이 따르는 행동은 감소된다는 것이다.

위 내용을 다시 정리하자면, 스키너는 행동을 반응행동과 조작행동으로 구분하였는데 반응행동은 밝은 불빛에 눈의 동공이 수축되거나 뜨거운 냄비에 모르고 손가락을 댔다가 반사적으로 손을 치우는 등과 같이 자극에 의해서 야기되는 반사 혹은 자동적 반응을 의미하는 것이다. 이러한 행동은 학습된 것이 아니라 불수의적으로 나타나는 것이다. 조작행동은 제시되는 자극이 없이 자발적으로 나타나는 행동을 말하는데 반응에 따르는 사건에 의해 강해지거나 약해진다. 반응행동이 선행사건에 의해 통제되는 것이라면 조작행동은 그것의 결과에 의해 통제된다고 보면 된다. 다시 말해, 조작행동은 행동이 완성된 후에 일어나는 결과에 의존하여 일어나는 조건형성된 행동이고 스키너는 이런 특별한 행동을 조성하고 유지시키는 과정을 조작적 조건형성이라 불렀으며 많은 연구 결과를 바탕으로 조작적 조건형성의 원리를 인간의 행동까지 확대하고자 하였다.

② 강화(reinforcement)

스키너의 조작적 조건형성의 핵심개념 중에 하나가 강화(reinforcement)이다. 강화는 어떤 행동에 뒤따르는 결과(사건)가 그 행동을 다시 일으킬 가능성이 높아질 때 반응(행동)의 빈도를 증가시키는 것을 강화라 하고 그 행동을 증가시키는 자극을 강화물이라 한다. 강화는 정적강화와 부적강화가 있는데 정적강화(positive reinforcement)는 학습자가 좋아하는 자극 또는 강화물을 제공함으로써 원하는 행동의 빈도수를 증가시키는 것을 말하고 부적강화(negative reinforcement)는 학습자가 싫어하는 자극 또는 강화물을 제거함으로써 원하는 행동의 빈도수를 증가시키는 것을 말한다. 즉, 강화의 원리는 긍정자극을 제공하거나 혐오자극을 제거할 때 반응(행동)의 빈도가 증가하는 것을 말한다.

③ 처벌(punishment)

처벌은 어떤 행동에 뒤따르는 결과(사건)가 그 행동을 다시 일으킬 가능성을 감소시킬 때마다 일어난다. 강화처럼 처벌에도 정적처벌과 부적처벌이 있다. 정적처벌(positive punishment)은 학습자가 싫어하는 혐오자극이나 강화물을 제공함으로써 원하지 않은 행동의 빈도수를 감소시키는 것을 말하고 부적처벌(negative punishment)은 학습자가 좋아하는 자극이나 강화물을 제거함으로써 원하지 않은 행동의 빈도수를 감소시키는 것을 말한다. 즉, 처벌의 원리는 혐오자극을 제공하거나 긍정자극을 제거할 때 반응(행동)의 빈도가 감소하는 것을 말한다.

표 4-2 **강화와 처벌**

	강화	처벌
정적	정적 강화 (긍정자극 제공)	정적 처벌 (혐오자극 제공)
부적	부적 강화 (혐오자극 제거)	부적 처벌 (긍정자극 제거)

④ **변별과 일반화**(discrimination & generalization)

교통신호등은 우리에게 변별된 자극으로 행동한다. 우리는 신호등의 불빛에 따라 멈추어야 할지 건너도 될지에 대한 변별을 학습하였다. 만약 개인이 적절한 자극 변별을 하지 못한다면 교통신호(자극)를 위반하여(행동) 벌금을 물게 되거나 교통사고 (결과)를 당할 수 있다. 이러한 자극 통제는 자극 변별을 통해 가능해지고, 어떤 자극 (상황)에서 우리의 행동이 강화될 것인가 혹은 강화되지 않을 것인가, 그리고 어떤 상황에서 우리의 행동이 처벌될 것인가 혹은 처벌되지 않을 것인가에 대해 구별하는 것으로 자신이 학습했던 내용들을 바탕으로 자극 변별(stimulus discrimination)을 학습하게 된다. 일반화는 변별과 대립되는 개념이다. 일반화(generalization)는 특정 장면에서 강화를 통해 학습된 행동이 다른 상황이나 장면에서도 나타나는 현상인데, 상황들은 흔히 공통적 속성을 공유하는 복잡한 자극들의 집합으로 구성되는 경우가 많아 한 가지 유형의 자극에 대한 반응양식의 기회를 높이는 강화는 유사한 자극에 전이 되기 쉽다. 종소리를 듣고 침을 흘리는 개가 다른 유사한 종소리를 들을 때도 침을 흘릴 수 있다는 것이다.

⑤ **소거**(extinction)

학습된 행동에 대해 강화를 제공하지 않을 때 그 행동을 더 이상 하지 않게 되는 것을 말한다. 이렇게 형성된 조작행동이 줄어들거나 나타나지 않는 것을 소거 (extinction)라고 한다. 다시 말하면, 소거는 주어진 상황에서 개인이 이전에 강화되었던 반응이나 행동을 방출하는데 그러한 반응이나 행동이 강화되지 않으면, 그는 다음에 유사한 상황에 처했을 때 같은 반응이나 행동을 하지 않을 가능성이 높을 것을 말한다(Martin & Pear, 1992: 49). 예를 들어, 아이가 떼를 쓸 때 부모가 지속적으로 관심을 주면 아이가 떼를 쓰는 행동이 강화될 수 있다. 그러나 아이가 떼를 쓸 때 부모가 관심을 더 이상 주지 않으면 아이의 떼를 쓰는 행동이 점차 감소가 되거나 사라진다.

⑥ **행동조성**(behavior shaping)

행동조성(behavior shaping)은 일련의 복잡한 행동을 학습시키기 위해 목표행동에 근접하는 행동을 보일 때마다 강화를 하여 점진적으로 목표행동을 학습시키는 것을 말한다. 우리는 단계적으로 쉬운 행동부터 학습하여 많은 기술을 갖게 되고 이렇게 처음에는 서툴고 투박한 행동에서 단계적으로 차근차근 학습하여 정교한 기술을 갖는 절차가 행동조성이다. 즉, 행동조성은 그러한 목표행동에 접근하는 반응들을 강화함으로써 새로운 행동을 가르치거나 학습하는 것을 말한다.

(3) 앨버트 반두라(Albert Bandura)

앨버트 반두라(Albert Bandura)는 1925년 캐나다의 앨버타 주에서 태어났고, 시골마을에서 성장했으며 브리티시 컬럼비아 대학에서 학사학위, 아이오와 대학에서 석·박사학위를 취득하였다. 그는 초기에 심리치료과정과 아동의 공격성 등에 대한 연구를 했다가 밀러와 달러드가 쓴 『사회학습과 모방』을 읽고 영향을 받아 인지와 행동에 관심을 가지기 시작했다. 그는 1953년부터 현재까지 소속되어 있는 스탠퍼

—— Albert Bandura
(1925~2021)

드 대학교에 재직하면서 많은 연구를 수행하고 많은 논문을 발표하였다. 그는 사회학습이론 분야의 많은 연구를 수행했고 그는 인간이 행동을 습득하게 되는 것에 관심을 갖고 다른 사람의 행동을 관찰하며 모방하게 되는 과정에 초점을 두었다. '보보인형 실험'은 이러한 관찰학습의 작용을 보여주는 반두라의 가장 유명한 연구다. 1960년에 접어들어 반두라는 모방학습에 관한 일련의 논문과 서적 등을 발표하여 이론의 개념을 보다 확대시켜 가게 되었다.

① 사회학습이론

반두라의 사회학습이론은 행동주의적 학습이론의 확장이고 사람들의 행동관찰과 모방을 통해 일어나는 학습을 말한다. 사회학습이론은 정적 및 부적 강화, 소거, 일반화, 고전적 및 조작적 조건형성을 포함한 자극-반응의 원리를 통합한 것이다. 반두라는 인간의 행동을 설명할 때 인간의 선행되는 조건형성에 인지적 중재를 포함시켰고 인지적 중재는 인간의 사고과정에서 나타나는 실제적 상황과 행동의 상징

적 표상을 의미한다. 반두라는 사회학습이론에서 중요한 학습은 모방학습(modeling), 대리학습(vicarious learning), 관찰학습(observational learning) 세 가지 유형으로 나누어 설명하였다. 첫째, 모방학습은 가장 단순한 형태로서 인지적 중재가 없이 자동적으로 학습하는 유형인데 예를 들면, 집에서 아이가 부모님의 싸움에서 사용되는 난폭한 말이나 행동 등을 모방하여 그대로 따라 하는 것이다. 둘째, 대리학습(vicarious learning)은 다른 사람들의 행동이 어떤 결과를 일으키는지를 관찰함으로써 자신도 같은 행동을 했을 때 초래될 결과를 예상하는 학습방법이다. 마지막으로 관찰학습(observational learning)는 사회적 상황에서 다른 사람의 행동을 관찰해 두었다가 유사한 상황에서 학습한 행동을 표현하는 것을 말한다. 반두라는 관찰학습을 네 단계로 나누었는데 우선 선택된 관찰대상의 행동에 관심을 갖고 그 대상을 정확하게 지각하는 것을 '주의과정'이라고 하고, 관찰대상의 행동을 주의 깊게 관찰하여 그 내용을 기억하는 것을 '저장과정'이라고 한다. 그리고 특정한 상황에서 저장된 관찰 행동을 하기로 결정하는 것을 '재생과정'이라고 하고 모델의 행동을 주의하고, 저장하고, 재상하면서 여러 강화를 통해 행동이 동기화되는 단계를 '동기화 과정'이라고 한다.

표 4-3 반두라의 사회학습이론 세 가지 유형

모방학습 (modeling)		가장 단순한 형태로서 인지적 중재가 없이 자동적으로 학습하는 유형
대리학습 (vicarious learning)		다른 사람들의 행동이 어떤 결과를 일으키는지를 관찰함으로써 자신도 같은 행동을 했을 때 초래될 결과를 예상하는 학습방법
관찰학습 (observational learning)	1. 주의 과정	선택된 관찰대상의 행동에 관심을 갖고 그 대상을 정확하게 지각하는 것
	2. 저장 과정	관찰대상의 행동을 주의 깊게 관찰하여 그 내용을 기억하는 것
	3. 재생 과정	특정한 상황에서 저장된 관찰 행동을 하기로 결정하는 것
	4. 동기화 과정	모델의 행동을 주의하고, 저장하고, 재상하면서 여러 강화를 통해 행동을 동기화하는 것

3) 상담목표

행동주의 상담의 일반적인 목표는 새로운 조건의 학습을 창출하는 것이고 학습된 경험들이 문제의 행동을 해결할 수 있고 학습이 문제 행동을 개선시킬 수 있다는 데 근거한 것이다. 그리고 상담 목표는 내담자에 따라 개별화되어야 하고 언제나 구체적이면서 관찰되고 측정할 수 있는 행동 용어로 진술되어야 한다. 현대의 행동주의 상담은 내담자가 능동적으로 상담에 관한 결정을 하고, 상담 목표를 선택할 수 있도록 하며 상담과정을 통해 지속적으로 평가함으로써 목표 달성의 정도를 확인한다. 상담과정에서의 구체적인 목표는 부적응 행동을 제거하고 좀더 효율적인 행동을 학습하게 하며 행동에 영향을 주는 요인을 발전시키고 문제 행동에 대해 무엇을 할지를 결정하는 데 초점을 맞춘다.

4) 상담과정

표 4-4 **행동주의 상담과정**

상담관계 형성	상담자는 무조건적으로 내담자를 공감해주고 수용해주며 이해해주는 것
문제행동 규명	상담자는 내담자 스스로 자신의 문제를 확실히 이해할 수 있도록 객관적인 용어로 정의하는 것
내담자의 행동 분석	실제 행동수정이 들어가기 직전까지의 행동이 얼마나 빈번하게 또 오랫동안 일어나고 있느냐를 측정하는 것
상담 목표와 방법 협의	두 번째와 세 번째 과정에 토대로 내담자와 함께 협의를 하여 상담의 목표를 정하는 것
상담의 실행	시발점을 설정, 정의된 행동의 강도를 측정한 후부터 정적 강화, 부적 강화, 벌 또는 소멸 등 행동수정의 강화기법들을 적용하여 행동을 수정하는 것
상담결과의 평가와 조정	행동변화의 정도를 평가하고 목표를 달성하지 못했을 때 프로그램을 수정하고 조정하는 것
상담효과의 유지, 일반화 및 종결	행동수정을 통해 획득된 변화가 유지되거나 다른 행동으로 일반화되도록 격려하고 상담을 성공적으로 종결하는 것

행동치료 상담자의 주요한 관심은 내담자의 행동을 분석해서 문제를 정의하고 구체적 목표를 설정하여 달성하도록 조력하는 것이다. 행동주의 상담은 과학적인 연구와 성공적인 치료 경험에 근거하여 표적행동을 객관적으로 이해하고 평가하고, 부적응 행동을 수정하고 새로운 행동을 습득하는 것을 목적으로 한다. 일반적으로 행동주의 상담의 과정은 ① 상담관계 형성, ② 문제 행동 규명, ③ 내담자의 행동 분석, ④ 상담 목표와 방법 협의, ⑤ 상담의 실행, ⑥ 상담결과의 평가와 조정, ⑦ 상담효과의 유지, 일반화 및 종결로 구성된다.

5) 상담기법

① 체계적 둔감법

체계적 둔감법은 행동치료 상담사들이 자주 사용하는 기법이다. 체계적 둔감법은 이완된 상태에서 불안을 유발하는 상황들을 생각하게 함으로써 불안과 병존할 수 없는 이완을 연합시켜 불안을 감소 또는 소거시키는 방법이다. 남아프리카의 올페(Wolpe)는 최초로 고전적 조건화에 따른 체계적 둔감법을 사용하여 고양이의 불안감을 제거하는 데 성공하였다. 그는 불안감을 일으키는 자극에 고양이를 살짝 노출시켰다. 그런 후에 음식과 같은 긍정적인 자극을 고양이에게 주었고 이러한 방법을 통하여 고양이가 불안의 요소에 긍정적으로 반응을 하도록 함으로써 고양이의 불안감을 제거하는 데 성공하였다. 걱정, 두려움, 언어 불안, 폐쇄공포증, 수학 학습 불안 등과 같은 정서적 행동에 광범위하게 사용되어 왔다. 체계적 둔감법이란 사실상 불안 자극을 직접적으로 노출시키고 불안 자극의 상상을 통하여 노출시키는 방법이다. 심상적 노출은 내담자가 위험한 결과를 초래하지 않으면서도 상상적 방법을 적용하여 불안이나 회피 반응을 소거할 수 있다는 장점이 있다.

② 혐오기법

혐오기법은 바람직하지 않은 행동에 대해 혐오 자극을 제시함으로써 부적응 행동을 제거하는 방법이다. 즉, 상담자는 내담자가 바람직하지 못한 행동을 하면 유해 자극을 주기도 하고 또 그와 같은 행동을 일으키는 단서와 유해 자극을 연합시키기도 한다. 혐오기법은 행동치료 기법으로 널리 알려지지 않았을 뿐더러 기본적으로 처벌이나 부정적 결과보다 보상을 적용한 기법이 선호되기 때문에 논쟁의 여지도 많다.

③ 모델링

내담자가 다른 사람의 행동을 관찰하고 관찰한 것을 활용하는 것을 모델링이라고 한다. 모델링은 관찰학습, 대리학습, 사회학습, 모방 등의 용어들과 바꾸어 사용하기도 한다. 행동주의 상담에서의 모델링에는 다섯 가지의 상담적 기능이 있다. 첫 번째로 적응행동이 어떤 것인지 가르쳐줄 수 있는 교수, 둘째, 하고자 하는 적응행동을 강화할 수 있는 동기화, 셋째, 내담자가 두려워하는 행동을 하는 모델을 관찰하며 불안이 감소될 수 있도록 돕는 불안감소, 넷째, 문제 행동을 하지 않고 단념할 수 있도록 하는 저지, 마지막으로 적응 행동을 실질적으로 행하도록 촉진시키는 촉구가 있다.

④ 타임아웃

타임아웃은 내담자가 바람직하지 않은 행동을 하였을 때 긍정적인 강화를 받을 기회를 박탈시키며 바람직하지 않은 행동을 감소시키기 위한 방법이다. 보통 학교 수업시간에 졸고 있는 학생을 뒤로 나가 있게 하는 것이 타임아웃의 예이다. 타임아웃은 잠깐 동안 활용해도 큰 효과를 볼 수 있고 공격적인 행동이나 난폭한 행동 등 여러 가지 바람직하지 못한 행동을 제지하는 데 유용하게 활용된다.

⑤ 토큰경제

토큰경제법은 강화 원리를 이용한 행동변화를 위해 널리 사용되는 기법으로 토큰 또는 교환권을 강화물로 사용하여 바람직한 행동을 유도하는 기법이다. 토큰을 강화물로 사용하면 여러 가지의 장점이 있다. 만약 강화물이 먹을 것이라면 토큰을 5개 모으면 먹을 것을 주는 등 규칙을 정하면 편리하게 사용할 수 있고 강화물의 효과가 즉각적이기 때문에 강화를 지연시킬 우려도 없다. 또 한 가지의 강화물이 아닌 여러 가지 강화물을 교환할 수도 있다. 토큰경제법은 개인상담보다는 교실, 집단상황에서 더 자주 활용되는 기법이다.

⑥ 노출기법

노출기법은 내담자가 두려워하는 자극이나 상황에 반복적으로 노출시키고 상황을 직면하게 하며 특정 자극 상황에 대한 불안감을 감소시키는 방법이다. 노출기법은 실질적인 불안 자극에 직접적으로 노출시키는 실제상황 노출법, 상상을 통하여 불안 자극에 노출시키는 심상적 노출법 두 가지로 나누어볼 수 있는데 상상적 노출보다는 실제상황에서의 노출이 더 효과적이라고 알려져 있다. 실제상황 노출법과 심상적 노출법 외에도 낮은 불안감을 유발하는 자극으로부터 점점 강도를 높여가는 점진적 노출법, 처음부터 강한 불안감을 유발하는 자극에 노출시키는 급진적 노출법도 있다. 급진적 노출법은 내담자가 높은 불쾌감을 느낄 수도 있기 때문에 신중하게 사용해야 한다.

4. 인간중심상담

1) 칼 로저스(Carl R. Rogers)

칼 로저스(Carl R. Rogers, 1902-1987)는 미국 일리노이주 시카고 근교에서 6명의 자녀 중 네 번째로 태어났다. 그의 부모는 엄격하고 배타적인 근본주의 기독교적 견해를 가졌고 가정이 도덕적이기는 했으나 전혀 따스하거나 애정적이지 못했다. 그는 중국북경에서 열린 세계기독학생 연합회에 참여했는데, 하나님을 믿지 않는 중국인들이 행복하게 살 수 있는 모습을 보고 기독교에 대한 심각한 회의감을 갖게 된다. 뉴욕에서 로저스가 두 가지의 경험을 통해 그의 삶의 방향을 다시 변화시켰다. 첫 번째 경험은 그가 심

—— Carl Rogers(1902~1987)

도 있는 신학 연구를 통해 자신의 종교적 믿음에 대한 의문을 갖게 된 것이고, 두 번째 경험은 심리학에 대해 새롭게 이해한 것이었다. 결국 그는 다양한 경험을 통해

신학을 포기하고 심리학을 공부하였다. 심리학 박사학위를 받은 후, 비행 및 장애아동을 진단하고 치료하면서 대부분의 시간을 보냈고 로저스의 인간중심치료에서 주요한 핵심은 인간에 대한 그의 진실한 관심이었다.

2) 인간관

인간중심상담은 칼 로저스에 의해서 창시된 상담 및 심리치료의 한 접근법이다. 로저스는 인간의 삶은 자신이 통제할 수 없는 어떤 힘에 의해 조종당하는 것이 아니라 개인의 자유로운 능동적 선택의 결과라고 보았다. 로저스는 인간을 선천적으로 타고난 성장 가능성을 가지고 태어났으며, 이를 실현하는 과정에서 자신이 살아가는 동안 인생 목표와 행동 방향을 스스로 결정할 수 있고, 그에 대한 책임감을 가지고 자신을 조절하고 통제하는 능력이 있는 존재로 보았다. 다시 말하면, 인간중심상담에서는 인간이 자기실현의 경향을 발휘하기 위해 항상 노력하고 도전하고 어려움을 극복하여 진정한 한 사람으로 성숙해 간다고 보았다. 로저스는 인간이 선천적으로 선하게 태어났다고 보았는데 인간이 부정정적이고 악하게 된 것을 외부적인 영향, 부모나 사회에서 가해지는 '가치의 조건화'에 의해 이러한 실현화 경향성이 방해받기 때문인 것으로 보았다.

'가치의 조건화'는 성격형성을 이해하는 중요한 개념이다. 우리가 어렸을 때부터 "엄마 말을 잘 들어야 착한 아이다", "공부를 잘해야 훌륭한 사람이 되는 거야", "만약 너가 착한 행동을 하면 내가 너를 좋아해" 등과 같은 말이나 암묵적으로 '남자는 울면 안돼', '장녀(장남)이니까 책임을 져야지' 등의 말들을 많이 들어봤을 것이다. 우리 개인들이 있는 모습 그대로 인정받는 것이 아닌 외부적인 조건들, 특히 부모나 중요한 타인들이 부여해준 가치에 부합되는 행동을 했을 때만 내 존재 자체를 인정받게 되고 사랑받게 되는 것을 '가치의 조건화'라고 한다.

3) 주요 개념

(1) 유기체(organism)

로저스의 인간 이해를 위한 철학적 입장은 현상학에 영향을 받아 형성되었고 심리학에서 현상학은 인간의 자각과 지각에 대한 연구를 의미한다. 즉, 현상학을 지지하는 학자에게 중요한 것은 '대상 혹은 사건 그 자체가 아니라 개인이 대상 혹은 사건을 어떻게 지각하고 이해하는가'이다. 유기체는 인간의 신체, 정서, 지식, 사상, 가치관 등 모두를 포함한 인격체를 가리키는 말이다. 로저스가 "경험은 나에게 최고의 권위이다."라고 말한 것처럼 그는 유기체의 경험을 중시하였다. 유기체는 세계에 반응하고 어떤 자극이 있을 때 그 자극에 대해 우리의 전 존재가 반응하며, 이러한 경험을 유기체적 경험이라고 한다. 즉, 인간은 무언가를 경험하면 그 경험을 입각하여 보고 느끼고 생각하며 행동을 하는데 어떤 자극에 있어서 한 가지만 반응하는 것이 아닌 총체적으로 반응한다는 것이다. 생후 초기에 인간은 세계를 유기체적으로 있는 그대로 경험하고 자신이 실제로 어떻게 느끼느냐에 따라 상황을 평가하고 반응한다.

(2) 자기(self)

'자기(self)'는 사람들이 자신에 대해 갖고 있는 조직적이고 지속적인 인식을 말하며, 성격 구조의 중심이다. 로저스는 개인은 외적 대상을 지각하고 경험하면서 그것에 의미를 부여하는 존재임을 강조하였다. 인간이 자라면서 유기체적으로 반응하는 것을 다른 사람들이 존중해 주고, 반응해 줄 때 건강한 자기가 발달된다. 건강한 자기가 발달한 사람들은 경험에 개방적이고, 자신의 감정을 수용하며, 과거나 미래보다 현재의 삶에 충실하다. 자기와 관련된 개념으로 '자기개념(self image)'이 있는데 자기개념은 현재 자신이 어떤 존재인가에 대한 개인의 개념으로, 자기 자신에 대한 자아상이다. 로저스는 자기개념은 현재 자신의 모습에 대한 인식, 즉 현실의 자기(real self)와 앞으로 자신이 어떤 존재가 되어야 하며 어떤 존재가 되기를 원하고 있는지에 대한 인식, 즉 이상적 자기(ideal self)로 구성되어 있다고 본다. 로저스는 현재 경험이 이러한 자기구조와 불일치할 때 개인은 불안을 경험하게 된다고 보았다. 이와 같이 로저스는 자기구조와 주관적 경험의 일치성이 매우 중요하다고 하였고, 이 두 구조가 일치될 경우에는 인간은 적응적이고 긍정적이고 건강한 성격을 형성하게 된다고 하였다.

(3) 자기실현 경향성

로저스는 모든 인간은 태어나면서부터 성장과 자기증진을 위해 끊임없이 노력하고, 실현화시킬 경향성에 의해 동기화되어 있다고 믿었으며 생활 속에서 직면하게 되는 고통이나 성장 방해 요인을 극복할 수 있는 성장 지향적 유기체라고 보았다. 인간뿐만 아니라 모든 유기체는 자신이 좀 더 나은 방향으로 성장하거나 형성하려고 노력하는 경향성을 가지고 있는데, 이는 더욱 질서 있고 정교한 방향으로 나아가려고 하는 진화적인 경향성이라고 할 수도 있다(Rogers, 1977). 다시 말하면, 자기실현 경향성은 단지 유기체를 유지하는 것이 아니라 유기체의 성장과 향상, 발달을 촉진하고 지지한다. 로저스는 유전적인 구성으로 되어 있는 인간의 모든 변화는 자기실현 경향성에 의해 달라질 수 있고 이러한 변화가 유전적으로 결정되었을지라도 유기체의 완전한 발달은 자동적이지 않고 노력 없이 이루어지지 않다고 보았다. 자기실현 경향성은 유기체가 극단적으로 적대적인 조건하에서 생존하게 할 뿐만 아니라 적응하고, 발달하고, 성장하도록 하는 저항할 수 없는 힘의 존재라고 로저스가 믿었다.

(4) 현상학적 장

현상학적 장(phenomenal field)은 경험적 세계 또는 주관적 경험으로 불리는 개념으로 실제 세계가 아니라 개인이 주관적으로 지각한 세계를 의미하고, 로저스는 동일한 현상일지라도 개인에 따라 다르게 지각하고 경험하기 때문에 이 세상은 개인적 현실, 즉 현상학적 장만이 존재한다고 보았다. 현상학적 장은 사람들이 현실에 대해 어떻게 지각하는지, 자신에 대한 인식과도 밀접한 연관이 있는데 프로이트가 과거의 경험이 인간의 행동을 결정하는 요인이라고 본 점에 대항하여, 로저스는 현재 행동을 결정하는 요인이 과거 그 자체가 아니라 과거에 대한 각 개인의 현재의 해석이라고 할 정도로 현상학적 장을 매우 강조하였다. 다시 말하자면, 개인은 객관적 현실이 아닌 자신의 현상학적 장에 입각하여 재구성된 현실에 반응하기 때문에 동일한 사건을 경험해도 사람마다 다르게 반응하고 행동할 수 있다. 이러한 속성 때문에 모든 개인은 서로 다르게 독특한 특성을 보이는 것이다.

4) 상담목표

인간중심치료의 목표는 전통적 접근과 달리 개인의 독립과 통합을 목표로 삼는다. 내담자의 현재 문제가 아니라 내담자의 존재 자체에 관심을 가지고 있고 치료의 목표가 문제를 해결하는 것이라고 보지 않았다. 그보다는 내담자의 성장과정을 도와 현재 직면하는 문제와 미래의 생길 문제에 더 잘 대처할 수 있도록 하는 것이다. 인간중심치료에서는 인간은 누구나 유기체로서 자기실현 경향성을 발현시킬 수 있고 현상학적 장에서 독특한 실존적 존재로서 자기실현을 이룰 수 있는 잠재력을 갖고 있다고 설명했다. 다시 말하면, 인간중심상담의 궁극적인 목표는 로저스의 표현 그대로 '자기 자신이 되는 것'이라고 할 수 있고 완전하고, 충분히 기능하는 인간 유기체가 되는 것이다.

5) 상담과정

로저스는 상담의 과정이 상담자가 아닌 내담자에 의해 상담의 경향성이 이끌려진다는 점을 분명히 설명하였다. '어떻게 하면 내가 진실된 나를 발견할 수 있을까?', '어떻게 하면 가면을 벗고 진정한 내 자신이 될 수 있을까?' 등 내담자들이 종종 치료과정에서 자주 물어보는 질문들이었다. 일반적으로 치료하기에 앞서 내담자들이 사회화과정에서 만들어 온 자신의 가면을 먼저 벗어야 한다. 왜냐하면, 내담자는 이러한 가면 때문에 자기 자신과의 접촉을 잃고 지내왔기 때문이다. 따라서 내담자가 상담을 통해 가면을 벗고 자신에게 의무적으로 강요되는 자신을 불편하게 하는 고정된 생각으로부터 자유로워지는 방향으로 나아가게 해주는 것이다.

6) 상담의 기법

인간중심상담에서는 누구나 자신의 문제를 깨닫고 스스로 해결해 나갈 수 있는 능력을 갖고 있다고 믿었고 모든 인간은 수용받고 지지받는 따뜻한 환경만 주어지면 긍정적인 자기개념을 확장해 나가고 스스로 자신의 문제를 파악하고 해결할 수 있다고 설명하였다. 내담자의 성장을 돕기 위해 상담자가 갖추어야 할 세 가지 조건이 있고 이것들 또한 상담의 기법이라고 볼 수 있다.

(1) 진솔성(genuineness)

진솔성(genuineness)은 상담자가 진실하다는 의미이다. 즉, 치료시간에 진실하고 통합되어 있고 솔직하다는 뜻으로 상담자가 내적 경험과 외적 표현이 일치하며 내담자와의 관계에서 지금 느껴지는 감정, 생각, 반응, 태도를 개방적으로 표현할 수 있어야 한다는 것이다. 진솔성이 필요한 이유는 상담자와 내담자 간의 신뢰 관계를 형성하기 위해서다. 따라서 상담자는 내담자에게 부정적 감정도 숨김없이 표현하여 정직한 대화를 할 수 있어야 한다. 그러나 진솔성이라는 것은 상담자가 모든 감정을 충동적으로 표현하거나 내담자와 공유해야 한다는 것이 아니라 상담자가 자신의 감정을 자각하여 내담자의 성장에 도움이 되는 방식으로 표현하는 것을 말한다. 진솔성은 완전한 자기실현을 성취한 상담자만이 효율적인 상담이 이루어질 수 있다는 것이 아니다. 상담자도 인간이기 때문에 완전히 진실할 수 없다. 다만, 상담하는 과정에서 상담자가 최대한 진솔할 수 있도록 노력해야 긍정적인 상담결과를 얻을 수 있다는 것이다.

(2) 무조건적 긍정적 존중(unconditional positive respect)

상담자는 내담자를 하나의 인격체로서 무조건적으로 존중하고 있는 그대로의 모습을 따뜻하게 수용해야 한다. '나는 …할 때만 당신을 존중하겠습니다'라는 태도가 아닌 '나는 당신을 있는 그대로 존중하겠습니다'라는 태도를 말한다. 이러한 존중은 내담자의 감정, 사고, 행동 등에 대해 어떠한 평가나 판단도 하지 않는다. 이러한 존중하고 수용하는 분위기가 형성되었을 때, 내담자는 자신의 감정이나 경험 등을 자유롭게 표현할 수 있고 상담자와 공유할 수 있게 된다. 로저스도 상담자가 항상 진지하게 내담자를 무조건적으로 긍정적인 존중을 하는 것은 불가능하다는 점을 분명히 밝혔다. 그러나 상담자가 내담자를 존중하지 않거나 싫어할 경우 내담자가 방어적 태도를 취하게 되어 상담이 진척되기 어려워질 수 있기 때문에 내담자에 대한 존중과 수용을 항상 강조하는 것이었다.

(3) 공감적 이해(empathetic understanding)

치료회기 동안 상담자의 중요한 과제 중에 하나는 순간순간 내담자와의 상호작용에서 드러나는 내담자의 경험과 감정을 민감하고 정확하게 이해하는 것이다. 그런 다음 그 경험에 대해 이해하는 것에만 그치지 않고 자신의 이해와 느낌을 표현해야 한다. 진정한 공감은 내담자가 느끼는 감정에 대해 상담자가 정확히 이해하고 그것을 내담자에게 전달하는 것을 말한다. 그러나 여기서 말하는 공감적 이해는 내담자에 대한 깊고 주관적인 이해를 말하는 것이지 내담자에 대한 동정심이나 측은지심을 가지라고 하는 것이 아니다. 그리고 상담자는 내담자의 감정과 비슷한 자신의 경험을 유추하여 내담자의 주관적 세계를 공유할 수는 있지만 상담자 자신의 정체성을 잃어버리면 안 된다. 즉, 상담자가 내담자와 비슷한 혹은 거의 동일한 경험을 가지고 있다고 하여 자신의 그러한 과거 경험에 비추어 내담자를 이해하는 것을 공감적 이해와 혼동해서는 안 된다. 상담자는 내담자와 같은 경험을 했건 아니건 내담자의 고유한 경험 세계를 탐색하고 이를 공감하는 것이 중요하다.

5. 게슈탈트 상담

1) 프리츠 펄스(Fritz Perls)

프리츠 펄스(Fritz Perls)는 형태치료(게슈탈트 치료)의 창시자인 개발자다. 그는 1893년에 독일 베를린의 중·하류층 유대계 가정에서 3남매 중 둘째로 태어났다. 펄스는 어려서부터 자신을 '부모에게 폐를 끼치는 존재'라고 생각했고 사춘기를 겪으면서 7학년 때는 두 번이나 낙제를 했다. 학교에서 문제를 일으켜 퇴학을 당하기도 했으나 학업을 계속하여 정신과 전문의 자격과 의학박사 학위를 취득했다. 펄스는 프랑크푸르트에 있는 '골드스타인 연구소'

Fritz Perls (1893~1970)

에서 골드스타인과 함께 일했는데 이때 그는 인간을 '별개로 기능하는 부분들의 합 이상의 기능을 하는 전체(Gestalt)'로 보아야 한다는 것을 깨닫게 되었다. 또한 1936년 체코슬로바키아에서 개최된 정신분석학 연차대회에서 프로이트를 만나려고 했지만 그의 방 문턱도 넘어서지 못했다. 이 사건을 계기로 이전까지 억압되었던 정신분석에 대한 의심과 불안이 모두 그를 압도할 정도로 떠오르는 것을 경험하게 되었고, 자신이 가지고 있었던 신념을 버리고 나서야 과거에 자신을 지배했던 압박으로부터 자유로워졌다. 그 후에 그는 '자기 자신 이외의 외부자원에 의존할 필요가 없다'는 결심을 굳혔고 게슈탈트 치료법(Gestalt Therapy)의 핵심을 "나 자신의 실존에 대한 모든 책임은 내가 지키겠다"고 표현하였다. 1952년 뉴욕에서 형태치료 연구소를 열었고, 이후에 캘리포니아에 정착하고 에살렌 연구소에서 워크숍과 세미나를 개최하면서 심리치료를 진행하였다.

2) 인간관

펄스는 인간을 현상학적이며 실존적 존재로서 자신에게 가장 긴급하게 필요한 게슈탈트를 끊임없이 완성해 가며 살아가는 유기체로 보았고 인간은 마음과 몸이 이분화된 존재가 아니라 전체로서 기능하는 통합적인 유기체로 보았다. 펄스는 인간 유기체를 "우리는 간이나 심장을 가지고 있는 것이 아니라 우리는 간이고 심장이고 뇌다.", "우리는 부분들의 합이 아니라 전체의 협응이고 우리는 몸을 가지고 있는 것이 아니라 우리가 몸이다.", "우리는 어떤 사람인 것이다."고 표현한 바와 같이 인간을 부분들의 집합 이상인 전체적인 존재로 보았다. 그는 성숙한 인간은 자신에게 일어난 일들에 대해 책임을 질 수 있는 책임적 존재이고 개인이 자신의 인생에서 길을 찾아내고 개인적인 책임감을 받아들여야 한다고 주장하였다. 개인의 욕구가 게슈탈트를 형성하여 전경으로 드러나고, 그것이 충족되면 배경으로 사라지게 되고, 또 다른 욕구가 전경이 되어 그 자리를 차지하는 것과 같은 식으로 우리는 매 순간 내·외적 환경에 창조적으로 적응한다고 하였다. 또한 그는 '사람은 근본적으로 선하고, 자신의 삶에 성공적으로 대처하는 능력을 가지고 있다.'고 믿었으며, 건강한 사람은 생존과 생계의 과업을 생산적으로 해나가고 직관적으로 자기 보존과 성장을 향해 움직인다고 주장하였다.

펄스가 자신의 이론형성을 위해 인간에 대한 다섯 가지의 가정이 있는데 그것이 다음과 같다.

(1) 인간은 완성을 추구하는 경향이 있다.

이 가정은 인간이 끊임없는 게슈탈트의 완성을 통해 삶을 영위하고 있음을 나타내는 가정이다. 미완성한 일은 인간의 집중력을 방해하고 미완성된 일이 중요하면 중요할수록 집중을 반복적으로 방해한다.

(2) 인간은 자신의 현재의 욕구에 따라 게슈탈트를 완성할 것이다.

이 가정은 인간이 현재의 급박한 상황에서 필요한 게슈탈트를 형성하고 완성한다는 것을 의미한다. 게슈탈트 치료에서 상담사가 자주 사용하는 질문인 '지금 이 순간에 당신이 자각하는 것이 무엇인가?'라는 질문도 인간에 대한 이 가정과 밀접한 관계를 가지고 있다.

(3) 인간의 행동은 그것을 구성하는 구체적인 구성요소인 부분의 합보다 큰 전체이다.

이 가정은 "전체는 부분의 합보다 크다."라는 말처럼 부분의 합보다 전체를 강조한 말이다. 이런 점에서 게슈탈트 치료는 인간의 행동을 자극-반응의 원리에 의해 설명하는 행동주의 입장과 대립되기도 한다.

(4) 인간의 행동은 행동이 일어난 상황과 관련해서 의미 있게 이해될 수 있다.

이 가정은 게슈탈트 치료의 주요 이론인 장이론(field theory)을 강조한 내용이다. 어떤 한 가지 행동의 단편적인 행동을 보고 판단하기보다는 전체적인 맥락이나 상황 속에서 그 행동을 이해하고 파악해야 한다.

(5) 인간은 전경과 배경의 원리에 따라 세상을 경험한다.

인간이 갖는 관심의 초점이 무엇이냐에 따라 전경과 배경의 원리는 역동적으로 일어난다는 것을 알 수 있다. 이런 점에서 게슈탈트치료는 우리 각자가 주관적으로 세상을 경험하면서 살아가는 실존적 존재임을 강조한다.

3) 주요 개념

(1) 게슈탈트(Gestalt)

게슈탈트(Gestalt)란 독일어의 게슈탈텐(gestalten: 구성하다, 형성하다, 창조하다, 개발하다, 조직하다 등의 뜻을 지닌 동사)의 명사로, 개체가 자신의 욕구나 감정을 하나의 의미 있는 전체로 조직화하여 지각한 것을 뜻한다. 즉, 게슈탈트는 전체, 형태 또는 모습을 의미하는 독일어로, 여기에는 형태를 구성하는 개별적 부분들이 조직화되는 방식이 내포되어 있다. 개체는 게슈탈트를 형성함으로써 자신의 모든 활동을 조정하고 해결한다. 분명하고 강한 게슈탈트를 형성할 수 있는 능력을 가져야 건강한 삶을 가질 수 있고, 자연스러운 유기체 활동을 인위적으로 차단하고 방해함으로써 게슈탈트 형성에 실패하면 심리적 또는 신체적 장애를 겪을 수 있다.

(2) 지금-여기(here and now)

펄스가 가장 중요하게 생각한 시제는 '현재'다. 과거는 지나가 버렸고 미래는 아직 오지 않았음에도 불구하고 대부분의 사람들은 현재의 힘을 잃고 대신 과거를 생각하거나 미래를 위해 끊임없이 계획하고 대비책에 연연한다. 현재에 초점을 둔다는 것이 과거에 관심이 없다는 것을 의미하는 것이 아니라 과거는 우리의 현재와 관련되어 있다는 것을 인식하는 것만 중요하다. 게슈탈트 치료를 할 때 내담자가 과거의 어떤 사건에 대해 이야기하면 상담자는 내담자에게 과거에 살고 있는 것처럼 과거를 재연하라고 요구한다. 이처럼 상담자는 내담자가 현재에 집중할 수 있도록 '왜'라는 질문 대신 '무엇이', '어떻게'라는 질문을 더 많이 활용한다. 우리는 인생에서 현재의 방향제시를 위한 책임감을 떠맡지 않은 것을 정당화하기 위해 과거에 매달리는 경향이 있다. 과거에 머무름으로써 우리의 존재방식에 대해 타인을 비난하는 게임을 끊임없이 할 수 있고, 그래서 다른 방향으로 움직일 자신의 능력과 결코 마주치지 않는다. 우리는 생기 없는 상태의 해결책과 합리화에 사로잡히고 만다(perls, 1969).

(3) 자각과 책임감(awareness & responsibility)

자각은 개체가 개체=환경의 장에서 일어나는 중요한 내적·외적 사건들을 지각하고 체험하는 것이다(Yontef, 1984). 즉, 자각은 우리가 생각하고, 느끼고, 감지하고, 행동하는 것을 인식하는 과정이라 할 수 있다. 게슈탈트 치료에서 가장 중요시하는 것은 현재이며, 현재 상황에서 겪는 감정을 자각하는 것으로 모든 기법의 기초가 된다. 다만, 이때 지금-여기에서 발생되는 현상들을 방어하거나 피하지 않고 있는 그대로 지각하고 체험하는 것이 중요하다.

펄스는 게슈탈트 치료에서 즉시적인 상황에서 경험하는 것과 현재의 자각을 증가시키기 위해 어떻게 경험했는지에 대해 더 많은 초점을 둔다. 예를 들어, 내담자의 움직임이나 자세, 언어유형, 목소리, 타인과의 상호작용 등에 주목하는 것이다. 많은 사람들이 자신의 외현적인 것을 보지 못하기 때문에 게슈탈트 상담에서는 내담자 자신이 외현적인 것을 어떻게 회피하고 있는지, 자신의 감각을 어떻게 사용할 것인지 등을 알게 하고, 지금−여기에 개방하는 것에 도전시킨다. 또한 상담자는 게슈탈트 치료를 진행하며 내담자들이 경험하고 행동하는 것이 무엇이건 간에 다른 사람에게 탓을 돌리지 않고 상담자 자신이 책임을 지도록 해야 한다. 온전한 자각을 통해 자신을 조절하고 최적의 수준에서 기능할 수 있다고 본 펄스는 자각은 그 자체로도 치유할 수 있다고 믿었고 이는 충분한 자각이 이루어지는 사람은 주변의 환경을 더 빨리 알아차리며 자신의 선택과 자기 자신에 대해 책임지며 수용함을 의미하기도 한다.

(4) 전경과 배경(figure & background)

게슈탈트 상담에서는 게슈탈트의 형성을 전경과 배경의 개념으로 설명하였다. 개인이 대상을 인식할 때 어느 한 순간 관심의 초점이 되는 부분을 전경, 관심 밖에 놓여 있는 부분을 배경이라 한다. 예를 들어, 배가 매우 고프다는 것은 그 순간에 배고픔이 전경으로 떠오르게 되고, 그 외의 다른 일들은 배경으로 물러나는 것이다. 즉, 게슈탈트를 형성한다는 것은 개체가 어느 한순간에 가장 중요한 욕구나 감정을 전경으로 떠올린다는 말과 같은 의미다. 아래 그림의 검은 부분에 관심을 갖고 전경으로 부각시키는 것과 흰 부분에 관심을 갖고 전경으로 부각시키는 것에 따라 보이는 그림이 다르다. 이는 우리가 동일한 대상을 보더라도 보는 사람의 관심과 시각 또는 심리적, 정서적 상태에 따라 완전 다른 모습으로 인식할 수 있다고 설명하고 있다. 그러나 특정한 욕구나 감정을 다른 것과 구분하지 못하게 될 경우 강한 게슈탈트를 형성하지 못하게 되어 사람들이 자신이 진정으로 하고 싶은 일이 무엇인지 알지 못하고, 따라서 행동 목표가 불분명하고 매사에 의사결정의 어려움을 겪게 된다. 반면, 건강한 개체는 전경으로 떠올렸던 게슈탈트가 해소되면 그것은 배경으로 물러나고, 만약 새로운 게슈탈트가 생기면 또 다시 전경으로 떠오른다. 유기체에서는 이러한 과정이 끊임없이 되풀이되는데, 이러한 유기체의 순환과정을 '게슈탈트의 형성과 해소' 또는 '전경과 배경의 교체'라 한다.

4) 상담목표

게슈탈트 치료의 목표는 내담자가 성숙하여 자신의 삶을 책임질 수 있고 접촉을 통해 내담자가 게슈탈트를 완성하도록 조력하는 것이다. 게슈탈트 상담자는 유기체가 자기조절 기능을 수행할 수 있다는 유기체의 지혜를 믿으며 타인과 관계를 맺으며 삶을 살아가면서 너무 계산적이거나 강박적으로 빠지지 않고 있는 그대로 자신을 수용하면서 살아갈 것을 강조한다. 게슈탈트 상담은 개체를 스스로 성장, 변화해 나가는 생명체로 보고 증상 제거보다는 성장에 관심을 기울이는 접근법이고 내담자 스스로 자기 자신을 되찾도록 격려하고 도와주는 것이다. 또한 내담자 스스로 자신의 내적 힘을 동원하여 자립하는 것을 강조하기 때문에 상담은 내담자의 자립 능력을 일깨워 주고 그 능력을 다시 회복하도록 도와주는 방향으로 이루어진다.

5) 상담과정

게슈탈트 치료에서 상담과정은 일반적으로 내려진 절차가 없고 대부분의 상담자들이 다르게 내담자의 변화를 유도하기 때문에 정확히 정의내리기가 쉽지 않다. 게슈탈트 치료는 지금-여기에서 내담자가 자기를 충분히 이해하여야 하고 부적응 행동의 본질과 부적응 행동이 본인의 삶에 어떠한 악영향을 끼치는지에 대해서도 충분히 인식하며 실존적인 삶을 살아가도록 돕는 과정을 말한다. 그 과정은 크게 두 단계로 구분해볼 수 있다(Yontef, 1995). 첫 번째 단계에서는 상담자와 내담자가 진솔한 접촉에 근거한 관계형성을 하고 내담자로 하여금 현재 무엇이 어떻게 진행되는가를 자각하도록 촉진하는 단계이다. 둘째 단계는 내담자의 삶을 불편하게 하는 심리적 문제를 실험과 기법을 통해 경험하도록 함으로써 통합 및 균형을 이룰 수 있도록 하는 단계이다.

6) 상담기법

(1) 언어표현 바꾸기

게슈탈트 상담에서는 내담자로 하여금 간접적이고 모호한 단어를 사용하는 것 대신 내담자 자신과 자신의 성장에 책임감을 주는 단어들을 사용하게 한다. 우리가 일상생활에서 말하는 것은 종종 우리의 감정이나 사고, 태도를 반영하기 때문에 평소 말하는 습관에 주의하게 된다면 자각을 높일 수 있다. 예를 들어, '그것', '당신', '우리' 등의 대명사를 일인칭인 '나'로 바꾸어 쓰도록 요구하거나 '내가 ~할 수 없다' 대신 '나는 ~하지 않겠다', '나는 ~가 필요하다' 대신 '나는 ~을 바란다'로 바꾸어 쓰도록 함으로써 개인에게 상황에 대한 책임감을 부여하도록 하고 표현에 대한 정확성이 높아지며 덜 긴급하고 더 적은 불안감을 야기할 수 있다.

(2) 신체적 자각

게슈탈트 상담을 하는 과정에 내담자의 신체 행동에 주목하는 것은 게슈탈트 상담자에게 큰 도움이 된다. 내담자의 신체 자각을 돕기 위해서는 "당신의 목소리가 어떤지 알고 있나요?", "당신이 상사와 대화를 할 때 당신의 호흡이 어떤지 알고 있나요?" 등의 질문을 할 수 있다. 효과적인 게슈탈트 상담을 하는 상담자는 내담자와 의사소통을 할 때 내담자의 목소리 크기, 고저, 강약, 전달속도 같은 의미도 예리하게 들을 수 있다. 상담자는 내담자의 신체 행동이 언어적 표현과 일치하지 않을 때에 불일치를 지적하며 내담자의 자각을 확장시키기도 한다. 예를 들어, 내담자가 턱을 습관적으로 꽉 다문다는 것을 알아차리면, 상담자는 말하려는 어떤 충동이 억압되어 있다는 것을 의심해 보게 되고 웅크린 자세는 자신의 연약한 부분을 보호하려는 시도일 수도 있다. 에너지가 신체의 어느 한 부분에 집중되는 것은 대개 억압된 감정들과 관련이 있는데, 이는 흔히 근육의 긴장으로 나타나서 내담자는 이를 자각함으로써 소외된 자신의 부분들을 접촉하고 통합할 수 있다.

(3) 빈 의자 기법

빈 의자 기법은 게슈탈트 치료에서 가장 많이 쓰이는 기법 중 하나로 현재 상담에 참여하지 않은 사람과 상호작용할 필요가 있다고 판단될 때 사용한다. 빈 의자 기법은 빈 의자 두 개를 이용하여 대화를 하는 것이다. 내담자가 감정적 관계를 갖고 있는 대상이 빈 의자에 앉아 있다고 상상하며 감정적 관계를 갖고 있는 대상과 대화를 나누도록 시키며 그 상황에서 느끼는 감정을 자각하도록 도와주는 것이다. 이러한 대화는 감정적 관계를 갖고 있는 대상에게 말하는 것보다 훨씬 효과적일 수 있다. 또한 빈 의자 기법을 통해 상대방의 감정에 대한 자각과 이해도 함께 생기고 공감할 수 있는 장점이 있다. 이 때 내담자는 외부로 투사된 자신의 감정을 되찾아 자각하는 데도 많은 도움을 받을 뿐만 아니라 내담자는 자기 내면의 어떤 부분에 대해 추상적으로 말하는 것보다 그것을 빈 의자에 앉혀 놓고 직접적으로 대화함으로써 자신의 내면세계를 더욱 깊이 탐색할 수 있게 된다.

(4) 꿈 작업

펄스에게는 꿈 작업이 매우 중요한 상담기법이지만 정신분석의 꿈해석과는 매우 다르다. 게슈탈트 접근은 꿈을 해석하거나 분석하지 않고 대신에 꿈을 가지고 와서 그것이 마치 현실인 것처럼 연기해보는 것이다. 펄스는 꿈의 각 부분은 자신에 대한 투사이며 모든 상이한 부분은 자신과 정반대이거나 불일치한 면이라고 가정하였다. 꿈에 나오는 대상자들은 사람이나 물질이나 모두 우리 자신의 투사물이어서 꿈을 통해 외부로 투사된 나의 일부를 다시 찾아 통합할 수 있게 된다. 그리고 꿈의 분석과 해석을 피하고, 대신 그러한 모든 부분이 되어 보고 경험하는 것을 강조하는 것은 내담자가 꿈의 실존적 메시지에 보다 가까이 접근하게 도와준다. 게슈탈트 상담자는 내담자에 투사된 것들을 동일하게 하며 지금까지 억압하고 회피해 왔던 내담자 자신의 욕구, 충동, 감정들을 다시 접촉하고 통합할 수 있도록 해 준다. 프로이트가 꿈은 무의식에 이르는 왕도라고 했다면, 펄스는 꿈은 통합에 이르는 왕도라고 말했다.

6. 교류분석 상담

1) 에릭 번

에릭 번(Eric Berne)은 1910년에 캐나다의 몬트리올에서 의사인 아버지와 문학적 재능이 풍부한 전문 작가이자 편집가인 어머니 사이에서 장남으로 태어났다. 번은 아버지를 매우 좋아했고 그가 9세 때 개업의사인 아버지가 38세의 나이에 심장마비로 병사했기 때문에 그의 어머니가 작가와 편집가로 일하며 가정을 꾸려나갔고 번과 여동생을 양육하였다. 번의 어머니는 번이 의사가 되기를 격려했고 번 역시 어렸을 때부터 아버지의 영향을 받아 25세 나이에 의과

—— Eric Berne(1910~1970)

대학에서 의사자격증과 외과석사학위를 취득했다. 1936년부터 예일의학대학 정신과에서 레지던트로 2년 동안 근무하는 동안 정식적으로 미국 시민이 되어 이름을 레오나드 번슈타인에서 에릭 번으로 개명하였다. 1943년부터 1946년까지 국내 육군 의료단 정신과 군의관으로 복무하였고 이 기간 동안 그는 수많은 병사들의 정신질환 진료를 통해 집단치료의 효과를 골고루 체험함과 동시에 단시간에 정확한 진단을 내리는 방법에 관심을 가지게 되었다. 특히 번은 필요에 따라 병사들이 비언어적 커뮤니케이션을 사용하는 것을 관찰한 것은 그 후 교류분석의 이론적 기초를 만드는 데 도움이 많이 되었다고 하였다. 번이 그토록 갈망했던 정신분석협회의 자격요청이 보류되어 1956년에 그는 협회를 탈퇴했고 자신의 진료경험, 다양한 아이디어와

자료들에 근거하여 '정신치료에서 자아상태'란 논문을 썼으며, 1964년에 사회정신의학협회와 국제교류분석협회를 창립하였다.

2) 인간관

교류분석에서는 인간이 자기를 발달시킬 능력과 자신을 행복하게 하고 생산적이게 할 능력을 가지고 태어났다고 보았다. 인간은 과거 불행한 사건을 경험했다 하더라도 변화 가능한 긍정적인 존재로 이해되고 있고 모든 인간들은 존재 가치가 있고 존엄성이 있으므로 삶과 환경에 대해 재결정할 수 있으며 그에 따라 사고, 감정, 그리고 행동 방식을 재구조화 할 수 있다. 따라서 교류분석에서는 정신분석에서처럼 결정론적인 입장에서 인간을 보지 않고, 인간은 자기의 환경조건과 아동기의 조건을 개선할 수 있는 능력이 있음을 믿었다. 또한 이 이론은 인간에게는 자기의 과거의 결정을 이해하는 능력이 있고, 그것을 재결단할 수 있다고 가정했으며 인간에게 자신의 습관성을 뛰어넘어 새로운 목표와 행동을 선택할 능력이 있음을 신뢰한다.

3) 주요 개념

(1) 자아상태(ego-state)

자아상태(ego-state)란 특정 순간에 우리 성격의 일부를 드러내는 방법과 관련된 행동, 사고, 감정을 말한다. 인간의 성격은 세 가지의 특정적인 자아상태, 즉 부모 자아(parent ego state: P), 어른 자아(adult ego state: A), 어린이 자아(child ego state: C)상태로 구성되며, 이는 각각 분리되어 독특한 행동의 원천이 된다.

① 부모 자아(P)

어버이 자아는 6세경부터 발달하기 시작하며, 양육의 종류와 사회문화적 환경에 영향을 받는다. 정신분석에서의 초자아 기능처럼 가치체계, 도덕 및 신념을 표현하는 것으로 주로 부모나 형제 혹은 정서적으로 중요한 인물들의 행동이나 태도의 영향을 받아 형성된다. 부모 자아 상태는 '비판적 부모 자아(critical parent: CP)', '양육적 부모 자아(nurturing parent: NP)'로 구성되어 있다. '비판적 부모 자아'는 양심과 관련된 것으로 주로 생활에 필요한 규칙을 가르쳐주고 그 동시에 비판적이고 지배적으로 질책하는 경향을 보인다. '양육적 부모 자아'는 격려하고 보살펴주는 보호적 태도로 대체로 공감적이다.

② 성인자아(A)

개인이 현실세계와 관련해서 객관적 사실에 의해 사물을 판단하고 감정에 지배되지 않으며 이성과 관련되어 있어서 사고를 기반으로 조직적, 생산적, 적응적 기능을 하는 성격의 일부분이다. 성인자아 상태는 현실을 검증하고 문제를 해결하며, 다른 두 자아 상태를 중재한다. 따라서 성인자아 상태는 성격의 균형을 위해 중심적 역할을 하며 성격의 전체적인 적응과정에 가장 기여하는 부분으로 여겨질 수 있다. 이러한 어른 자아가 강한 사람은 정서적으로 성숙하고, 행동의 자율성이 있으며, 개인의 행복과 성취뿐 아니라 사회적 문제에도 관심을 갖고 있다.

③ 어린이 자아(C)

어린 시절에 실제로 느꼈거나 행동했던 것과 똑같은 감정이나 행동을 나타내는 자아상태다. 즉, 정신분석의 원초아의 기능처럼, 내면에서 본능적으로 일어나는 모든 충동과 감정 및 5세 이전에 경험한 외적인 일들에 대한 감정적 반응체계를 말한다. 특히 부모와의 관계에서 경험한 감정과 반응양식이 내면화되어 '자유로운 어린이'와 '순응하는 어린이'로 나뉜다. '자유로운 어린이(free child: FC)'는 부모의 규정화의

그림 4-6 **자아상태 도표**

영향을 받지 않고 본능적, 자기중심적, 적극적인 성격이 형성되어 즉각적이고 열정적이며 즐겁고 호기심이 많다. 그러나 지나치면 통제하기 어렵고 경솔한 행동이 나타날 수 있다. 반면 '순응하는 어린이(adapted child: AC)'는 부모나 교사 등의 기대에 순응적으로 행동하고 자신의 감정이나 욕구를 억제하는 성격이 형성된다. 부모의 기대에 맞추어 행동하고 자연스럽게 자신의 감정을 나타내지 않으며 낮은 자발성으로 타인에게 의지하는 경향을 가진다. 이러한 특징으로 순응하는 어린이는 일상생활에서 온순해 보이지만 예기치 않게 반항하거나 격한 분노를 나타내는 행동을 보이기도 한다.

(2) 교류분석(transactional analysis)

교류분석(transactional analysis)이란 P,A,C의 이해를 바탕으로 일상생활 속에서 주고받은 말, 태도, 행동 등을 분석하는 것이다. 여기서 교류란 의사교류를 말하는 것으로 자아상태 간에 발생하는 사회적 상호작용의 단위이고, 대안관계에 있어서 자신이 타인에게 어떤 대화방법을 취고 있는지, 또 타인은 자신에게 어떤 관계를 가지려고 하는지를 학습하고 파악함으로써 의사소통이나 대인관계 문제해결에 유용하게 적용할 수 있다. 교류분석이론에 따르면 두 사람이 교류할 때 P,A,C 중 한 기능을 선택하여 메시지를 주고받는데, 자극과 반응에 따라 상보교류, 교차교류와 이면교류로 나눌 수 있다.

① 상보교류(complementary transaction)

상보교류는 두 사람이 같은 자아상태에서 작동되거나 상호 보완적인 자아상태에서 자극과 반응을 주고받는 관계를 말한다. 즉, 두 사람의 자아상태가 상호 관여하고 있는 교류로서 발신자가 기대하는 대로 수신자가 응답해 가는 것이다. 이때 언어적인 메시지와 표정, 태도 등의 비언어적인 메시지가 일치되어 나타난다.

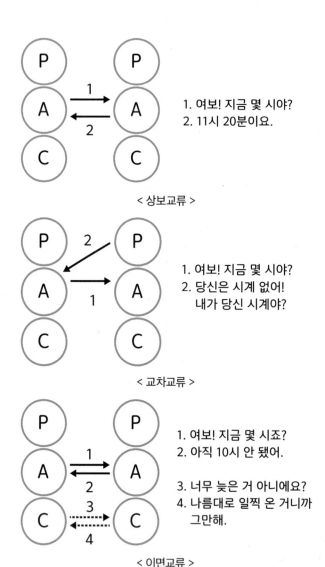

< 상보교류 >

1. 여보! 지금 몇 시야?
2. 11시 20분이요.

< 교차교류 >

1. 여보! 지금 몇 시야?
2. 당신은 시계 없어!
   내가 당신 시계야?

< 이면교류 >

1. 여보! 지금 몇 시죠?
2. 아직 10시 안 됐어.

3. 너무 늦은 거 아니에요?
4. 나름대로 일찍 온 거니까
   그만해.

그림 4-7 세 가지 교류패턴의 예

② **교차교류**(crossed transaction)

교차교류는 상대방에게 기대한 반응과는 다른 자아상태의 반응이 활성화되어 되돌아오는 경우로 인간관계에서 고통의 근원이 된다. 즉, 세 개 또는 네 개의 자아 상태가 관여하고 있는 것으로 발신자가 기대하는 대로 응답해 오지 않고 예상 밖의 응답이 될 때 일어나는 교류다.

③ **이면교류**(ulterior transaction)

이면교류는 두 가지 자아상태가 동시에 활성화되어 한 가지 메시지가 다른 메시지를 위장하는 복잡한 상호작용을 한다. 예를 들어, 대화를 할 때 표면적으로는 어른 자아 대 어른 자아로 대화하는 것처럼 보이지만 사실은 그 이면에는 다른 속셈이 깔려 있는 경우를 말한다.

4) 상담목표

교류분석은 내담자가 그의 현재 행동과 삶의 방향에 대한 새로운 결정을 내리는 것을 돕는 것이 기본 목표이며 상담자는 내담자가 자각, 친밀성, 자발성의 능력을 회복하도록 돕는다. 그리고 통합된 어른 자아의 확립이란 어른 자아가 혼합이나 배타에서 해방되어 자유롭게 기능하도록, 즉 선택의 자유를 경험하도록 하는 것이다 (윤순임 외, 1995).

교류분석 상담의 또 다른 목표는 내담자로 하여금 현재 그의 행동과 인생의 방향과 관련하여 새로운 결단을 내리도록 하는 것이다. 좀 더 구체화 해보면, 교류분석은 개인이 자신의 생활 자세에 대한 초기의 결단을 따름으로써 선택의 자유가 얼마나 제약되었는지를 각성하고 헛된 결정론적인 생활방식을 버리도록 하는 목표를 가진다(corey, 2003).

5) 상담과정

사람에게 선택의 자유를 가질 수 있도록 해주고 상담을 통해 각본을 받아들이는 것이 아니라 내담자 스스로 각본을 만들어 가는 것이 교류분석의 상담목표이다. 구조분석의 상담과정 기본 요소는 상담자와 내담자가 상호 동의한 목표를 구체화하고 상담의 방향을 설정해 주는 치료적 계약이다. 내담자의 변화와 성장을 위해서는 동기화, 자각, 상담 계약, 자아상태 정리, 재결정, 재학습, 종결과 같은 단계로 나눌 수 있다.

첫 번째로 동기화는 변화에 대한 동기는 자신의 심리적 고통이나 불행과 괴로움에 대한 자각이며 변화에 대한 욕구와 필요성이 절실한 정도를 동기화라고 말한다. 상담을 시작하기 전에 내담자가 자신의 삶에 어떠한 부정적인 영향을 주고 있는지를 파악해야 하며 상담사는 그것에 대해 격려하는 분위기를 조성해야 한다.

두 번째로 자각은 상담을 하며 내담자는 자신의 현실을 만족스럽지 않다고 느끼고 원하는 변화가 무엇인지 정확하지 않을 수 있다. 상담자는 이러한 내담자가 원하는 변화가 무엇인지 파악한 후 구체적인 용어로 결정할 수 있어야 한다.

세 번째로는 상담계약이다. 계약이란 명백하게 진술된 목적을 성취하기 위한 상담자와 내담자 간의 동의를 의미하며 상담계약은 상담의 목표를 결정하는 것을 말한다.

네 번째로는 자아 상태를 정리해야 하는데 내담자가 자신의 각본을 유지하기 위해 현재 어떤 행동을 사용하고 있는지를 파악하고 내담자 자신이 한 결정에 책임을 지는 단계이다. 내담자가 만족하지 못한 욕구나 감정을 깨닫게 하고 이를 표현하고 격려하며 내담자의 자아 상태를 정리하고 내담자의 재결정에 필요한 내적 안전감을 발전시킬 수 있도록 하는 것이 이 단계의 목적이다.

다섯 번째로 재결정은 내담자가 자신의 각본의 어떤 측면을 변화시키는 것으로 특정 과정에서가 아니라 시간을 두고 조금씩 앞으로 천천히 나아가는 경우가 많다. 재결정의 준비가 되지 않은 내담자는 이전 단계부터 재탐색하도록 한다. 재결정은 끝이 아니라 또 다른 시작이고 내담자가 세상에 나가 새로운 결정을 실제로 수행해야 하며 이것은 계속적인 과정이다. 마지막으로 종결단계에는 내담자가 상담목적 달성 여부를 확인해야 한다.

6) 상담기법

(1) 상담 분위기 조성기술

교류분석상담은 치료적 분석과 함께 다양한 기법들을 사용하는데 상담 분위기 형성과 관련된 세 가지 기법과 전문적 상담 행동을 규정하는 조작기법이 있다.

① 허용(permission)

상담 장면에 들어오는 대부분의 내담자들은 여전히 부모의 금지령에 근거하여 행동한다. 따라서 상담 장면에서도 그러한 금지령으로 인해 내담자의 행동이 제약을 받을 수 있다. 상담자는 무엇보다도 내담자로 하여금 부모가 하지 말라고 하는 것들을 하도록 허용해야 한다. 예를 들면, 상담자는 내담자가 그들의 시간을 효과적으로 사용할 수 있도록 허용하거나 내담자의 모든 자아상태가 기능할 수 있도록 허용하는 등이 있다.

② 보호(protection)

내담자는 상담자의 허용으로 자신의 어린이 자아가 자유롭게 기능함으로써 당황하거나 놀랄 수 있다. 예를 들어, 내담자가 "선생님, 저 주말 정말 재미있게 보냈어요. 호호"라고 상담자에게 말한 경우, 내담자의 어린이 자아는 윗사람에게 예의 바르게 대해야만 한다는 어른 자아 때문에 이런 자연스러운 말을 하는 것에 놀랄 수 있다. 따라서 상담자는 내담자의 그러한 반응에 대해 안심시켜야 하고 지지해 줌으로써 내담자로 하여금 보다 안전하게 새로운 자아를 경험할 수 있도록 한다.

③ 잠재력(potency)

상담자가 최상의 효과를 얻을 수 있는 방향으로 자신의 모든 상담기술을 최적의 시간에 활용할 수 있는 능력을 말한다.

(2) 조작기법

조작(operation)기법은 구체적인 상담자의 행동, 즉 상담기술로서 이 중 처음 네 가지는 단순한 치료적 개입기술이고 나머지 네 가지는 중재기술이다.

① 질의(interrogation)

내담자가 어른 자아의 반응을 나타낼 때까지 질문을 던지는 것이다. 이 기술은 특별히 어른 자아의 사용에 문제를 갖고 있는 내담자에게 제시된 자료들을 명료화하기 위해 사용된다. 이 기법은 직면적이어서 내담자의 저항을 가져오거나, 단순히 생애사의 자료만을 얻을 수 있다는 한계가 있으므로 사용에 유의해야 한다.

② 명료화(specification)

내담자의 특정 행동이 어떤 자아상태에서 비롯되는지에 대해 상담자와 내담자가 일치했을 때 사용되는 기법이다. 이 기술은 특별히 내담자로 하여금 그의 세 가지 자아상태들의 기능 작용을 이해할 수 있도록 돕는 데 사용된다.

③ 직면(confrontation)

상담자가 단순히 내담자의 행동들에 나타나는 모순들, 특별히 언어적 표현과 비언어적 표현 간의 모순들을 지적함으로써 내담자가 자신의 문제를 파악하여 대안적 방법을 고려해 보는 기회를 제공한다.

④ 설명(explanation)

상담자의 입장에서 교류분석의 특징적인 측면에 관하여 가르치는 것을 말한다. 즉, 상담자 편에서 일종의 가르치는 행동으로 상담자가 내담자에게 그가 왜 현재와 같은 행동을 하고 있는가를 설명할 때 나타나는 어른 자아 대 어른 자아의 의사교류라 할 수 있다.

⑤ 예시(illustration)

직면기술의 긍정적인 효과를 강화시킬 목적으로 성공적인 직면기술의 사용 다음에 일화, 미소, 비교 등의 방법을 통해 실례를 제시하는 것이다. 이 기술은 긴장을 완화시키기도 하고 가르치기도 하는 이중적 가치를 지니고 있다.

⑥ 확인(confirmation)

내담자의 특정 행동은 상담에 의해 일시적으로 달라졌다가 곧 원래의 행동으로 돌아가는 경우가 많다. 이러한 경우 상담자가 내담자에게 그가 아직 과거의 행동을 완전히 버리지 못했으니 더 열심히 노력하도록 강화해 주는 기술이다.

⑦ 해석(interpretation)

정신분석에서의 해석과 마찬가지로 내담자의 행동 뒤에 숨어 있는 이유를 깨달을 수 있도록 도와주는 기법으로 상담자와 내담자의 어른 자아 간에 교류가 이루어질 수 있게 한다.

⑧ 구체적 종결(crystallization)

상담자가 내담자에게 이제 게임을 할 필요가 없게 된 단계에 도달했다는 사실을 말해 주는 것이다. 상담자는 내담자에게 원하는 스트로크를 보다 나은 방법으로 얻을 수 있다는 점을 알려 준다.

7. 현실치료 상담

1) 윌리엄 글래서

윌리엄 글래서(William Glasser)는 1925년 미국 오하이오 주 클리블랜드에서 화목한 가정에서 셋째이자 막내로 태어났다. 19세에 화학공학 학사를 획득했고 23세에 임상심리학 석사를 받았으며 28세에 의학박사(M.D.)를 획득하였다. 그 후 UCLA와 서부 LA 재향군인병원에서 정신분석적 접근에 따른 전문의 수련과정을 거치게 되었지만 수련과정 동안 글래서는 전통적인 정신분석적 접근의 이론과 기법 그리고 치료효과에 대해 점차 회의감을 느끼기 시작했다. 이 무렵 병원 신경정신과 병동을 맡게 된 해링턴과 함께 공동 연구를 수행하

——— William Glasser
(1925~2013)

면서 현실치료라고 불리는 새로운 접근의 기본 구성개념을 개발하였다. 1956년에 정신과 자문의로 활동하면서 현실치료의 기본 개념들을 여자 비행청소년 치료에 적용

함으로써 여자 재학생들의 비행 재범률이 효과적으로 감소되었고 1963년부터 캘리포니아 주의 공립학교들을 위한 자문위원으로 활동했다. 글래서는 계속해서 자신의 이론과 상담기법들을 보완했고 1969년 캘리포니아 주 카노가 파크에 '현실치료연구소(Institute of Reality Therapy)'를 설립하여 오랫동안 소장과 재단 운영위원장으로 활동하였으며, 2013년에 사망할 때까지 이 연구소를 중심으로 활동하였다.

2) 인간관

글래서는 인간을 긍정적 관점에서 보았고 인간은 각자가 정말로 무엇을 원하는가를 파악해야 한다는 점에서 인지적 해석의 중요성을 강조하였다. 그리고 인간은 자신의 행동과 정서에 대해 스스로 책임이 있음을 강조했고 무의식의 힘이나 본능보다는 의식 수준에 의해 작동하는 자율적이고 책임감 있는 존재라고 보았다. 글래서는 개인의 삶은 선택에 기초하는데, 생의 초기에 습득하지 못한 것은 나중에 그것을 습득하기 위한 선택을 할 수 있고 이러한 과정을 통해 자신의 정체감과 행동방식을 변화시킬 수 있다고 하였다. 그리고 현실치료 상담자들은 기본적으로 우리 각자는 성공적인 정체감을 통해 만족스럽고 즐거워지기를 바라며, 책임질 수 있는 행동을 보여 주고 싶어 하고, 의미 있는 인간관계를 가지고 싶어 한다고 보았다.

3) 주요 개념

(1) 기본 욕구

글래서는 뇌의 기능과 기본 욕구를 연관시켜 설명하였고 인간은 선천적으로 다섯 가지의 기본 욕구를 가지고 태어났다고 하였다.

① 생존의 욕구(survival needs)

생존(survival)은 생물학적인 존재로서의 인간 조건을 반영하는 욕구로서 생존에 대한 욕구이다. 즉, 의식주를 비롯하여 개인의 생존과 안전을 위한 신체적 욕구를 의미한다. 생존 욕구는 몇 가지의 특징을 가지고 있는데 첫째는 이러한 욕구는 생득적이고 일반적이며 보편적인 것이다. 둘째는 이러한 욕구는 중복적이고 욕구들 사이에 갈등이 일어날 수 있기 때문에 상호 갈등적이고 대인 갈등적이다. 셋째는 개인의 욕구는 순간적으로 충족되었다가도 다시 불충분한 상태로 되돌아갈 수 있기 때문에 욕구가 계속 충족된 상태로 유지되기 어렵다. 넷째는 이러한 욕구는 충족된 상태가 유지되기 어렵기 때문에 이것이 행동의 동기의 근원이 된다. 인간은 위에 다섯 가지 기본적인 욕구를 충족시키기 위해 끊임없이 어떤 행동을 해야만 하고 우리는 주관적이기는 하지만 자기 나름대로 다양한 방법을 찾아 자신의 욕구를 충족시키려고 한다. 따라서 인간이 자기의 욕구를 충족시키기 위해 다양한 방법과 수단을 자기의 내면 또는 질적 세계 속에 심리적 사진으로 사진첩에 저장되어 있다가 필요시에 꺼내 사용하게 된다.

② **소속의 욕구(belonging needs)**

소속의 욕구(belonging needs)는 다른 사람과 연대감을 느끼며 사랑을 주고받고 사람들과 접촉하고 상호작용함으로써 소속되고자 하는 욕구를 의미한다. 소속감과 관련된 유사어는 사랑, 우정, 돌봄, 관심, 참여 등이 있다. 글래서는 이 욕구를 다시 세 가지 형태로 나누었는데 첫째는 사회집단에 소속하는 욕구, 둘째는 직장에서 동료들에게 소속하는 욕구, 셋째는 가족에게 소속하고 싶은 욕구가 있다. 그 이유는 욕구의 충족은 여러 환경에서도 일어날 수 있기 때문이다. 소속욕구는 생리적 욕구처럼 절박한 욕구는 아니지만 인간이 살아가는 데 있어서 원동력이 되는 기본 욕구다.

③ **힘 욕구(power needs)**

힘 욕구(power needs)는 성취를 통해 자신에 대한 자신감과 가치감을 느끼며 자신의 삶을 제어할 수 있는 욕구다. 현실치료에서 말하는 힘과 관련된 유사어는 성취감, 존중, 인정, 기술, 능력 등이 있고 이러한 힘에 대한 욕구는 개인이 각자 자기가 하는 일에 대해 칭찬과 인정을 받고 싶어 하는 기본적인 욕구를 의미한다. 그러나 사람들은 사랑과 소속의 욕구를 충족시키기 위해 결혼을 하지만 부부 사이에서 힘에 대한 욕구를 채우고 싶어 하여 서로 통제하려고 하다가 결국은 부부관계가 깨질 수 있다는 것이다. 따라서 이러한 힘의 욕구가 타인에게 영향력을 행사하려는 행동으로 나타날 때 관계를 악화시키기도 한다.

④ **자유의 욕구**(freedom needs)

자유의 욕구(freedom needs)는 자율적인 존재로 자유롭게 선택하고 행동하고자 하는 욕구를 뜻한다. 이것은 인간이 이동하고 선택하는 것을 마음대로 하고 싶어 하고 내적으로 자유롭고 싶어 하는 속성을 말한다. 개인이 각자가 원하는 곳에서 살고, 대인관계와 종교 활동 등을 포함한 삶의 모든 영역에서 어떤 방법으로 살아갈지 스스로 선택하고 결정하며, 자신의 생각을 자유롭게 표현하고 싶어 하는 욕구를 말한다. 그러나 욕구충족을 위해 다른 사람들의 자유를 침범하면 안 되고 타협과 양보를 통해 이웃과 함께 살아갈 수 있어야 한다. 즉, 우리의 욕구를 충족시키려면 타인의 권리를 인정하고 나의 권리를 인정받는 것에 대한 합리적인 이해와 자기선택에 대한 책임을 질 필요가 있다.

⑤ **즐거움의 욕구**(fun needs)

즐거움의 욕구(fun needs)는 즐겁고 재미있는 것을 추구하며 새로운 것을 배우고자 하는 것을 말한다. 글래서는 인간의 즐거움에 대한 욕구는 기본적이고 유전적인 지시라고 확신한다. 암벽타기, 스카이다이빙, 자동차 경주를 하는 것처럼 인간은 즐거움의 욕구를 충족시키기 위해 생명의 위험도 감수하면서 자신의 생활방식을 바꾸어 나가는 경우도 있다. 즐거움은 인간생활에 있어서 없으면 안 되는 요소이므로 우리는 늘 즐거움이 더한 삶을 원하지만 즐거움의 욕구와 다른 욕구들 간에도 갈등이 일어날 수 있다. 예를 들면, 어떤 이는 해외여행이 재미있어서 소속감 욕구를 포기하고 결혼을 지연시키거나 하지 않을 수도 있다.

(2) 전체행동

글래서는 인간의 행동을 생각하고 느끼고 활동하고 생리적으로 반응하는 통합적 행동체계로 보고 이를 '전체행동(total behavior)'이라고 했다. 글래서는 인간의 모든 행동에는 목적이 있다고 했고 인간의 전체행동은 네 가지, 즉 행동하기(acting), 생각하기(thinking), 느끼기(feeling), 그리고 생물학적 반응(biological behavior)으로 구성되어 있다고 보았다. 현실치료에서는 '행동하기'를 중시하는데 그 이유는 행동하기는 거의 완전한 통제가 가능하기 때문이다. '생각하기' 역시 비교적 통제가 수월한 편인 반면, '느끼기'는 통제가 어렵고 '생물학적 반응'은 더더욱 통제하기 어렵다. 따라서 글래서는 '행동하기'와 '생각하기'를 변화시키면 '느끼기'와 '생물학적 반응'이 따라오게 되어 행동변화가 쉬워진다고 생각한다. 예를 들면, 현재 내가 매우 화가 나있다고 가정하면 나 자신이 화나는 전체행동을 선택했기 때문이라고 설명할 수 있고 이때 나의 전체행동을 분석할 수 있는데 '행동하기'는 물건을 던지고 있고, '생각하기'는 '엄마가 왜 내 의견을 자꾸 반대하는걸까? 짜증나'라고 생각에 잠겨 있는 것이며, '느끼기'는 분하고 짜증나는 감정이며, '생물학적 반응'은 호흡이 빨라지고 위에 통증을 느끼게 된다. 전체행동을 바꾸고 싶다면 먼저 행동하고 생각하는 방식을 변화시킬 필요가 있다. 글래서는 이러한 원리를 자동차에 비유하여 설명했는데 다섯 가지 기본적인 욕구는 자동차의 엔진을 구성하고, 개인의 욕구를 충족하기 위한 선택은 핸들에 해당되며, 행동하기와 생각하기는 자동차의 앞의 두 바퀴, 느끼기와 생리학적 반응은 뒤의 두 바퀴에 해당된다. 앞바퀴에 해당되는 행동하기와 생각하기를 변화시킨다면 두 개의 뒷바퀴에 해당되는 느끼기와 생물학적 반응에도 자동적인 변화가 수반된다. 따라서 행동변화의 핵심은 행동하기와 생각하기를 새롭게 선택하는 것이고 적극적인 행동과 긍정적인 사고를 많이 할수록 좋은 감정과 생리적인 편안함이 따라오게 된다.

4) 상담목표

현실치료의 목표는 내담자가 책임질 수 있고 만족한 방법으로 자신의 심리적 욕구인 힘, 자유, 사랑, 재미를 달성하도록 조력하는 것이다. 글래서는 정신과 치료를 필요로 하는 모든 사람은 자신의 기본적 욕구를 충족할 수 없기 때문에 고통을 받는다고 지적하였다. 그리고 증상의 심각성은 개인이 자신의 욕구를 충족할 수 없는 정도를 반영하는 것으로 보았다(Glasser, 1965). 현실치료에서는 자신의 기본적인 욕구에서 비롯된 바람이 정말 무엇인가를 파악하지 못하거나 파악했다 하더라도 효과적으로 그러한 바람을 충족시키지 못한 것을 문제로 본다. 따라서 현실치료의 주요한 상담목표는 일차적으로 내담자가 정말 원하는 것이 무엇인지를 그의 기본 욕구를 바탕으로 파악하도록 하는 것이다. 내담자가 그의 바람을 파악한 후 상담자는 바람직한 방법으로 그 바람을 달성할 수 있도록 조력한다(노안영, 2005).

5) 상담과정

현실치료는 내담자의 기본적인 욕구를 파악하여 바람직한 방식으로 달성할 수 있도록 하는 상담 접근방식이고 글래서가 제안한 현실치료의 상담과정에는 상담자가 기본적으로 지켜야 할 원칙들이 있다.

(1) 내담자와의 라포형성

내담자가 상담관계에 자발적으로 참여하도록 원만한 관계를 형성해야 한다. 그리고 상담자는 내담자가 무엇을 원하는지, 내담자가 무엇을 통제하고 있는지를 탐색해야 하고 내담자가 모든 힘을 다하여 추구하려고 해도 충족할 수 없는 내부세계의 내용이 무엇인지도 직시해야 한다.

(2) 내담자의 바람과 현재하고 있는 행동에 대한 파악

이 단계에서는 내담자의 바람, 욕구, 지각을 탐색하게 되고 그가 자신의 바람을 달성하기 위해 현재 어떤 행동을 하고 있는지도 탐색해야 한다.

(3) 행동 평가하기

내담자의 현재 하고 있는 행동들이 그의 바람을 달성하는 데 있어서 도움이 되었는지에 대해 평가하는 것이다. 즉, 내담자 자기가 스스로 선택한 행동이 자기가 원한다고 말한 것을 얻게 해 주는가를 평가하도록 하는 것이다.

(4) 책임질 수 있는 행동 계획하기

이 단계는 내담자들이 보다 효과적으로 바람을 성취할 수 있는 행동을 수행할 수 있는 계획을 세우고, 조언하고, 조력하고, 격려하는 것이다. 내담자가 하고 있는 행동이 소용없다고 판단되면, 내담자가 원하는 것을 얻을 수 있는 방법 또는 그의 생활을 효과적으로 통제할 수 있는 더 좋은 방법을 생각해 내도록 돕는 것이다.

(5) 계획이행에 대한 약속 얻기

내담자가 자신이 수립한 계획에 따라 행동을 할 것에 대한 언약을 얻어야 한다. 계획이 세워지면 상담자는 내담자에게 그 계획을 끝까지 수행할 수 있도록 노력하겠다는 다짐을 요구해야 한다. 약속은 상담자에 대한 것일 뿐만 아니라 내담자 자신에 대한 것이기 때문에 강력하다.

(6) 변명에 대한 불수용

내담자가 세운 계획을 이해하지 않고 변명을 할 경우에는 이를 수용하지 않는다. 현실치료에서는 계획을 수행하지 않은 이유나 변명에 집중하지 않기 때문이다.

(7) 처벌 금지

상담자는 내담자를 비판하거나 논쟁하거나 처벌하지 않는다.

(8) 지속적인 조력

사람들은 비효과적인 방법으로 세상을 통제하는 것에 익숙해져 있기 때문에 스스로 효과적인 통제력을 얻을 수 있는 방법을 찾을 때까지 오랜 시간이 걸린다. 그럼에도 불구하고 상담자는 내담자를 포기하지 않고 지속적인 관심을 갖고 조력해주어야 한다.

6) 상담기법

(1) 질문하기

현실치료에서 질문은 전체 상담 과정에서 중요한 역할을 담당한다. 질문은 내담자가 자신이 원하는 것에 대해 생각할 수 있게 하고 자신의 선택과 행동이 옳은 방향으로 나아가고 있는지를 검토하는 데 유익하다. Wubbolding(1986)에 따르면 질문하기는 내담자의 내적 세계에 들어가 정보를 주고받고 내담자가 보다 효과적인 통제를 하도록 조력해줄 수 있는 유용한 방법이라고 말했다.

(2) 유머 사용

현실치료에서는 즐거움과 흥미를 기본적인 욕구라고 강조했다. 상담자와 내담자가 농담을 공유한다는 것은 서로가 동등한 입장에서 즐거움의 욕구를 공유한다는 것을 의미한다. 또한 유머는 내담자와 편안하고 친밀한 관계를 맺는 데 도움이 될 뿐만 아니라 내담자에게 새로운 자기표현 방법을 알려주면서 내담자가 자신을 관찰하도록 융통성을 제공해준다.

(3) 직면하기

직면하기는 내담자의 행위에 대한 책임수용을 촉진하기 위한 방법으로 내담자가 자신의 한 말과 행동이 일치하지 않다는 것을 인식시키는 것이다. 현실치료 상담자는 기본적으로 내담자의 변명을 수용하지 않고 포기하지도 않기 때문에 직면하기는 상담과정에서 필수적이다. 내담자가 바람의 달성과 불일치한 행동을 했을 때 상담자는 내담자를 조력해주는데 이때 직면하기를 통해 내담자가 선택한 행동에 대해 책임을 지도록 한다.

(4) 역설적 기법

역설적 기법은 내담자의 통제감과 책임감을 증진하기 위해 사용되고 상담자는 내담자에게 모순된 요구나 지시를 주어 그를 딜레마에 빠지게 하는 것이다. 예를 들면, 발표할 때 실수하는 것에 두려워하는 내담자에게 발표할 때 실수하도록 요구한다. 만약 내담자가 상담자의 제안대로 실수를 했다면 이는 내담자가 실수를 할 것인지 말 것인지를 선택할 수 있는 통제력을 가지고 있다는 것이고 만약 내담자가 상담자의 제안에 저항하면 내담자가 실수를 통제하여 딜레마를 제거한 것이다. 이 기법은 내담자가 자신의 행동을 통제할 수 있고 선택할 수 있다는 것을 인식하게 하는 것이고 자신이 갖고 있는 문제에 대한 생각을 전환할 수 있게 한다.

8. 인지·정서·행동치료

1) 앨버트 엘리스

앨버트 엘리스는 1913년 9월 피츠버스에서 가난한 유대인 부모 사이에서 2남 1녀 중 장남으로 태어났고 그는 자신이 거의 '반고아'라고 말했다. 그 이유는 엘리스의 아버지는 여행을 즐겨서 자녀들을 돌봐주지 않았고 그의 어머니는 아직 자녀를 키울 준비가 전혀 되지 않았던 사람이었다. 따라서 엘리스는 "어머니가 나를 돌보는 것만큼 나도 어머니를 돌봐야 했다"라고 말했다. 엘리스는 아동기 때 부모의 소홀한 양육태도, 나쁜 건강상태와 말썽을 부리는 동생들, 부끄러움을 타

—— Albert Ellis(1913~2007)

는 내성적인 성격으로 인해 아동기를 많이 힘들게 보내왔지만 그는 '비참한 것을 거부'했다. 그리고 여동생은 우울증과 불안에 시달렸지만, 후에 엘리스는 자신의 인지·정서·행동치료로 여동생을 치료하였다. 이러한 엘리스의 성장 배경을 살펴보면 그의 이론은 자신의 어린 시절 문제를 치유하기 위해 개발한 것임을 알 수 있다.

1943년에는 컬럼비아 대학교에서 임상심리학으로 석사학위를 받고 1947년에는 철학박사(임상심리학 전공) 학위를 받았으며 이어 정신분석 수련을 받았다. 1953년에 정신분석을 포기하고 1955년에 인지를 강조하는 새로운 접근법인 인지치료(rational psychotherapy)를 소개하였다. 그러나 그 후에 정서를 무시한다는 비난을 받자 인지-정서치료(rational emotive psychotherapy)를 접근법으로 수정하였고 1991년에는 인지·정서·행동치료로 명명했다. 엘리스의 어린 시절의 성장배경과 환경조건은 불행스러운 편이었지만 이런 정서적 무관심과 정서적 혼란의 상황 속에서도 그로 하여금 인생

을 이끌어갈 수 있게 한 힘은 정서나 감정보다는 인지적 노력이었을 것이다. 만일 그런 환경에서 엘리스가 "좋은 부모를 만났으면 어떻게 될까?", "내가 왜 이런 집에서 태어났을까?" 등과 같은 당위적 사고(비합리적 사고)를 가지고 자랐다면 그의 인생은 불행했을 것이다. 그러나 그는 그 속에서 삶에 중요한 것은 결코 조건에 있는 것이 아니라 의미부여(인지적 측면)에 있음을 깨닫게 된다. 이런 인지적 노력과 상담에 대한 자질은 결국 그로 하여금 인지를 중요시하면서 정서와 행동을 치료하는 REBT치료를 개발하게 되었다.

2) 인간관

인지·정서·행동치료는 인본주의적 심리치료(REBT)로 엘리스가 주장한 것이다. 엘리스는 인간이 합리적 사고와 비합리적 사고의 잠재성을 가지고 태어났다고 가정하였으며, 인간은 합리적 신념과 비합리적 신념이 타고 났다고 보았다. 합리적 신념은 자신을 성숙하게 하거나 실현시킬 수 있으며 비합리적 신념에 의해 자신의 성숙을 방해하거나 자신을 파괴할 수도 있다고 본다. 엘리스는 인간은 살면서 끊임없이 자기 대화, 자기 평가를 하면서 자신의 삶을 유지한다고 보았고 합리적 신념에 의한 자기 대화와 자기 평가는 자신이 선택한 건전한 인생목표를 달성하게 해줄 것이라고 믿었다. 하지만 비합리적 신념에 의한 자기 대화, 자기 평가는 자신의 부적절한 정서를 느끼며 역기능적 행동을 수행하게 할 수도 있다. 엘리스는 인간은 대상 자체가 아닌 그 대상에 대한 관념에 의해 혼란을 겪는다는 것이라고 했고 이러한 사상에 영향을 받은 그의 인간 이해는 다음과 같다.

- 인간은 합리적이면서도 동시에 비합리적인 존재다.
- 인간은 비합리적인 사고로 인해 정서적 문제를 겪게 된다.
- 인간은 자신의 인지·정서·행동을 변화시킬 수 있는 능력을 가지고 있다.
- 인간은 왜곡되게 생각하려는 생리적 또는 문화적 경향성이 있고 자신이 스스로 자신을 방해한다.

3) 주요 개념

(1) 성격의 세 가지 측면

엘리스는 성격의 형성을 설명하는 세 가지 측면을 생리적 측면, 사회적 측면 그리고 심리학적 측면으로 구분하여 설명하였다(김정희, 이장호 공역, 1998, pp.260-265).

① 생리적 측면

인간에게는 사용되지 않은 거대한 성장 자원이 있고, 자신의 사회적 운명과 개인적인 운명을 변화시키는 능력을 가지고 있다고 주장하였다. 이와 반대로 사람들이 비합리적으로 생각하고 스스로에게 해를 끼치려는 강한 선천적 경향성도 동시에 가지고 있다고 보았다. 이러한 인간의 성향은 개인이 자신의 인생에서 일어나는 모든 일에서 최고의 것을 원하고 주장하는 매우 강력한 경향성을 가지고 태어난다. 그러나 자신이 뜻대로 되지 않거나 원하는 것을 얻지 못했을 때 자신과 타인, 그리고 세상을 비난하는 매우 강한 경향을 가지고 태어난다.

② 사회적 측면

인간은 사회 집단 내에서 보살핌을 받고 자라며 타인에게 인생의 거의 모든 부분에서 인상을 남기려고 하며, 타인의 기대에 맞춰 살려고 노력한다. 또 타인의 수행을 뛰어넘기 위하여 노력하는 데 바치기도 한다. 즉, 인간은 타인이 자신을 인정해 줄 때 자기 자신을 가치 있는 사람으로 본다는 것이다. 엘리스에 따르면, 정서적 장애를 가진 사람들은 대부분 타인들에 대한 생각을 지나치게 많은 염려를 하는 것과 관련이 있고 다른 사람들이 자신을 좋게 생각할 때만 자기 스스로를 수용하고 그렇지 않을 때는 자신이 가치가 없는 사람으로 믿는다. 그 결과는 타인의 인정을 받고 싶어 하는 욕구만 커지게 되고 그러한 인정과 승인을 절대적이고 긴박한 것으로 여겨 불안과 우울을 겪게 된다.

③ 심리학적 측면

엘리스는 슬픔, 유감스러움, 좌절감, 성가심 등 구별되는 정서적 혼란이 비합리적인 신념에서 온다고 보았다. 개인이 비합리적인 사고를 통해 불안함과 우울함을 겪게 되면 자신이 스스로 불안하고 우울한 것에 대해 또 한 번 우울하고 불안해 할 것이다. 이 과정이 반복되며 악순환을 경험하는데 이러한 감정에 초점을 둘수록 그 감정들은 더 나빠질 가능성이 크다. 따라서 바람직하지 못한 감정을 아예 차단하기보다는 논리적(인지적) 관점을 통해 개인으로 하여금 불안과 우울을 생성하는 신념 체계를 변화시켜야 한다고 주장했다.

(2) 비합리적 신념

엘리스는 사람들이 정서적 문제를 겪는 이유는 일상생활에서 겪는 구체적인 사건들 때문이 아니라 그 사건을 합리적이지 못한 방식으로 지각하고 받아들이기 때문이라고 말했다. 다시 말해, 비합리적인 신념이나 사고란 자기 패배적 정서를 야기하는 사고를 말하는 것인데 사람들은 이러한 비합리적 신념을 스스로 계속 반복해서 확인함으로써 느끼지 않아도 되는 불쾌한 정서를 만들어 내고 유지한다. 따라서 합리·정서·행동치료(rational emotive behavior therapy: REBT)가 답해야 할 중요한 이론적 문제는 정서적 혼란을 유도하는 인지적 과정 또는 비합리적 신념이란 도대체 무엇인지 그리고 그러한 비합리적 사고가 어떻게 강력한 정서적 혼란을 일으키는지에 있다. 엘리스가 제시한 정서장애의 원인이 되고 유지시키는 비합리적인 생각의 예시는 다음과 같고 이런 비합리적인 신념을 부적응 행동과 심리적 장애의 원인으로 보았다.

- 첫째, 나는 내가 만나는 모든 사람에게 사랑이나 인정을 받아야만 한다.
- 둘째, 나는 완벽하고 유능하며 합리적이고 가치 있는 사람으로 인식되어야만 한다.
- 셋째, 내가 원하는 대로 일이 되지 않는 것은 내 인생에서 큰 실패라고 생각한다.
- 넷째, 위험하거나 두려운 일들이 내게 일어나 큰 해를 끼칠 것에 대해 늘 걱정한다.
- 다섯째, 나는 다른 사람들의 문제나 고통을 내 자신의 일처럼 같이 아파해야 한다.

비합리적인 신념은 전형적으로 자기 자신, 타인 또는 환경(세상)에 대해 절대적이다. 이것은 삶을 극단적으로 바라보고 평가하며 판단을 내리는 경향을 가지고 있고 비논리적이고 현실과 모순되며 자신의 목표를 달성하는 데 방해를 준다(Dryden et al., 2010).

(3) 당위적 사고

당위적 사고는 요구에 의한 표현으로 드러나는데 영어로는 'must', 'should', 'ought', 'have to' 등으로 표현된다. 인간은 근본적으로 불완전한 존재이다. 전지전능하지 않기 때문에 인간과 관련하여 당위적 사고를 강조하는 것은 비합리적이다. 각 개인의 기본적인 세 가지 불합리적 신념은 다음의 중요한 세 가지 당위적 사고에 의해 요약될 수 있다(강진령, 2009; 박영애, 1997; Palmer, 2000).

① 자신에 대한 당위

우리는 자신에 대해 당위성을 강조하는데 "나는 훌륭한 사람이어야 한다.", "나는 실패해서는 안 된다.", "나는 무엇을 해도 완벽해야 한다." 등 우리는 수없이 많은 당위적 사고에 매어 있다. 그리고 우리의 당위적 사고를 이루어지지 못하면 끔찍하고 나는 보잘것없는 하찮은 인간이 된다고 생각하는 것이다.

② 타인에 대한 당위

"부모니까 나를 사랑해야 한다.", "애인이니까 자나깨나 나에게 관심을 가져야 한다.", "직장동료니까 항상 일에 협조해야 한다." 등과 같이 타인은 반드시 나를 공정하게 대우해야 한다고 생각하는 것이다. 만일 타인에게 바라는 당위적 기대가 이루어지지 않을 때 인간에 대한 불신감을 갖게 되고 이러한 불신감은 인간에 대한 회의를 낳아 결국 자기비관이나 파멸을 가져오게 된다.

③ 조건에 대한 당위

"내 가정은 항상 사랑으로 가득 차 있어야 한다.", "내 교실은 정숙해야 한다.", "내 사무실은 아늑해야 한다." 등 자신에게 주어진 조건에 대해 당위적 기대를 갖고 있는 것이다. 그러지 못하는 것은 끔찍하다고 생각하고 화를 내거나 부적절한 행동을 한다.

(4) ABC이론

엘리스는 신념 체계를 합리적인 것과 비합리적인 것으로 분류하였으며 합리적 신념체계를 갖는 사람과 비합리적 신념체계를 갖는 사람은 동일한 사건을 경험하더라도 서로 다른 정서적·행동적 결과를 경험하게 된다. 우리의 정서적·행동적 결과에 영향을 미치는 원인으로 사건보다는 신념 체계의 중요성을 강조한다는 점에서 인지·정서·행동치료를 ABC 이론이라고도 한다. 여기서 A는 우리에게 의미 있는 '활성화된 사건(Activating events)'을 뜻하고, B는 '신념체계(Belief)'를 말하며, C는 정서적·행동적 '결과(Consequences)'를 의미한다. 엘리스는 내담자의 심리적인 고통이나 문제는 그의 비합리적인 신념체계에서 비롯된 것이라고 믿었기 때문에 인지·정서·행동치료는 내담자가 가지고 있는 비합리적인 신념체계를 합리적인 신념체계로 바꾸어 심리적인 문제를 해결할 수 있도록 하는 것이다.

(5) ABCDEF모델

인지·정서·행동치료 과정의 핵심부분은 ABCDEF로 불리는 구조화된 형식이다. ABCDEF의 첫 단계인 A는 앞서 말한 것처럼 활성화된 사건(Activating events)을 확인하고 기술하는 것이다. 이것은 불편감에 대한 외적·객관적인 요인, 비합리적인 사고의 과정을 시작하고 부정적인 생각, 정서, 행동을 촉진시키는 경험이다.

두 번째 단계인 B는 활성화된 사건에 대한 개인의 신념(Belief)으로 그 자극이 긍정적인지 부정적인지 또는 중립적인지를 평가한다. 이 신념은 합리적일 수도 있고 비합리적일 수도 있다. REBT는 개인이 경험이나 활성화된 사건에 대한 어떤 선택은 하지 못할 수 있으나 그러한 촉발 사건과 관련한 신념에 대한 선택은 할 수 있다고 주장하였다.

세 번째 단계인 C는 신념에서 비롯된 결과(Consequences)를 나타낸다. 물론 활성화된 사건 그 자체가 부정적 결과를 만들 수 있으나 신념은 대부분 결과의 주요 결정인자가 된다. 내담자가 가지고 있는 신념의 본질과 결과를 상담자가 평가함으로써 그 신념이 내담자에게 어떠한 영향을 미칠지 파악할 수 있다. 만일 신념이 비합리적이라면 결과는 건강하지 않고 해로울 가능성이 높으며 부적절하고 자기파괴적인 정서와 행동을 초래할 수 있다. 반면 합리적인 신념은 흔히 적절한 정서와 행동과 같은 건강하고 건설적인 결과로 이어진다.

네 번째 단계인 D는 비합리적 결과를 야기한 비합리적인 신념을 논박하기(Disputing)를 나타낸다. 비합리적인 신념을 논박하는 전략은 변화를 위한 인지적, 행동적, 정서적인 접근법들을 포함한다. REBT 상담자들은 내담자와 함께 내담자가 가지고 있는 비합리적인 신념을 확인하고, 그것을 논박하며, 절대적이고 비합리적인 신념을 유연한 선호성으로 대체하도록 작업한다. 예를 들어, 어떤 학생이 수능시험에 떨어져서 자신은 쓸모없는 무능한 사람이라고 생각하며 매우 괴로워하고 우울해하고 있다고 가정해보자. 그럼 REBT 상담자들은 이 내담자가 가지고 있는 비합리적인 신념을 다음과 같이 논박할 수 있다.

우선, '수능시험에 떨어졌다는 것은 곧 쓸모없고 무능한 인간이다'라는 생각에 대해 논리적으로 따져보는 것이다. 그 다음에는 현실적인 관점에서 이 사건을 평가할 수 있다. 현실적으로 수능시험에 떨어진 그 많은 학생들이 모두 다 쓸모없고 무능한 사람들인지에 대해 내담자와 이야기해볼 수 있다. 마지막으로 효용성에 대해서 따져볼 수 있는데 내담자가 자신을 쓸모없고 무능한 인간이라고 생각하는 것이 그에게 무슨 이득을 가져다 줄 수 있는지에 대해 검토할 수 있다.

다섯 번째 단계인 E는 논박하기의 결과로 나타난 새로운 합리적인 효과(Effect)를 나타낸다. REBT의 성과는 효과적인 합리적인 신념과 새로운 철학 모두 다 포함할 가능성이 높다. 이러한 철학을 통해 새로운 감정과 행동 그리고 더 크고 오래 지속되는 행복이 따른다(Bernard et al., 2010).

마지막으로 F는 논박하기를 통해 바뀐 효과적인 합리적 신념에서 비롯된 새로운 감정(Feeling)이나 행동을 나타낸다. 즉, 논박을 통해 효과적인 합리적 신념을 찾고 난 후 최종적인 정서상태를 말한다.

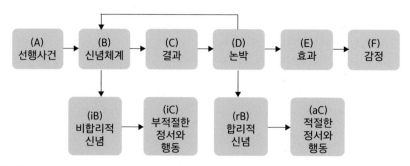

그림 4-8 ABCDEF 모델

4) 상담목표

인지·정서·행동치료의 목표는 내담자의 비합리적 신념체계를 합리적인 신념체계로 바꾸어 수용할 수 있는 합리적 결과를 갖게 하는 것이다. REBT에서 상담자는 내담자의 정서적 장애를 최소화하고 자기파멸 행동을 감소시키며, 조금 더 행복한 삶을 영위할 수 있도록 돕는 것이다. 다시 말해, 상담자는 내담자의 증상을 없애는 데에만 관심을 가지는 것이 아니라 문제를 일으키는 내담자의 신념과 가치체계를 새로 학습시키는 것을 목표로 한다.

5) 상담과정

상담자는 상담에 들어가기에 앞서 내담자와 친밀한 상담관계를 형성하여야 한다. 상담자는 내담자가 가지고 있는 문제에 ABC 이론을 적용하여 비합리적 신념을 확인한 후 내담자의 주장이나 의견에 대하여 그 잘못된 점을 조리 있게 말해 이를 합리적 신념으로 바꾸어 적절한 정서와 행동을 경험하도록 하는 과정이라 할수 있다(Corey, 1986, 1991; patterson, 1980). REBT의 기본 과정을 정리하면 <표 4-5>와 같다(Ellis & Grieger, 1977).

표 4-5 REBT의 상담과정

1단계	상담자는 내담자에게 문제점을 질문한다.
2단계	문제점을 규명한다.
3단계	부적절한 부정적 감정을 알아본다.
4단계	선행사건(A)을 찾아내고 평가한다.
5단계	이차적 정서 문제를 규명한다.
6단계	신념체계(B) – 결과(C)의 연관성을 가르쳐 준다.
7단계	비합리적 신념(iB)을 평가·확인한다.
8단계	비합리적인 신념체계(iB)와 결과(C)를 연관시켜 비합리적 신념을 확인시킨다.
9단계	비합리적 신념을 논박한다.
10단계	합리적 신념체계를 내담자가 학습하고 심화하도록 한다.
11단계	새로 학습된 신념체계를 실천에 옮기도록 내담자를 격려하고 연습시킨다.
12단계	합리적 인생관을 확립하게 한다.

6) 상담기법

인지·정서·행동치료에서 상담자는 내담자의 변화를 위해 내담자의 비합리적인 절대주의적 생각을 최소화하도록 조력한다. 여기서는 이러한 변화를 위해 상담자들이 사용하는 기법들을 크게 인지기법, 정서기법, 행동기법으로 나누었다.

(1) 인지기법

인지적 기법이란 내담자의 생각 중 비합리적인 생각과 그 생각에 근거한 내담자의 언어를 찾아서 이를 합리적 생각과 언어로 바꾸는 것을 말한다. 상담과정 중 비합리적인 생각과 언어를 확인한 후 이를 합리적인 생각과 언어로 재구성하는 것을 논박이라고 하는데 비합리적인 생각을 합리적인 생각과 언어로 바꾸기 위해 REBT

에서는 논박을 많이 사용한다. 논박의 첫 단계는 확인된 비합리적 사고와 그 사고에 근거한 내담자 자기의 언어를 규정하여 다시 진술하도록 한다. 둘째 단계는 비합리적인 사고와 그 사고에 근거한 자기의 언어를 규정하여 재구성한 사고나 언어가 합리적인지를 질문하고 답하는 것이다. 셋째 단계는 비합리적인 사고나 그 사고에 근거한 언어를 내담자가 하려고 하는 일에 도움이 되는 생각이나 언어로 바꾸도록 하는 것이다.

(2) 정서기법

인지·정서·행동치료에서 상담자는 내담자가 선호하는 것과 당위적 사고를 구별할 수 있도록 정서적으로 이러한 사고 간의 차이를 극대화하는 다양한 수단을 활용한다. 여기서 당위적 사고란 자신을 파멸로 몰아넣은 근본적인 문제, 자신이 갖고 있는 비합리적 신념을 말한다.

① 합리적 정서 상상

합리적 정서 상상은 내담자로 하여금 습관적으로 부적절한 느낌이 드는 장면을 생생하게 상상하도록 한 후, 부적절한 느낌을 적절한 느낌으로 바꾸어 상상하게 하고 부적절한 행동을 적절한 행동으로 바꾸어 보는 것이다. 엘리스는 합리적 정서 상상 기법이 더 이상 비합리적 신념들 때문에 혼란을 느끼지 않을 것이라고 믿었다.

② 수치심 제거 연습

이 기법은 정서적·행동적 요소 두 가지가 모두 포함되며 내담자 자신의 행동에 대해 주위 사람이 어떻게 생각할지에 대한 두려움 때문에 하고 싶은 행동을 하지 못하는 행동을 내담자가 행동해보도록 하는 기법이다. 이러한 과제를 통해 내담자는 주위 사람들이 내담자가 생각한 것보다는 큰 관심을 두지 않으며, 다른 사람의 비난에 대해서도 과도하게 영향을 받을 필요가 없다는 것을 깨닫게 해준다.

③ 무조건적 수용

무조건적 수용은 내담자의 어떤 말이나 행동을 무조건적으로 수용하는 기법을 말한다. 이러한 수용은 상담자의 언어나 비언어적 표현을 통해 내담자에게 전해질 수 있다. 무조건적인 자기 수용과 자기 인정은 자신을 완전하게 받아들이고자 하는 결심을 전제로 한다.

(3) 행동기법

REBT는 인지적 행동치료의 한 형태로 대부분의 행동기법을 거의 그대로 적용하는데 특히 조작적 조건형성, 체계적 둔감법, 자기표현훈련, 자기관리 등의 기법이 사용된다. REBT에서의 행동기법과 행동치료에서의 행동기법은 기본 가정이 다른데 행동치료에서는 행동적 변화가 주요 핵심이지만 REBT에서는 행동의 변화뿐만 아니라 치료의 과정을 통해 생각과 정서를 변화시키는 것을 강조하였다. 행동기법을 통한 행동의 변화는 생각의 변화를 가져오게 하고 변화된 생각에 따라 정서와 행동을 더욱 확실하게 변화시킬 수 있다.

제4부 기출문제

01 심리상담의 필요성에 대한 설명 중 맞는 것은?

① 주변의 다양한 자원들을 통해서도 해결하지 못한 심리적인 문제들로 인해 삶에 지장이 되고 고통을 겪게 되는 사람들에게 필요하다.

② 심리상담을 통해 자신의 사주팔자와 운명을 알 수 있다.

③ 내가 겪고 있는 문제들이 심리상담을 통해 정답을 찾아서 완벽하게 해결할 수 있기 때문이다.

④ 심리상담을 통해 나뿐만 아니라 내 주변 사람들의 미래를 예측하는데 필요하다.

02 심리상담의 목표에 대한 설명 중 틀린 것은?

① 상담의 목표는 내담자에 따라 달라진다.

② 내담자의 고통 완화, 환경에 대한 적응, 문제 발생 예방 등 다양하다.

③ 교육적인 방법이나 치료적인 방법을 통해 내담자의 주 호소 문제를 해결하는 데 도움이 된다.

④ 내담자가 가지고 있는 고통이나 심리적인 문제들을 완치시키는 것이 목표이다.

03 상담자의 특성에 대한 내용 중 틀린 것은?

① 타인 이해뿐만 아니라 자기 이해를 바탕으로 성숙된 삶을 영위한다.

② 가치 판단을 강요함이 없이 내담자의 행동을 이해하려고 한다.

③ 사람들이 생활하는 사회적, 문화적, 정치적 맥락을 이해하지 않아도 된다.

④ 자신을 좋아하고 존중하며 자신의 욕구를 만족시키기 위해 내담자를 이용하지 않는다.

04 상담자의 윤리에 해당하는 것은?

① 전문적 한계 ② 자기이해

③ 비밀유지 ④ 성적관계

05 Sigmund Freud가 빅토리아 문화를 배경으로 창시한 심리학이론의 명칭은 무엇인가?

① 분석심리학 ② 개인심리학

③ 정신분석학 ④ 인간중심상담학

06 프로이트가 주장한 개념으로 생후 6년 간의 어떠한 경험을 하였는가에 따라 성격 형성이 결정된다는 이론은?

① 심리성적 발달단계 ② 심리적 결정론

③ 목적론적 사고 ④ 현실원리

07 프로이트가 설명한 의식구조의 세 가지 차원에 해당한 것은?

① 의식, 전의식, 무의식 ② 의식, 무의식, 자아

③ 자아, 전의식, 의식 ④ 자기, 자아, 무의식

08 무의식에 대한 내용 중 틀린 것은?

① 인간은 스스로 무의식을 확인하기 어렵고 접근이 거의 불가능하다.

② 한 개인이 어느 순간에 인식하고 있는 감각, 지각, 경험, 기억 등의 모든 정신 과정을 의미한다.

③ 한때 의식 영역에 있었으나 소멸되지 않고 본능이 깊게 자리하고 있는 영역에 들어 있는 정신체계를 말한다.

④ 무의식은 자각할 수 없으며 경험과 기억 그리고 억압된 경험의 자료들을 저장한다.

09 원초아의 개념 중 신체적 긴장을 감소시키는데 필요한 대상이 없을 때 그 이미지를 만들어 긴장해소를 추구하는 작용은?

① 현실원리
② 2차과정사고
③ 도덕원리
④ 1차과정사고

10 '양심'과 '자아이상'이라는 두 개의 하위 요소로 구성된 것은?

① 초자아(superego)
② 원초아(id)
③ 자기(self)
④ 자아(ego)

11 심리성적 발달단계의 설명으로 알맞은 것은?

① 심리성적 발달단계는 4단계로 나뉜다.
② 어느 한 단계에서의 성적 만족이 지나치게 만족되거나 과도하면 아동은 다음 단계로의 발달적 이행이 순조로워진다.
③ 성적 에너지인 리비도가 집중된 부위에 따라 발달단계를 나누었기 때문에 '심리성적 발달단계'라고 칭한다.
④ 아동기, 즉 생후 8년 간의 경험한 것들이 성격 형성에 결정적인 영향을 미친다고 했다.

12 오이디푸스 콤플렉스와 엘렉트라 콤플렉스가 핵심 개념으로 나타나는 심리성적 발달단계는?

① 생식기
② 남근기
③ 구강기
④ 항문기

13 이 단계에 있는 아동은 생후 처음으로 본능적 충동이 외부로부터 통제받는 경험
과 함께 쾌락을 지연시키는 방법을 배우게 되는데 이 해당된 단계는?

① 남근기   ② 생식기

③ 잠재기   ④ 항문기

14 오이디푸스 콤플렉스에 대한 내용으로 알맞은 것은?

① 아버지를 사랑하고 어머니를 경쟁상대로 생각하는 여자아이의 심리현상으로
'거세불안'이라는 불안을 겪게 된다.

② 어머니를 사랑하고 아버지를 경쟁상대로 생각하는 여자아이의 심리현상으로
'남근선망'이라는 갈등을 겪게 된다.

③ 어머니를 사랑하고 아버지를 경쟁상대로 생각하는 남자아이의 심리현상으로
'거세불안'이라는 불안을 겪게 된다.

④ 아버지를 사랑하고 어머니를 경쟁상대로 생각하는 남자아이의 심리현상으로
'남근선망'이라는 갈등을 겪게 된다.

15 심리성적 발달단계에 대한 내용으로 빈칸에 들어갈 알맞은 단어를 고르시오.

각 단계마다 주요 과업을 적절한 성취와 만족을 얻어야 다음 단계로 넘어갈 수 있는
데 그렇지 못했을 때 성인이 되어서도 해당 단계에 머무르게 되고 이는 _____이/가
라고 부른다.

① 고착   ② 좌절

③ 방임   ④ 정착

16 정신분석학에서 설명한 불안에 대한 내용으로 틀린 것은?

① 원초아(id), 자아(ego), 초자아(superego) 간의 마찰이 생겨 서로의 균형이 깨지면 인간은 불안을 느낀다.

② 신경증적 불안은 초자아가 본능적 충동인 원초아를 지속적으로 비난했을 때 느끼는 불안이다.

③ 현실적 불안은 정상적인 불안으로 객관적으로나 신체적으로 또는 정서적으로 어떤 위협이 있을 만한 상황에서 느끼는 불안이다.

④ 도덕적 불안은 자신의 행동이 도덕적 기준에서 위배되었을 때 생기는 불안이다.

17 빈칸에 들어갈 알맞은 단어를 고르시오.

> 자아방어기제는 인간이 이성적이고 직접적인 방법으로 불안을 통제할 수 없을 붕괴의 위기에 처한 자아를 보호하기 위해 _____으로 사용하는 사고 및 행동의 수단이다.

① 심리적   ② 전의식적

③ 의식적   ④ 무의식적

※ (18-21) 내용과 일치하는 자아방어기제를 고르시오.

18 스트레스와 불안을 일으키는 원인인 자신의 감정이나 느낌 등을 타인의 탓으로 돌려 자신을 보호하는 것은?

① 억제(suppression)   ② 승화(sublimation)

③ 억압(repression)   ④ 투사(projection)

19 고통스러운 기억, 생각과 그에 수반된 감정과 정서를 의식에서 분리시키는 것은?

① 분리(isolation)
② 분류(classification)
③ 분산(dispersion)
④ 분화(differentiation)

20 실제로 느끼는 분노나 화 등의 감정을 직접 표현하지 못하고 반대의 감정으로 표현함으로써 불안을 감소시키는 것은?

① 치환(displacement)
② 합리화(rationalization)
③ 반동형성(reaction formation)
④ 저항(resistance)

21 불쾌한 생각이나 사건을 지적으로 이해할 수 있는 방식으로 개념화함으로써 감정적 갈등이나 스트레스를 처리하고자 하는 것은?

① 부정(denial)
② 주지화(intellectualization)
③ 퇴행(regression)
④ 동일시(identification)

22 인간을 목적론적 존재로 보았고 인간으로 누구나 열등감을 느낄 수 있는데 그것을 극복하여 자기완성을 추구하는 것을 강조한 학자는?

① 칼 로저스
② 프레더릭 펄스
③ 앨버트 엘리스
④ 알프레드 아들러

23 개인심리학의 주요 개념이 아닌 것은?

① 사회적 관심
② 출생순위
③ 우울성 추구
④ 일치성과 진솔성

24 '열등감 콤플렉스(inferiority complex)'에 대한 설명으로 틀린 것은?

① 과잉보호는 신체적으로 불완전하거나 만성적으로 아픈 것과 관련이 있다.

② 열등감의 노예가 되고 열등감이 우리를 지배하게 된다면 우리는 콤플렉스에 빠지게 되고 그것을 '열등감 콤플렉스'라고 한다.

③ 열등감 콤플렉스는 기관열등감, 과잉보호 그리고 양육태만 세 가지의 원인이 있다.

④ 양육태만은 아이들이 부모와의 신체접촉과 놀이를 통해 안정된 정서를 얻지 못했을 때 생긴다.

25 생활양식의 유형에 대한 내용으로 틀리게 연결한 것은?

① 지배형 – 활동수준이 높지만 사회적 관심이 낮다.

② 사회적 유용형 – 활동수준이 높고 사회적 관심도 높다.

③ 기생형 – 사회적 관심이 높지만 활동수준이 낮다.

④ 회피형 – 사회적 관심이 낮고 활동수준도 낮다.

26 개인심리학의 상담기법에 대한 내용으로 빈칸에 들어갈 알맞은 단어를 고르시오.

> _____은/는 개인(내담자)이 반복적으로 수행하는 비생산적이고 자기패배적인 행동을 수정할 때 아주 효과적인 방법이다.

① 수렁 피하기　　　　　　② 역설적 의도

③ 내담자의 스프에 침 뱉기　　④ 마치 ~인 것처럼 행동하기

27 행동주의이론과 학자를 틀리게 연결한 것은?

① 왓슨 - 사회발달이론　　　② 파블로프 - 고전적 조건형성

③ 반두라 - 사회학습이론　　　④ 스키너 - 조작적 조건형성

28 사회학습이론 세 가지 유형에 대한 설명으로 틀린 것은?

① 대체학습 - 올바르지 않은 행동을 올바른 다른 행동으로 대체하는 학습이다.

② 관찰학습 - 사회적 상황에서 다른 사람의 행동을 관찰해 두었다가 유사한 상황에서 학습한 행동을 표현한다.

③ 모방학습 - 가장 단순한 형태로서 인지적 중재가 없이 자동적으로 학습한다.

④ 대리학습 - 다른 사람들의 행동이 어떤 결과를 초래하는지를 관찰함으로써 자신도 같은 행동을 했을 때 초래될 결과를 예상하는 학습방법이다.

29 행동주의상담 기법에 해당되지 않는 것은?

① 체계적 둔감법　　　② 토큰경제

③ 자유연상법　　　④ 노출기법

30 칼 로저스의 인간관에 대한 내용으로 틀린 것은?

① 인간이 선천적으로 선하게 태어났고 인간이 부정적이고 악하게 된 것을 '가치의 조건화' 때문이라고 보았다.

② 인간이 살아가는 동안 자신의 목표와 행동 방향을 스스로 결정할 수 있다.

③ 인간이 자기실현의 경향을 발휘하기 위해 항상 노력하고 도전한다.

④ 인간의 삶은 자신이 통제할 수 없는 어떤 힘에 의해 조종당하고 행동하게 된다고 생각하였다.

31 로저스는 앞으로 자신이 어떤 존재가 되어야 하며 어떤 존재가 되기를 원하고 있는지에 대한 인식을 무엇이라고 했는가?

① 선천적인 잠재력
② 이상적 자기
③ 자기
④ 자기실현 경향성

32 인간중심상담에서 사용하는 상담기법이 아닌 것은?

① 진솔성(genuineness)
② 무조건적 긍정적 존중(unconditional positive respect)
③ 전이분석(transference analysis)
④ 공감적 이해(empathetic understanding)

33 게슈탈트상담에서 주장한 인간에 대한 다섯 가지 가정에 해당하지 않는 것은?

① 인간의 행동은 행동이 일어난 상황과 관련되지 않은 것으로 이해될 수 있다.
② 인간은 완성을 추구하는 경향이 있다.
③ 인간은 전경과 배경의 원리에 따라 세상을 경험한다.
④ 인간은 자신의 현재의 욕구에 따라 게슈탈트를 완성할 것이다.

34 게슈탈트상담의 주요 개념에 대한 내용으로 틀린 것은?

① 게슈탈트는 개체가 자신의 욕구나 감정을 하나의 의미 있는 전체로 조직화하여 지각한 것을 뜻한다.
② 과거의 중요성을 강조했고 상담자는 현재를 지금 다시 재현함으로써 현재의 과거화를 요구한다.
③ 자각은 생각하고, 느끼고, 감지하며 행동하는 것을 인식하는 과정이고 현재 상황에서 겪는 감정을 자각하는 것으로 모든 기법의 기초가 된다.
④ 개인이 대상을 인식할 때 어느 한순간 관심의 초점이 되는 부분을 전경, 관심 밖에 놓여 있는 부분을 배경이라고 한다.

35 게슈탈트 상담과정에 대한 내용으로 빈칸에 들어갈 알맞은 단어를 고르시오.

> 게슈탈트 치료는 _____에서 내담자가 자기를 충분히 이해해야 하고 부적응 행동의 본질과 그 행동이 본인의 삶에 어떠한 악영향을 끼치는지에 대해 인식하도록 한다.

① 상담현장   ② 과거-현재

③ 훈련과정   ④ 지금-여기

36 게슈탈트의 상담기법이 아닌 것은?

① 자유연상   ② 꿈 작업

③ 빈 의자 기법   ④ 언어표현 바꾸기

37 교류분석 상담을 창시한 학자는?

① 앨버트 엘리스   ② 에릭 번

③ 아론 벡   ④ 안나 프로이트

38 교류분석의 주요개념 중 '자아상태(ego-state)'에 대한 설명으로 틀린 것은?

① 자아상태란 특정 순간에 우리 성격의 일부를 드러내는 방법과 관련된 행동, 사고, 감정을 말한다.

② 부모자아(parent ego state)는 가치체계, 도덕 및 신념을 표현하는 것으로 주로 부모나 정서적으로 중요한 인물에게 영향을 받아 형성된다.

③ 어린이 자아는 내면에서 본능적으로 일어나는 모든 충동과 감정 및 5세 이전에 경험한 외적인 일들에 대한 감정적 반응체계를 말한다.

④ 성인자아는 '비판적 성인자아'와 '수용적 성인자아'로 구성되어 있다.

39 교류분석의 유형이 아닌 것은?

① 상보교류(complementary transaction) ② 교차교류(crossed transaction)

③ 일방교류(one-way transaction) ④ 이면교류(ulterior transaction)

40 교류분석 상담기법에 대한 설명 중 빈칸에 들어갈 알맞은 단어는?

> 대부분의 내담자들은 여전히 부모의 금지령에 근거하여 행동하기 때문에 행동
> 이 제약을 받을 수 있다. 따라서 상담자는 무엇보다도 내담자로 하여금 부모가
> 하지 말라고 하는 것들을 하도록 _____ 해야 한다.

① 수용 ② 허용

③ 보호 ④ 존중

41 현실치료에서 설명한 기본욕구에 해당하지 않는 것은?

① 소속의 욕구 ② 자아실현의 욕구

③ 즐거움의 욕구 ④ 힘의 욕구

42 현실치료의 주요 개념 중인 '전체행동'에 대한 내용으로 틀린 것은?

① 인간의 행동을 생각하고 느끼고 활동하며 생리적으로 반응하는 통합적인 행동체계로 본다.

② 행동변화의 핵심은 '생각하기'와 '느끼기'를 새롭게 선택하는 것이다.

③ 행동하기, 생각하기, 느끼기 그리고 생물학적 반응으로 구성되어 있다.

④ '행동하기'와 '생각하기'를 변화시키면 '느끼기'와 '생물학적 반응'이 따라오게 되어 있다.

43 현실치료의 상담기법이 아닌 것은?

① 유머사용　　　　　　　　② 직설적 기법

③ 질문하기　　　　　　　　④ 직면하기

44 REBT의 인간관에 대한 내용으로 아닌 것은?

① 인간은 합리적이면서도 동시에 비합리적인 존재이다.

② 인간은 자신의 인지·정서·행동을 변화시킬 수 있는 능력을 가지고 있다.

③ 인간은 왜곡되게 생각하려는 생리적 또는 문화적 경향성이 있고 자신이 스스로 자신을 방해한다.

④ 기능적 사고는 정서장애의 중요한 결정요인이다.

45 엘리스가 설명한 성격의 형성에 대한 설명으로 아닌 것은?

① 생리적 측면　　　　　　　② 사회적 측면

③ 신체적 측면　　　　　　　④ 심리학적 측면

46 당위적 사고의 유형 중 아닌 것은?

① 환경에 대한 당위　　　　② 타인에 대한 당위

③ 조건에 대한 당위　　　　④ 자신에 대한 당위

47 ABCDEF모형의 의미가 다르게 연결된 것은?

① A − 활성화된 사건　　　② D − 논박

③ C − 새로운 감정　　　　④ E − 효과

48 REBT의 상담과정에 대해 알맞게 설명한 것은?

① 내담자가 좀 더 비현실적이고 관대한 인생철학을 갖지 않도록 도와준다.

② 내담자가 가지고 있는 문제에 ABC이론을 적용하여 비합리적인 신념을 합리
적인 신념으로 바꾸어준다.

③ 내담자의 과거사를 듣는 것, 고통스러운 이야기를 길게 얘기하는 것, 감정에
초점을 두어 감정을 듣고 반영하는 것 등에 시간을 많이 할애한다.

④ 자유연상, 꿈 분석, 전이분석과 같은 역동 지향적 설명을 많이 한다.

49 REBT에서의 인지기법에 대한 설명 중 밑줄에 들어갈 알맞은 단어는?

상담과정 중 비합리적인 생각과 언어를 확인한 후 이를 합리적인 생각과 언어
로 재구성하는 것을 _____이/가 라고 한다.

① 직면 ② 재연
③ 반박 ④ 논박

50 정서기법에 해당되지 않는 것은?

① 역설적 분석 ② 무조건적 수용
③ 수치심 제거 연습 ④ 합리적 정서 상상

정답

01. ①	02. ④	03. ③	04. ②	05. ③	06. ②	07. ①	08. ②	09. ④	10. ①
11. ③	12. ②	13. ④	14. ③	15. ①	16. ②	17. ④	18. ④	19. ①	20. ③
21. ②	22. ④	23. ④	24. ①	25. ③	26. ③	27. ①	28. ①	29. ③	30. ④
31. ②	32. ③	33. ①	34. ②	35. ④	36. ①	37. ②	38. ④	39. ③	40. ②
41. ①	42. ②	43. ②	44. ④	45. ③	46. ①	47. ③	48. ②	49. ④	50. ①

반려동물매개치료 실무

Companion Animal
Assisted Psychology Counselor

CHAPTER 01

반려동물매개심리상담 현장의 위험요소 및 관리

1. 현장에서 일어날 수 있는 위험요소

아무리 경험이 많고 예절 교육을 잘 받은 도우미동물일지라도 현장에서 대상자와 상호작용을 하는 과정에서 고의적인 것은 아니지만 실수로 대상자에게 상처를 입힐 수 있다. 예를 들어, 간식을 먹을 때 도우미동물의 이빨이 대상자의 손에 닿을 수 있고 공놀이를 하는 도우미견이 공을 물어오는 과정에서 대상자를 넘어뜨릴 수도 있다.

또한 일상생활에서 반려동물을 자주 접촉하지 못한 대상자의 경우에 반려동물을 대하는 것에 서툴러서 접촉하는 과정에서 다칠 수가 있고 대상자가 도우미동물로 인해 알레르기 반응이 일어나거나 도우미동물에 대한 두려움이 있어서 활동하는 동안 불안감이나 긴장감을 느낄 수도 있다. 그뿐만 아니라 대상자가 도우미동물에게 집착함으로써 프로그램이 종결되는 과정에서 슬픔이나 상실 등과 같은 감정을 겪게 될 수 있는데 이러한 심리적인 문제도 반려동물매개심리상담 프로그램을 통해 경험할 수 있는 위험요소들이라고 볼 수 있다.

도우미동물이 받을 수 있는 위험은 대상자로 인한 위험이 가장 크다고 할 수 있다. 대상자가 올바르게 반려동물을 대하는 방법을 몰라 격한 스킨십을 하다가 도우미동물들이 다칠 수가 있고 활동할 때 대상자에게 치이거나 안고 있다가 바닥에 떨어트리는 등의 경우에도 도우미동물들이 크게 다칠 수 있다. 또한 대상자들이 반려동물들의 행동과 습성에 대한 이해가 부족하여 동물들이 먹어서는 안 되는 음식을 먹이는 경우가 있고 도우미동물들이 원하지 않는 행동을 계속 가함으로써 도우미동물들이 극심한 스트레스를 받아 신체적·정서적 건강에 부정적인 영향을 미칠 수가 있다. 이러한 환경에 지속적으로 노출되다 보면 도우미동물들이 프로그램에 참여하는 것에 대한 거부감이 생길 수가 있고 심한 경우에는 사람을 공격하는 상황까지도 발생할 수 있다.

2. 위험요소 이해 및 관리

반려동물매개심리상담 프로그램을 진행하는 동안 가장 중요한 것은 프로그램에 참여하는 사람과 동물에게 어떠한 부상이나 사고가 일어나면 안 된다는 것이다. 반려동물을 키우고 있다고 하여 전문적인 교육을 수료하지 않고 반려동물을 데리고 현장에 나가 프로그램을 진행하는 것은 매우 위험하고 무책임한 일이며 사고를 유발한다. 그러므로 현장에서 부상이나 사고 없이 프로그램을 진행하기 위해서는 반려동물매개심리상담을 할 수 있는 수준의 자격을 갖춘 자 또는 그에 경험이 많은 전문가의 감독하에 그에 관련된 훈련을 받은 자가 수행해야 한다. 반려동물매개심리상담사는 올바른 기술을 사용하고 적용해야만 위험 요인이나 사고에 미리 대처하거나 이를 예방할 수 있기 때문이다.

반려동물매개심리상담사는 인간과 반려동물의 이해, 프로그램의 절차, 진행 과정 등에 대한 깊은 이해를 가져야 하고, 이러한 지식과 이해는 프로그램의 효과와 현장 기술을 프로그램 진행 과정에 어떻게 적용하여 목표를 달성할 것인가를 결정하는 데 중요한 역할을 하게 된다. 그래서 반려동물매개심리상담에 대해 체계적으로 교육을 이수한 자가 현장에서 발생 가능한 위험들을 최소화시킬 수 있다. 위험을 최소화하기 위해서 반려동물매개심리상담의 전문가들은 기본적으로 도우미동물의 사회화와 함께 적절한 훈련을 시킬 수 있어야 하고 인수공통전염병의 위험 관리, 부상 예방 및 대응 방법에 대해서 이해하고 실천할 수 있어야 한다. 또한 반려동물매개심리상담 프로그램에 참여하는 대상자와 도우미동물 모두에게 편안하고 안전한 환경을 제공해야 하고 프로그램이 진행 중이라도 도우미동물에게 휴식이 필요하다고 판단이 되면 도우미동물이 쉴 수 있도록 편안한 공간을 제공해주어야 한다.

　도우미동물들이 얼마나 많은 시간을 대상자와 함께 활동할 수 있느냐는 동물의 종이나 특성 등에 따라 다르지만 가급적이면 한 도우미동물을 연속적으로 무리하게 프로그램에 투입하지 않도록 주의해야 하고 현장에서 대상자들과 함께 프로그램에 참여할 때 발생할 수 있는 스트레스에 대한 관리가 매우 중요하다. 도우미동물들의 스트레스를 최소화시키기 위해 상담사들은 동물의 스트레스 반응이나 행동, 불편함 등을 최대한 빨리 파악하여 대처해야 한다. 도우미동물에게서 스트레스 반응이 감지되면 휴식을 취하도록 배려해주어야 하고 휴식을 가진 후에도 지속적으로 스트레스 반응을 보인다면 반려동물매개심리상담 프로그램을 중단해야 하며 도우미동물을 관찰하여 이러한 반응이 일시적인 것인지, 지속 가능한 이유인지를 잘 파악해서 적절한 조치를 취해야 한다.

　도우미동물의 관리만 중요한 것이 아니라 반려동물매개심리상담 프로그램에 참여하는 대상자의 정보, 성향, 특성 등에 대해서도 깊은 이해와 파악이 필요하고 프로그램에 참여하기 전에 대상자의 프로그램 활동에 대한 적합성을 확인할 필요가 있다. 예를 들어, 대상자가 동물에 대한 폭력적 성향이 있거나 동물에 대한 거부감 또는 혐오감, 공포감이 있는 경우에는 대상자를 프로그램에서 배제하는 것이 좋다. 만약 이들의 부정적인 감정이나 행동을 도우미동물과의 긍정적인 교감으로 인해 변화시키는 것이 목표라면 처음부터 도우미동물을 투입하는 것보다는 동물과 관련된 영상이나 인형을 먼저 접근하게 하고 나중에 도우미동물을 투입하는 것이 적합하다. 도우미동물이 투입되었을 때 활동 과정에서 사고가 일어나지 않도록 철저한 감독하에 진행해야 한다.

CHAPTER 02

도우미동물을 위한 준비

1. 도우미동물을 위한 준비

　반려동물매개심리상담 프로그램이 시작되기 전에 활동에 참여할 도우미동물의 건강상태를 반드시 확인해야 하고 아프거나 상처 등이 있을 경우에는 활동에 참여하지 않도록 하는 것이 좋다. 활동하는 동안 대상자들과 함께 시간을 보낼 때 발생 가능한 사고를 예방하기 위해 도우미동물들의 발톱을 미리 정돈하여 끝을 부드럽게 다듬어 주어야 대상자와 놀 때 사고가 발생하지 않는다. 또한 위생적인 부분을 고려하여 도우미동물들의 청결관리도 철저히 해야 하고 도우미동물과 이동할 때 또는 현장에서 사용할 용품들도 항상 가지고 다녀야 한다. 그 용품들에는 개나 고양이가 이동할 때 반드시 착용해야 하는 목줄이나 가슴줄이 있고, 배변 시 처리할 수 있는 배변봉투와 물티슈, 실내에서 배변을 처리하기 위한 악취 제거제나 강아지 패드 등도 있다. 또한 소동물을 활동에 투입할 경우에는 그들을 안전하게 이동시킬 수 있는 이동장을 마련해주어야 하고 이동장에 소동물들이 쉴 수 있도록 은신처와 함께 넣어주면 좋다.

날씨가 더울 때 도우미동물들이 열사병에 걸리지 않도록 쿨매트와 물 등을 준비해주는 것이 좋고, 추울 때는 도우미동물들이 감기에 걸리지 않도록 따뜻한 담요를 준비해주는 것이 좋다. 또한 도우미동물들이 대기할 때나 활동이 끝나고 휴식 시간을 가질 때 편안하게 쉴 수 있는 케이지나 방석 등을 준비해주는 것이 좋고 도우미동물들이 좋아하는 장난감이나 간식을 제공해주는 것도 도우미동물들의 스트레스 해소에 도움이 될 수 있다.

CHAPTER 03

반려동물매개심리상담의
유의점

1. 현장에서의 유의점

반려동물매개심리상담 프로그램이 진행되는 동안 대상자와 도우미동물이 부상이나 사고를 당하지 않도록 예방하는 것이 매우 중요하므로 프로그램을 진행하는 과정에서 유의해야 하는 사항들이 있다. 예를 들어, 프로그램에 참여하는 도우미견이나 도우미묘는 반드시 목줄을 착용해야 하고, 상담사는 도우미동물들이 대상자들과 자유시간을 가지기 전까지 편안하게 기다릴 수 있는 공간을 제공해주어야 하며 활동에 참여하는 도우미동물을 통제할 수 있어야 한다. 또한 대상자와 도우미동물이 상호작용을 할 때 사고가 일어나지 않도록 상담사가 옆에서 항상 같이 있어주어야 하고 도우미동물을 혼자 두거나 대상자와 단둘이 있게 하는 것을 피해야 한다.

처음부터 언급했듯이 아무리 예절 교육이 잘 되어 있는 도우미동물일지라도 여러 가지의 이유로 언제든지 문제와 사고가 발생할 수 있다는 것을 명심해야 한다. 그러므로 반려동물매개심리상담 현장에서 일어날 가능성이 있는 문제 요인들에 대해서 사전에 철저히 예측하여 대응 방법을 수립해 두는 것이 중요하다. 만일 문제가 발생하게 되면 주상담사나 팀장이 기관 담당자와 즉시 대처해야 하고 필요 시 프로그램을 중단해야 하며 대상자나 도우미동물에게 충분히 진정하고 쉴 수 있는 시간을 주어야 한다. 또한 반려동물매개심리상담사는 항상 환경의 중요성을 인식하고, 안전한 환경을 구축하기 위해 노력해야 한다.

2. 반려동물매개상담과정의 유의점

1) 초기 단계

(1) 상담관계의 형성

상담관계는 상담자와 내담자가 맺는 신뢰할 수 있는 관계를 말한다. 상담자와 내담자가 서로 신뢰 있는 관계를 형성하는 것이 상담을 할 때 상담 효과에 큰 영향을 미친다. 상담이 잘 이루어지려면 상담자는 내담자가 하는 이야기를 경청하고 내담자에게 희망을 주어야 하며 내담자를 지지해 주고 신뢰성 있는 사람으로 여겨지도록 해야 한다. 신뢰 있는 상담 관계를 만들기 위해서는 한 번의 만남으로 형성되는 것이 아니기 때문에 여러 번 만남이 필요하다. 반려동물에 대한 접촉은 점진적으로 실시해야 하고 반려동물에 대한 내담자의 태도를 파악하고 초기 접촉에 많은 관심을 가지고 적절한 대응을 하여야 한다.

(2) 내담자의 이해와 평가

상담 초기 단계에서 상담자는 내담자가 상담을 받게 된 동기와 개인적인 특성과 관련된 정보를 수집하고 분류하여야 한다. 그 이후 내담자가 자신의 문제를 정의하고 명료화 할 수 있도록 도와야 한다.

(3) 내담자의 현재 문제 파악하기

상담자는 내담자의 문제나 어려움이 무엇인지 명확하게 파악해야 하는데 내담자의 문제를 명확히 파악하기 위해서는 내담자의 자료를 수집해야 한다. 상담자는 상담 초기에는 내담자의 특정 행동 패턴을 감지하지 못할 수도 있지만 반복적인 상담과정을 통해 내담자의 행동 패턴, 주요한 문제와 갈등의 원인, 수집했던 자료 등을 이해할 수 있게 될 것이다. 이렇게 상담자가 내담자에 대한 것을 명백하게 파악하게 되면 내담자를 어떻게 조력할 수 있을지 구체적으로 알게 된다.

(4) 내담자 스스로의 문제 진단하기

상담을 할 때 초기 상담에서 명확하게 해야 할 또 다른 중요한 것은 '내담자가 자신의 문제나 어려움을 무엇이라고 생각하는지'이다. 내담자 스스로가 자신이 무엇이 해결되기를 바라는지, 어떤 변화를 바라는지를 명확히 해야 한다. 만약 내담자가 하는 호소가 애매하고 불분명 할 때에는, 상담자는 내담자가 상담에서 얻고자 하는 것이 무엇인지 질문을 통해 명료하게 밝힐 수 있어야 한다.

(5) 행동 관찰

상담을 할 때 내담자가 보이는 행동은 매우 중요한 의미를 갖는다. 내담자가 상담할 때 보이는 행동은 다른 대인관계에서의 재현을 뜻한다. 상담할 때 내담자가 하는 모든 행동은 상담자와 내담자 사이의 '지금-여기' 상황에서 일어나는 실제 행동이기 때문에 대수롭지 않게 넘겨서는 안 된다. 상담자는 상담 초기 단계에서 내담자의 행동을 이론적으로 해석하기보다는 행동의 의미를 파악하는 것이 더 중요하다.

(6) 정보 기록하기

상담을 하며 수집된 정보들은 어떤 방식이로든 구조화하고 기록하여야 한다. 수집한 정보를 기록하는 것은 내담자의 문제를 잘 이해할 수 있을 뿐만 아니라 기록한 내용을 언제든지 참고할 수 있다는 장점이 있다. 하지만 내담자가 상담에 대한 기록을 동의해 주지 않을 때에는 내담자의 보호자나 대리인에게 동의를 구하는 것이 상담사의 책임 있는 태도이다.

2) 중기 단계

(1) 중기 단계에서 상담자의 역할

상담의 중기 단계에서 상담자는 초기 단계에서 설정했던 상담 목표를 달성하기 위하여 내담자가 자기 문제를 깊게 생각할 수 있도록 하는 것이 중요하다. 이러한 과정을 통해 내담자가 깨달은 사실을 구체적인 행동으로 옮길 수 있도록 격려해주는 것도 중요하다. 또한 상담자는 중기 단계에서 상담이 어떻게 진행되어 가는지, 내담자에게는 어떠한 진전이 있는지를 평가해야 한다.

상담자가 해야 할 또 다른 중요한 일은 내담자와 협의하여 행동 계획을 세우고 그것을 일상생활에서 수행하는 것이다. 어떤 행동 계획이 세워져 실천에 옮겨지면 그 다음에는 그 계획이 평가되어야 한다(Egan, 2002).

여기서 중요한 것은 동물매개심리상담은 동물과 친해지기 중심의 프로그램이 아니라는 것을 인식하여야 한다는 것이다. 상담은 내담자의 문제를 해결하는 과정에 집중되어야 하며 반려동물은 이에 맞게 적절히 개입되어야 한다. 반려동물의 과도한 개입은 상담의 목표를 잊게 할 수도 있다.

3) 종결 단계

(1) 상담의 종결 시기 결정

상담자가 내담자에게서 알 수 있는 상담 종결 시기의 가장 정확한 단서는 내담자가 호소하던 불편들이 상담으로 인해 사라지는 것이다. 내담자 스스로가 자신이 많이 나아졌고 상담이 만족스럽다고 한다면 종결을 준비해야 한다.

간혹 지나치게 의존적으로 상담자나 반려동물에게 강한 애착을 보이는 내담자가 있다. 이런 내담자들은 상담자가 먼저 상담 종결 이야기를 하면 분리 불안과 함께 상담자에게 거절당했다는 느낌을 받기도 한다. 이러한 감정은 상담 기간이 길어지면 길어질수록 더 커질 수 있고 의존하려고 할 수 있기 때문에 가능한 빨리 상담을 종결짓는 것이 바람직하다.

(2) 종결 단계에서 하는 일

① 종결 시 이별의 감정 다루기

상담은 상담자와 내담자, 감정을 교류하였던 반려동물과의 특별한 만남이기 때문에 상담의 종결로 인한 이별이 어려울 수 있다. 상담자는 내담자가 분리불안을 크게 느낀다면 이런 감정을 잘 다루면서 스스로 설 수 있도록 지지해 주어야 한다. 또 상담이 종결된 후에도 심리적으로 어려움을 느끼면 언제든지 다시 상담을 할 수 있음을 알려주어 내담자가 심리적인 안정감을 느낄 수 있도록 한다.

② 추수상담에 관한 논의

상담을 종결한 후에 필요하다고 생각이 들 경우 추수상담을 할 수 있다. 추수상담을 통해 내담자의 행동 변화를 지속적으로 점검할 수 있을 뿐만 아니라 내담자의 부족한 부분을 보완할 수도 있다.

CHAPTER 04

반려동물매개치료의 유형

1. 반려동물매개심리상담의 이해

1) 그룹치료

집단치료란 상담사가 동시에 4, 5명 이상의 대상자를 상대로 심리적, 정신적, 신체적 갈등을 명료화하여 문제행동을 수정해가는 일련의 집단면접을 말하는데, 집단 반려동물매개치료란 상담사와 다수의 대상자 사이에서 도우미동물을 매개로 하여 진행되는 치료를 말한다. 여기서 도우미동물은 상담사와 대상자의 라포형성과 대상자의 활동참여에 대한 동기부여를 도와 전체적인 프로그램 진행에 도움을 주는 존재로 활약한다.

집단 반려동물매개치료 프로그램은 기관으로부터 섭외 요청을 받은 후 기획, 실시, 종결의 흐름으로 진행된다. 프로그램의 원활한 진행을 위해 프로그램의 기획단계에서는 대상자의 정보 파악을 필수적으로 거쳐 분석한 후 프로그램의 총 목표와 목적을 구체적으로 설정하여 전체목표를 달성하기 위해 각 프로그램들을 초기, 중기, 후기로 나누어 세부적으로 계획한다. 모든 프로그램 기획이 끝난 후 프로그램의 총 목표와 내용을 알 수 있는 제안서를 준비한다.

2) 개인치료

개인 반려동물매개치료는 내담자와 상담사와의 1 : 1 관계에서 도우미동물로 하여금 두 사람의 다리 역할을 하게끔 하여 진행하는 상담을 말한다. 도우미동물과 함께 있는 공간에서 내담자는 상담사에게 좀 더 편안히 마음의 문을 열 수 있게 되며 내담자는 도우미동물을 통해 무조건적인 수용과 즐거운 상황들을 경험함으로써 정서의 안정과 스트레스 해소 등의 긍정적인 영향을 받을 수 있다.

CHAPTER 05

반려동물매개심리상담의
진행과정

1. 프로그램 기획

　프로그램의 기획이란 대상자에게 필요한 프로그램을 개발하기 위해서 프로그램의 전체목표와 목적을 설정한 후 전체적인 계획을 수립하고 개발의 전 과정을 제시하는 단계이다. 프로그램의 전체목표와 목적을 달성할 수 있도록 전체 프로그램을 기획해야 하며 전체 프로그램 중 유사한 프로그램이 있다면 기존의 프로그램과 차별성이 있는지에 대해 검토해야 한다. 또한 프로그램에 투입될 인력과 예산 등에 대해서도 프로그램 대상자들의 수에 알맞게 의논하여 결정해야 한다.

　대상자에게 효과적인 프로그램을 진행하기 위해서는 프로그램 개발의 기본적인 방향을 정해야 하는데 그러기 위해서는 프로그램의 대상자가 누구이며 그 특성이 어떠한지, 이 프로그램을 진행할 환경이 어떠한지, 프로그램을 통해서 얻고자 하는 결과가 무엇인지 등에 관한 기본적인 정보 파악과 계획의 수립이 있어야 한다. 프로그램을 진행하게 될 장소와 프로그램의 대상자에 대한 세부적인 정보들은 기관 측에 요구할 수 있으며, 상담사는 그 정보들을 토대로 대상자에게 어떤 프로그램이 필요할지, 어떤 프로그램을 진행할 수 있을지에 관해 그룹 반려동물매개치료에 참여하는 다른 상담사들과 의논할 수 있다.

1) 대상자의 정보 파악

프로그램을 기획하기 전 대상자의 이름과 나이, 성별, 문제행동, 학습 태도 등에 대한 정보를 받은 후 전체 대상자들에게 공통적으로 나타나는 특성에 대해 파악하여 어떤 프로그램이 필요할지에 대해 의논한 후 그에 따라 전체목표를 세우고 세부적인 프로그램을 계획한다.

2) 전체목표와 목적의 설정

프로그램 기획의 단계에서는 대상자에게 맞는 총 목표와 목적을 세부적으로 정하고 그에 맞는 프로그램을 기획한다.
① **전체목표**: 프로그램의 총 목표는 포괄적이고 추상적인 방향성이나 도달하고자 하는 지향점을 제시하거나 기술한다.
② **목적**: 프로그램을 통해 달성하고자 하는 것으로써, 목적성취에 대한 세분화된 방향성이나 상태 그리고 결과들을 기술한 것이다.

3) 진행 단계별 프로그램 계획

세부적인 프로그램을 기획할 때 총 초기, 중기, 후기 단계별로 나누어 목적에 맞게 기획하고 총 회기를 12회기를 정했을 때, 1~3회기까지는 초기 프로그램으로 대상자와 상담사, 반려동물 간의 신뢰감을 형성하는 단계이며 프로그램에 흥미를 가질 수 있도록 하는 내용으로 프로그램을 구성하고 탐색을 통해 대상자의 문제에 대해 파악하고 완화할 수 있도록 연구한다.

4~8회기까지는 중기 단계로 대상자의 문제 해결을 위해 적극적으로 프로그램

을 진행하는 시기이다. 이제까지 관찰한 대상자의 수업태도, 성격, 특성 등에 대해 파악하고 어떤 내용의 활동이 대상자에게 필요할지 연구하여 최대한 도움을 줄 수 있도록 프로그램을 수정하거나 진행한다.

9~12회기까지는 후기 프로그램으로 대상자에게 상담사와 반려동물과의 이별이 머지 않았음을 알려주어 이별에 대한 준비를 할 수 있도록 돕는 프로그램을 진행하게 된다. 대상자가 상담사와 반려동물에게 깊은 유대관계를 가지고 있을 때 예고도 없이 갑자기 프로그램 종결이 이루어지게 되면 대상자는 종결 프로그램을 거부하거나 갑자기 치료 이전의 모습으로 돌아가는 퇴행을 보이기도 한다.

2. 기관과의 협약

1) 프로그램 제안서

프로그램의 총 목표와 목적 그리고 진행 단계별 프로그램의 계획이 모두 완료되었다면 그 내용들을 모두 정리하여 기관 측에 제시할 수 있는 제안서를 작성한다. 프로그램 제안서에는 프로그램의 총 목표와 목적, 활동 내용뿐만 아니라 진행방법, 준비사항, 대상자의 수와 특성 등 프로그램의 기획에 관련된 내용이 모두 들어가 있기 때문에 각 활동이 궁극적으로 도달하고자 하는 목표가 무엇인지를 뚜렷하게 알려줄 수 있다.

2) 반려동물매개치료 팀과 기관의 협약서

본격적인 프로그램을 시작하기 전에는 항상 '기관명', '대상자의 수', '기간', '총 목표' 등의 내용이 담긴 협약서를 그룹 반려동물매개치료 팀과 해당 기관 담당자가 확인하고 협약해야 한다. 프로그램 진행 횟수와 시간, 전체 회기 수, 회기당 강사비와 재료비에 관한 내용도 협약서의 내용에 포함되어 있어야 하며 안정적인 프로그램의 진행을 위해 신중하게 논의하고 협의되어야 한다.

3) 프로그램 실시

프로그램의 실시란 프로그램의 기획 단계에서 설정한 총 목표와 목적에 도달하기 위하여 실제로 프로그램을 진행하는 단계이다. 즉, 전체적인 목표와 구체적인 목적을 달성하기 위해 실제적인 운영과 개입이 이루어지고 그 수단을 강구해야 하는 과정을 말한다. 이 때에는 프로그램에 투입된 상담사들과 프로그램을 실행할 때마다 프로그램의 세부목표를 달성했는지, 대상자들에게 적당한 프로그램이었는지 등에 대한 피드백을 주고받고 그 평가를 진행해야 한다.

(1) 프로그램의 종류

그룹 반려동물매개치료는 반려동물의 종과 대상자의 특성에 따라 다양한 종류의 프로그램으로 진행할 수 있다. 프로그램은 동적인 프로그램과 정적인 프로그램으로 나눌 수 있는데 동적인 프로그램의 경우 산책하기, 운동회 등 활동적이고 신체를 많이 사용할 수 있는 프로그램으로 좀 더 활동적이고 인상적인 교류를 진행할 수 있으며 정적인 프로그램의 경우 대상자의 수준에 맞춘 재료와 기법으로 창의적인 표현력을 발휘하여 결과물을 만드는데 이러한 만들기 프로그램을 진행했을 때 대상자가 자신의 결과물에 대한 큰 성취감과 만족감을 느끼며 프로그램에 대한 동기 유발을 줌으로써 활동에 대한 참여도를 높일 수 있다. 만들기를 할 때에는 반려동물의 초상화 그려주기, 옷이나 집, 스카프를 만들어 선물해주는 등 반려동물을 관찰하고 자연스럽게 스킨십을 할 수 있도록 프로그램을 진행하도록 한다.

(2) 프로그램 계획표 작성

프로그램 계획표가 구체적으로 기술되어 있으면 프로그램 진행자는 프로그램의 큰 흐름을 파악하고 내용과 목표에 맞게 프로그램을 진행할 수 있다. 프로그램 계획표에는 프로그램 진행자에게 프로그램의 목표와 취지가 잘 전달될 수 있도록 프로그램의 일시와 장소, 세부목표, 진행방법, 준비물 등의 사안이 자세히 기록되어 있다. 이렇듯 구체적으로 기록된 프로그램 계획표는 프로그램 진행자로 하여금 원활한 진행을 할 수 있도록 도움을 준다.

(3) 각 프로그램 평가

프로그램에 대한 평가를 진행할 때는 프로그램의 내용과 목표가 대상자에게 어울렸는가, 프로그램의 진행방법이 대상자에게 적당했는가, 도우미동물의 상태는 어떠했는가 등에 관한 피드백을 프로그램에 참여했던 상담사들과 주고받는다. 진행된 프로그램의 세부 목표와 내용이 전체 프로그램의 총 목표와 목적에 어울렸는지, 그 달성에 도움이 될 수 있도록 설정되었는지에 관해 의견을 주고받으며 대상자들이 이해하고 프로그램에 참여하기 수월했는지에 관해서도 피드백을 주고받는다. 그 외에 해당 프로그램이 대상자들에게 어느 효과를 미쳤는지에 관해서도 각 담당 상담사들과 의견을 주고받으며 대상자가 어떠한 효과도 얻지 못했다면 대상자가 프로그램의 어느 부분을 이해하지 못했는지, 프로그램을 수행할 때 어느 부분에서 어려움을 겪었는지 등, 프로그램에서 효과를 얻지 못한 이유가 무엇이었는지에 관해서 의논한다.

3. 프로그램 종결

기관과의 협약으로 계획했던 모든 회기의 프로그램을 종결하고 나면 각 대상자들에게 전체 프로그램의 목표가 어울렸는지, 전체 프로그램의 진행이 수월했는지에 관한 총괄평가가 이루어지며 각 대상자의 담당 상담사는 각 대상자가 프로그램 진행 전과 후 어떤 부분이 달라졌는가에 관한 종결평가서를 작성한다. 전체 프로그램 평가와 종결평가서의 작성에서 얻게 되는 실증적 자료들은 현재 프로그램에 어떠한 문제점이 있는지 밝혀주어 프로그램의 개선과 개발에 큰 도움을 주며 대상자들에게 더 나은 프로그램을 제공할 수 있도록 한다.

1) 총괄평가

초기, 중기, 후기에 계획했던 모든 프로그램을 종료한 후에는 '각 프로그램의 내용과 세부 목표는 전체 프로그램의 총 목표에 부합했는가?', '각 프로그램의 내용과 세부 목표를 대상자가 이해하고 수행할 수 있었는가?', '각 프로그램은 대상자에게 어떤 영향을 미쳤는가?', '궁극적으로 대상자는 프로그램의 총 목표를 달성할 수 있었는가?'에 관해 의논하는 총괄평가의 시간을 갖는다. 이러한 총괄평가 시간은 어떤 특정 그룹의 문제 파악이 잘 이루어졌는가, 그에 맞게 프로그램을 계획할 수 있었는가에 대해 되돌아보고 개선할 수 있도록 도와주며 이는 프로그램을 이대로 유지할 것인지 개선할 것인지 선택할 수 있도록 도와주고 결과적으로 그룹 반려동물매개치료 프로그램 개발에 큰 도움을 준다.

2) 종결평가서 작성

모든 프로그램을 종결하고 난 후에는 각 대상자가 프로그램에 어떤 반응을 보였는지, 프로그램의 목표를 달성할 수 있었는지, 궁극적으로는 그룹 반려동물매개치료를 통해 어떤 효과를 얻어 갈 수 있었는지에 관해 각 대상자의 담당 상담사가 종결평가서를 작성한다. 담당 상담사는 종결평가서를 작성하면서 대상자의 문제에 대한 개입이 적절히 이루어졌는가를 되돌아볼 수 있으며 프로그램의 내용과 목표가 대상자의 문제 해결에 어떤 도움을 줄 수 있었는지 분석할 수 있고, 상담사로 하여금 대상자에게 어떤 프로그램이 더 필요한지에 대해 고찰할 수 있도록 한다.

CHAPTER 06

반려동물매개치료의 적용 및 사례

1. 반려동물매개치료의 적용

반려동물매개치료에서 치료도우미동물은 치료사와 더불어 대상자의 긍정적 변화를 이끌어 낼 수 있는 중요한 구성요소이며 치료 장면에서 치료사와 대상자의 라포형성을 원활하게 도와주는 역할도 하게 된다. 또한 치료도우미동물과 대상자의 관계형성 및 친밀도에 따라 치료의 효과가 극대화 또는 극소화 될 수 있기도 한다. 반려동물매개치료는 음악, 미술, 놀이, 원예치료 등과 같이 특정 '매개체'를 치료과정에 투입하여 대상자가 경험하고 이로 인해 일상생활과 사회생활에 심각한 영향과 고통을 유발하는 문제들의 해결과 삶의 질을 향상할 수 있도록 돕는 치료이다.

치료사가 치료과정에 일어나는 모든 일련의 과정들 다시 말해, 대상자의 정보 수집, 주호소문제 진단, 치료 목표 설정의 심리적, 정서적 어려움 또는 고통을 전문적 지식과 응용기술들을 바탕으로 대상자에게 적합한 효과적이고 구조화된 프로그램을 개발 및 설계하고 직접적으로 개입하여 대상자의 욕구를 현실화시켜야 한다.

반려동물매개치료에서 도우미동물의 수행하는 역할이 아무리 치료에 큰 영향을 끼친다 하더라도 동물은 보조적 역할을 수행할 수밖에 없다. 동물이 인간의 정서적, 심리적 안정 및 우울 해소, 스트레스 해소, 동물과의 상호작용을 통해 내재된 감정의 표현을 통한 해방감 등의 효과를 줄 수 있으나 이러한 부정적 정서 및 심리적 불안정감을 유발하는 근본적인 문제들을 해결해 줄 수는 없다. 동물은 동물매개치료사가 운영하는 동물매개치료 과정의 보조 역할이라고 할 수 있으며 대상자의 다양한 문제들을 해결하는 역할은 결국 치료사의 몫이기 때문에 동물에게 지나친 의존도는 오히려 치료에 방해요소가 된다.

프로그램의 주제에 따라 동물이 프로그램에 관여하게 되는 관여도는 달라진다. 예를 들어, 프로그램 중 도우미동물의 간식 만들기를 보면 강아지가 먹어도 되는 음식과 먹으면 안 되는 음식에 대해 설명을 하게 될 때는 치료견의 관여도는 높지 않아도 된다. 개에 대한 정보 습득 및 학습이 프로그램의 주된 주제이기 때문에 시청각 자료들을 통해서도 충분히 운영이 가능하다. 하지만 시청각 자료를 사용할 때 도우미동물이 과도하게 투입하게 되면 대상자의 프로그램에 대한 집중도가 떨어지게 되며 프로그램 질 또한 떨어질 수밖에 없을 것이다. 그렇기 때문에 다양한 프로그램별 도우미동물의 관여도를 설정하여 이에 맞춰 도우미동물을 투입하거나 투입을 하지 않아 프로그램의 효과를 높일 수 있다.

치료 프로그램에 관여도에 따라 동물의 개입 정도가 달라지며 개입 정도에 따라 무관여, 최소관여, 저관여, 중관여, 고관여 프로그램 이렇게 다섯 가지 유형으로 구분할 수 있다. 관여도에 대해 하나씩 살펴보면 첫째, 무관여 프로그램은 현장에 동물의 개입 없이 사진이나 영상 등의 시청각 자료들을 통해 프로그램을 전개하는 방식이며, 동물공포나 감염의 우려가 있는 환자 등을 대상으로 한다. 둘째, 최소관여 프로그램은 동물이 특별한 역할을 하지 않고 단순히 현장에 있기만 하는 방식으로 굳이 투입이 되지 않아도 되는 상황에서는 현장에 있는 것만으로 대상자들의 관심을 유도할 수 있다. 셋째, 저관여 프로그램은 동물이 현장에 있고 프로그램의 일부에만 개입되는 방식, 넷째, 중관여 프로그램은 동물이 프로그램의 전체에 개입되는 경우로 동물에 대한 의존도가 비교적 높은 프로그램이며, 다섯째, 고

관여 프로그램은 동물에게 전적으로 의존되는 프로그램 방식으로 설명할 수 있다.

관여도	동물의 개입 정도	적용의 예	프로그램 예시
무관여	동물의 직접적 개입 없이 시청각 자료를 활용한 프로그램 진행	• 감염의 위험성이 높은 경우	• 생명존중 포스터 그리기 • 동물이 먹을 수 있는 음식 알아보기
최소 관여	동물이 치료 현장에는 있으나 신체적인 접촉이 이루어지지 않는 프로그램	• 동물에 대한 공포심이 높은 경우	• 동물친구에게 편지쓰기 • 추억 액자 만들기
저관여	동물이 프로그램 일부에만 개입하여 약간의 신체적 접촉과 함께 교류가 이루어지는 프로그램	• 창의적 프로그램을 진행하는 경우	• 동물로 변신하기 • 간식통 만들기
중관여	동물에 대한 의존도가 비교적 높아 프로그램 전체에 개입되며 대상자와 동물 사이의 교감이 활발하게 일어나는 프로그램	• 동물과의 직접적인 상호작용이 필요한 경우	• 심장소리 듣기 • 동물과 함께 미션수행하기
고관여	동물에게 전적으로 의존하여 동물을 중심으로 진행되는 프로그램, 동물과의 신체적 접촉이 가장 크게 일어남.	• 깊이 있는 교감을 필요로 하거나 활동적인 프로그램을 진행하는 경우	• 즐거운 운동회 • 즐거운 산책

이렇게 프로그램들의 관여도를 세분화시켰을 때의 장점은 첫째, 다양한 관여도를 이용하면 내담자의 특성을 반영한 프로그램으로 설계할 수 있고, 둘째는 치료도우미동물의 복지를 적극적으로 방어할 수 있으며, 셋째는 동물 의존적 프로그램들보다는 흥미와 효과를 높일 수 있는 다양한 형식으로 프로그램이 설계될 수 있다는 점이다. 위에서 설명했던 다양한 프로그램의 관여도를 설정하여 적용한 발달장애(지적, 자폐), 정신장애, 비장애 아동, 비장애 청소년, 노인을 대상 프로그램 사례들에 대해 소개하여 반려동물매개치료의 적용 및 사례에 대한 이해를 돕고자 한다.

2. 반려동물매개치료 대상별 사례

- 발달장애 대상 프로그램 사례
- 정신장애 대상 프로그램 사례
- 노인 대상 프로그램 사례
- 비장애 아동 대상 프로그램 사례
- 비장애 청소년 대상 프로그램 사례

발달장애 대상 프로그램 사례

대상자 유형	발달장애	회기	초기	시간	60분
프로그램 주제	우리만의 규칙 세우기				
프로그램 목표	라포 형성 및 수업 시간에 지켜야 할 규칙 세우기				
프로그램 내용	동물친구들과 프로그램을 할 때 스스로 지킬 수 있는 주의사항, 규칙 등에 대해 생각해보고 규칙판을 만들어본다.				
기대효과	• 규칙을 세우는 과정에서 주고받는 대화를 통한 담당 치료사 및 동물친구와의 라포 형성 • 대상자의 인지기능수준 및 동물에 대한 반응 파악 • 자신이 세운 규칙을 지키는 과정을 통한 자기통제력 강화				
동물 관여도	저관여 프로그램				

활동사진

대상자 유형	발달장애	회기	중기	시간	60분
프로그램 주제	동물로 변신하기				
프로그램 목표	동물친구의 생김새에 대한 학습				
프로그램 내용	동물친구의 귀 모양 머리띠와 발바닥을 만들어 착용한 후 자신이 어떤 동물로 변신했는지 선생님과 이야기를 나눠본다.				
기대효과	• 귀와 발바닥을 만들고 꾸미는 과정을 통한 눈과 손의 협응력 향상 • 원하는 동물친구로 변심해봄으로써 동물의 생김새와 외관적 특징에 대한 학습 • 자신이 원하는 동물친구와 같은 외관적 모습을 통한 친밀감 강화				
동물 관여도	저관여 프로그램				

활동사진

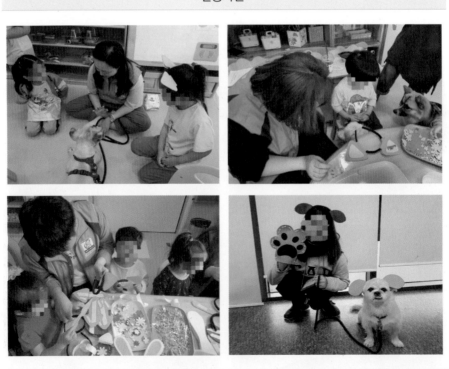

대상자 유형	발달장애	회기	후기	시간	60분
프로그램 주제	출동! 동물 구조대				
프로그램 목표	그동안 학습한 내용에 대한 복습 및 학습도 파악				
프로그램 내용	배고픈 동물친구들을 위하여 대상자들이 구조대가 되어 다양한 미션들 (그동안 학습한 내용으로 퀴즈 및 퍼즐)을 해결하여 동물친구들을 구조한다.				
기대효과	• 지금까지 동물매개치료 시간에 학습한 내용에 대한 복습 및 평가 • 재미있는 게임, 퍼즐 및 퀴즈 형식의 문제들을 해결함으로써 즐거움 획득 및 성취감 획득 • 프로그램에 대한 흥미유발 및 참여도 향상				
동물 관여도	중관여 프로그램				

활동사진

정신장애 대상 프로그램 사례

대상자 유형	정신장애	회기	초기	시간	60분
프로그램 주제	동물친구 간식통 만들기				
프로그램 목표	선생님 및 동물친구와의 라포 형성				
프로그램 내용	동물매개치료 시간마다 동물들에게 줄 간식을 넣을 수 있는 간식통을 만들어본다.				
기대효과	• 담당 치료사 및 동물과의 라포 형성 • 간식을 주는 주도권을 가짐으로써 스킨십 활동의 자발성 강화 및 자신의 행동의 주도권 갖기 • 동물과의 올바른 상호작용 및 교감을 나누는 방법 배우기 • 동물에게 간식을 주는 과정을 통한 자신의 욕구 표현하기				
동물 관여도	저관여 프로그램				
활동사진					

대상자 유형	정신장애	회기	중기	시간	60분
프로그램 주제	동물친구 패션 디자이너				
프로그램 목표	자기표현 및 자기주도성 향상				
프로그램 내용	여러 가지 재료들 중 자신이 원하는 재료를 골라 짝꿍 동물이 입을 수 있는 옷을 만들어보고 입힌 후에 기념사진을 찍는다.				
기대효과	• 직접 도안을 그리고 직접 다양한 꾸미기 재료들을 사용하여 옷을 만듦으로써 자신이 맡은 과제의 주도성 갖기 • 짝꿍 동물이 자신이 만든 옷을 입고 있는 모습을 관찰함으로써 성취감 및 만족감 획득 • 어떤 재료들을 어떻게 사용할 것인지, 어떤 식으로 꾸밀 것인지 미리 계획을 세우는 과정을 통한 자신의 생각 정리하기				
동물 관여도	저관여 프로그램				

활동사진

대상자 유형	정신장애	회기	후기	시간	60분
프로그램 주제	고마운 마음 전하기				
프로그램 목표	자기표현 및 자신의 생각 정리				
프로그램 내용	함께한 동물과 선생님에게 고마운 마음과 아쉬움을 담아 편지를 쓰고 작성한 편지를 읽어준다.				
기대효과	• 슬픈 이별이 아닌 아름다운 이별 경험 • 동물과 선생님과의 이별에 대한 아쉬움 표현 및 전달하기 • 작성한 편지를 발표하는 과정을 통해 자신의 생각을 논리정연하게 정리 및 자신감 획득 • 발표를 통해 얻는 긍정적 피드백을 통한 긍정적 자아개념 형성 및 자존감 향상				
동물 관여도	최소관여 프로그램				

활동사진

🐱 노인 대상 프로그램 사례

대상자 유형	노인	회기	초기	시간	60분
프로그램 주제	나만의 동물친구 그림 꾸미기				
프로그램 목표	도우미동물과의 라포 형성				
프로그램 내용	도우미동물의 사진 위에 OHP필름을 붙여 다양한 재료들로 꾸며보고 이름과 나이 성별을 정해본다.				
기대효과	• 당담 치료사 및 도우미동물과의 라포 형성 • 도우미동물의 생김새에 대한 대화를 통한 친밀감 형성 • 동물에 대해 이야기를 나누며 동물과 관련된 경험 및 추억 상기 • 앞으로 참여할 프로그램에 대한 기대감 형성				
동물 관여도	저관여 프로그램				
활동 사진					

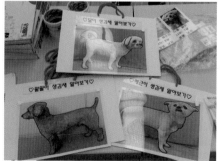

대상자 유형	노인			회기	중기	시간	60분
프로그램 주제	동물친구와 함께 어질리티						
프로그램 목표	신체적 기능 강화 및 친밀감 강화						
프로그램 내용	도우미동물과 함께 호흡을 맞춰 걸으며 다양한 미션을 해결하고 장애물을 통과한다.						
기대효과	• 동물친구와 호흡을 맞춰 다양한 미션과 장애물을 통과하며 유대감 및 친밀감 강화 • 동물친구의 줄을 잡고 걸음을 맞추어 장애물을 통과함으로써 배려심 및 협동심 향상 • 장애물을 넘고 함께 걸으며 줄어든 운동량 증진 및 신체기능 강화						
동물 관여도	고관여 프로그램						

활동 사진

 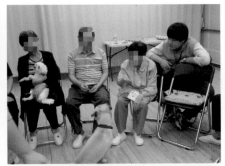

대상자 유형	노인		회기	후기	시간	60분
프로그램 주제	추억 액자 만들기					
프로그램 목표	동물과의 아름다운 이별하기					
프로그램 내용	도우미동물과 함께 했던 시간들이 담겨있는 사진을 액자로 만들어 추억에 대해 이야기 나누며 이별한다.					
기대효과	• 이별에 대한 아쉬움 달래기 • 액자를 꾸미는 과정에서 소근육 및 눈과 손이 협응력 발달 • 동물과 함께 찍은 사진을 소장함으로써 만족감과 행복감 느끼기					
동물 관여도	최소관여 프로그램					
활동 사진						

🐶 비장애 아동 대상 프로그램 사례

대상자 유형	비장애 아동	회기	초기	시간	60분
프로그램 주제	동물친구도 심장이 뛰어요!				
프로그램 목표	생명의 소중함 인식 및 동물친구와의 라포 형성				
프로그램 내용	청진기를 사용하여 자신과 동물친구의 심장소리를 들어본 후 도화지에 그림으로 심장 소리를 표현해보도록 한 뒤 발표를 통해 생명에 대해 어떻게 생각하는지 알아본다.				
기대효과	• 치료사 및 동물친구와의 라포 형성 • 동물친구와의 자연스러운 스킨십 유도 • 생명존중 의식 함양(생명의 중요성, 존엄성, 소중함) • 청진기를 사용하는 과정을 통한 동물친구에 대한 배려심 향상				
동물 관여도	중관여 프로그램				
활동 사진					

대상자 유형	비장애 아동	회기	중기	시간	60분
프로그램 주제	동물친구와 즐거운 산책				
프로그램 목표	동물친구와의 친밀감 강화 및 정서적 환기				
프로그램 내용	동물친구와 산책을 나갈 때 필요한 준비물과 주의사항에 대해 알려 준 후 공원으로 산책을 나가 동물친구들과 즐거운 시간을 보낸다.				
기대효과	• 동물친구와 산책할 때 필요한 준비물과 용도에 대한 학습 • 동물친구와 산책을 하는 과정을 통해 스트레스 해소 및 즐거움 획득 • 동물친구들과 함께 걸으며 친밀감 강화 및 정서적 안정 유도 • 산책 과정에서 동물친구들이 보이는 행동을 관찰함으로써 호기심 유발 및 관찰력 향상				
동물 관여도	고관여 프로그램				

활동 사진

대상자 유형	비장애 아동	회기	후기	시간	60분
프로그램 주제	트로피 및 상장 수여식				
프로그램 목표	자신감 상승 및 올바른 이별 경험				
프로그램 내용	지금까지 열심히 프로그램에 참여한 자신을 위해 스스로 트로피를 만들고 다양한 재료를 가지고 꾸민 후 상장과 함께 수여한다.				
기대효과	• 이별에 대한 아쉬움 달래기 • 그동안 자신이 수행한 과제들에 대해 상기하면서 자기효능감 향상 • 스스로를 칭찬하고 주변의 긍정적인 피드백을 통한 자아존중감 향상 • 보상물(트로피, 상장)을 통한 성취감 및 자신감 획득				
동물 관여도	최소관여 프로그램				

활동 사진

비장애 청소년 대상 프로그램 사례

대상자 유형	비장애 청소년	회기	초기	시간	60분
프로그램 주제	나와 동물친구 초상화 완성하기				
프로그램 목표	선생님 및 동물과의 라포 형성				
프로그램 내용	신체 카드를 이용하여 자신과 동물친구의 공통점과 차이점을 알아보고 준비된 밑그림(대상자와 동물친구의 얼굴)에 빠진 부분을 관찰하여 그린다.				
기대효과	• 담당 치료사 및 동물친구와의 라포 형성 • 사람과 동물의 신체의 차이점과 공통점의 이해를 통해 하나의 생명체로 동물친구를 인식하기 • 생명존중 의식 함양 • 관찰하여 그리는 과정을 통한 관찰력 및 자기표현 향상				
동물 관여도	중관여 프로그램				

활동 사진

대상자 유형	비장애 청소년	회기	중기	시간	60분
프로그램 주제	동물친구 간식 만들기				
프로그램 목표	돌봄의 주체 경험 및 생명존중사상 함양				
프로그램 내용	동물친구가 먹을 수 있는 재료들을 사용하여 동물친구가 먹을 수 있는 간식을 직접 만들어 먹을 수 있도록 하여 즐거운 시간을 보낸다.				
기대효과	• 자신이 만든 간식을 동물친구가 먹는 모습을 관찰함으로써 즐거움 및 만족감 획득 • 동물친구와의 유대관계 증진 • 간식을 많이 먹으면 배탈이 날 수 있음을 이해하며 동물친구에 대한 배려심 향상 • 동물친구가 먹을 수 있는 음식, 없는 음식을 학습함으로써 동물에 대한 정보 학습				
동물 관여도	저관여 프로그램				

활동 사진

대상자 유형	비장애 청소년	회기	후기	시간	60분
프로그램 주제	추억 앨범 만들기				
프로그램 목표	올바른 이별 경험하기				
프로그램 내용	프로그램 과정 중 찍은 사진을 활용하여 그동안 동물친구와 선생님과의 추억을 회상할 수 있는 추억 앨범을 만들어본다.				
기대효과	• 이별에 대한 아쉬움 달래기 • 프로그램 사진을 보고 치료사와 이야기를 나누며 추억 회상 및 정서적 환기 유발 • 추억이 담긴 앨범을 소장함으로써 행복감 느끼기				
동물 관여도	최소관여 프로그램				

활동 사진

저자 소개

김복택

- 한국반려동물매개치료협회장
- 문학사(심리학전공)/경제학사(국제통상전공)/경영학 석·박사 (경영전략전공)
- 서울호서전문학교 동물매개치료전공 학과장
- 농촌진흥청, 2017년 농촌진흥공무원 「반려동물」 교육과정 '반려동물과 연계한 비즈니스 모델' 강사
- 강원도농업기술원 치유농업교육 강사
- 광양시 농업기술센터 농업인대학 동물매개치료 강사
- 대명비발디 웰리스리조트 체험 융복합 프로그램 자문위원 (동물매개치료)
- 홍성군 농업기술센터 치유농업과정 강사
- 서울시 동물매개활동 평가위원회 위원장

박영선

- 한국반려동물매개치료협회 상임이사
- 숭실대학교 사회복지대학원 석사 수료
- 생명산업전문학사(애완동물관리전공)/행정학사(사회복지전공)
- 서울호서전문학교 동물매개치료전공 겸임교수
- 구립서초 노인요양센터 동물매개치료 강사
- 관악구청 동물매개치유사업 슈퍼바이저
- 송파미소낮병원 동물매개치료 강사
- 스마일게이트 지원사업 동물매개치료 팀장
- 강서구 여성특화 직업훈련 교육과정 동물매개심리상담사 강사

진미령

- 한국반려동물매개치료협회 상임이사
- 심리학석사(상담 및 임상심리 전공)
- 생명산업전문학사(애완동물관리전공)/행정학사(사회복지전공)
- 서울호서전문학교 동물매개치료전공 겸임교수
- 서대문장애인종합복지관 동물매개치료 강사
- 남서울중학교 특수학급 동물매개치료 강사
- 예원(중증장애인주거시설) 동물매개치료 강사
- 경원중학교 자유학기제 동물매개치료 강사
- 강서구 여성특화 직업훈련 교육과정 동물매개심리상담사 강사

김경원

- 한국반려동물매개치료협회 상임이사
- 동물친구교실 대표
- 심리학석사 수료(상담 및 임상심리 전공)
- 생명산업전문학사(애완동물관리 전공)/행정학사(사회복지전공)
- 서정대학교 애완동물과 겸임교수
- 부천고려병원 동물매개치료 강사
- 인성기념의원(호스피스 병동) 동물매개치료 강사
- 강서구 여성특화 직업훈련 교육과정 동물매개심리상담사 강사
- 서울시 동물매개활동 평가위원회 간사

제2판
반려동물매개심리상담사

초판 발행	2018년 12월 7일
제2판 발행	2022년 6월 17일

지은이	김복택·박영선·진미령·김경원
펴낸이	노 현

편 집	배근하
기획/마케팅	김한유
표지디자인	이영경
제 작	고철민·조영환

펴낸곳	㈜ 피와이메이트
	서울특별시 금천구 가산디지털2로 53 한라시그마밸리 210호(가산동)
	등록 2014. 2. 12. 제2018-000080호
전 화	02)733-6771
f a x	02)736-4818
e-mail	pys@pybook.co.kr
homepage	www.pybook.co.kr
ISBN	979-11-6519-274-7 93490

정 가   30,000원

박영스토리는 박영사와 함께하는 브랜드입니다.